中国电子学会物联网专家委员会推荐

高职高专物联网应用技术专业“十二五”规划教材

物联网技术与应用实践

(项目式)

熊茂华　熊　昕　甄　鹏　编著
梅仲豪　　　　　　　　主审

西安电子科技大学出版社

内 容 简 介

本书详细介绍了物联网的概念、实现技术和典型应用。首先讨论物联网的基本概念、物联网的国内外发展现状、体系结构、软硬件平台系统组成、关键技术以及应用领域；其次介绍传感器及检测技术、检测系统的设计、RFID 的工作原理及系统组成、RFID 中间件技术、RFID 应用系统开发示例等；然后介绍物联网通信与网络技术，包括蓝牙技术、Wi-Fi 技术、ZigBee 技术、ZigBee 网络系统的应用、GPRS 技术及典型应用、无线传感网技术及传感器网络系统设计与开发等；最后介绍物联网技术及应用示例、物联网典型应用系统设计与开发等，使课程理论与实践紧密地结合起来。

本书是一本物联网技术应用与实践的实用指导书籍，通过案例详细介绍了物联网应用系统的设计、开发与实践。本书深入浅出，既可作为高等院校电气信息类、计算机类专业的高职生教材，也可作为同类专业的应用型本科生教材，亦可作为信息技术类科研人员、管理人员、研究生和物联网系统设计与开发人员的技术参考书以及物联网技术培训教材。

本书配套开发工具软件、习题参考答案、项目程序和课件，需要者可与西安电子科技大学出版社联系。

图书在版编目(CIP)数据

物联网技术与应用实践：项目式/熊茂华，熊昕，甄鹏编著.
—西安：西安电子科技大学出版社，2014.10(2019.12 重印)
高职高专物联网应用技术专业“十二五”规划教材
ISBN 978-7-5606-3500-2

Ⅰ. ① 物…　Ⅱ. ① 熊…　② 熊…　③ 甄…　Ⅲ. ① 互联网络—应用—高等职业教育—教材　② 智能技术—应用—高等职业教育—教材　Ⅳ. ① TP393.4　② TP18

中国版本图书馆 CIP 数据核字(2014)第 216514 号

策　　划　邵汉平
责任编辑　邵汉平　刘　贝
出版发行　西安电子科技大学出版社（西安市太白南路 2 号）
电　　话　(029)88242885　88201467　邮　　编　710071
网　　址　www.xduph.com　电子邮箱　xdupfxb001@163.com
经　　销　新华书店
印刷单位　陕西天意印务有限责任公司
版　　次　2014 年 10 月第 1 版　2019 年 12 月第 4 次印刷
开　　本　787 毫米×1092 毫米　1/16　印张 20
字　　数　475 千字
印　　数　9001～12 000 册
定　　价　39.00 元
ISBN 978－7－5606－3500－2 / TP
XDUP 3792001-4

前 言

物联网(The Internet of Things)带来信息技术的第三次革命。将物联网与现有的互联网整合起来，实现人类社会与物理系统的整合，在这个整合的网络中，存在能力超级强大的中心计算机群，能够对整合网络内的人员、机器、设备和基础设施实施实时的管理和控制，在此基础上，人类可以以更加精细和动态的方式管理生产和生活，达到“智慧”状态，提高资源利用率和生产力水平，改善人与自然间的关系。为满足各地物联网技术与应用人才培养的急需，我们编写了本书。

本书共有10个项目，主要内容如下：

项目一　物联网体系架构设计。介绍了物联网的国内外发展现状、物联网的应用、物联网的自主体系结构、物联网的EPC体系结构、物联网的UID技术体系、构建物联网体系结构的原则、实用的层次性物联网体系架构，及感知层、网络层和应用层等功能及关键技术等。

项目二　物联网开发环境的构建。介绍了IOT-L01-05型物联网综合平台；KeilC集成开发环境的构建及使用，ZigBee开发环境的构建、配置与使用，ZigBee协议栈的安装与应用，Java开发环境的构建、配置与使用，Android开发环境的构建、配置与应用程序开发。

项目三　传感器与检测的实现。介绍了传感器的基础知识，主要内容包括传感器的分类、性能技标、组成结构，传感器在物联网中的应用，检测技术分类，检测系统组成，典型传感器，以及传感器的应用实践等。

项目四　射频识别技术应用项目的开发。介绍了射频识别技术基础知识，RFID技术分类、应用、标准、工作原理及系统组成，几种常见的RFID系统，RFID中间件技术，以及RFID典型模块应用实践等。

项目五　物联网通信技术应用项目开发。介绍了蓝牙技术、Wi-Fi技术、ZigBee技术，GPRS技术等基础知识及应用实践、无线网的综合实践等。

项目六　无线传感器网络技术应用与实践。介绍了无线传感器网络基础知识、无线传感器网络体系结构及协议系统结构、无线传感网路由协议、传感网系统设计与开发、无线传感器网络的应用实践等。

项目七　基于物联网的公交车收费系统设计。介绍了项目的需求分析、系统硬件和软件设计，并对部分源代码进行了解析。

项目八　基于物联网的环境监测报警系统。介绍了项目的需求分析、系统硬件和软件设计，并对部分源代码进行了解析。

项目九　基于RFID技术的C/S模式智能仓储物流系统设计。介绍了项目的需求分析、系统硬件和软件设计，并对部分源代码进行了解析。

项目十　基于物联网的智能泊车系统设计。主要包括智能泊车系统的简介、系统的结构设计、系统的模块接口设计、系统的界面设计及系统的软件设计。

本书是作者与广州飞瑞敖电子科技有限公司校企合作开发的教材。全书由广州番禺职业技术学院熊茂华、熊昕，广州飞瑞敖电子科技有限公司的甄鹏等编著，广州飞瑞敖电子科技有限公司梅仲豪主审。熊茂华编写了项目一、项目四、项目五和项目十，熊昕编写了项目二、项目三和项目六，甄鹏编写了项目七、项目八和项目九。

本书由熊茂华负责全面内容规划、编排，由熊茂华、梅仲豪共同审定。本书配套开发工具软件、习题参考答案、项目程序和课件，需要者可与西安电子科技大学出版社联系。

本书中的项目一至项目九中的实践案例选自广州飞瑞敖电子科技有限公司中物联网综合实验平台的实验实训项目，由该公司提供实践程序的源代码；项目十选自北京博兴创业有限公司的物联网应用项目。在此谨向广州飞瑞敖电子科技有限公司和北京博兴创业有限公司以及在编写本书的过程中提供帮助的人深表谢意。

由于编者水平有限，书中难免存在疏漏和不妥之处，恳请读者批评指正。

编　者

2014 年 1 月

目　　录

项目一　物联网体系架构设计

【知识目标】

(1) 了解国内外物联网发展现状及技术应用。
(2) 了解物联网技术应用。
(3) 熟悉物联网体系架构。

【技能目标】

(1) 会分析物联网应用系统的体系架构。
(2) 能构建物联网应用系统体系架构。
(3) 能对物联网体系架构中各层次的关键技术予以分析。

1.1　任务一：背景知识

物联网(The Internet of Things)的概念是在1999年提出的，又名传感网，它的定义很简单：把所有物品通过射频识别等信息传感设备与互联网连接起来，实现智能化识别和管理。物联网把新一代IT技术充分运用在各行各业之中，具体地说，就是把感应器嵌入和装备到电网、铁路、桥梁、隧道、公路、建筑、供水系统、大坝、油气管道等各种物体中，然后将这一物物相连的网络与现有的互联网整合起来，实现人类社会与物理系统的整合。在这个整合的网络当中，存在能力超级强大的中心计算机群，能够对整合网络内的人员、机器、设备和基础设施实施实时的管理和控制，在此基础上，人类能够以更加精细和动态的方式管理生产和生活，达到“智慧”状态，提高资源利用率和生产力水平，改善人与自然间的关系。

国际电信联盟2005年的一份报告曾描绘“物联网”时代的图景(如图1.1所示)：当司机出现操作失误时，汽车会自动报警；公文包会提醒主人忘带了什么东西；衣服会“告诉”洗衣机对颜色和水温的要求等。

图1.1　物联网应用示意图

物联网有如下基本特点：

(1) 全面感知。利用射频识别(RFID)技术、传感器、二维码及其他各种感知设备随时随地采集各种动态对象，全面感知世界。

(2) 可靠的传送。利用网络(有线、无线及移动网)

将感知的信息进行实时的传送。

(3) 智能控制。对物体实现智能化的控制和管理，真正达到人与物的沟通。

1.1.1 国外物联网发展现状

物联网在国外被视为“危机时代的救世主”，许多发达国家将发展物联网视为新的经济增长点。虽然物联网的概念最近几年才趋向成熟，但物联网相关产业在当前的技术、经济环境的助推下，在短短的几年内已成星火燎原之势。

1. 美国物联网发展现状

1995 年，比尔·盖茨在其《未来之路》一书中已提及物联网概念。2005 年 11 月 17 日，在突尼斯举行的信息社会世界峰会(WSIS)上，国际电信联盟(ITU)发布了《ITU 互联网报告 2005：物联网》，报告指出，无所不在的“物联网”通信时代即将来临，世界上所有的物体从轮胎到牙刷、从房屋到纸巾都可以通过因特网主动进行交换。射频识别(RFID)技术、传感器技术、纳米技术、智能嵌入技术将得到更加广泛的应用。

美国很多大学在无线传感器网络方面已开展了大量工作，如加州大学洛杉矶分校的嵌入式网络感知中心实验室、无线集成网络传感器实验室、网络嵌入系统实验室等。另外，麻省理工学院从事着极低功耗的无线传感器网络方面的研究；奥本大学也从事了大量关于自组织传感器网络方面的研究，并完成了一些实验系统的研制；宾汉顿大学计算机系统研究实验室在移动自组织网络协议、传感器网络系统的应用层设计等方面做了很多研究工作；州立克利夫兰大学(俄亥俄州)的移动计算实验室在基于 IP 的移动网络和自组织网络方面结合无线传感器网络技术进行了研究。

除了高校和科研院所外，国外的各大知名企业也都先后参与开展了无线传感器网络的研究：克尔斯博公司是国际上率先进行无线传感器网络研究的先驱之一，为全球超过 2000 所高校以及上千家大型公司提供无线传感器解决方案；Crossbow 公司与软件巨头微软、传感器设备巨头霍尼韦尔、硬件设备制造商英特尔、网络设备制造巨头美国网件(NETGEAR)公司、著名高校加州大学伯克利分校等都建立了合作关系。

2. 欧盟物联网发展现状

2009 年，欧盟委员会向欧盟议会、理事会、欧洲经济和社会委员会及地区委员会递交了《欧盟物联网行动计划》，以确保欧洲在构建物联网的过程中起主导作用。行动计划共包括 14 项内容：管理，隐私及数据保护，“芯片沉默”的权利，潜在危险，关键资源，标准化，研究，公私合作，创新，管理机制，国际对话，环境问题，统计数据和进展监督等。该行动方案，描绘了物联网技术应用的前景，并提出要加强欧盟政府对物联网的管理，其行动方案提出的政策建议主要包括：

(1) 加强物联网管理；

(2) 完善隐私和个人数据保护；

(3) 提高物联网的可信度、接受度和安全性。

2009 年 10 月，欧盟委员会以政策文件的形式对外发布了物联网战略，提出要让欧洲在基于互联网的智能基础设施发展上领先全球，除了通过 ICT 研发计划投资 4 亿欧元，启动 90 多个研发项目提高网络智能化水平外，欧盟委员会还在 2011 年～2013 年间每年新增

2 亿欧元进一步加强研发力度，同时拿出 3 亿欧元专款支持物联网相关公私合作短期项目建设。

3. 日本物联网发展现状

自 20 世纪 90 年代中期以来，日本政府相继制定了 e-Japan、u-Japan、i-Japan 等多项国家信息技术发展战略，从大规模开展信息基础设施建设入手，稳步推进，不断拓展和深化信息技术的应用，以此带动本国社会、经济发展。其中，日本的 u-Japan、i-Japan 战略与当前提出的物联网概念有许多共同之处。

2009 年 7 月，日本 IT 战略本部颁布了日本新一代的信息化战略——“i-Japan”战略，即为了让数字信息技术融入每一个角落，将政策目标聚焦在三大公共事业：电子化政府治理、医疗健康信息服务、教育与人才培育。该项战略提出到 2015 年，通过数字技术完成“新的行政改革”，使行政流程简化、效率化、标准化、透明化，同时推动电子病历、远程医疗、远程教育等应用的发展。另外，日本企业为了能够在技术上取得突破，对研发同样倾注极大的心血。在日本爱知世博会的日本展厅，呈现的是一个凝聚了机器人、纳米技术、下一代家庭网络和高速列车等众多高科技和新产品的未来景象，支撑这些的是大笔的研发投入。

1.1.2 国内物联网现状

1. 国内物联网发展概况

中国科学院早在 1999 年就启动了传感网研究，组建了 2000 多人的团队，先后投入数亿元，目前已拥有从材料、技术、器件、系统到网络的完整产业链。总体而言，在物联网这个全新产业中，我国的技术研发和产业化水平已经处于世界前列，掌握物联网世界话语权。当前，政府主导、产学研相结合共同推动发展的良好态势正在中国形成。

2009 年 8 月，温家宝总理在无锡视察中科院物联网技术研发中心时指出，“在传感网发展中，要早一点谋划未来，早一点攻破核心技术”。

2009 年，工业和信息化部李毅中部长在科技日报上发表题为《我国工业和信息化发展的现状与展望》的署名文章，首次公开提及传感网络，并将其上升到战略性新兴产业的高度，指出信息技术的广泛渗透和高度应用将催生出一批新增长点。

2009 年，“传感器网络标准工作组成立大会暨‘感知’高峰论坛”在北京举行，标志着传感器网络标准工作组正式成立，工作组未来将积极开展传感网标准制定工作，深度参与国际标准化活动，旨在通过标准化为产业发展奠定坚实技术基础。

2009 年 11 月，无锡市国家传感网创新示范区(传感信息中心)正式获得国家批准。该示范区规划面积 20 平方公里。

2. 国内物联网技术研究现状

2009 年 10 月，在第四届民营科技企业博览会上，西安优势微电子公司宣布：中国第一颗物联网的芯——“唐芯一号”芯片研制成功，并且已经攻克了物联网的核心技术。“唐芯一号”芯片是一颗超低功耗射频可编程片上系统(PSOC)，可以满足各种条件下无线传感网、无线个域网、有源 RFID 等物联网应用的特殊需要，为我国物联网产业发展奠定了基础。

目前，我国的无线通信网络已经覆盖了城乡，从繁华的城市到偏僻的农村，从海岛到珠穆朗玛峰，到处都有无线网络的覆盖。无线网络是实现物联网必不可少的基础设施，安置在动物、植物、机器和物品上的电子介质产生的数字信号可随时随地通过无处不在的无线网络传送出去。“云计算”技术的运用，使数以亿计的各类物品的实时动态管理变为可能。

物联网在我国高校也是新课题的研究热点，内容主要围绕传感网，涉及光通信、无线通信、计算机控制、多媒体、网络、软件、电子、自动化等技术领域，此外，相关的应用技术研究、科研成果转化和产业化推广工作也同时在进行当中。

为积极参与“感知中国”中心及物联网建设的科技创新和成果转化工作，2011 年 9 月 10 日，全国高校首家物联网研究院在南京邮电大学正式成立。目前，我国高校、科研机构的一些物联网产品已得到广泛的应用。

1.1.3 物联网的应用

物联网用途广泛，遍及智能交通、环境保护、政府工作、公共安全、平安家居、智能消防、工业监测、农业管理、老人护理、个人健康等多个领域。在国家大力推动工业化与信息化两化融合的大背景下，物联网将是工业乃至更多行业信息化过程中一个比较现实的突破口。一旦物联网大规模普及，无数的物品需要加装更加小巧智能的传感器，用于动物、植物、机器等物品的传感器与电子标签及配套的接口装置数量将大大超过目前的手机数量。按照目前对物联网的需求，在近年内就需要数以亿计的传感器和电子标签。在 2011 年，内嵌芯片、传感器、无线射频的“智能物件”已超过 1 万亿个，物联网将会发展成为一个上万亿元规模的高科技市场，大大推进信息技术元件的生产，给市场带来巨大商机。物联网目前已经在行业信息化、家庭保健、城市安防等方面有实际应用。图 1.2 展示了未来物联网的应用场景。

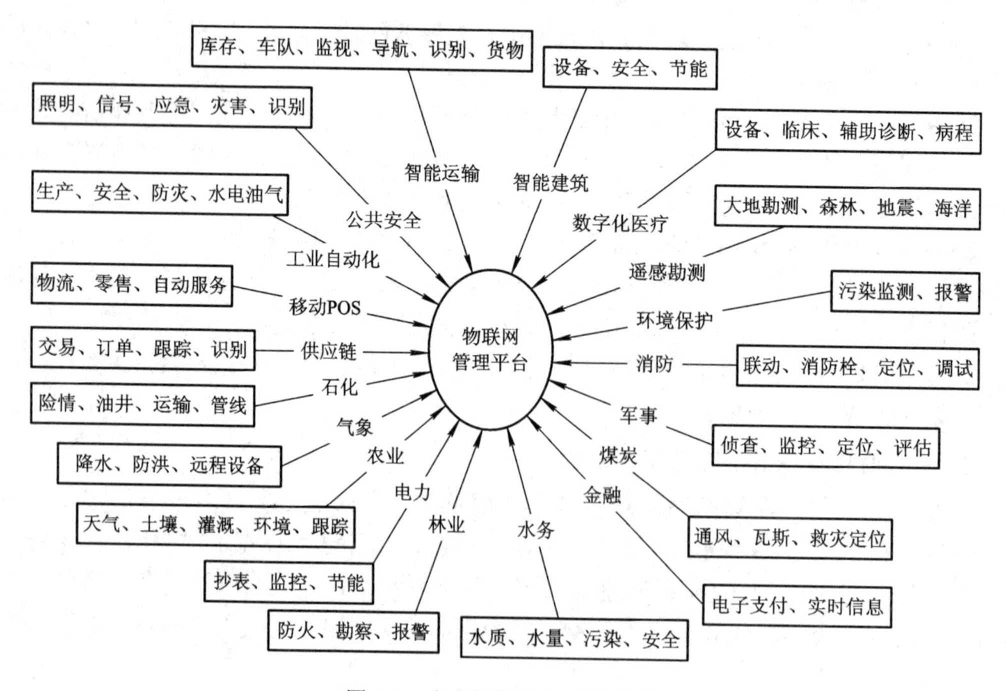

图 1.2　未来物联网的应用场景

1.2　任务二：物联网体系架构

1.2.1　物联网的自主体系结构

为了适应异构物联网无线通信环境需要，Guy Pujolle 在《An autonomic-oriented architecture for the Internet of Things》(IEEE John Vincent Atanasoff 2006 International Symposium on Modern Computing)中，提出了一种采用自主通信技术的物联网自主体系结构，如图 1.3 所示。所谓自主通信，是指以自主件(Self Ware)为核心的通信，自主件在端到端层次以及中间节点，执行网络控制面已知的或者新出现的任务，自主件可以确保通信系统的可进化特性。由图 1.3 可以看出，物联网的这种自主体系结构由数据面、控制面、知识面和管理面四个面组成。数据面主要用于数据分组的传送；控制面通过向数据面发送配置信息，优化数据面的吞吐量，提高可靠性；知识面是最重要的一个面，它提供整个网络信息的完整视图，并且提炼成为网络系统的知识，用于指导控制面的适应性控制；管理面用于协调数据面、控制面和知识面的交互，提供物联网的自主能力。

在图 1.3 所示的自主体系结构中，其自主特征主要是由 STP/SP 协议栈和智能层取代了传统的 TCP/IP 协议栈，如图 1.4 所示，其中 STP 表示智能传输协议(Smart Transport Protocol)，SP 表示智能协议(Smart Protocol)。物联网节点的智能层主要用于协商交互节点之间 STP/SP 的选择，优化无线链路之上的通信和数据传输，以满足异构物联网设备之间的联网需求。

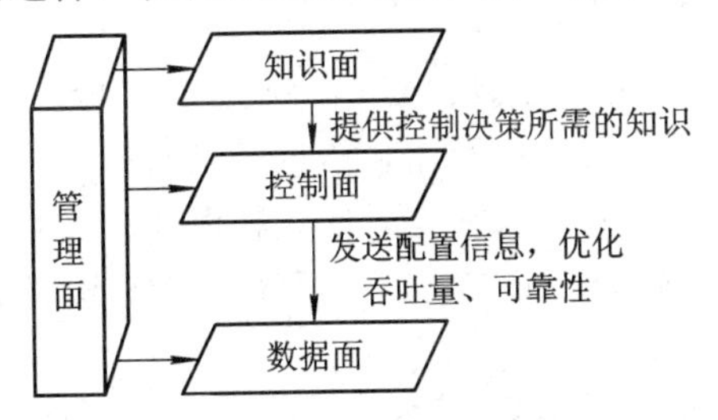

图 1.3　物联网的一种自主体系结构

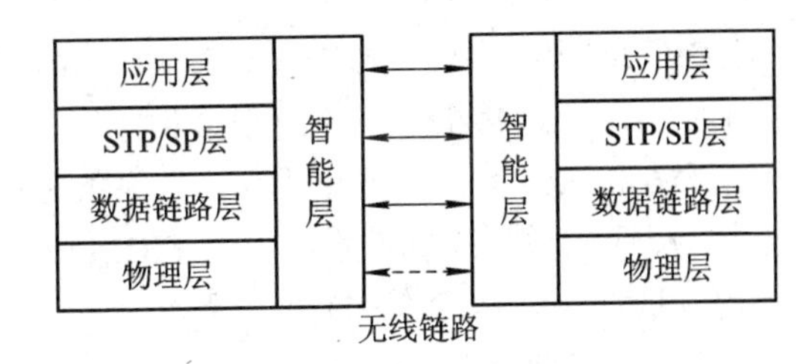

图 1.4　STP/SP 协议栈的自主体系结构

这种面向物联网的自主体系结构所涉及的协议栈比较复杂，只能适用于计算资源较为充裕的物联网节点。

1.2.2　物联网的 EPC 体系结构

随着全球经济一体化和信息网络化进程的加快，为满足对单个物品的标识和高效识别，美国麻省理工学院的自动识别实验室(Auto-ID)在美国统一代码协会(UCC)的支持下，提出要在计算机互联网的基础上，利用 RFID、无线通信技术，构造一个覆盖世界万物的系统；同时还提出了电子产品代码(Electronic Product Code，EPC)的概念，即每个对象都将赋予一个唯一的 EPC，采用射频识别技术的信息系统管理，数据传输和数据储存由 EPC 网络来处理。随后，国际物品编码协会(EAN)和美国统一代码协会(UCC)于 2003 年 9 月联合成立了非营利性组织 EPC Global，将 EPC 纳入了全球统一标识系统，实现了全球统一标识系统中的 GTIN 编码体系与 EPC 概念的完美结合。

EPC Global 对于物联网的描述是：一个物联网主要由 EPC 编码体系、射频识别系统及 EPC 信息网络系统三部分组成。

1. EPC 编码体系

物联网实现的是全球物品的信息实时共享。显然，首先要做的是实现全球物品的统一编码，即对在地球上任何地方生产出来的任何一件物品，都要给它打上电子标签。在这种电子标签带有一个电子产品代码，并且全球唯一。电子标签代表了该物品的基本识别信息，例如，可以用电子标签的部分内容信息“ABCDE”来表示和标识“A 公司于 B 时间在 C 地点生产的 D 类产品的第 E 件”物件。目前，欧美支持的 EPC 编码和日本支持的 UID 编码是两种常见的电子产品编码体系。

2. 射频识别系统

射频识别系统包括 EPC 标签和读写器。EPC 标签是编号(每件商品唯一的号码，即牌照)的载体，当 EPC 标签贴在物品上或内嵌在物品中时，该物品与 EPC 标签中的产品电子代码就建立起了一对一的映射关系。EPC 标签从本质上来说是一个电子标签，通过 RFID 读写器可以对 EPC 标签内存信息进行读取。这个内存信息通常就是产品电子代码。产品电子代码经读写器报送给物联网中间件，经处理后存储在分布式数据库中。用户查询物品信息时只要在网络浏览器的地址栏中，输入物品名称、生产商、供货商等数据，就可以实时获悉物品在供应链中的状况。目前，与此相关的标准已制定，包括电子标签的封装标准，电子标签和读写器间数据交互标准等。

3. EPC 信息网络系统

EPC 信息网络系统包括 EPC 中间件、EPC 信息发现服务和 EPC 信息服务三部分。

EPC 中间件通常指一个通用平台和接口，是连接 RFID 读写器和信息系统的纽带。它主要用于实现 RFID 读写器和后端应用系统之间信息交互、捕获实时信息和事件，或向上传送给后端应用数据库软件系统以及 ERP(Enterprise Resource Planning)系统(企业资源计划系统)等，或向下传送给 RFID 读写器。

EPC 信息发现服务(Discovery Service)包括对象名解析服务(Object Name Service，ONS)以及配套服务，基于电子产品代码，获取 EPC 数据访问通道信息。目前，ONS 系统和配套的发现服务系统由 EPC Global 委托 Verisign 公司进行运行维护，其接口标准正在形成之中。

EPC 信息服务(EPC Information Service，EPC IS)即 EPC 系统的软件支持系统，用以实现最终用户在物联网环境下交互 EPC 信息。关于 EPC IS 的接口和标准也正在形成之中。

可见，一个 EPC 物联网体系架构主要由 EPC 编码、物体 EPC 标签及 RFID 读写器、中间件系统、ONS 服务器和 EPC IS 服务器等部分构成，如图 1.5 所示。

由图 1.5 可以看到一个企业物联网应用系统的基本架构。该应用系统由三大部分组成，即 RFID 识别系统、中间件系统和计算机互联网系统。RFID 识别系统包含物体 EPC 标签和 RFID 读写器，两者通过 RFID 空中接口通信，物体 EPC 标签贴于每件物品上。中间件系统含有 EPC IS、PML(Physical Markup Language，物体标记语言)以及 ONS 及其缓存系统，其后端应用数据库软件系统还包含 ERP 系统等，这些都与计算机互联网相连，可及时有效地跟踪、查询、修改或增减数据。

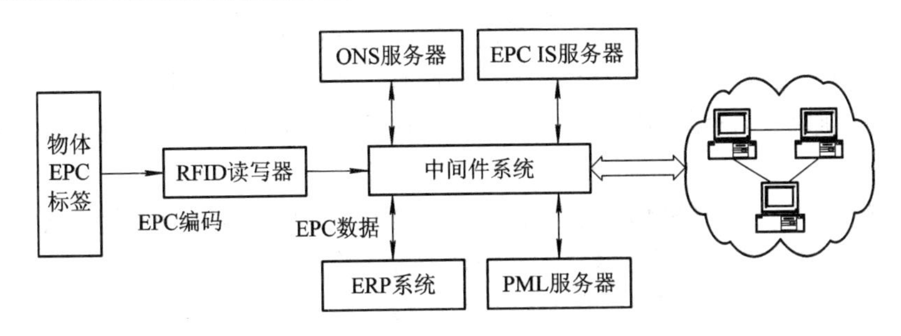

图 1.5　EPC 物联网体系架构示意图

RFID 读写器从含有一个 EPC 或一系列 EPC 的标签上读取物品的电子代码，然后将读取的物品电子代码送到中间件系统中进行处理。如果读取的数据量较大而中间件系统处理不及时，可应用 ONS 来储存部分读取数据。中间件系统以该 EPC 数据为信息源，在本地 ONS 服务器获取包含该产品信息的 EPC 信息服务器的网络地址。当本地 ONS 不能查阅到 EPC 编码所对应的 EPC 信息服务器地址时，可向远程 ONS 发送解析请求，获取物品的对象名称，继而通过 EPC 信息服务的各种接口获得物品信息的各种相关服务。整个 EPC 网络系统借助计算机互联网系统，利用在互联网基础上发展产生的通信协议和描述语言而运行。因此，也可以说，物联网是架构在互联网基础上的关于各种物理产品信息服务的总和。

综上所述，EPC 物联网系统是在计算机互联网基础上，主要通过中间件系统、对象名解析服务(ONS)和 EPC 信息服务(EPC IS)来实现物物互联的。

1.2.3　物联网的 UID 技术体系

在电子标签方面，日本早在 20 世纪 80 年代中期就提出了实时嵌入式系统(TRON)，其中的 T-Engine 是该体系的核心。在 T-Engine 论坛领导下，UID 中心被设立于东京大学，于 2003 年 3 月成立，并得到日本政府以及大企业的支持，目前包括微软、索尼、三菱、日立、日电、东芝、夏普、富士通、NTT、DoCoMo、KDDI、J-Phone、伊藤忠、大日本印刷、凸版印刷、理光等诸多企业。组建 UID 中心的目的是为了建立和普及自动识别“物品”所需的基础性技术，实现“计算无处不在”的理想环境。

UID 是一个开放性的技术体系，由泛在识别码(uCode)、泛在通信器(UG)、信息系统服务器和 uCode 解析服务器等部分构成。UID 使用 uCode 作为现实世界物品和场所的标识，它从 uCode 电子标签中读取 uCode 获取这些设施的状态，并控制它们，类似于 PDA 终端。UID 可广泛应用于多种产业或行业，现实世界用 uCode 标识的物品、场所等各种实体与虚拟世界中存储在信息服务器中的各种相关信息联系起来，实现物物互联。

1.2.4　构建物联网体系结构的原则

物联网有别于互联网。互联网的主要目的是构建一个全球性的计算机通信网络；物联网则主要是从应用出发，利用互联网、无线通信技术进行业务数据的传送，是互联网、移动通信网应用的延伸，是自动化控制、遥控遥测及信息应用技术的综合展现。当物联网概念与近程通信、信息采集、网络技术、用户终端设备结合之后，其价值才能逐步得到展现。因此，设计物联网体系结构应该遵循以下六条原则：

(1) 多样性原则。物联网体系结构必须根据物联网的服务类型、节点的不同，分别设计多种类型的体系结构，不能也没有必要建立起唯一的标准体系结构。

(2) 时空性原则。物联网尚在发展之中，其体系结构应能满足在时间、空间和能源方面的需求。

(3) 互联性原则。物联网体系结构需要平滑地与互联网实现互联互通，如果试图另行设计一套互联通信协议及其描述语言，那将是不现实的。

(4) 扩展性原则。对于物联网体系结构的架构，应该具有一定的扩展性，以便最大限度地利用现有网络通信基础设施，保护已投资利益。

(5) 安全性原则。物物互联之后，物联网的安全性将比计算机互联网的安全性更为重要，因此物联网的体系结构应能够防御大范围的网络攻击。

(6) 健壮性原则。物联网体系结构应具备相当好的健壮性和可靠性。

1.2.5 实用的层次性物联网体系架构

物联网是通过各种信息传感设备及系统(传感网、射频识别系统、红外感应器、激光扫描器等)、条码与二维码、全球定位系统，按约定的通信协议，将物与物、人与物、人与人连接起来，通过各种接入网、互联网进行信息交换，以实现智能化识别、定位、跟踪、监控和管理的一种信息网络。这个定义的核心是，物联网的主要特征是每一个物件都可以寻址，每一个物件都可以控制，每一个物件都可以通信。

根据物联网的服务类型和节点等情况，物联网的体系结构划分有两种情况：其一是由感知层、接入层、网络层和应用层组成的四层物联网体系结构；其二是由感知层、网络层和应用层组成的三层物联网体系结构。根据对物联网的研究、技术和产业的实践观察，目前业界将物联网系统划分为三个层次：感知层、网络层、应用层，并依此概括地描绘物联网的系统架构，如图 1.6 所示。

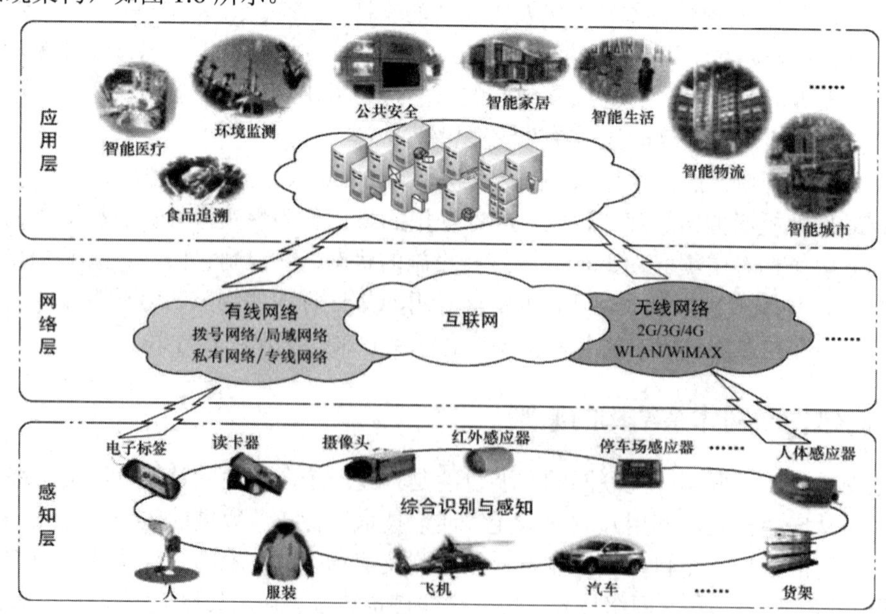

图 1.6　物联网体系架构示意图

感知层解决的是人类世界和物理世界的数据获取的问题。感知层可进一步划分为两个子层，首先是通过传感器、数码相机等设备采集外部物理世界的数据，然后通过 RFID、条码、工业现场总线、蓝牙、红外等短距离传输技术传递数据。特别是当仅传递物品的唯一识别码的情况，也可以只有数据的短距离传输这一层。在实际上，这两个子层有时很难以明确区分开。感知层所需要的关键技术包括检测技术、短距离有线和无线通信技术等。

网络层解决的是感知层所获得的数据在一定范围内(通常是长距离)传输的问题。这些数据可以通过移动通信网、国际互联网、企业内部网、各类专网、小型局域网等网络传输。特别是当三网融合后，有线电视网也能承担物联网网络层的功能，有利于物联网的加快推进。网络层所需要的关键技术包括长距离有线和无线通信技术、网络技术等。

应用层解决的是信息处理和人机界面的问题。网络层传输而来的数据在这一层里进入各类信息系统进行处理，并通过各种设备与人进行交互。这一层也可按形态直观地划分为两个子层。一个是应用程序层，进行数据处理，它涵盖了国民经济和社会的每一领域及功能，包括电力、医疗、银行、交通、环保、物流、工业、农业、城市管理、家居生活等领域以及支付、监控、安保、定位、盘点、预测等功能，可用于政府、企业、社会组织、家庭、个人等，这正是物联网作为深度信息化的重要体现。另一个是终端设备层，提供人机界面，物联网虽然是“物物相连的网”，但最终是要以人为本的，最终还是需要人的操作与控制，不过这里的人机界面已远远超出现时人与计算机交互的概念，而是泛指与应用程序相连的各种设备与人的反馈。

在各层之间，信息不是单向传递的，可有交互、控制等，所传递的信息多种多样，这其中关键是物品的信息，包括在特定应用系统范围内能唯一标识物品的识别码和物品的静态与动态信息。此外，软件和集成电路技术都是各层所需的关键技术。

1.3　任务三：物联网体系架构详析

1.3.1　感知层

物联网与传统网络的主要区别在于，物联网扩大了传统网络的通信范围，即物联网不仅仅局限于人与人之间的通信，还扩展到人与物、物与物之间的通信。在物联网具体实现过程中，如何完成对物的感知这一关键环节？本节将针对这一问题，对感知层及其关键技术进行介绍。

1. 感知层的功能

物联网在传统网络的基础上，从原有网络用户终端向“下”延伸和扩展，扩大通信的对象范围，即通信不仅仅局限于人与人之间的通信，还扩展到人与现实世界的各种物体之间的通信。

这里的“物”并不是自然物品，而是要满足一定的条件才能够被纳入物联网的范围，例如有相应的信息接收器和发送器、数据传输通路、数据处理芯片、操作系统、存储空间等，遵循物联网的通信协议，在物联网中有可被识别的标识。所看到现实世界的物品未必能满足这些要求，这就需要特定的物联网设备的帮助才能满足以上条件，并加入物联网。物联网设备具体来说，就是嵌入式系统、传感器、RFID 等。

物联网感知层解决的就是人类世界和物理世界的数据获取问题，即各类物理量、标识、音频、视频数据。感知层处于三层架构的最底层，是物联网发展和应用的基础，具有物联网全面感知的核心能力。作为物联网的最基本一层，感知层具有十分重要的作用。

2. 感知层的关键技术

感知层所需要的关键技术包括检测技术、中低速无线或有线短距离传输技术等。具体来说，感知层综合了传感器技术、嵌入式技术、智能组网技术、无线通信技术、分布式信息处理技术等，能够通过各类集成化的微型传感器的协作实时监测、感知和采集各种环境或监测对象的信息。通过嵌入式系统对信息进行处理，并通过随机自组织无线通信网络以多跳中继方式将所感知信息传送到接入层的基站节点和接入网关，最终到达用户终端，从而真正实现“无处不在”的物联网的理念。

1) 传感器技术

传感器是一种检测装置，能感受到被测的信息，并能将检测到的信息按一定规律变换成为电信号或其他所需形式的信息输出，以满足信息的传输、处理、存储、显示、记录和控制等要求。它是实现自动检测和自动控制的首要环节。在物联网系统中，对各种参量进行信息采集和简单加工处理的设备，被称为物联网传感器。传感器可以独立存在，也可以与其他设备以一体方式呈现，但无论哪种方式，它都是物联网中的感知和输入部分。在未来的物联网中，传感器及其组成的传感器网络将在数据采集前端发挥重要的作用。

传感器的分类方法多种多样，比较常用的有按传感器的物理量、工作原理和输出信号三种方式来分类。此外，按照是否具有信息处理功能来分类的意义越来越重要，特别是在未来的物联网时代。按照这种分类方式，传感器可分为一般传感器和智能传感器。一般传感器采集的信息需要计算机进行处理；智能传感器带有微处理器，本身具有采集、处理、交换信息的能力，具备数据精度高、高可靠性与高稳定性、高信噪比与高分辨力、强自适应性、低价格性能比等特点。

(1) 新型传感器。传感器是节点感知物质世界的“感觉器官”，用来感知信息采集点的环境参数。传感器可以感知热、力、光、电、声、位移等信号，为物联网系统的处理、传输、分析和反馈提供最原始的数据信息。

随着电子技术的不断进步提高，传统的传感器正逐步实现微型化、智能化、信息化、网络化；同时，传感器也正经历着一个从传统传感器(Dumb Sensor)到智能传感器(Smart Sensor)再到嵌入式 Web 传感器(Embedded Web Sensor)不断丰富发展的过程。应用新理论、新技术，采用新工艺、新结构、新材料，研发各类新型传感器，提升传感器的功能与性能，降低成本，是实现物联网的基础。目前，市场上已经有大量门类齐全且技术成熟的传感器产品可供选择使用。

(2) 智能化传感网节点技术。所谓智能化传感网节点，是指一个微型化的嵌入式系统。在感知物质世界及其变化的过程中，需要检测的对象很多，例如温度、压力、湿度、应变等，因此需要微型化、低功耗的传感网节点来构成传感网的基础层支持平台。因此，需要针对低功耗传感网节点设备的低成本、低功耗、小型化、高可靠性等要求，研制低速、中高速传感网节点核心芯片，以及集射频、基带、协议、处理于一体，具备通信、处理、组网和感知能力的低功耗片上系统；针对物联网的行业应用，研制系列节点产品。这不但需要采用 MEMS 加工技术，设计符合物联网要求的微型传感器，使之可识别、配接多种敏感元件，并适用于主被动各种检测方法；另外，传感网节点还应具有强抗干扰能力，以适应恶劣工作环境的需求。如何利用传感网节点具有的局域信号处理功能，在传感网节点附近局部完成一定的信号处理，使原来由中央处理器实现的串行处理、集中决策的系统，成为一种并行的分布式信息处理系统，这还需要开发基于专用操作系统的节点级系统软件。

2) RFID 技术

RFID 是射频识别(Radio Frequency Identification)的英文缩写，是 20 世纪 90 年代开始兴起的一种自动识别技术，它利用射频信号通过空间电磁耦合实现无接触信息传递并通过所传递的信息实现物体识别。RFID 既可以看成是一种设备标识技术，也可以归类为短距离传输技术，在本书中更倾向于前者。

RFID 是一种能够让物品“开口说话”的技术，也是物联网感知层的一个关键技术。在对物联网的构想中，RFID 标签中存储着规范而具有互用性的信息，通过有线或无线的方式把它们自动采集到中央信息系统，实现物品(商品)的识别，进而通过开放式的计算机网络实现信息交换和共享，实现对物品的“透明”管理。

RFID 系统主要由三部分组成：电子标签(Tag)、读写器(Reader)和天线(Antenna)。其中，电子标签芯片具有数据存储区，用于存储待识别物品的标识信息；读写器是将约定格式的待识别物品的标识信息写入电子标签的存储区中(写入功能)，或在读写器的阅读范围内以无接触的方式将电子标签内保存的信息读取出来(读出功能)；天线用于发射和接收射频信号，往往内置在电子标签和读写器中。

RFID 技术的工作原理是：电子标签进入读写器产生的磁场后，读写器发出的射频信号，凭借感应电流所获得的能量发送出存储在芯片中的产品信息(无源标签或被动标签)，或者主动发送某一频率的信号(有源标签或主动标签)；读写器读取信息并解码后，送至中央信息系统进行有关数据处理。

由于 RFID 具有无需接触、自动化程度高、耐用可靠、识别速度快、适应各种工作环境、可实现高速和多标签同时识别等优势，因此可用于广泛的领域，如物流和供应链管理、门禁安防系统、道路自动收费、航空行李处理、文档追踪/图书馆管理、电子支付、生产制造和装配、物品监视、汽车监控、动物身份标识等。以简单 RFID 系统为基础，结合已有的网络技术、数据库技术、中间件技术等，构筑一个由大量联网的读写器和无数移动的标签组成的，比 Internet 更为庞大的物联网成为 RFID 技术发展的趋势。

RFID 主要采用 ISO 和 IEC 制定的技术标准。目前可供射频卡使用的射频技术标准有 ISO/IEC 10536、ISO/IEC 14443、ISO/IEC 15693 和 ISO/IEC 18000。应用最多的是 ISO/IEC 14443 和 ISO/IEC 15693，这两个标准都由物理特性、射频功率和信号接口、初始化和反碰撞，以及传输协议四部分组成。

RFID 与人们常见的条形码相比，比较明显的优势体现在以下四个方面：

(1) 阅读器可同时识读多个 RFID 标签；

(2) 阅读时不需要光线、不受非金属覆盖的影响，而且在严酷、肮脏条件下仍然可以读取；

(3) 存储容量大，可以反复读、写；

(4) 信息可以在高速运动中读取。

当然，目前 RFID 也还存在许多技术难点与问题，主要集中在：RFID 反碰撞、防冲突问题，RFID 天线研究，工作频率的选择，安全与隐私等方面。

3) 二维码技术

二维码(2-dimensional bar code)技术是物联网感知层实现过程中最基本和关键的技术之一。二维码也叫二维条码或二维条形码，是用某种特定的几何形体按一定规律在平面上分布(黑白相间)的图形来记录信息的应用技术。从技术原理来看，二维码在代码编制上巧妙地利用构成计算机内部逻辑基础的“0”和“1”比特流的概念，使用若干与二进制相对应的几何形体来表示数值信息，并通过图像输入设备或光电扫描设备自动识读以实现信息的自动处理。

与一维条形码相比二维码有着明显的优势，归纳起来主要有以下几个方面：数据容量更大，二维码能够在横向和纵向两个方位同时表达信息，因此能在很小的面积内表达大量的信息；超越了字母数字的限制；条形码相对尺寸小；具有抗损毁能力。此外，二维码还可以引入保密措施，其保密性较一维码要强很多。

二维码可分为堆叠式/行排式二维码和矩阵式二维码。其中，堆叠式/行排式二维码形态上是由多行短截的一维码堆叠而成；矩阵式二维码以矩阵的形式组成，在矩阵相应元素位置上用“点”表示二进制“1”，用“空”表示二进制“0”，并由“点”和“空”的排列组成代码。

二维码具有条码技术的一些共性：每种码制有其特定的字符集，每个字符占有一定的宽度，具有一定的校验功能等。二维码的特点归纳如下。

(1) 高密度编码，信息容量大：二维码可容纳多达 1850 个大写字母或 2710 个数字或 1108 个字节或 500 多个汉字，比普通条码信息容量高约几十倍。

(2) 编码范围广：二维码可以把图片、声音、文字、签字、指纹等可以数字化的信息进行编码，并用条码表示。

(3) 容错能力强，具有纠错功能：二维码因穿孔、污损等引起局部损坏时，甚至损坏面积达 50%时，仍可以正确得到识读。

(4) 译码可靠性高：二维码比普通条码译码错误率 2×10^{-7} 要低得多，误码率不超过 1×10^{-8}。

(5) 可引入加密措施：二维码保密性、防伪性好。

(6) 二维码成本低，易制作，持久耐用。

(7) 条码符号形状、尺寸大小比例可变。

(8) 二维码可以使用激光或 CCD 摄像设备识读，十分方便。

与 RFID 相比，二维码最大的优势在于成本较低，一条二维码的成本仅为几分钱，而 RFID 标签因其芯片成本较高，制造工艺复杂，价格较高。表 1.1 对这两种标识技术进行了比较。

表 1.1 RFID 与二维码功能比较

功 能	RFID	二 维 码
读取数量	可同时读取多个 RFID 标签	一次只能读取一个二维码
读取条件	RFID 标签不需要光线就可以读取或更新	二维码读取时需要光线
容量	存储资料的容量大	存储资料的容量小
读写能力	电子资料可以重复写	资料不可更新
读取方便性	RFID 标签可以很薄，如在包内仍可读取资料	二维码读取时需要清晰可见
资料准确性	准确性高	需靠人工读取，有人为疏失的可能性
坚固性	RFID 标签在严酷，恶劣与肮脏的环境下仍然可读取资料	当二维码污损将无法读取，无耐久性
高速读取	在高速运动中仍可读取	移动中读取有所限制

4) ZigBee

ZigBee 是一种短距离、低功耗的无线传输技术，是一种介于无线标记技术和蓝牙之间的技术，它是 IEEE 802.15.4 协议的代名词。ZigBee 采用分组交换和跳频技术，并且可使用 3 个频段，分别是 2.4 GHz 的公共通用频段、欧洲的 868 MHz 频段和美国的 915 MHz 频段。ZigBee 主要应用在短距离范围并且数据传输速率不高的各种电子设备之间。与蓝牙相比，ZigBee 更简单，速率更慢，功率及费用也更低。同时，由于 ZigBee 技术的低速率和通信范围较小的特点，也决定了 ZigBee 技术只适合于承载数据流量较小的业务。

ZigBee 技术主要包括以下特点：

(1) 数据传输速率低。只有 10～250 kb/s，专注于低传输应用。

(2) 低功耗。ZigBee 设备只有激活和睡眠两种状态，而且 ZigBee 网络中通信循环次数非常少，工作周期很短，所以一般来说，两节普通 5 号干电池可使用 6 个月以上。

(3) 成本低。因为 ZigBee 数据传输速率低，协议简单，所以大大降低了成本。

(4) 网络容量大。ZigBee 支持星型、簇型和网状型网络结构，每个 ZigBee 网络最多可支持 255 个设备，也就是说，每个 ZigBee 设备可以与另外 254 台设备相连接。

(5) 有效范围小。有效传输距离 10～75 m，具体依据实际发射功率的大小和各种不同的应用模式而定，基本上能够覆盖普通的家庭或办公室环境。

(6) 工作频段灵活。使用的频段分别为 2.4 GHz、868 MHz(欧洲)及 915 MHz(美国)，均为免执照频段。

(7) 可靠性高。采用了碰撞避免机制，同时为需要固定带宽的通信业务预留了专用时隙，避免了发送数据时的竞争和冲突；节点模块之间具有自动动态组网的功能，信息在整个 ZigBee 网络中通过自动路由的方式进行传输，从而保证了信息传输的可靠性。

(8) 时延短。ZigBee 针对时延敏感的应用做了优化，通信时延和从休眠状态激活的时延都非常短。

(9) 安全性高。ZigBee 提供了数据完整性检查和鉴定功能，采用 AES-128 加密算法，同时根据具体应用可以灵活确定其安全属性。

由于 ZigBee 技术具有成本低、组网灵活等特点，可以嵌入各种设备，在物联网中发挥重要作用。其目标市场主要有 PC 外设(鼠标、键盘、游戏操控杆)、消费类电子设备(电视机、CD、VCD、DVD 等设备上的遥控装置)、家庭内智能控制(照明、煤气计量控制及报警等)、玩具(电子宠物)、医护(监视器和传感器)、工控(监视器、传感器和自动控制设备)等非常广阔的领域。

5) 蓝牙

蓝牙(Bluetooth)是一种无线数据与话音通信的开放性全球规范，和 ZigBee 一样，也是一种短距离的无线传输技术。其实质内容是为固定设备或移动设备之间的通信环境建立通用的短距离无线接口，将通信技术与计算机技术进一步结合起来，是各种设备在无电线或电缆相互连接的情况下，能在短距离范围内实现相互通信或操作的一种技术。

蓝牙采用高速跳频(Frequency Hopping)和时分多址(Time Division Multiple Access，TDMA)等先进技术，支持点对点及点对多点通信。其传输频段为全球公共通用的 2.4 GHz 频段，能提供 1 Mb/s 的传输速率和 10 m 的传输距离，并采用时分双工传输方案实现全双工传输。

蓝牙除具有和 ZigBee 一样，可以全球范围适用、功耗低、成本低、抗干扰能力强等特点外，还有许多它自己的特点。

(1) 同时可传输语音和数据。蓝牙采用电路交换和分组交换技术，支持异步数据信道、三路语音信道以及异步数据与同步语音同时传输的信道。

(2) 可以建立临时性的对等连接(Ad hoc Connection)。

(3) 开放的接口标准。为了推广蓝牙技术的使用，蓝牙技术联盟(Bluetooth SIG)将蓝牙的技术标准全部公开，全世界范围内的任何单位和个人都可以进行蓝牙产品的开发，只要最终通过 Bluetooth SIG 的蓝牙产品兼容性测试，就可以推向市场。

蓝牙作为一种电缆替代技术，主要有以下三类应用：话音/数据接入、外围设备互连和个人局域网(PAN)。在物联网的感知层，主要是用于数据接入。蓝牙技术有效地简化移动通信终端设备之间的通信，也能够成功地简化设备与因特网之间的通信，从而数据传输变得更加迅速高效，为无线通信拓宽了道路。

1.3.2 网络层

物联网是什么？我们经常会说 RFID，这只是感知。其实感知的技术已经有了，虽然说未必成熟，但是开发起来并不很难。但是物联网的价值在什么地方？主要在于网，而不在于物。感知只是第一步，但是感知的信息，如果没有一个庞大的网络体系，不能进行管理和整合，那这个网络就没有意义。本节将对物联网架构中的网络层进行介绍。

1. 网络层功能

物联网网络层是在现有网络的基础上建立起来的，它与目前主流的移动通信网、国际互联网、企业内部网、各类专网等网络一样，主要承担着数据传输的功能，特别是当三网融合后，有线电视网也能承担数据传输的功能。

在物联网中，要求网络层能够把感知层感知到的数据无障碍、高可靠性、高安全性地进行传送，它解决的是感知层所获得的数据在一定范围内，尤其是远距离地传输问题。同时，物联网网络层将承担比现有网络更大的数据量和面临更高的服务质量要求，所以现有网络尚不能满足物联网的需求，这就意味着物联网需要对现有网络进行融合和扩展，利用新技术以实现更加广泛和高效的互联功能。

由于广域通信网络在早期物联网发展中的缺位，早期的物联网应用往往在部署范围、应用领域等诸多方面有所局限，终端之间以及终端与后台软件之间都难以开展协同。随着物联网的发展，建立端到端的全局网络将成为必需。

2. 网络层关键技术

由于物联网网络层是建立在Internet和移动通信网等现有网络基础之上的，除具有目前已经比较成熟的如远距离有线、无线通信技术和网络技术外，为实现“物物相连”的需求，物联网网络层将综合使用IPv6、2G/3G、Wi-Fi等通信技术，实现有线与无线的结合、宽带与窄带的结合、感知网与通信网的结合。同时，网络层中的感知数据管理与处理技术是实现以数据为中心的物联网的核心技术。感知数据管理与处理技术包括物联网数据的存储、查询、分析、挖掘、理解以及基于感知数据决策和行为的技术。

本节将对物联网依托的Internet、移动通信网和无线传感器网络三种主要网络形态以及涉及的IPv6、Wi-Fi等关键技术进行介绍，本书项目五将对目前主流的网络及其关键技术做详细讲解。

1) Internet

Internet，中文译为因特网，广义的因特网叫互联网，是以相互交流信息资源为目的，基于一些共同的协议，并通过许多路由器和公共互联网连接而成的，它是一个信息资源和资源共享的集合。Internet采用了目前最流行的客户机/服务器工作模式，凡是使用TCP/IP协议，并能与Internet中任意主机进行通信的计算机，无论是何种类型、采用何种操作系统，均可看成是Internet的一部分，可见Internet覆盖范围之广。物联网也被认为是Internet的进一步延伸。

Internet将作为物联网主要的传输网络之一，然而为了让Internet适应物联网大数据量和多终端的要求，业界正在发展一系列新技术。其中，由于Internet中用IP地址对节点进行标识，而目前的IPv4受制于资源空间耗竭，已经无法提供更多的IP地址，所以IPv6以其近乎无限的地址空间将在物联网中发挥重大作用。IPv6技术的引入，使网络不仅可以为人类服务，还将服务于众多硬件设备，如家用电器、传感器、远程照相机、汽车等，它将使物联网无所不在、无处不在地深入社会每个角落。

2) 移动通信网

移动通信就是移动体之间的通信，或移动体与固定体之间的通信。通过有线或无线介质将这些物体连接起来进行话音等服务的网络就是移动通信网。

移动通信网由无线接入网、核心网和骨干网三部分组成。无线接入网主要为移动终端提供接入网络服务，核心网和骨干网主要为各种业务提供交换和传输服务。从通信技术层面看，移动通信网的基本技术可分为传输技术和交换技术两大类。

在物联网中，终端需要以有线或无线方式连接起来，发送或者接收各类数据；同时，考虑到终端连接方便性、信息基础设施的可用性(不是所有地方都有方便的固定接入能力)

以及某些应用场景本身需要监控的目标就是在移动状态下，因此，移动通信网络以其覆盖广、建设成本低、部署方便、终端具备移动性等特点将成为物联网重要的接入手段和传输载体，为人与人之间通信、人与网络之间的通信、物与物之间的通信提供服务。

在移动通信网中，当前比较热门的接入技术有 3G、Wi-Fi 和 WiMAX。在移动通信网中， 3G 是指第三代支持高速数据传输的蜂窝移动通信技术，它综合了蜂窝、无绳、集群、移动数据、卫星等各种移动通信系统的功能，与固定电信网的业务兼容，能同时提供话音和数据业务。3G 的目标是实现所有地区(城区与野外)的无缝覆盖，从而使用户在任何地方均可以使用系统所提供的各种服务。3G 包括三种主要国际标准：CDMA2000，WCDMA，TD-SCDMA，其中 TD-SCDMA 是第一个由我国提出的，以我国知识产权为主的、被国际上广泛接受和认可的无线通信国际标准。

Wi-Fi 全称 Wireless Fidelity(无线保真技术)，传输距离有几百米，可实现各种便携设备(手机、笔记本电脑、PDA 等)在局部区域内的高速无线连接或接入局域网。Wi-Fi 是由接入点 AP(Access Point)和无线网卡组成的无线网络。主流的 Wi-Fi 技术无线标准有 IEEE 802.11b 及 IEEE 802.11g 两种，分别可提供 11 Mb/s 和 54 Mb/s 两种传输速率。

WiMAX 全称 World Interoperability for Microwave Access(全球微波接入互操作性)，是一种城域网(MAN)无线接入技术，是针对微波和毫米波频段提出的一种空中接口标准，其信号传输半径可以达到 50 km，基本上能覆盖到城郊。正是由于这种远距离传输特性，WiMAX 不仅能解决无线接入问题，还能作为有线网络接入(有线电视、DSL)的无线扩展，方便地实现边远地区的网络连接。

3) 无线传感器网络

无线传感器网络(WSN)的基本功能是将一系列空间分散的传感器单元通过自组织的无线网络进行连接，从而将各自采集的数据通过无线网络进行传输汇总，以实现对空间分散范围内的物理或环境状况的协作监控，并根据这些信息进行相应的分析和处理。

很多文献将无线传感器网络归为感知层技术，实际上无线传感器网络技术贯穿物联网的三个层面，是结合了计算机、通信、传感器三项技术的一门新兴技术，具有较大范围、低成本、高密度、灵活布设、实时采集、全天候工作的优势，且对物联网其他产业具有显著带动作用。

如果说 Internet 构成了逻辑上的虚拟数字世界，改变了人与人之间的沟通方式，那么无线传感器网络就是将逻辑上的数字世界与客观上的物理世界融合在一起，改变人类与自然界的交互方式。传感器网络是集成了监测、控制以及无线通信的网络系统，相比传统网络，其特点是：

(1) 节点数目更为庞大(上千甚至上万)，节点分布更为密集；

(2) 由于环境影响和存在能量耗尽问题，节点更容易出现故障；

(3) 环境干扰和节点故障易造成网络拓扑结构的变化；

(4) 通常情况下，大多数传感器节点是固定不动的；

(5) 传感器节点具有的能量、处理能力、存储能力和通信能力等都十分有限。

因此，传感器网络的首要设计目标是能源的高效利用，主要涉及节能技术、定位技术、时间同步等关键技术，这也是传感器网络和传统网络最重要的区别之一。

1.3.3 应用层

物联网最终目的是要把感知和传输来的信息更好地利用，甚至有学者认为，物联网本身就是一种应用，可见应用在物联网中的地位。

1. 应用层功能

应用是物联网发展的驱动力和目的。应用层的主要功能是把感知和传输来的信息进行分析和处理，做出正确的控制和决策，实现智能化的管理、应用和服务。这一层解决的是信息处理和人机界面的问题。

具体地讲，应用层将网络层传输来的数据通过各类信息系统进行处理，并通过各种设备与人进行交互。这一层也可按形态直观地划分为两个子层：一个是应用程序层，另一个是终端设备层。应用程序层进行数据处理，完成跨行业、跨应用、跨系统之间的信息协同、共享、互通的功能，包括电力、医疗、银行、交通、环保、物流、工业、农业、城市管理、家居生活等，可用于政府、企业、社会组织、家庭、个人等，这正是物联网作为深度信息化网络的重要体现。而终端设备层主要是提供人机界面，物联网虽然是“物物相联的网”，但最终还是需要人的操作与控制，不过这里的人机界面已远远超出现在人与计算机交互的概念，而是泛指与应用程序相连的各种设备与人的反馈。

物联网的应用可分为监控型(物流监控、污染监控)，查询型(智能检索、远程抄表)，控制性(智能交通、智能家居、路灯控制)，扫描型(手机钱包、高速公路不停车收费)等。目前，软件开发、智能控制技术发展迅速，应用层技术将会为用户提供丰富多彩的物联网应用。同时，各种行业和家庭应用的开发将会推动物联网的普及，也给整个物联网产业链带来利润。

2. 应用层关键技术

物联网应用层能够为用户提供丰富多彩的业务体验，然而，如何合理高效地处理从网络层传来的海量数据，并从中提取有效信息，是物联网应用层要解决的一个关键问题。本节将对应用层的 M2M 技术、用于处理海量数据的云计算技术等关键技术进行介绍。

1) M2M

M2M 是 Machine-to-Machine(机器对机器)的缩写，根据不同应用场景，往往也被解释为 Man-to-Machine(人对机器)、Machine-to-Man(机器对人)、Mobile-to-Machine(移动网络对机器)、Machine-to-Mobile(机器对移动网络)。由于 Machine 一般特指人造的机器设备，而物联网(The Internet of Things)中的 Things 则是指更抽象的物体，范围也更广。例如，树木和动物属于 Things，可以被感知、被标记，属于物联网的研究范畴，但它们不是 Machine，不是人为事物。冰箱则属于 Machine，同时也是一种 Things。所以，M2M 可以看做是物联网的子集或应用。

M2M 是现阶段物联网普遍的应用形式，是实现物联网的第一步。M2M 业务现阶段通过结合通信技术、自动控制技术和软件智能处理技术，实现对机器设备信息的自动获取和自动控制。这个阶段通信的对象主要是机器设备，尚未扩展到任何物品，在通信过程中，也以使用离散的终端节点为主。并且，M2M 的平台也不等于物联网运营的平台，它只解决了物与物的通信，解决不了物联网智能化的应用。所以，随着软件的发展，特别是应用软件和中间件软件的发展，M2M 平台可以逐渐过渡到物联网的应用平台上。

M2M 将多种不同类型的通信技术有机地结合在一起，将数据从一台终端传送到另一台终端，也就是机器与机器的对话。M2M 技术综合了数据采集、GPS、远程监控、电信、工业控制等技术，可以在安全监测、自动抄表、机械服务、维修业务、自动售货机、公共交通系统、车队管理、工业流程自动化、电动机械、城市信息化等环境中运行并提供广泛的应用和解决方案。

M2M 技术的目标就是使所有机器设备都具备联网和通信能力，其核心理念就是网络一切(Network Everything)。随着科学技术的发展，越来越多的设备具有了通信和联网能力，网络一切逐步变为现实。M2M 技术具有非常重要的意义，有着广阔的市场和应用，将会推动社会生产方式和生活方式的新一轮变革。

2) 云计算

云计算(Cloud Computing)是分布式计算(Distributed Computing)、并行计算(Parallel Computing)和网格计算(Grid Computing)的发展，或者说是这些计算机科学概念的商业实现。云计算通过共享基础资源(硬件、平台、软件)的方法，将巨大的系统池连接在一起以提供各种 IT 服务，这样企业与个人用户无需再投入昂贵的硬件购置成本，只需要通过互联网来租赁计算力等资源。用户可以在多种场合，利用各类终端，通过互联网接入云计算平台来共享资源。

云计算涵盖的业务范围，一般有狭义和广义之分。狭义云计算指 IT 基础设施的交付和使用模式，通过网络以按需、易扩展的方式获得所需的资源(硬件、平台、软件)。提供资源的网络被称为“云”。“云”中的资源在使用者看来是可以无限扩展的，并且可以随时获取、按需使用、随时扩展、按使用付费。这种特性经常被称为像水电一样使用的 IT 基础设施。广义云计算指服务的交付和使用模式，通过网络以按需、易扩展的方式获得所需的服务。这种服务可以是 IT 和软件、互联网相关的，也可以使用任意其他的服务。

云计算由于具有强大的处理能力、存储能力、带宽和极高的性价比，可以有效用于物联网应用和业务，也是应用层能提供众多服务的基础。它可以为各种不同的物联网应用提供统一的服务交付平台，可以为物联网应用提供海量的计算和存储资源，还可以提供统一的数据存储格式和数据处理方法。利用云计算大大简化了应用的交付过程，降低交付成本，并能提高处理效率。同时，物联网也将成为云计算最大的用户，促使云计算取得更大的商业成功。

3) 人工智能

人工智能(Artificial Intelligence)是探索研究使各种机器模拟人的某些思维过程和智能行为(如学习、推理、思考、规划等)，使人类的智能得以物化与延伸的一门学科。目前对人工智能的定义大多可划分为四类，即机器“像人一样思考”“像人一样行动”“理性地思考”和“理性地行动”。人工智能企图了解智能的实质，并生产出一种新的能以与人类智能相似的方式作出反应的智能机器。该领域的研究包括机器人、语言识别、图像识别、自然语言处理和专家系统等。目前主要的方法有神经网络、进化计算和粒度计算三种。在物联网中，人工智能技术主要负责分析物品所承载的信息内容，从而实现计算机自动处理。

人工智能技术的优点在于：大大改善操作者作业环境，减轻工作强度；提高了作业质量和工作效率；一些危险场合或重点施工应用得到解决；环保、节能；提高了机器的自动化程度及智能化水平；提高了设备的可靠性，降低了维护成本；故障诊断实现了智能化等。

4) 数据挖掘

数据挖掘(Data Mining)是从大量的、不完全的、有噪声的、模糊的及随机的实际应用数据中，挖掘出隐含的、未知的、对决策有潜在价值的数据的过程。数据挖掘主要基于人工智能、机器学习、模式识别、统计学、数据库、可视化技术等，高度自动化地分析数据，做出归纳性的推理。它一般分为描述型数据挖掘和预测型数据挖掘两种：描述型数据挖掘包括数据总结、聚类及关联分析等；预测型数据挖掘包括分类、回归及时间序列分析等。通过对数据的统计、分析、综合、归纳和推理，揭示事件间的相互关系，预测未来的发展趋势，为决策者提供决策依据。

在物联网中，数据挖掘只是一个代表性概念，它是一些能够实现物联网“智能化”“智慧化”的分析技术和应用的统称。细分起来，包括数据挖掘和数据仓库(Data Warehousing)、决策支持(Decision Support)、商业智能(Business Intelligence)、报表(Reporting)、ETL(数据抽取、转换和清洗等)、在线数据分析、平衡计分卡(Balanced Scoreboard)等技术和应用。

5) 中间件

中间件是为了实现每个小的应用环境或系统的标准化以及它们之间的通信，在后台应用软件和读写器之间设置的一个通用的平台和接口。在许多物联网体系架构中，经常把中间件单独划分一层，位于感知层与网络层或网络层与应用层之间。本书参照当前比较通用的物联网架构，将中间件划分到应用层。在物联网中，中间件作为其软件部分，有着举足轻重的地位。物联网中间件的功能是在物联网中采用中间件技术，以实现多个系统或多种技术之间的资源共享，最终组成一个资源丰富、功能强大的服务系统，最大限度地发挥物联网系统的作用。具体来说，物联网中间件的主要作用在于将实体对象转换为信息环境下的虚拟对象，因此数据处理是中间件最重要的功能。同时，中间件具有数据的搜集、过滤、整合与传递等特性，以便将正确的对象信息传到后端的应用系统。

目前主流的中间件包括 ASPIRE 和 Hydra。ASPIRE 旨在将 RFID 应用渗透到中小型企业。为了达到这样的目的，ASPIRE 完全改变了现有的 RFID 应用开发模式，它引入并推进一种完全开放的中间件，同时完全有能力支持原有模式中核心部分的开发。ASPIRE 的解决办法是完全开源和免版权费用，这大大降低了总的开发成本。Hydra 中间件特别方便实现环境感知行为和在资源受限设备中处理数据的持久性问题。Hydra 项目的第一个产品是为了开发基于面向服务结构的中间件，第二个产品是为了能基于 Hydra 中间件生产出可以简化开发过程的工具，即供开发者使用的软件或者设备开发套装。

物联网中间件的实现依托于中间件关键技术的支持，这些关键技术包括 Web 服务、嵌入式 Web、Semantic Web 技术、上下文感知技术、嵌入式设备及 Web of Things 等。

练　习　题

一、单选题

1. 手机钱包的概念是由(　　)提出来的。

A. 中国　　B. 日本　　C. 美国　　D. 德国

2. (　　)给出的物联网概念最权威。

A. 微软　　B. IBM　　C. 三星　　D. 国际电信联盟

3. (　　)年中国把物联网发展写入了政府工作报告。

A. 2000　　B. 2008　　C. 2009　　D. 2010

4. 第三次信息技术革命指的是(　　)。

A. 互联网　　B. 物联网　　C. 智慧地球　　D. 感知中国

5. 智慧地球是(　　)提出来的。

A. 德国　　B. 日本　　C. 法国　　D. 美国

6. 物联网在中国发展将经历(　　)。

A. 三个阶段　　B. 四个阶段　　C. 五个阶段　　D. 六个阶段

7. 2009年10月(　　)提出了“智慧地球”。

A. IBM　　B. 微软　　C. 三星　　D. 国际电信联盟

8. 物联网体系结构划分为四层，传输层在(　　)。

A. 第一层　　B. 第二层　　C. 第三层　　D. 第四层

9. 物联网的基本架构不包括(　　)。

A. 感知层　　B. 传输层　　C. 数据层　　D. 会话层

10. 感知层在(　　)。

A. 第一层　　B. 第二层　　C. 第三层　　D. 第四层

11. IBM提出的物联网构架结构类型是(　　)。

A. 三层　　B. 四层　　C. 八横四纵　　D. 五层

12. 物联网的(　　)是核心。

A. 感知层　　B. 传输层　　C. 数据层　　D. 应用层

13. 下列哪项不是物联网的组成系统。(　　)

A. EPC编码体系　　B. EPC解码体系

C. 射频识别技术　　D. EPC信息网络系统

14. 利用RFID、传感器、二维码等随时随地获取物体的信息，指的是(　　)。

A. 可靠传递　　B. 全面感知　　C. 智能处理　　D. 互联网

15. RFID属于物联网的哪个层。(　　)

A. 感知层　　B. 网络层　　C. 业务层　　D. 应用层

二、判断题

1. 感知层是物联网获识别物体采集信息的来源，其主要功能是识别物体采集信息。(　)

2. 物联网的感知层主要包括二维码标签、读写器、RFD标签、摄像头、GPS传感器、M-M终端。(　)

3. 应用层相当于人的神经中枢和大脑，负责传递和处理感知层获取的信息。(　)

4. 物联网标准体系可以根据物联网技术体系的框架进行划分，即分为感知延伸层标准、网络层标准、应用层标准和共性支撑标准。(　)

5. 物联网中间件平台：用于支撑泛在应用的其他平台，例如封装和抽象网络和业务能力，向应用提供统一开放的接口等。(　)

6. 物联网应用层主要包含应用支撑子层和应用服务子层，在技术方面主要用于支撑信息的智能处理和开放的业务环境，以及各种行业和公众的具体应用。( )

7. 物联网信息开放平台：将各种信息和数据进行统一汇聚、整合、分类和交换，并在安全范围内开放给各种应用服务。( )

8. 物联网公共服务则是面向公众的普遍需求，由跨行业的企业主体提供的综合性服务，如智能家居等。( )

9. 物联网包括感知层、网络层和应用层三个层次。( )

10. 感知延伸层技术是保证物联网络感知和获取物理世界信息的首要环节，并将现有网络接入能力向物进行延伸。( )

三、简答题

1. 物联网三层体系结构中主要包含哪三层？简述每层内容。

2. RFID 系统主要由哪几部分组成？简述构建物联网体系结构的原则。

3. 设计物联网体系结构应该遵循哪些原则？

项目二　物联网开发环境的构建

【知识目标】

(1) 了解物联网综合平台的基本功能。
(2) 熟悉 KeilC 开发环境构建。
(3) 熟悉 IAR 开发环境构建。
(4) 熟悉 Java 开发环境构建。
(5) 熟悉 Android 开发环境构建。

【技能目标】

(1) 学习掌握 KeilC 开发环境构建安装、配置与使用。
(2) 学习掌握 IAR 开发环境构建安装、配置与使用。
(3) 学习掌握 Java 开发环境构建安装、配置与使用。
(4) 学习掌握 Android 开发环境构建安装、配置与使用。

2.1　任务一：了解物联网综合平台

IOT-L01-05 型物联网综合实验箱由广州飞瑞敖电子科技有限公司生产。该实验箱依据物联网体系来架构包括感知层的数据采信模块、网络层的数据传输模块、应用层的数据处理模块。

感知层的数据采集模块：高频 RFID 读卡器、温湿度传感器、3D 加速度传感器、磁性传感器、光敏传感器、红外对射传感器、红外反射传感器、结露传感器、酒精传感器、振动传感器、声音传感器、烟雾传感器、火焰传感器、超声波测距传感器等，这些设备代表了物联网的三大应用技术即 RFID 技术，传感器技术以及工业控制技术。学生可以通过实验箱配套的实验指导书，直观地学习和理解这些设备的工作原理和工作流程。

网络层的数据传输模块：Wi-Fi 模块，ZigBee 模块、蓝牙模块、433 MHz 无线数传模块以及 3G 模块，它们可以将感知层产生的数据传输至本地实验箱上的应用网关或者远程的上位机、数据库服务器，与此同时将应用层产生的控制指令传达给各个感知层设备。

应用层的数据处理模块：实验箱采用基于 CortexTM-A8 体系结构的 Samsung 公司 S5PV210 处理器芯片作为应用网关的核心处理器，与此同时应用网关配备有种类丰富的外围接口，可以通过多种方式获取传感器数据，并进行本地处理，如果有需要，也可通过

Wi-Fi 或者 3G 的方式将数据上传至更上层的网络服务器或者云端服务器。

在实验箱内有一个独立的传感器节点底板，每个传感器节点上分别有两排无线传输模块插槽和传感器模块插槽，可以任意组合分别安插上文介绍过的网络接入层模块和感知层模块。与此同时，在底板中央还有一个 STC12C5A 型 51 单片机，当节点上的数据传输模块使用的是 Wi-Fi 模块、蓝牙模块或者 433 MHz 无线数传模块时，需要使用该单片机获取数据采集模块的数据，并通过 UART 口传递给数据传输模块。而当数据传输模块使用 ZigBee 模块时，此单片机不用工作，因为 ZigBee 模块中已经集成了 CC2530 型 51 单片机，可以使用它来获取数据采集模块的数据。

在该实验箱上可进行普通实验和项目开发实践，主要包括以下几个方面：感知层认知实验、网络层传输实验、感知层设备无线数传通信实验、感知层设备 Wi-Fi 通信实验、无线数传转 Wi-Fi 数据网关的设计实践、应用层环境监测报警系统程序设计实践、应用层环境监测报警系统程序设计实践、应用层环境监测报警系统程序设计实践、应用层公交收费系统程序设计实践、应用层公交收费系统程序设计实践、应用层公交收费系统程序设计实践等。

2.2 任务二：KeilC 集成开发环境的构建

2.2.1 KeilC 开发环境的安装

KeilC 开发环境可用于嵌入式应用系统开发、单片机应用开发等，如 IOT-L01-05 型物联网综合实验箱上对传感器节点模块的 STC12C5A 单片机进行应用程序开发。本节将简要介绍 KeilC 开发环境的安装、配置和使用方法。

(1) 将带有 KeilC 安装软件的光盘放入光驱里，打开光驱中带有 KeilC 安装软件的文件夹，双击\KeilC51 目录下的“C51V900.exe”文件即开始安装。如果微机上已经安装了 KEIL 的软件，会提示是否要先把以前的软件先卸载，此时最好是先卸载掉，然后再安装本软件。

(2) 将\KeilC51 目录下的“UV4.cdb”文件替换 KeilC 安装目录 UV4 目录(默认路径为“C:\Keil\UV4”)下的同名文件。

(3) 将\KeilC51 目录下的“STC12C5A60S2.H”头文件添加 KeilC 安装目录的 C51\INC 目录下(默认路径为“C:\Keil\C51\INC”)下。至此，STC 单片机的开发环境安装完成。

2.2.2 KeilC 的使用

1. 新建一个项目文件

打开 Keil uVersion4 软件，点击 Project->new uVersion Project，在弹出的窗口内为工程建立工程目录以及取名，如图 2.1 所示。

点击“保存”按键后，会弹出如图 2.2 所示窗口让用户选择单片机类型，如选择“STC12C5A16S2 Series”下的“STC12C5A16S2”单片机。

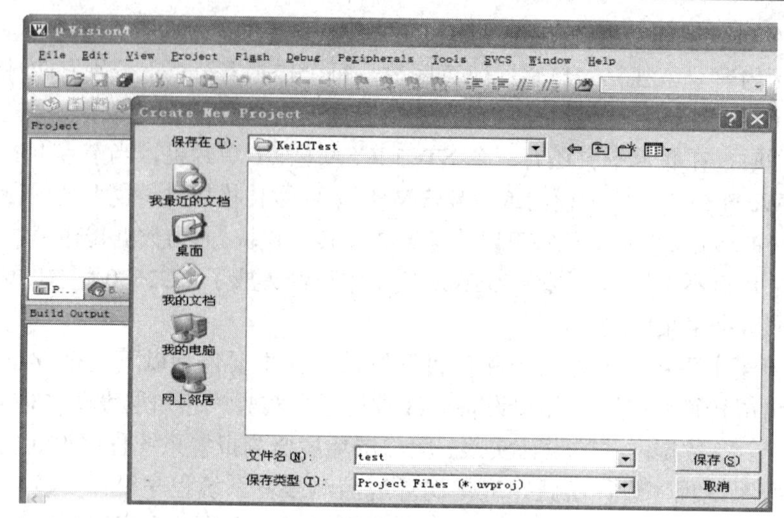

图 2.1　创建工程对话框

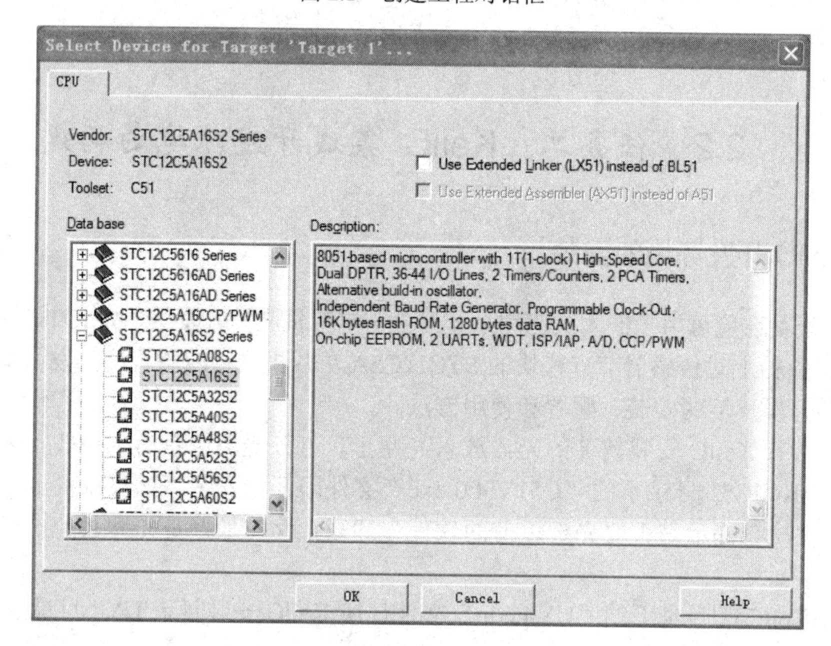

图 2.2　选择单片机类型对话框

点击“OK”按钮后会弹出如图 2.3 所示窗口，选择“否(N)”即可。

图 2.3　点击“OK”后弹出的确认窗口

完成工程建立后，在主窗口的左侧出现工程列表栏，如图 2.4 所示，在“Target 1”名称上点击右键，选择“Options for Target”标签，弹出如图 2.5 所示参数配置窗口。

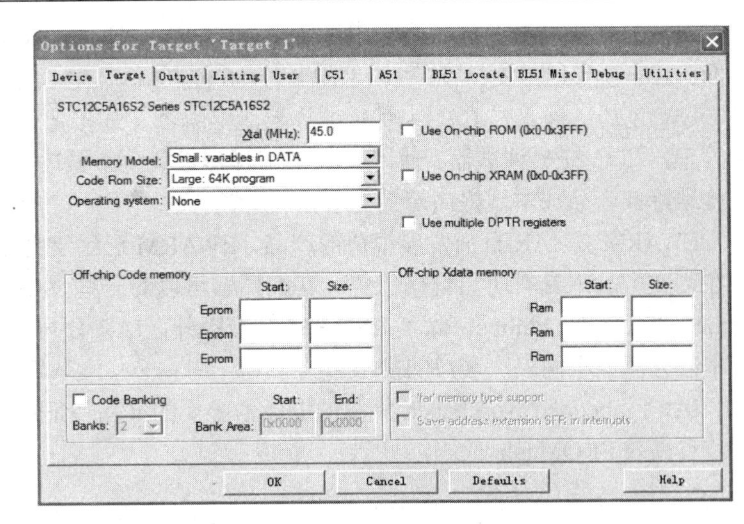

图 2.4　工程列表栏　　　　　　　　图 2.5　参数配置窗口

在参数配置窗口下进行如下修改配置：

(1) 在“Target”选项卡下，将 Xtal(MHz)项改为 11.0592。

(2) 在“Target”选项卡下，首先勾选“Code Banking”项，将“End”改为 0xFFFF 后再勾去掉“Code Banking”项。

(3) 在“Output”选项卡下勾选“Create HEX File”项。

(4) 在“Output”选项卡下，点击“Select Folder for Object”键，在弹出的窗口内新建一个名为“out”目录后点击“OK”键。

完成以上四步后，即完成了参数配置，点击“OK”键，回到主窗口。

2. 新建一个文件

点击 File->New，此时会在编辑框中自动生成一个名为“Text1”的空文件，点击 File->Save，在弹出的窗口中首先创建一个名为“src”的目录，并双击进入该目录，为新文件命名“Main.c”，点击保存。

根据 KeilC 的版本不同，新的版本会自动将新建立的 C 文件添加到工程中，如果没有此功能，在工程列表 Target->Source Group 下右键点击“Add Files”键，并添加刚创建的 Main.c 原文件。

至此，已经完成 KeilC 开发环境的搭建的全部工作，此后只需在 Main.c 中编写相应的程序即可。Keil uVersion4 的详细使用说明请参考本书提供的技术资料。

2.3　任务三：ZigBee 开发环境的构建

2.3.1　IAR 集成开发环境的安装

1. IAR 的简介

IAR Embedded Workbench(简称 EW)的 C/C++ 交叉编译器和调试器是当今世界最完整

的和最容易使用的专业嵌入式应用开发工具。EW 对不同的微处理器提供一样的直观用户界面。EW 今天已经支持 35 种以上的 8 位/16 位/32 位 ARM 的微处理器结构。

EW 包括：嵌入式 C/C++ 优化编译器，汇编器，连接定位器，库管理员，编辑器，项目管理器和 C-SPY 调试器。使用 IAR 的编译器最优化最紧凑的代码，节省硬件资源，最大限度地降低产品成本，提高产品竞争力。

EWARM 是 IAR 目前发展很快的产品，EWARM 已经支持 ARM7/9/10/11XSCALE，并且在同类产品中具有明显价格优势。其编译器可以对一些 SOC 芯片进行专门的优化，如 Atmel、TI、ST、Philips。除了 EWARM 标准版外，IAR 公司还提供 EWARM BL(256 K)的版本，方便了不同层次客户的需求。

IAR Embedded Workbench 集成的编译器主要的产品特征：

- 高效 PROMable 代码。
- 完全标准 C 兼容。
- 内建对应芯片的程序速度和大小优化器。
- 目标特性扩充。
- 版本控制和扩展工具支持良好。
- 便捷的中断处理和模拟。
- 瓶颈性能分析。
- 高效浮点支持。
- 内存模式选择。
- 工程中相对路径支持。

2. IAR 的安装

本节将逐步介绍 IAR Embedded Workbench for 8051 8.10 Evaluation 的安装以及 IAR 开发环境如何添加文件、新建程序文件、设置工程选项参数、编译和连接、程序下载、仿真调试等。首先从网址 http://www.iar.com/en/Service-Center/Downloads/进入到下载界面，然后下载需要的安装包，最新版本为 8.20 或更高版本。

IAR 的安装步骤如下：

(1) 下载完成后，打开 IAR 软件安装包进入安装界面，进入下一步。

(2) 接受协议，进入下一步。

(3) 输入名字及公司信息，然后输入认证序列号，进入下一步。

(4) 输入序列号的对应密钥，进入下一步。

(5) 选择安装的类型，可选择为完整版安装，进入下一步。

(6) 选择安装路径以下为默认，进入下一步。

(7) 点击 Install 开始安装。

(8) 按提示操作直至安装完成。

2.3.2 IAR 的使用

IAR 的具体操作如下：

(1) 首先在<开始>的程序中找到安装好的 IAR Embedded Workbench for 8051 8.10

Evaluation。可以放置一个快捷方式到桌面。

(2) 打开IAR，点击File->New->Workspace，建立一个新的工作区。在一个工作区中可创建一个或多个工程。可选择打开最近使用的工作区或向当前工作区添加新的工程。

(3) 单击 Project 菜单，选择 Greate New Project。在出现创建新工程对话框后，确认 Tool chain 栏已经选择 8051，点击“OK”键，如图 2.6 所示。

(4) 为工程选择一个合适的文件路径，在文件名中填写工程的名字。这里的工程名为 EXP-LED，如图 2.7 所示。

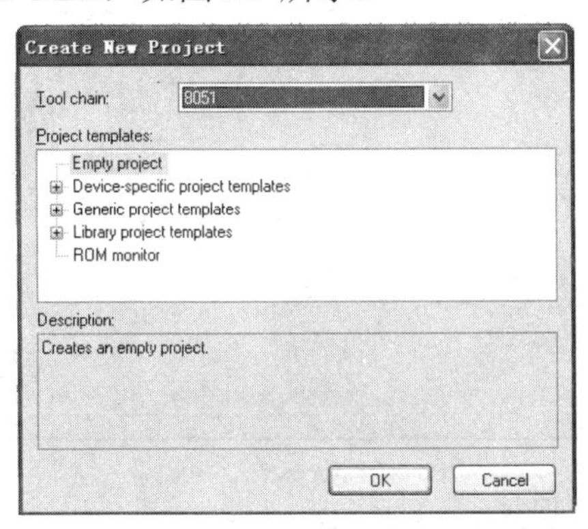

图 2.6　创建新工程对话框

图 2.7　保存工程文件对话框

注意：对工程进行保存后，在退出软件时会提示保存工作区。也可以选择菜单 File\Save\Workspace，保存工作区，名为 W-LED，如图 2.8 所示。

图 2.8　保存工作区对话框

(5) 在建立工程后，就可以为工程添加文件了。点击菜单 Project\Add File 或者菜单 File\New\File，新建一个空文本文件。

(6) 如给工程添加或新建了一个名为 main.c 的源程序文件，就可在 IAR 中编辑程序，如图 2.9 所示。

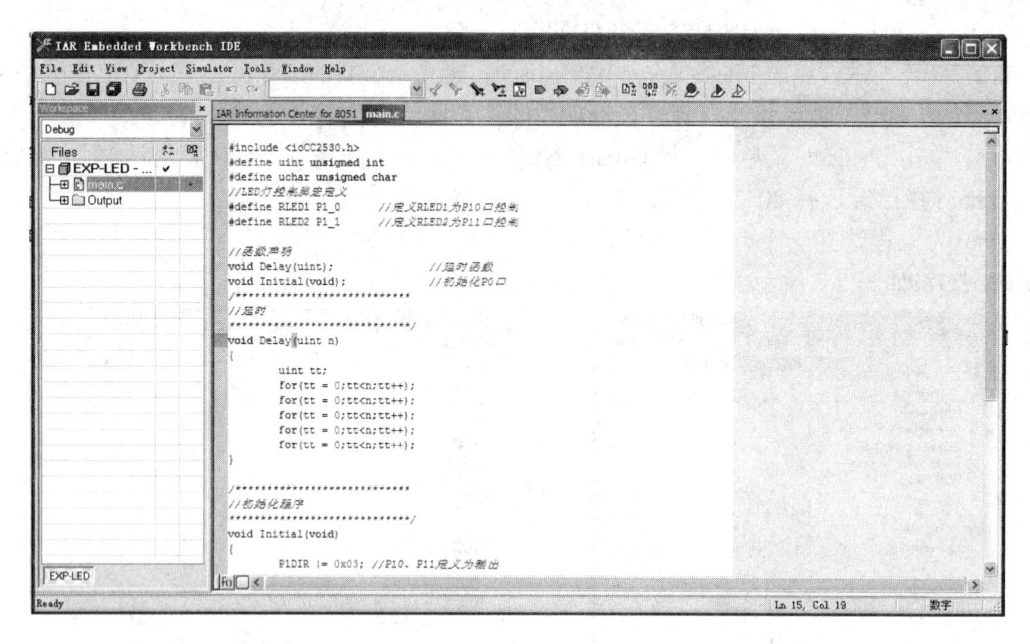

图 2.9 IAR 工作界面

(7) 以 ZigBee 模块的 CC2530F256 单片机为例来配置 IAR 工程。

点击 Project 菜单下的 Options，可对 IAR 工程进行配置。配置 Target 时，选择 Code model 为“Near”和 Data model 为“Large”，Calling convention 为“XDATA stack reentrant”以及其他参数，如图 2.10 所示。

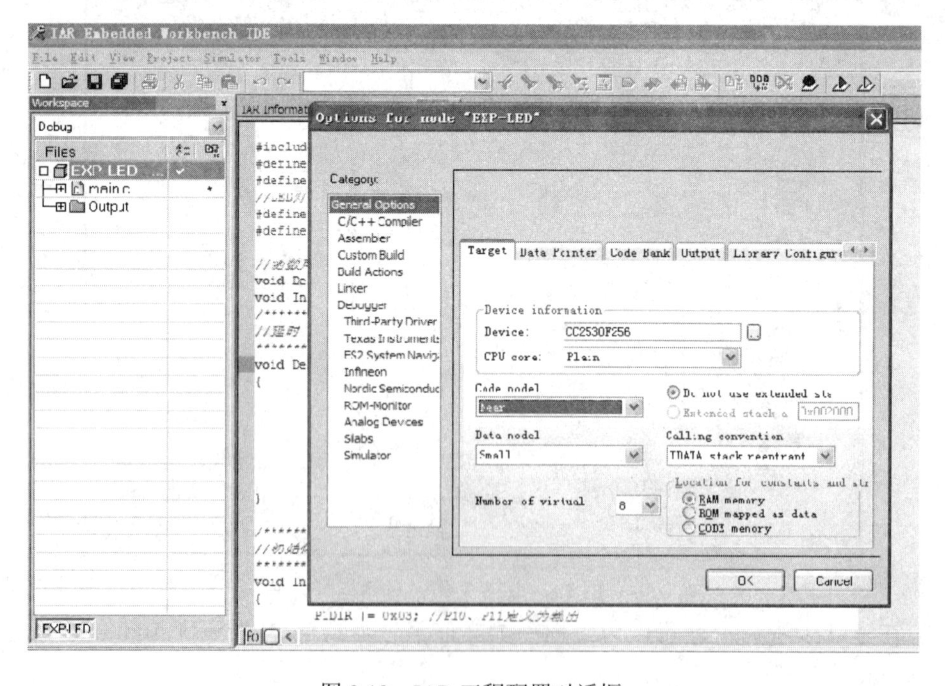

图 2.10 IAR 工程配置对话框

(8) 在“Targer”选项卡下选用的 Device 为 CC2530F256，其选项详如图 2.10 所示。

(9) 在 Linker 选项中，找到“Config”选项卡，如图 2.11 所示。

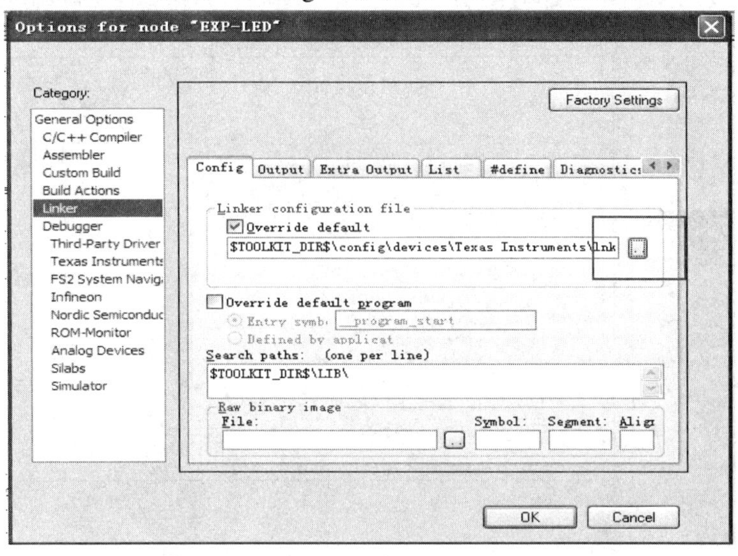

图 2.11　Config 选项卡

(10) 改变图 2.11 中方框的指向路径，在所指的路径中选择对应的 .xcl 文件，如图 2.12 所示。

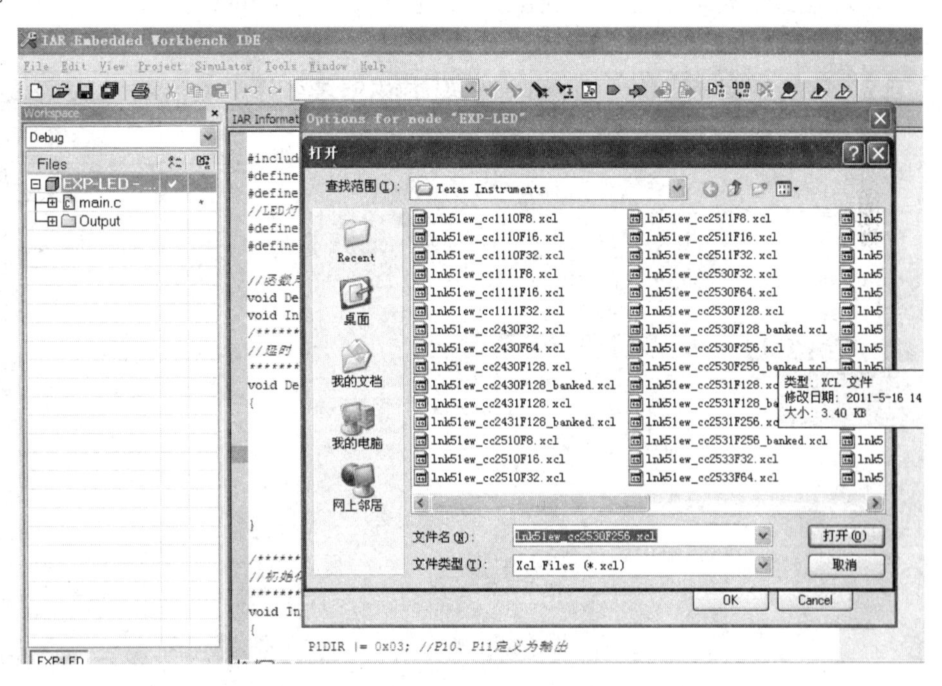

图 2.12　在所指的路径选择对应的 .xcl 文件

注意，在配置工程时，若“Targer”选项卡下选用的 Device 为 CC2530F256，当 General Options->Target->Code model 框为 Near 时，应选择 lnk51ew_cc2530.xcl 文件；当 General Options->Target->Code model 框为 Banked 时，应选择 Banked lnk51ew_cc2530b.xcl 文件。

(11) 在“Setup”选项卡中，设置 Driver，软件仿真选择 Simulator，如图 2.13 所示。

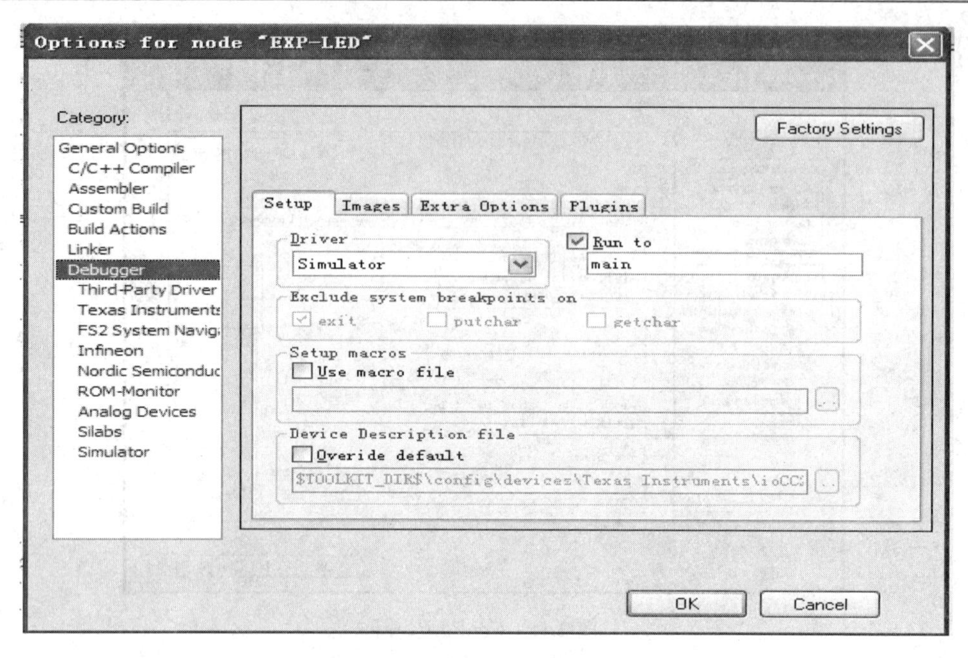

图 2.13　“Setup”选项卡

(12) 如果是硬件调试，则需把“Driver”设置为“Texas Instruments”，点击“OK”键，如图 2.14 所示。

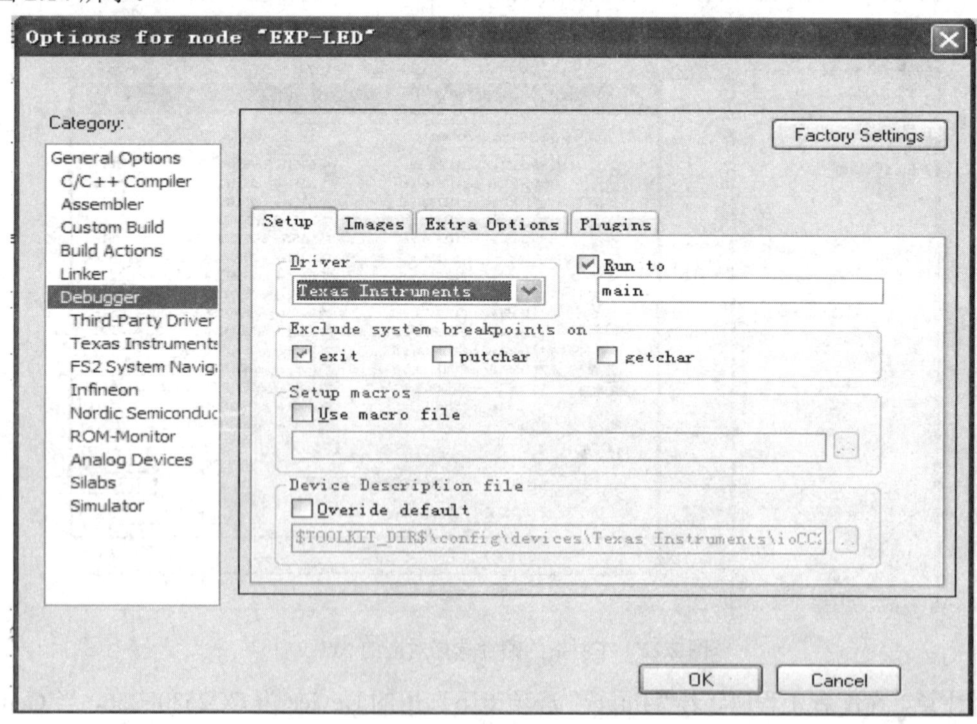

图 2.14　“Driver”的设置

(13) 选择“Project”菜单下的“Make”或直接按下 F7 快捷键，可对程序进行编译、链接，如图 2.15 所示。

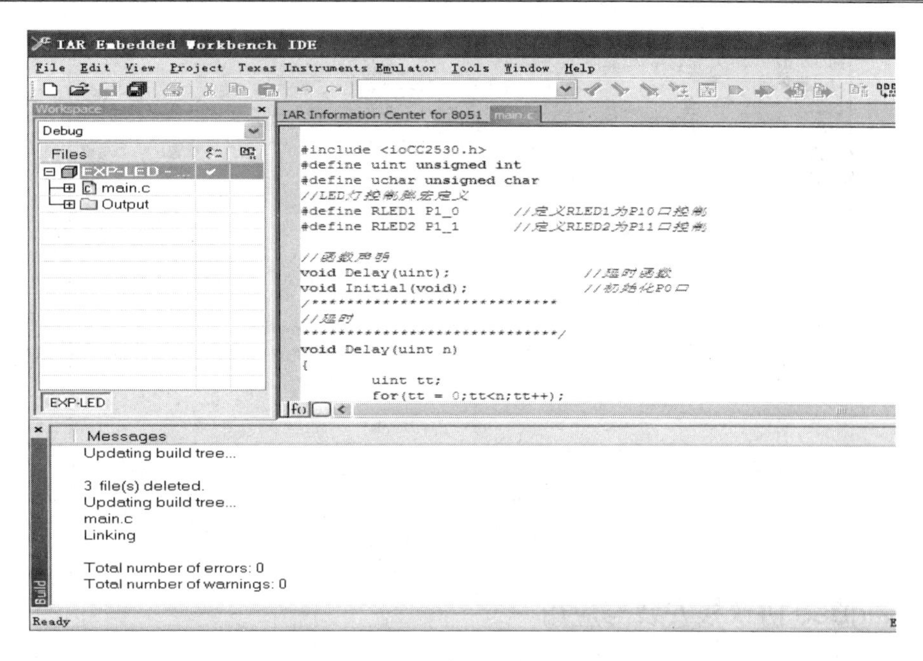

图 2.15　对程序进行编译、链接

(14) 连接仿真器，安装驱动后，在菜单“Project”选项下选择“Download and Debug”或者“Debug without Downloading”，就可以进入调试了，如图 2.16 所示。

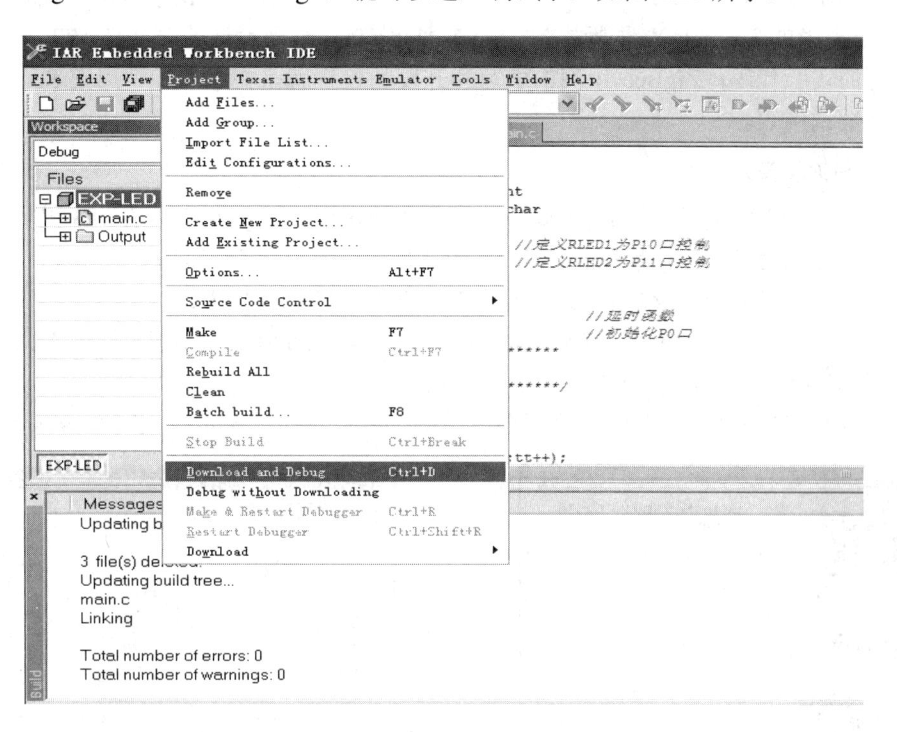

图 2.16　设置进入调试界面

(15) 调试界面如图 2.17 所示。到此，IAR 使用的基本过程就完成了，运行程序，观察现象。

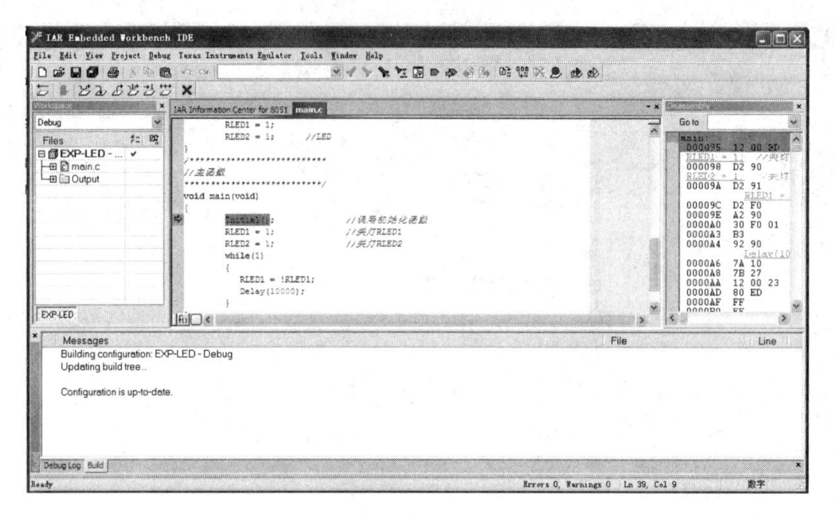

图 2.17　调试界面

2.3.3　ZigBee 协议栈安装与应用

每个提供支持 ZigBee 协议的芯片厂商都会提供 ZigBee 的协议实现，如 TI、Freescal、Ember、Microchip 等厂家，它们的协议实现都通过了 ZigBee 联盟的认证。

IOT-L01-05 型物联网综合实训台采用的是 TI 的解决方案，使用 TI CC2530，协议栈是 2013 年推出的 Z-Stack 2.5.1 版本。Z-Stack 是 ZigBee 组网设计的源文件，TI 为大家提供了半开源的实验代码，ZigBee 组网的学习和开发的过程就是在学习和使用 Z-Stack 的结构定义、函数调用等。

1. Z-Stack 安装

Z-Stack 是 TI 公司提供的 ZigBee 协议栈，用在 IEEE802.15.4 兼容的设备和平台上。这里选择的是专门为 CC2530 配置的 Z-Stack 源文件——ZStack-CC2530-2.5.1.exe。

该软件包含了 ZigBee 组网设计的源文件，软件安装步骤如下：

(1) 解压 ZStack-CC2530-2.5.1.zip，运行 ZStack-CC2530-2.5.1.exe，如图 2.18 所示。

(2) 同意 Licence Agreement，进入下一步。

(3) 选择安装路径，安装路径到不要有中文字符，进入下一步，如图 2.19 所示。

图 2.18　运行 Z-Stack 源文件

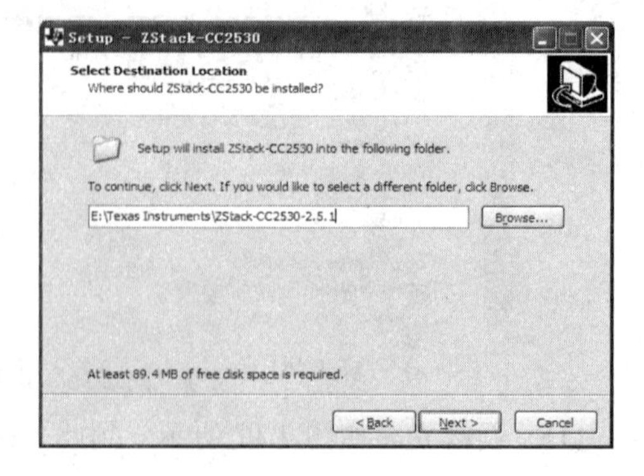

图 2.19　设置安装路径

(4) 点击“Install”，安装。

Z-Stack 的特点主要有以下五点：

- 通过 ZCP(ZigBee Compliant Platform)认证，支持 ZigBee 和 ZigBee PRO 特性集。
- 支持多种结构：CC2530 SoC 和 CC2520 收发器 + MSP430/Stellaris 微控制器。
- 兼容 ZigBee 智能能源 1.1、家居自动化 1.1、楼宇自动化 1.0 和医学保健 1.0 定义。
- 具有大量的示例程序，可以减少用户在智能能源和家居自动化方面的开发费用。
- 支持无线升级 firmware，可以在未来对已经布署的系统进行升级。

可以从 TI 官网注册后下载最新的协议栈软件，目前是 ZStack-CC2530-2.5.1-a 版本，直接运行安装程序，使用默认设置即可安装软件。

2. Z-Stack 目录结构

安装完成以后，Z-Stack 的根目录结构如图 2.20 所示。

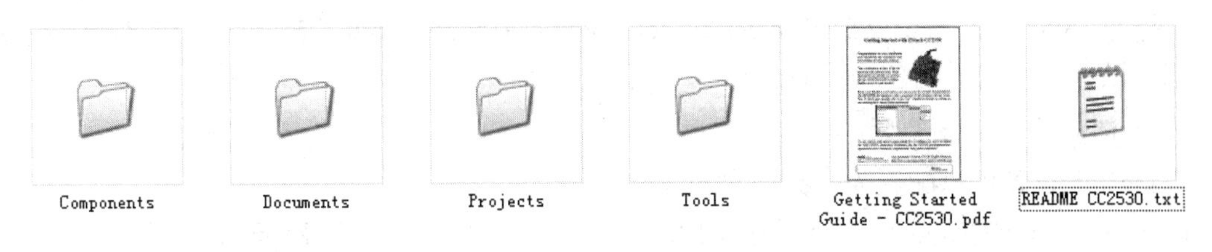

图 2.20　Z-Stack 的根目录

其中，Components 是 Z-Stack 的核心所在，里面包含 Z-Stack 协议栈所有各层的源文件和实现库，如图 2.21 所示。

图 2.21　Components 文件夹中的源文件和实现库

- HAL 是硬件抽象层的英文缩写，文件夹里面存放的是与系统硬件相关的源程序，默认安装的 Z-Stack 是 TI 公司为自己的开发板 CC2530EB 所编写的程序，与 CC2530EB 的硬件相对应。国内很多公司推出的开发板、实验套件等都是完全按照 TI 原装的开发板来做的，因此 HAL 文件夹里面的程序完全不用修改就可以使用。由于本书针对物联网实训台的硬件部分与 TI 的开发板已做了较大的调整，因此需要使用本书提供的 HAL 程序，复制光盘根目录下 Z-Stack/Add-On/Components 目录的所有内容到 Z-Stack 的安装目录，如有提示是否覆盖，选择覆盖即可。安装完成后，在 Z-Stack 的安装目录的 Components/hal/target 文件夹下，将会出现支持本书所用的实训台的 HAL 支持文件夹 CC2530WW，如图 2.22 所示。

图 2.22　HAL 文件夹下的 CC2530WW 文件夹

- mac 和 zmac 都是底层与媒体访问相关的源程序，这里面的功能都是 IEEE802.15.4 定义好的，只有协议栈的开发人员或者芯片的设计人员感兴趣，对于这些 ZigBee 协议的使用者来说，并不需要知道这些细节。

• mt 文件夹存放的是 TI 提供的监控测试功能的实现程序，一般情况下，可用于汇聚节点与网关进行通信。

• osal 文件夹存放的是操作系统抽象层的支持文件。

• serivces 文件夹存放的是一些实用的服务程序，可供用户程序调用，当然，如果有一些需要经常使用的、安全可靠的程序和结构体，则也可以放到这里面。

• stack 文件夹存放的是 ZigBee 协议的实现源程序。包括 AF 层，NWK 层，SAPI 层、SEC 层、SYS 层、ZCL 和 ZDO，每一个层或对象/功能对应一个子文件夹。一般情况下，为了保持程序对各种版本协议栈的兼容性，一般也不会修改这里面的内容。

3. Z-Stack 工程设置

Z-Stack 使用的是 IAR EW8051 作为开发环境进行软件开发，在开发自己的软件之前，先来了解 Z-Stack 的工程设置。

打开 ZStack-CC2530-2.5.1\Projects\zstack\Samples\GenericApp\CC2530DB 下的 GenericApp 工程，以此为例来说明各项设置。

1) 选择逻辑设备类型

ZigBee 设备可以配置为下列三种设备之一：

• ZigBee 的协调器：建立并启动 IEEE 802.15.4 网络，一个 ZigBee 网络只能有一个 Coordinator。

• ZigBee 的路由器：是一种支持关联的设备，将自己关联至协调器或者已在网络的其他的路由器，同时允许另外的路由器和终端设备加入网络。主要功能是加入已存在的 ZigBee 网络，为 ZigBee 网络通信提供中继和路由。

• ZigBee 终端设备：加入到一个已经存在的网络，与 ZigBee 的协调器或 ZigBee 路由器关联。执行具体的任务，如信息采集等，并使用 ZigBee 网络实现信息交互。

因此，为某个设备编译固件时，可以选择一种设备类型，每一种设备类型的配置有所不同，如图 2.23 所示。

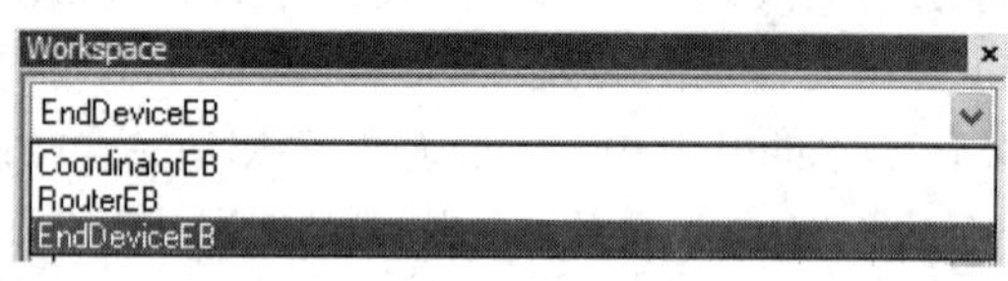

图 2.23 设备类型的选择

当然也可以编译包含几种设备的固件，在启动时选择设备类型。

2) 编译选项的类型

对于一个具体项目，编译选项有两种类型：

(1) 针对上述设备逻辑类型的编译选项设置，位于链接器的控制文件。

(2) IAR 项目文件里的用户自定义的功能编译选项(使能/不使能)。

作为演示范例，这两类文件在 GenericApp 协调器项目都可被设置。当然，其他所有 Z-Stack 项目也是相似的。

3) 链接器控制文件中的编译选项

打开 GenericApp 工程 Workspace 下的 Tools 文件夹(这个文件夹包含不同的配置文件和应用于 Z-Stack 项目的可执行工具)，如图 2.24 所示。

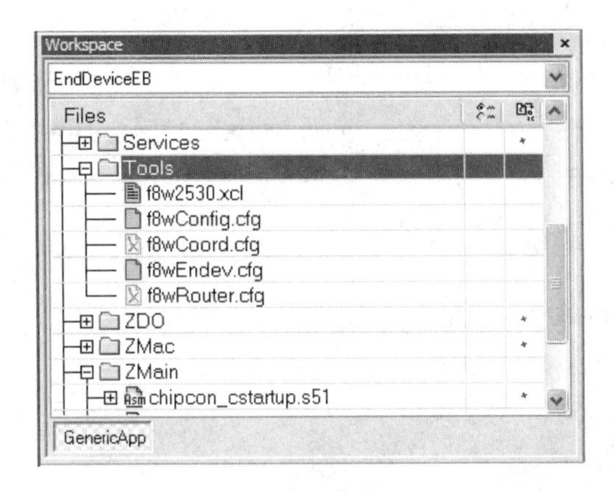

图 2.24　打开 Tools 文件夹

由图 2.24 可以看到共有 5 个链接控制文件和 1 个 CC2530 配置文件在这个 Tools 文件夹：f8w2530.xcl、f8wConfig.cfg、f8wCoord.cfg、f8wEndev.cfg、f8wRouter.cfg、f8wZCL.cfg。其中：

- f8w2530.xcl：CC2530 的底层配置文件，文件有一项重要设置需要引起大家注意，即若需要生成 HEX 文件，则需要将下述程序加入编译：

```
// Include these two lines when generating a .hex file for banked code model:
//-M(CODE)[(_CODEBANK_START+_FIRST_BANK_ADDR)-(_CODEBANK_END+_FIRST_BANK_ADDR)]*\
//_NR_OF_BANKS+_FIRST_BANK_ADDR=0x8000
```

- f8wConfig.cfg：存放通用的编译选项。例如指定信道和 PAN ID(网络识别码)等，当一个设备启动时，这些参数将被使用来建立(或选择)一个具体的信道，使用某一个网络标志(PANID)。允许开发者为自己的应用项目选择专用的信道和网络识别码等参数来避免与周围其他的 ZigBee 冲突干扰。
- f8wCoord.cfg、f8wEndev.cfg、f8wRouter.cfg：各类型设备具体的编译选项，分别对应协调器/路由器/终端设备。当从工作区(Workspace)下面的下拉菜单中选择 CoordinatorEB 配置时，f8wEndev.cfg、f8wRouter.cfg 这两个文件将变灰，不会被编译。

GenericApp 协调器项目使用 f8wCoord.cfg 文件，文件内容如下：

```
/*
 *                          f8wCoord.cfg
 *
 *  Compiler command-line options used to define a TI Z-Stack
 *  Coordinator device. To move an option from here to the project
 *  file, comment out or delete the option from this file and
 *  enter it into the "Define Symbols" box under the Preprocessor
 *  tab of the C/C++ Compiler Project Options. New user defined
 *  options may be added to this file, as necessary.
 *
 */
```

```
/* Common To All Applications */
-DCPU32MHZ                              // CC2530s Run at 32MHz
-DROOT=__near_func                      // MAC/ZMAC code in NEAR

/* MAC Settings */
-DMAC_CFG_APP_PENDING_QUEUE=TRUE
-DMAC_CFG_TX_DATA_MAX=5
-DMAC_CFG_TX_MAX=8
-DMAC_CFG_RX_MAX=5

/* Coordinator Settings */
-DZDO_COORDINATOR                       // Coordinator Functions
-DRTR_NWK                               // Router Functions
```

该编译选项文件为协调器设备提供通用的(generic)Z-Stack 功能。f8wCoord.cfg 文件被该工程下的所有项目用于建立协调器设备。因此，对这个文件的任何改变将影响该工程下的所有协调器。同样，f8wRouter.cfg 和 f8wEnd.cfg 文件的修改将分别影响该工程下的所有路由器和终端设备项目。

给某一个设备类型的所有项目增加编译选项，简单增加一个新行在链接控制文件的适当位置。如果需要关闭某一编译选项，通过在一行的左边放置“//”来注释掉该选项。尽量不要采取直接删除，因为这个编译选项有可能以后需要重新打开。

4) IAR 项目编译选项

各种支持的功能配置的编译选项设置存储在 GenericApp.ewp 文件里，要修改这些编译选项，需从“Project”下拉菜单中选择“Options...”项或 Workspace 中的退出菜单中选择“Options”项，如图 2.25 所示。

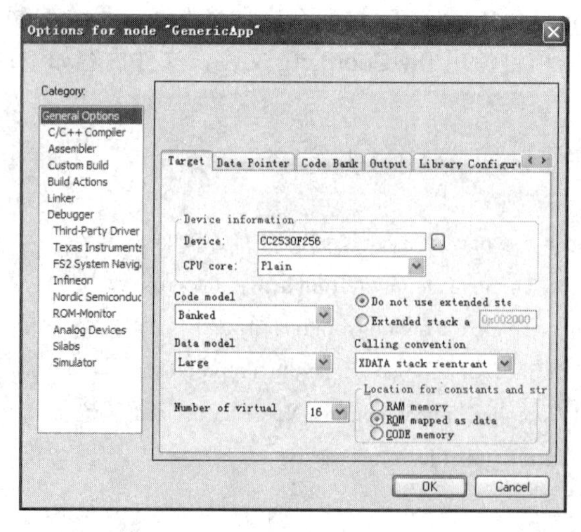

图 2.25　Option 对话框

打开 Option 窗口后，选择“C/C++ Compiler”项和单击“Preprocessor”选项卡。这个功能配置的编译选项位于标有“Defined symbols:(one per line)”的方框。

在这个配置中增加一个功能编译选项，简单地在这个方框内的新行增加条目。

关闭一个功能编译选项，只需要在这行的左边放置一个“x”。如图 2.26 所示，ZTOOL_P1 功能选项已经被注释掉；尽量不要直接删除，因为这个功能编译选项有可能以后需要重新打开。

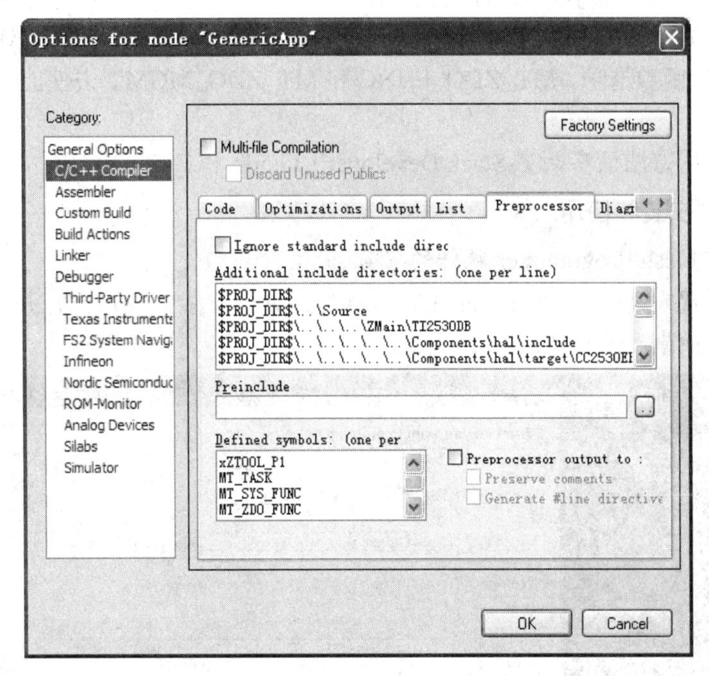

图 2.26　ZTOOL_P1 功能选项的注释

5) 配置编译选项的注意事项

编译选项被用来配置源程序所提供的多种功能：大多数编译选项就只配置相应功能程序段的编译开关(ON/OFF)；一些编译选项主要被用来提供一些用户自定义数值，像 DEFAULT_CHANLIST，通过编译器编译为系统默认值。

TI 提供的每一个 Z-Stack 应用项目都提供一个 IAR 项目文件，该项目文件包含针对该应用项目的编译选项设置。开发人员可以增加或移除编译选项，比如要包含或去除部分有效软件功能。

注意：改变 IAR 项目文件的编译选项设置有可能要求对其他的项目文件进行改变。例如，增加 MT_NWK 功能选项就要求将 MT_NWK.c 文件加入源程序文件夹和使用适当的 MT_使能网络库。

6) 支持的编译选项和定义

这里提供一个支持的编译选项列表，这个列表选项简单地描述它们使能或不使能的功能特性。被标注为“do not change”的编译选项是为确保程序正常运行而必须保持的基本设置；被标注为“do not use”的编译选项表示不适合在 CC2530 板上使用。

7) 监视测试(Monitor-Test)(MT)编译选项

若要使用与 MT_TASK 选项相关的下列 APIs 和函数，必须包含 MT_TASK 选项。

8) ZigBee 设备对象(ZDO)编译选项

默认情况下，指令性消息(由 ZigBee 规范定义)是在 ZDO 中进行设置启用的，所有其他的消息处理是通过编译标志进行设置使能与否的。在 ZDOConfig.h 文件中，可以使能/不使能、注释/不注释或包含/不包含这些编译选项。

有一个非常简单的方法去使能所有 ZDO 函数和管理选项。用户能用 MT_ZDO_FUNC 去使能所有 ZDO 函数选项，MT_ZDO_FUNC 和 MT_ZDO_MGMT 去使能所有 ZDO 函数+管理选项。

更详细的使用方法请参阅 Z-Stack Developer's Guide 和 Z-Stack API。

4. 仿真器的安装和使用

1) SmartRF Flash Programmer 软件的安装

按照默认设置安装 SmartRFProgr_1.12.5 软件，软件安装完成后，打开桌面的 SmartRF Flash Programmer 图标，如图 2.27 所示。

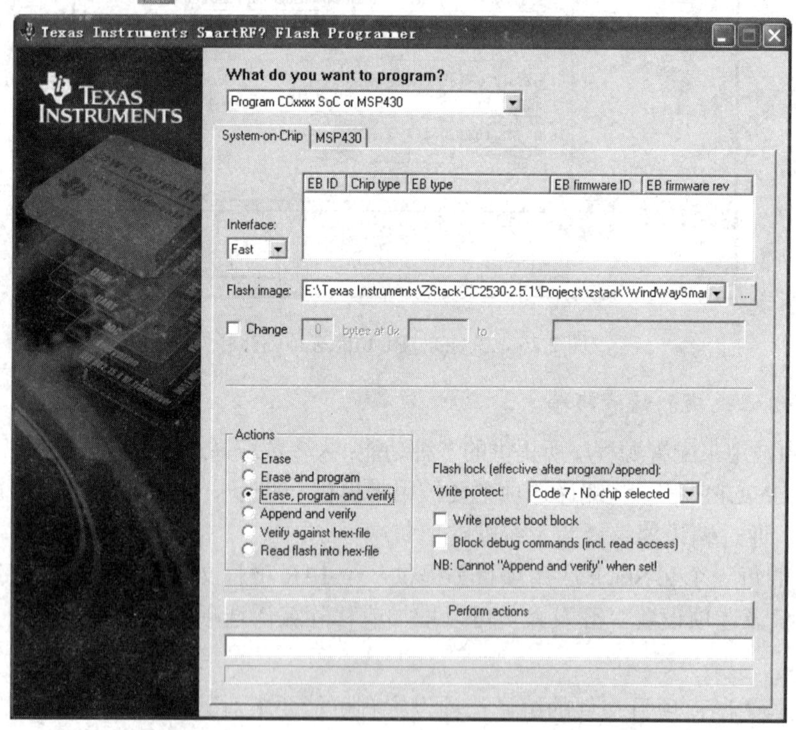

图 2.27 SmartRF Flash Programmer 软件的操作界面

2) 仿真器与电脑的连接

连接 CC2530 仿真器 SmartRF04EB 到电脑，选择自动安装仿真器驱动程序。

3) 仿真器与目标板的连接

连接 CC2530 仿真器 SmartRF04EB 与目标板，按仿真器上的复位按键。SmartRF Flash Programmer 软件识别到了目标板上的处理器，仿真器安装连接成功，如图 2.28 所示。

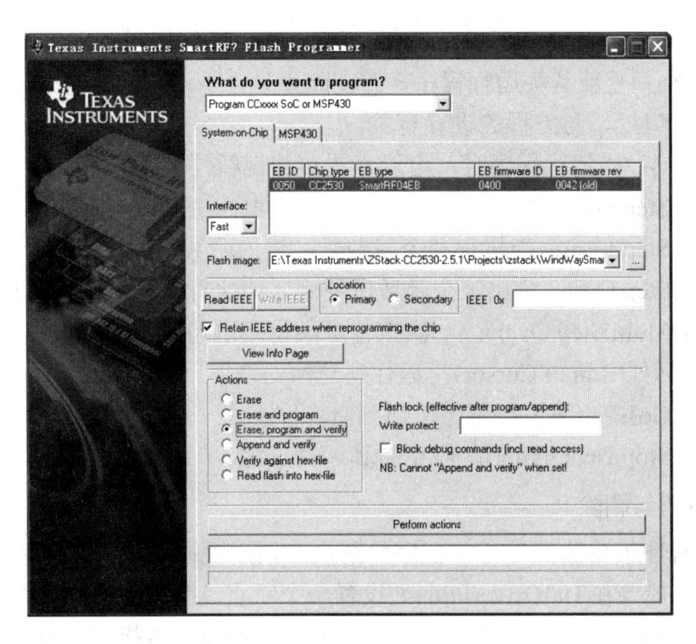

图 2.28　仿真器与目标板的连接

2.3.4　程序仿真与调试

1. 调试过程

打开任意一个 CC2530 的工程，选择菜单 Project\Debug 或按快捷键 CTRL+D 进入调试状态，也可点击 IAR EW8051 工具栏上的 Debug 按键 ，EW8051 将开始下载程序并进入在线仿真调试，调试界面如图 2.29 所示。

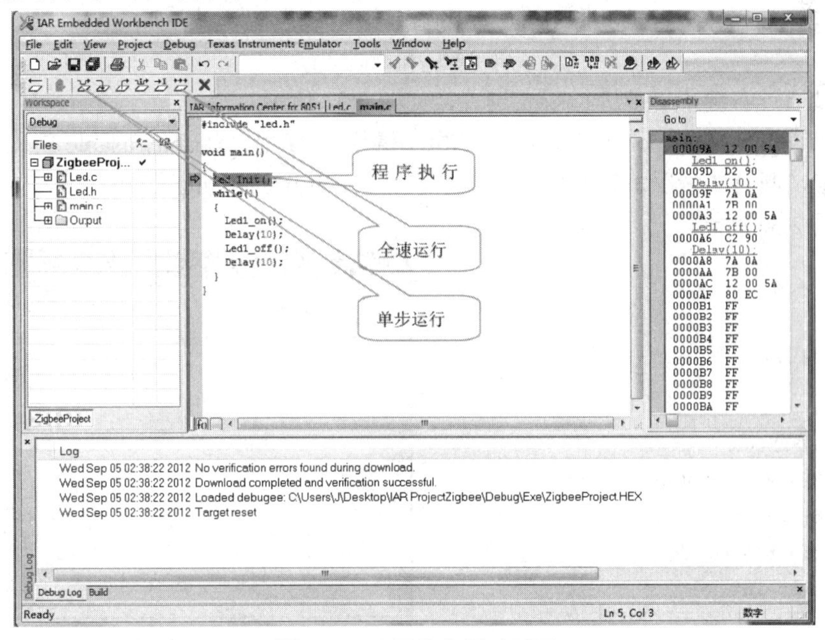

图 2.29　在线仿真调试界面

在调试工具栏中，，由左到右的按键依次是：

- 复位(Reset)：重新从头运行程序，并在断点处停下，可能是在0地址处，也可能是在main()函数的入口处，与工程的设置有关。
- 暂停(Break)：当运行程序时，可以点击该按键暂停。
- 单步跳过(Step Over)：以行为单位单步运行程序，执行一条语句。
- 单步进入(Step Into)：当执行某个函数时，进入函数体内部进行单步运行。
- 单步跳出(Step Out)：跳出某个函数时使用，即执行完当前函数的所有语句并返回。
- 多步跳过(Multi Step Over)：一次执行多条程序语句。
- 运行到光标处(Run to Cursor)：运行到光标处停下。
- 全速运行(Go)：全速运行程序，遇到断点停下。
- 停止调试(Stop Debugging)：停止仿真调试过程。

2. 断点的设置与删除

程序断点是程序被中断的地方，程序的断点必须设置在代码行，在程序运行到该代码行时就会停下来，如要在HalDriverInit()处设置一个断点，在左图的深灰色区域双击即可在HalDriverInit();处设置一个断点，红点显示此处有一个断点。当指向红点再次双击，即可取消设置的断点，如图2.30所示。

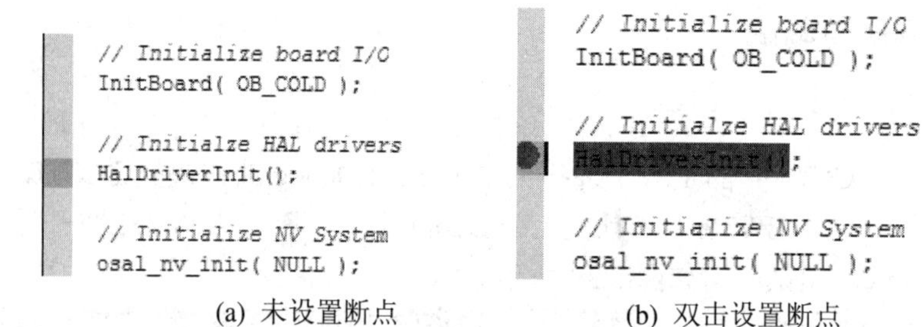

(a) 未设置断点　　　　(b) 双击设置断点

图2.30　断点设置

还可以通过右键菜单来进行断点设置，如图2.31所示。

使用“Toggle Breakpoint”即可设置和取消断点。使用“Enable/disable Breakpoint”，可以在不取消断点的情况下暂时停用断点。通过“Edit Breakpoint…”可以对断点进行条件设置，如图2.32所示。

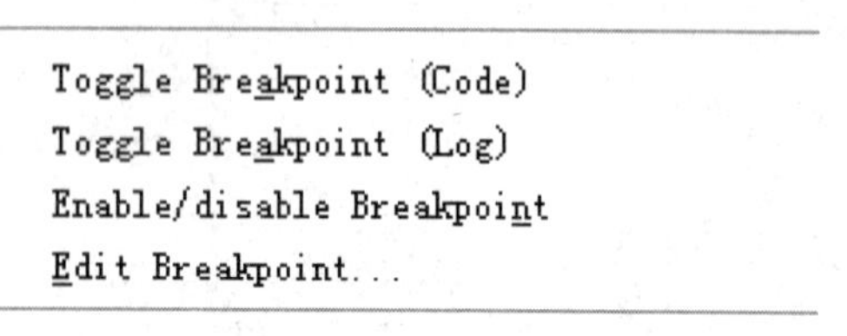

图2.31　右键菜单设置断点

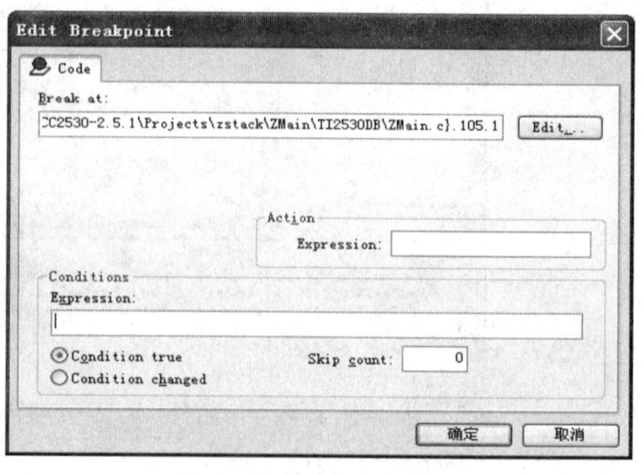

图2.32　断点的条件设置

断点资源是有限的，CC2530 只支持 4 个硬件断点，多余的断点将被忽略，可以通过断点使用窗口查看当前使用的断点，如图 2.33 所示。

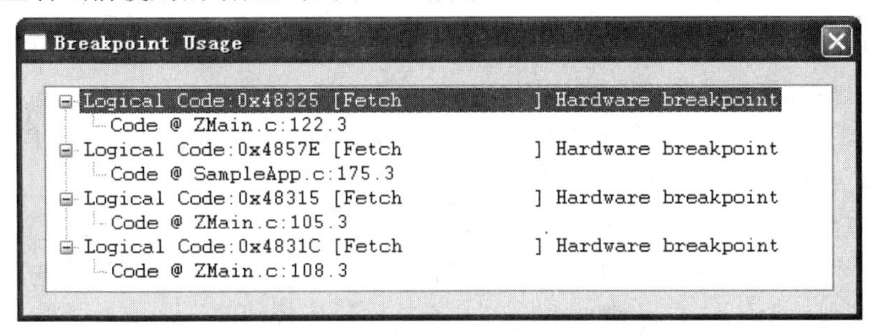

图 2.33　断点使用窗口

3. 查看变量

C-SPY 允许用户在源代码中查看变量或表达式，可在程序运行时跟踪其值的变化。使用自动窗口，选择菜单 View\Auto，开启窗口。自动窗口会显示当前被修改过的表达式。连续步进观察 j 值的变化情况。查看变量如图 2.34 所示。

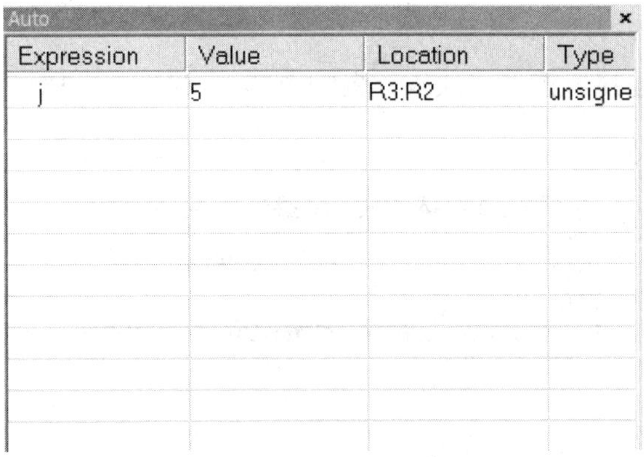

Auto

Expression	Value	Location	Type
j	5	R3:R2	unsigne

图 2.34　查看变量

4. 设置监控点

使用 Watch 窗口来查看变量。选择菜单 View\Watch，打开 Watch 窗口。点击 Watch 窗口中的虚线框，出现输入区域时键入变量并回车。也可以先选中一个变量，将其从编辑窗口拖到 Watch 窗口。设置监控点如图 2.35 所示。

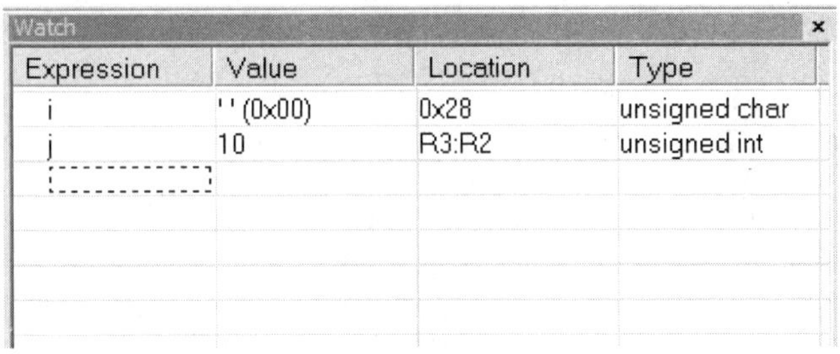

Watch

Expression	Value	Location	Type
i	'' (0x00)	0x28	unsigned char
j	10	R3:R2	unsigned int

图 2.35　设置观察变量

单步执行，观察变量的变化。如果要在 Watch 窗口中去掉一个变量，则先选中然后点击键盘上的 Delete 键或点右键删除。

5. 设置并监控断点

使用断点最便捷的方式是将其设置为交互式的，即先将插入点的位置指到一个语句里或靠近一个语句，然后选择“Toggle Breakpoint”命令。

在某语句处插入断点：在编辑窗口选择要插入断点的语句，选择菜单“Edit\Toggle Breakpoint”。或者在工具栏上点击 按钮。

这样在这个语句设置好一个断点，用高亮表示并且在左边标注一个红色的 X 显示有一个断点存在。可选择菜单 View\Breakpoint 打开断点窗口，观察工程所设置的断点。在主窗口下方的调试日志 Debug Log 窗口中可以查看断点的执行情况。如要取消断点，在原来断点的设置处再执行一次“Toggle Breakpoint”命令。

6. 反汇编模式

在反汇编模式，每一步都对应一条汇编指令，用户可对底层进行完全控制。

选择菜单 View\Disassembly，打开反汇编调试窗口，用户可看到当前 C 语言语句对应的汇编语言指令。

7. 监控寄存器

寄存器窗口允许用户监控并修改寄存器的内容。选择菜单 View\Register，打开寄存器窗口，如图 2.36 所示。

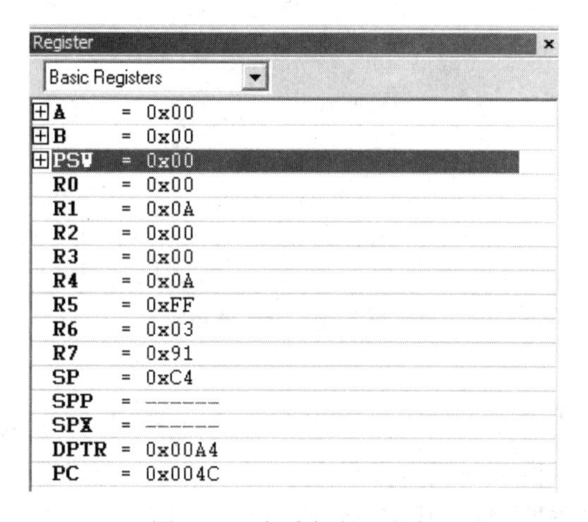

图 2.36　查看寄存器内容

选择窗口上部的下拉列表，选择不同的寄存器分组。单步运行程序，观察寄存器值的变化情况。

8. 监控存储器

存储器窗口允许用户监控寄存器的指定区域。选择菜单 View\Memory，打开存储器窗口，如图 2.37 所示。

9. 运行程序

选择菜单 Debug\Go，或点击调试工具栏上 按钮。如果没有断点，程序将一直运行下去。可以看到 LED1、LED2 间隙点亮。如果要停止，选择菜单 Debug\Break 或点调试工

具栏上的 按钮，停止程序运行。

```
Memory
Go to [          ]  IData
00   00 0a 00 00 0a ff 03 91   ........
08   00 00 06 67 9d ed 60 31   ...g..`1
10   fe e2 f5 62 11 06 8a 40   ...b...@
18   de ff e0 5e 75 a4 6b 51   ...^u.kQ
20   71 a2 d7 62 7c 52 d4 b0   q..b|R..
28   66 a2 a5 62 eb b5 04 cd   f..b....
30   f2 6d c8 32 c3 e8 91 6f   .m.2...o
38   be 76 07 2b 55 7a 78 02   .v.+Uzx.
40   fe 33 01 01 9f eb 02 c8   .3......
48   c9 d4 c9 03 96 e1 a8 e1   ........
50   02 a9 e5 ba e5 95 e5 e4   ........
58   aa e4 01 b9 92 92 91 03   ........
60   99 91 99 91 80 ea 80 09   ........
68   e2 e6 e6 e2 80 e1 98 12   ........
70   c4 80 a5 a5 a5 a5 a5 a5   ........
78   a5 a5 a5 a5 a5 a5 a5 a5   ........
80   a5 a5 a5 a5 a5 a5 a5 a5   ........
88   a5 a5 a5 a5 a5 a5 a5 a5   ........
90   a5 a5 a5 a5 a5 a5 a5 a5   ........
98   a5 a5 a5 a5 a5 a5 a5 a5   ........
a0   a5 a5 a5 a5 a5 a5 a5 a5   ........
a8   a5 a5 a5 a5 a5 a5 a5 a5   ........
b0   a5 a5 a5 a5 a5 a5 a5 a5   ........
b8   a5 a5 a5 a5 a5 a5 a5 a5   ........
c0   a5 3d 00 9b 00 a5 a5 a5   .=......
```

图 2.37　查看存储器

10. 退出调试

选择菜单 Debug\Stop Debugging 或点击调试工具栏上的 按钮，退出调试模式。

2.4　任务四：Java 开发环境的构建

2.4.1　Java 开发环境构建

1. Java、JDK 以及 Eclipse 简介

Java 是一种可以撰写跨平台应用软件的面向对象的程序设计语言，是由 Sun Microsystems 公司于 1995 年 5 月推出的 Java 程序设计语言和 Java 平台(即 JavaSE、JavaEE、JavaME)的总称。Java 技术具有卓越的通用性、高效性、平台移植性和安全性，广泛应用于个人 PC、数据中心、游戏控制台、科学超级计算机、移动电话和互联网，同时拥有全球最大的开发者专业社群。

JDK(Java Development Kit)是 Sun Microsystems 针对 Java 开发员的产品。自从 Java 推出以来，JDK 已经成为使用最广泛的 Java SDK。JDK 是整个 Java 的核心，包括了 Java 运行环境、Java 工具和 Java 基础类库。

Eclipse 是一个开放源代码的、基于 Java 的可扩展开发平台。就其本身而言，它只是一个框架和一组服务，用于通过插件组件构建开发环境。幸运的是，Eclipse 附带了一个标准的插件集，包括 Java 开发工具(Java Development Kit，JDK)。

2. JDK 的安装和配置

1) 安装 JDK 开发包

可在 SUN 公司官网(http://java.sun.com/javase/downloads/index.jsp)上下载最新版本的 JDK 开发包。本书提供的资源的应用程序目录下也有 JDK 的安装开发包。

JDK 的安装过程非常简单，只需一直点击 Next 按键即可，在此不再复述。

2) 配置 JDK 开发环境

右键点击我的电脑->属性->高级->环境变量->系统变量，可出现环境变量窗口，如图 2.38 所示。

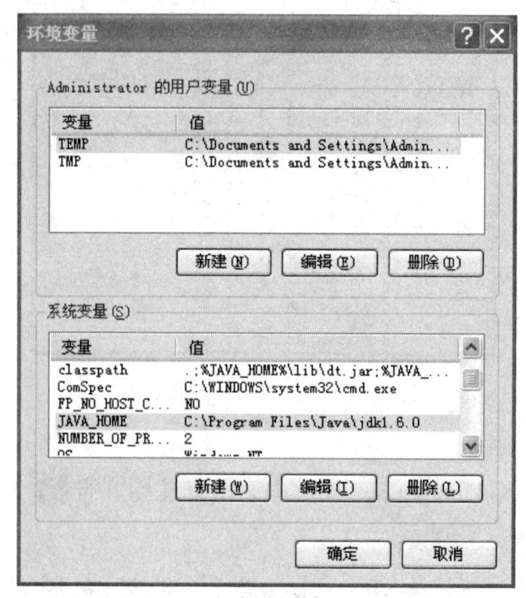

图 2.38　环境变量窗口

新建变量 JAVA_HOME=C:\Program Files\Java\jdk1.6.0，如图 2.39 所示。(注意该目录可能因 JDK 版本不同而不同，请根据具体情况输入正确的 JDK 所在目录。)

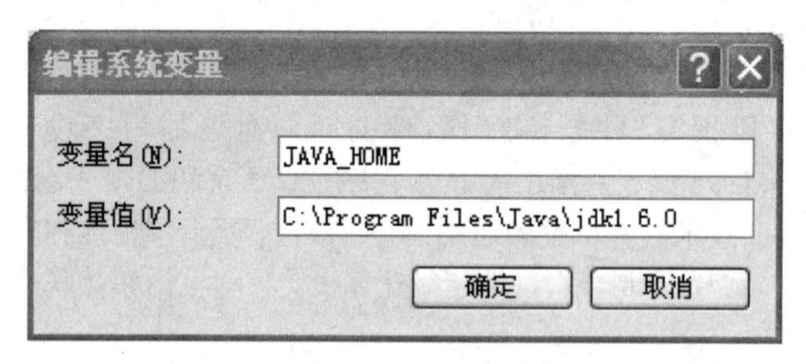

图 2.39　新建变量“JAVA_HOME”

新建变量 classpath=. ;%JAVA_HOME%\lib\dt.jar;%JAVA_HOME%\lib\tools.jar;(符号“.;”一定不能少，因为它代表当前路径)，如图 2.40 所示。

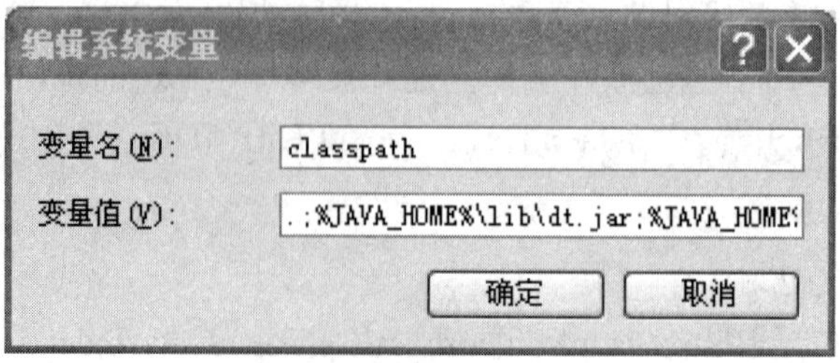

编辑系统变量

变量名(N): classpath

变量值(V): .;%JAVA_HOME%\lib\dt.jar;%JAVA_HOME%

确定　取消

图 2.40　新建变量“classpath”

编辑变量 Path=%JAVA_HOME%\bin(注意：PATH 变量系统已有，为了不影响系统运行，在 PATH 变量中加入“%JAVA_HOME%\bin”就行，用“；”隔开)，如图 2.41 所示。

图 2.41　编辑变量“Path”

至此完成 JDK 开发环境的配置。

3) 测试 JDK 是否安装成功

在 C:\Documents and Settings\Administrator 目录下新建文本文档，编辑如下代码并保存为名称 HelloWorld.java。

```
/* HelloWorld.java */
public class HelloWorld
{
    /*
     * @param args
    */
    public static void main(String[] args)
    {
      System.out.println("Hello, World!");
    }
}
```

打开操作系统的命令提示符工具操作如下：

点击开始->运行->输入命令“cmd”->进入命令提示符界面，如图 2.42 所示。

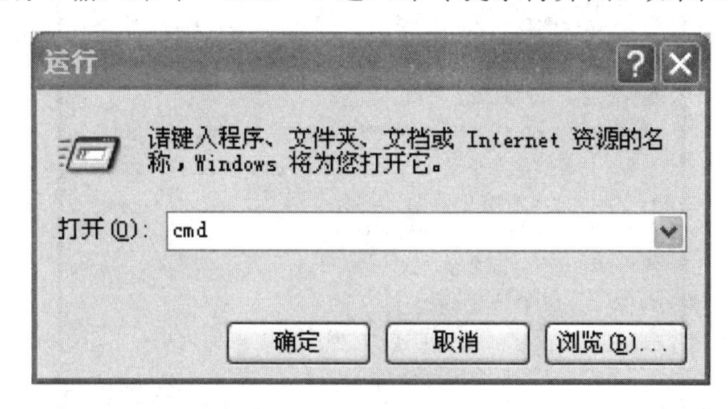

图 2.42　运行“cmd”命令

转到 JAVA 文件所在盘，例如 C 盘，输入命令对文件进行编译和运行：

编译指令：javac HelloWorld.java

运行指令：java HelloWorld

运行结果如图 2.43 所示。

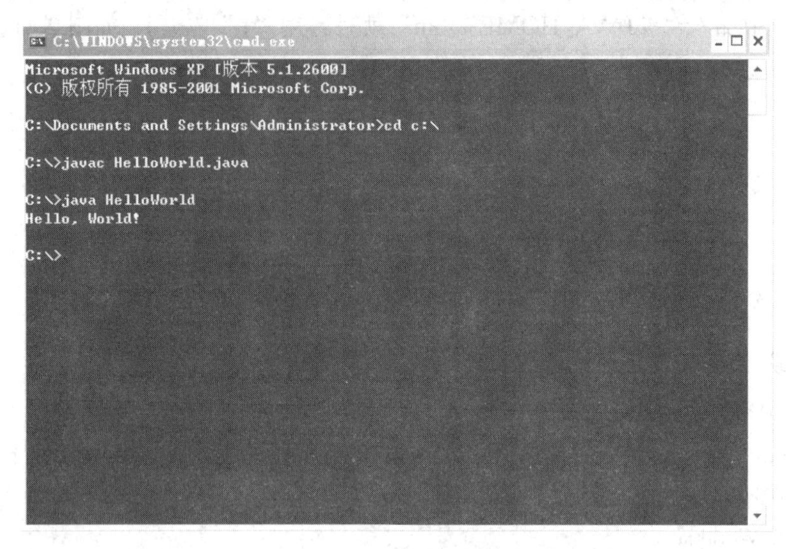

图 2.43 文件的编译和运行结果

2.4.2 Java 应用程序开发

Eclipese 集成开发工具无需安装，在运行 Eclipse.exe 文件后，通过菜单 file->new->java Project，进入新建工程的界面，命名工程名字为“HelloWorld”，如图 2.44 所示。

图 2.44 新工程的命名

点击“Next >”按键，选择源文件夹“Class”文件夹，一般默认即可。点击“Finish”按键，如图 2.45 所示。

选择工程，然后右键，再点击 new->class，新建一个类文件，命名“HelloWord”，最后点击“Finish”按键，如图 2.46 所示。

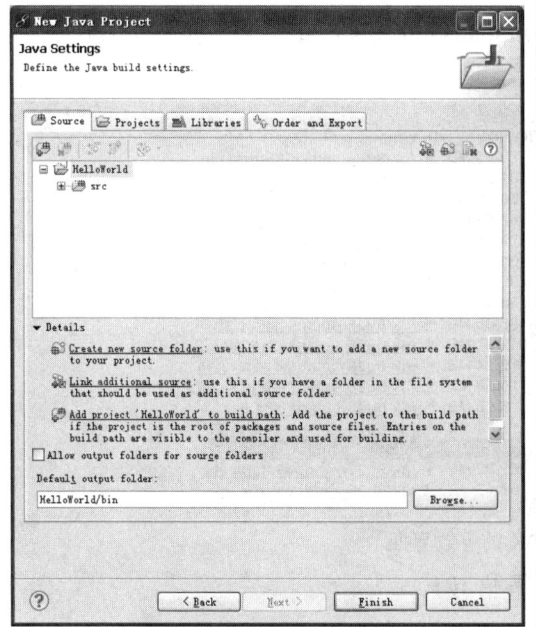

图 2.45　源文件夹的选择

图 2.46　类文件的新建

输入以下程序：

```
public class HelloWorld
{
    /**
    * @param args
    */
    public static void main(String[] args)
    {
        // TODO Auto-generated method stub
        System.out.println("Hello, World!");
    }
}
```

点击菜单 run->run as->java application，然后观察控制台输出。

2.5　任务五：Android 开发环境的构建

2.5.1　Android 开发环境的构建和配置

1. 相关文件的下载

Android 在 Windows XP 操作系统上搭建开发环境主要依赖：JDK、Eclipse 和 Android

SDK。这些文件都可以从各自的官方网站获取到。

1) Java JDK 的下载

进入该网页：http://java.sun.com/javase/downloads/index.jsp (或者直接点击下载)，如图 2.47 所示。

Java SE Development Kit 6 Update 26

Product / File Description	File Size	Download
Linux x86 - RPM Installer	76.93 MB	jdk-6u26-linux-i586-rpm.bin
Linux x86 - Self Extracting Installer	81.20 MB	jdk-6u26-linux-i586.bin
Linux Intel Itanium - RPM Installer	60.25 MB	jdk-6u26-linux-ia64-rpm.bin
Linux Intel Itanium - Self Extracting Installer	67.92 MB	jdk-6u26-linux-ia64.bin
Linux x64 - RPM Installer	77.15 MB	jdk-6u26-linux-x64-rpm.bin
Linux x64 - Self Extracting Installer	81.45 MB	jdk-6u26-linux-x64.bin
Solaris x86 - Self Extracting Binary	81.08 MB	jdk-6u26-solaris-i586.sh
Solaris x86 - Packages - tar.Z	136.89 MB	jdk-6u26-solaris-i586.tar.Z
Solaris SPARC - Self Extracting Binary	86.05 MB	jdk-6u26-solaris-sparc.sh
Solaris SPARC - Packages - tar.Z	141.37 MB	jdk-6u26-solaris-sparc.tar.Z
Solaris SPARC 64-bit - Self Extracting Binary	12.24 MB	jdk-6u26-solaris-sparcv9.sh
Solaris SPARC 64-bit - Packages - tar.Z	15.58 MB	jdk-6u26-solaris-sparcv9.tar.Z
Solaris x64 - Self Extracting Binary	8.50 MB	jdk-6u26-solaris-x64.sh
Solaris x64 - Packages - tar.Z	12.24 MB	jdk-6u26-solaris-x64.tar.Z
Windows x86	76.81 MB	jdk-6u26-windows-i586.exe
Windows Intel Itanium	63.32 MB	jdk-6u26-windows-ia64.exe
Windows x64	67.42 MB	jdk-6u26-windows-x64.exe

图 2.47　Java JDK 的下载界面

选择 Windows x86，只下载 JDK，不需要下载 JRE。

2) Eclipse 的下载

进入该网页：http://www.eclipse.org/downloads/ (或者直接点击下载)，如图 2.48 所示。

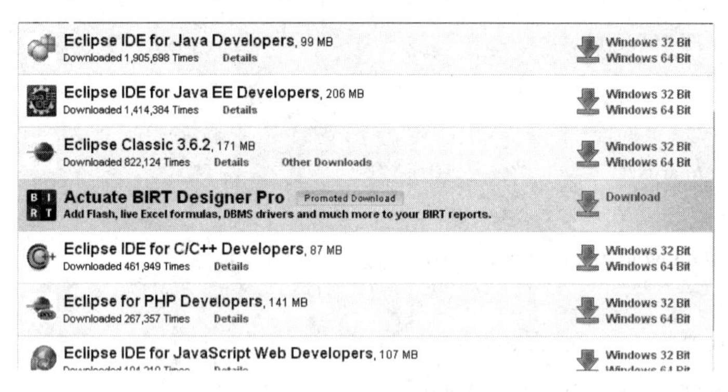

图 2.48　Eclipse 下载界面

选择第二项(即 Eclipse IDE for Java EE Developers)进行下载。

3) Andorid SDK 的下载

说明：Android SDK 有两种下载版本，一种是包含具体版本的 SDK 的，大约 70 M(B)；另一种是只有升级工具，而不包含具体的 SDK 版本，大约 20 M(B)。

(1) 完全版下载(Android SDK 2.1 r01)，目前在官方网站上已经没有链接了，只能在其他网站上获取到独立的版本。

(2) 升级版下载(建议使用这个，本例也是使用这个版本，若要升级版本，在 Eclipse 里面升级就行)。

如图 2.49 所示，下载到的就是升级版(实际上就是一个 SDK 的下载和管理工具，在后面 Eclipse 配置时会提到。)

Platform	Package	Size	MD5 Checksum
Windows	android-sdk_r11-windows.zip	32837554 bytes	0a2c52b8f8d97a4871ce8b3eb38e3072
	installer_r11-windows.exe (Recommended)	32883649 bytes	3dc8a29ae5afed97b40910ef153caa2b
Mac OS X (intel)	android-sdk_r11-mac_x86.zip	28844968 bytes	85bed5ed25aea51f6a447a674d637d1e
Linux (i386)	android-sdk_r11-linux_x86.tgz	26984929 bytes	026c67f82627a3a70efb197ca3360d0a

图 2.49　Android SDK 下载界面

2. 软件的安装

所要求安装的软件包如下：

jdk-6u26-windows-i586.exe：Java JDK 安装软件。

eclipse-jee-galileo-SR2-win32.zip：Eclipse 安装软件。

android-sdk_r11-windows.zip: Android SDK 管理软件。

android-sdk-windows.rar：已经包含了 Android SDK 若干版本的升级包。

特别注意，在文档中默认的工作目录是：C:\Android\。如果没有，请自行创建。

(1) 安装 Java JDK。

使用软件包为 jdk-6u26-windows-i586.exe。

安装完成即可，无需配置环境变量。

(2) 解压 Eclipse。

使用软件包为 eclipse-jee-galileo-SR2-win32.zip。

eclipse 无需安装，解压后，直接打开就行。

指定目录：解压到 C:\Android\目录下(注：文档中默认的目录，实际使用时没有任何要求)

(3) 解压 Android SDK。

使用软件包为：android-sdk-windows.rar。

这个也无需安装，解压后供后面使用。

指定目录：解压到 C:\Android\目录下(注：为了方便学习，统一安排目录，实际使用时没有任何要求)。

(4) 安装完成。

以上安装完成之后，工作目录如图 2.50 所示。

其中 app 目录是后面“应用程序开发”时要使用的目录，可以提前创建该目录。

```
本地磁盘 (C:)
  Android
    android-sdk-windows
      add-ons
      docs
      extras
      platforms
      platform-tools
      samples
      temp
      tools
    app
    eclipse
      configuration
      dropins
      features
      p2
      plugins
      readme
```

图 2.50　软件的工作目录

3. Eclipse 的配置

1) 安装 Android 开发插件

注：这一步安装必须要有网络环境，Eclipse 需要连接远程服务器，自行下载软件。

(1) 打开 Eclipse，在菜单栏上选择 help->Install New Software，弹出如图 2.51 所示的界面。

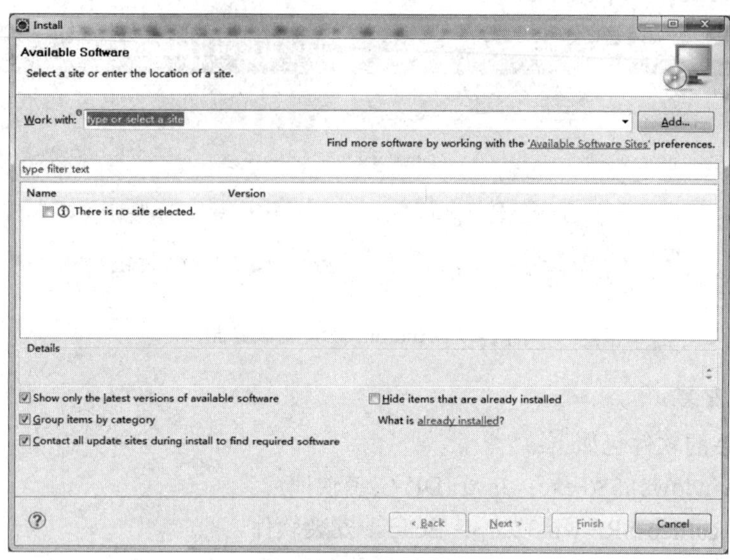

图 2.51　Install 对话框 1

(2) 点击“Add…”按键，弹出如图 2.52 所示的界面。

输入网址：http://dl-ssl.google.com/android/eclipse/。

名称：Android (这里可以自定义)。

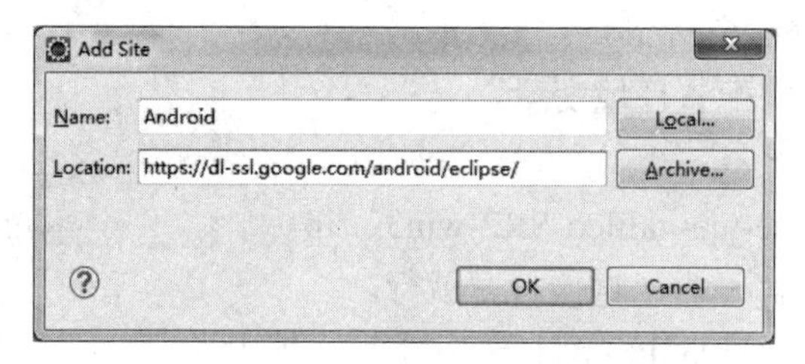

图 2.52　Add Site 对话框

(3) 点击“OK”按键，弹出如图 2.53 所示的界面。

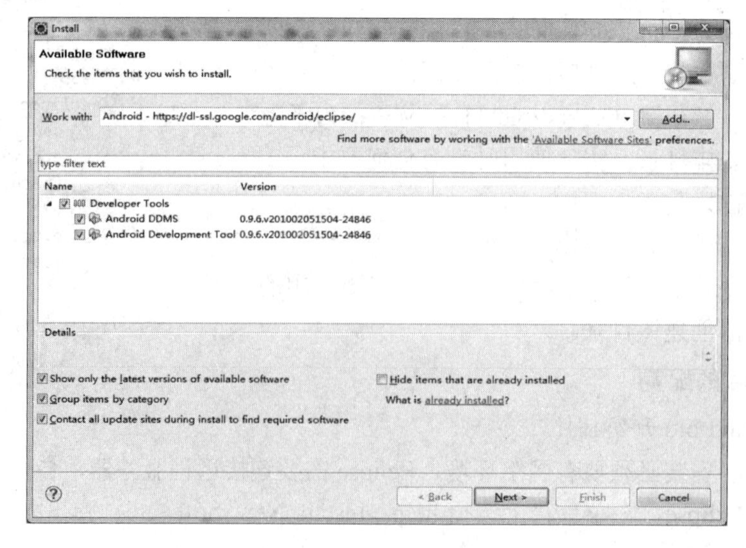

图 2.53　Install 对话框 2

选择“Developer Tools”。

(4) 点击“Next >”按键，弹出如图 2.54 所示对话框。

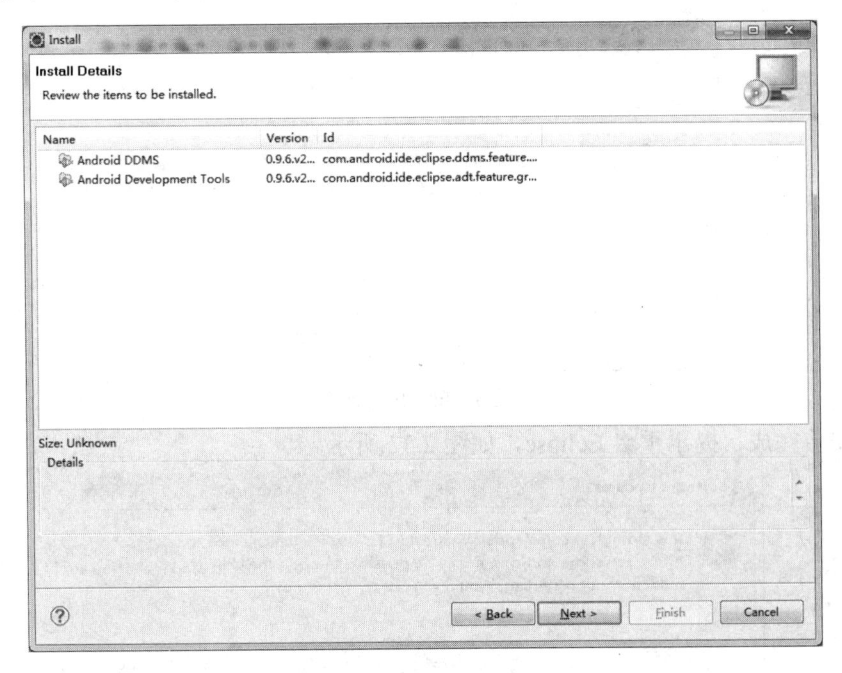

图 2.54　Install 对话框 3

(5) 点击“Next >”按键，弹出如图 2.55 所示对话框。

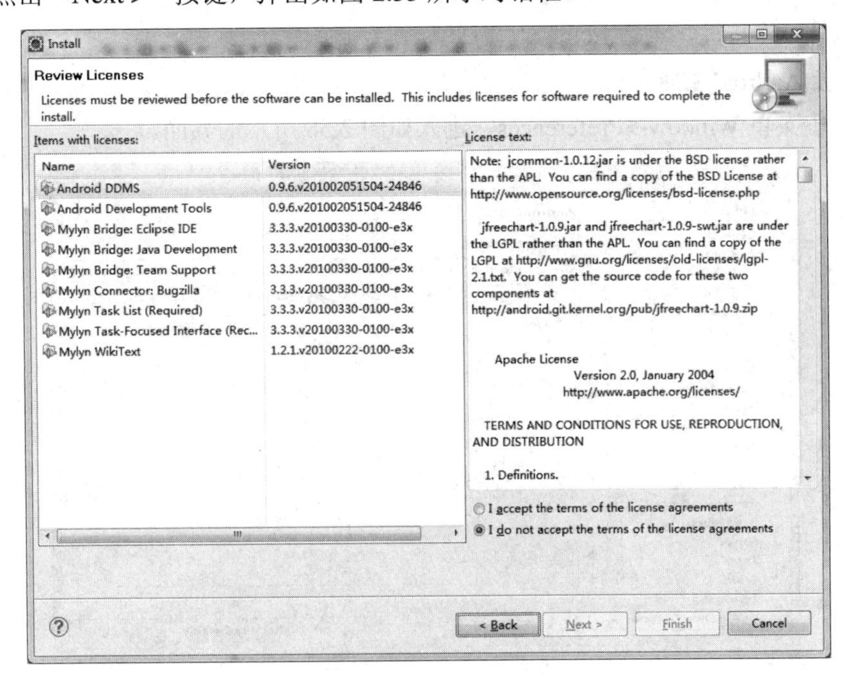

图 2.55　Install 对话框 4

(6) 选择接受协议，点击“Next >”按键，进入安装插件界面，如图 2.56 所示。

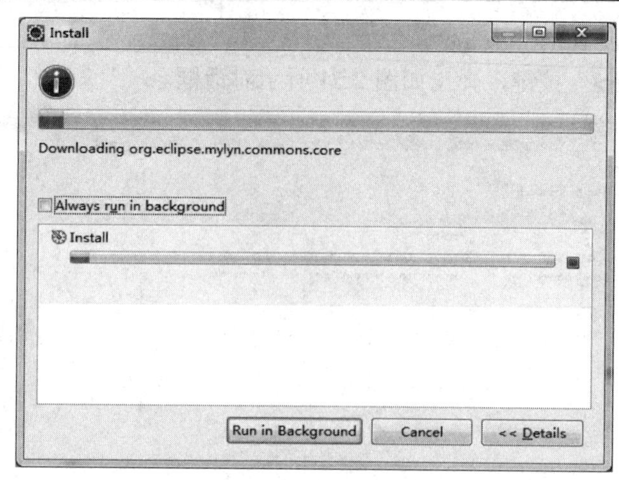

图 2.56　Install 对话框 5

(7) 安装完成，提示重启 Eclipse，如图 2.57 所示。

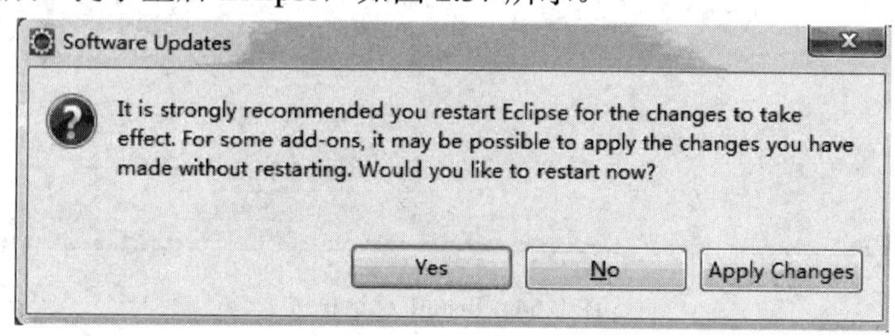

图 2.57　完成安装，提示重启 Eclipse

点击“Yes”按键，重启 Eclipse。

2) 配置 Android SDK

(1) 点击菜单 Window->Preferences，进入如图 2.58 所示的界面。

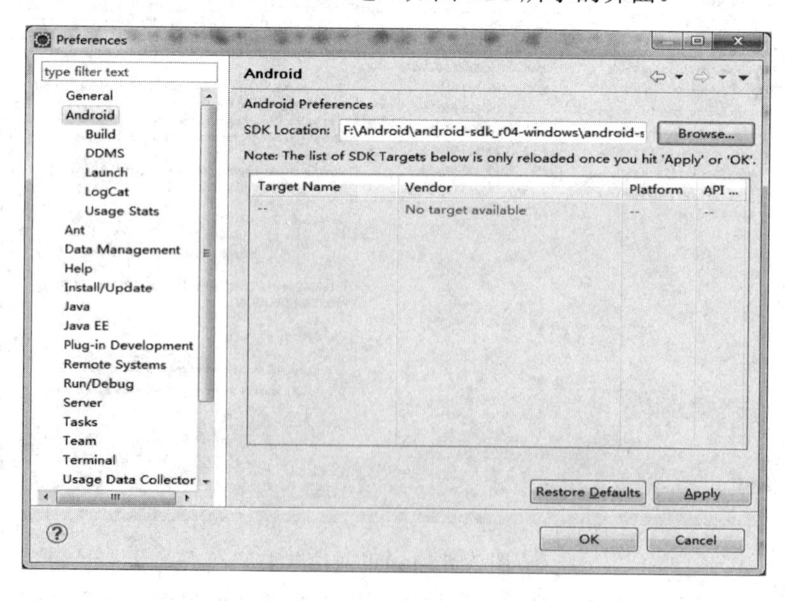

图 2.58　Preferences 对话框

选择 Android SDK 解压后的目录(C:\Android\android-sdk-windows)。选错错误时，软件就会报错。

(2) 升级 SDK 版本，选择菜单 Window->Android SDK and AVD Manager，弹出如图 2.59 所示的界面。

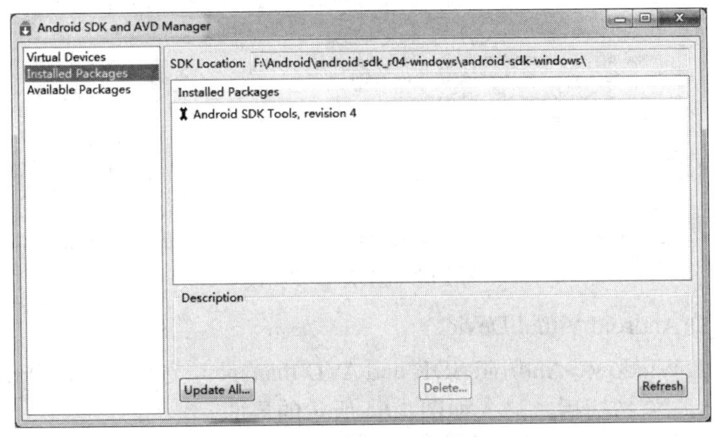

图 2.59　升级 SDK 版本

选择“Update All…”按钮，弹出如图 2.60 所示的界面。

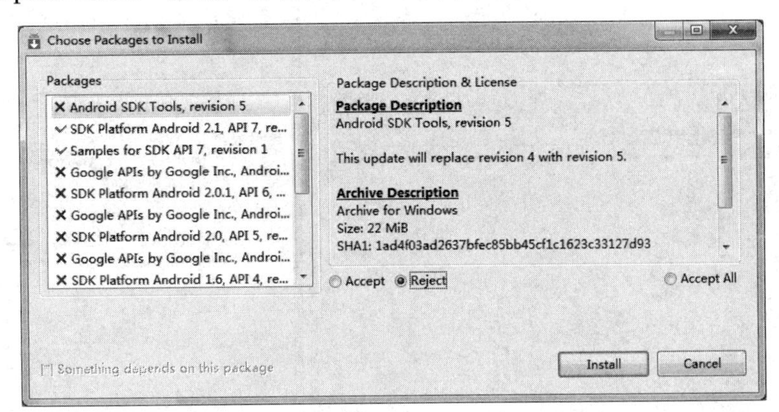

图 2.60　选择安装 SDK

在图 2.60 所示的界面上选择左边的某一项，用户“Accept”表示安装，选择“Reject”表示不安装；可选择 SDK Platform Android 2.1 和 Samples for SDK API 7，用户可以任意自定义；确定后，选择“Install”按钮，进入安装界面，如图 2.61 所示。

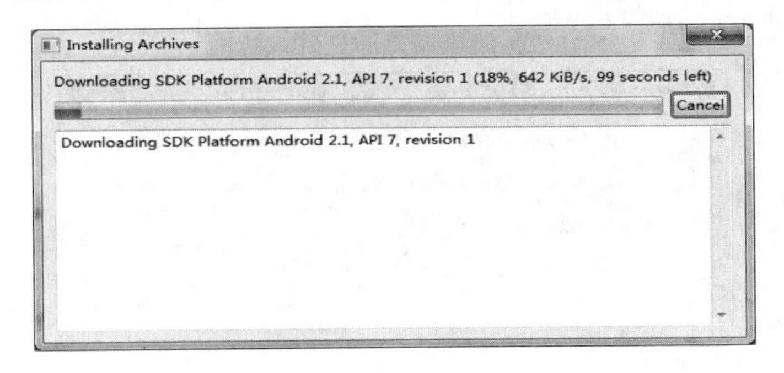

图 2.61　SDK 安装界面

安装完成后，显示如图 2.62 所示的界面。

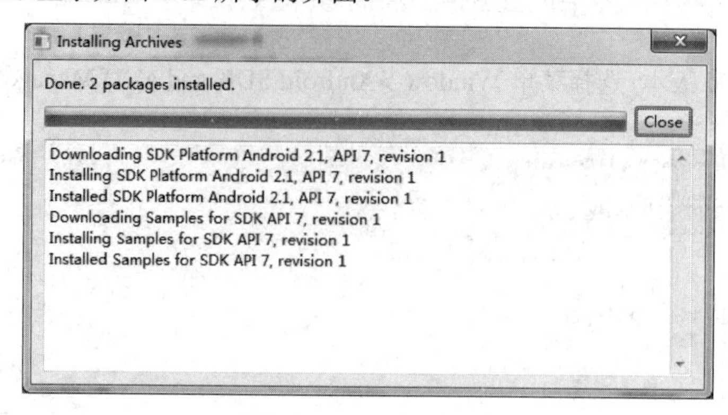

图 2.62　SDK 安装完成

3) 新建 AVD(Android Vitual Device)

(1) 选择菜单 Window->Android SDK and AVD manager，选中 Vitual Devices，如图 2.63 所示。点击“New...”按钮后，进入如图 2.64 所示的界面。

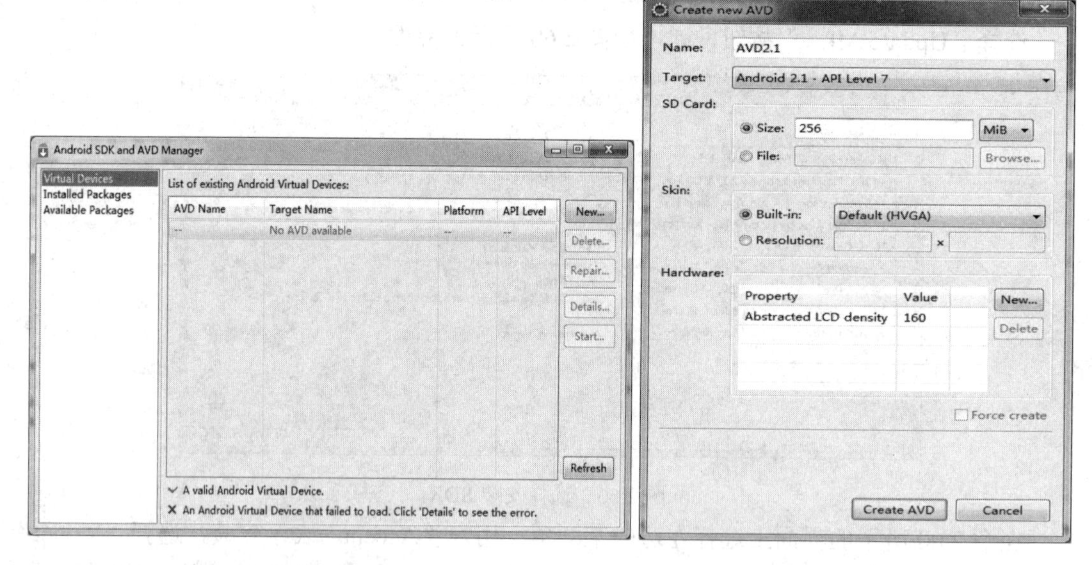

图 2.63　选择 Vitual Devices　　　　图 2.64　创建新 AVD

AVD 可以随便命名，Target 选择用户需要的 SDK 版本，SD 卡大小自定义。点击“Create AVD”，得到如图 2.65 所示的结果。

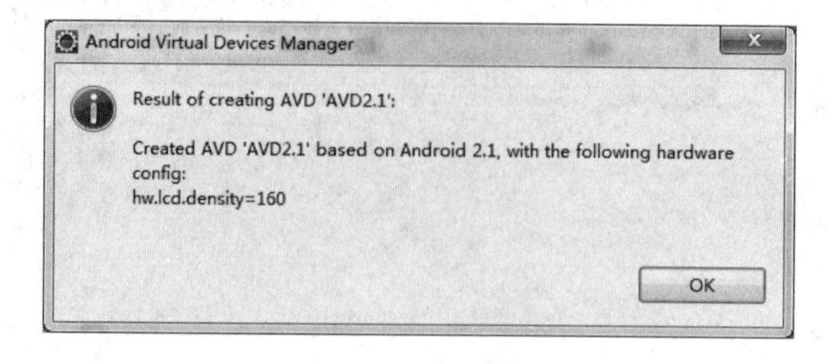

图 2.65　新的 AVD 创建完成

此时，新的 AVD 创建完毕。

(2) 手动启动 AVD。选中新创建的 AVD 设备，点击右侧的“start”按钮，就可以启动该 AVD 设备。启动过程如图 2.66 所示。

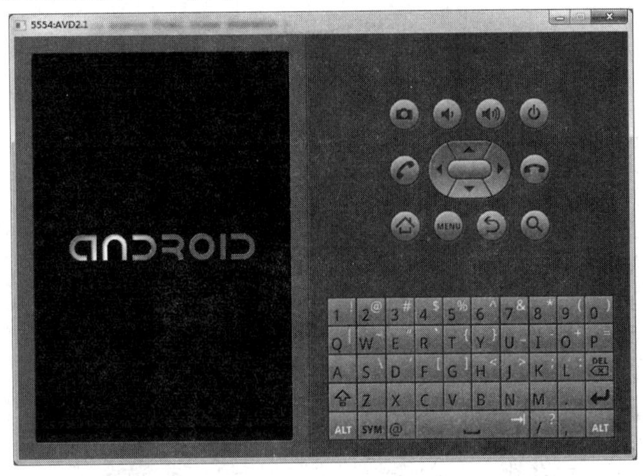

图 2.66 启动过程

2.5.2 Android 应用程序开发

1. 加载工程文件

(1) 选择任务栏的 file-> import 导入项目文件，从常规(General)文件的选项中选择已有项目到工作区(Existing Projects into Workspace)，如图 2.67 所示。

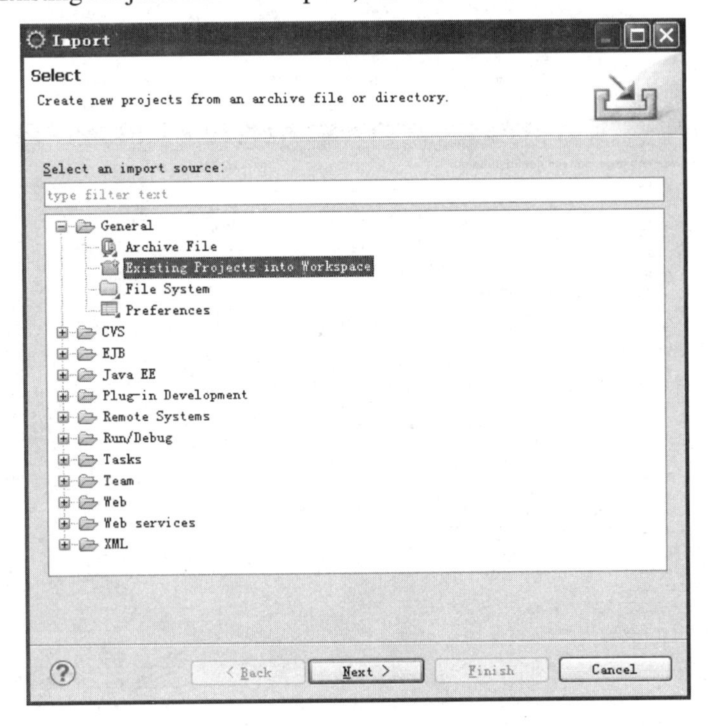

图 2.67 选择已有项目至工作区

(2) 选择“Select root directory :”选项，通过浏览文件夹功能选择“PARK*”；选择“Copy project into workspace”复制到工作区，按下“确定”按钮，再选择“Finish”按钮即可，如图 2.68 所示。

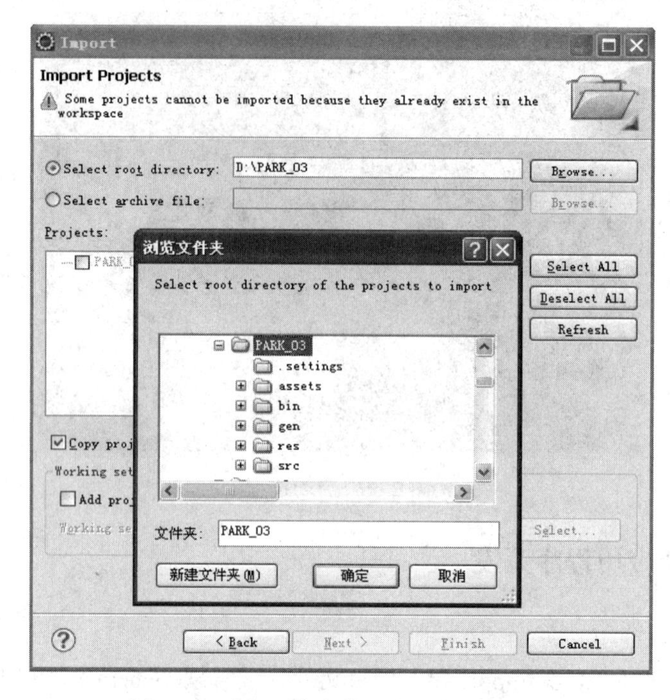

图 2.68　选择浏览文件，从光盘选择文件

(3) 配置运行应用程序。选择右键项目->Run as -> Run Configuration，进入如图 2.69 所示的界面。

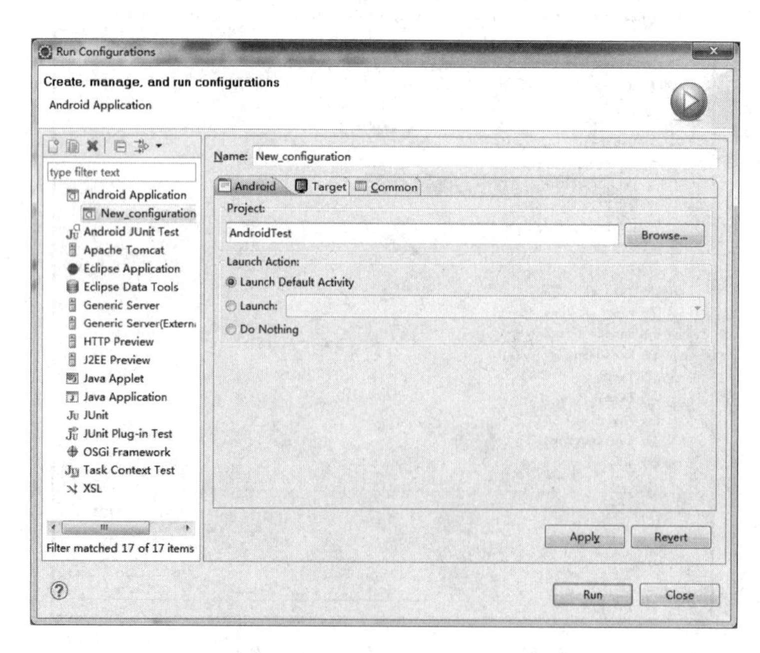

图 2.69　Run Configuration 对话框 1

在该界面中，点击“Browse...”按钮，选择自己要运行的项目。

然后选择“Target”选项卡，切换到如图 2.70 所示的界面。

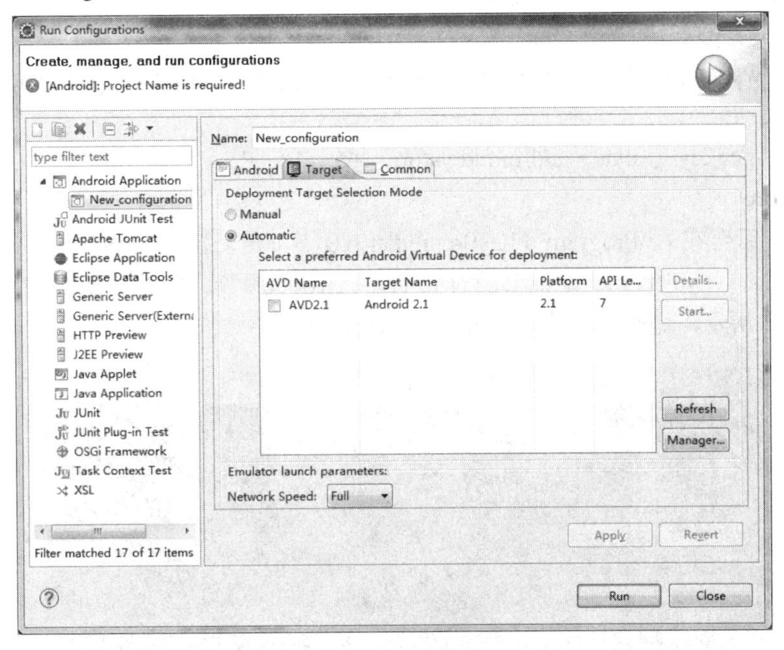

图 2.70　Run Configuration 对话框 2

该界面选择运行的 AVD，将 AVD 前面的方框设置为选择状态。

(4) 测试运行应用程序。选择右键项目名称->run as ->Android Application，即可启动运行该 Android 程序，运行结果如图 2.71 所示。

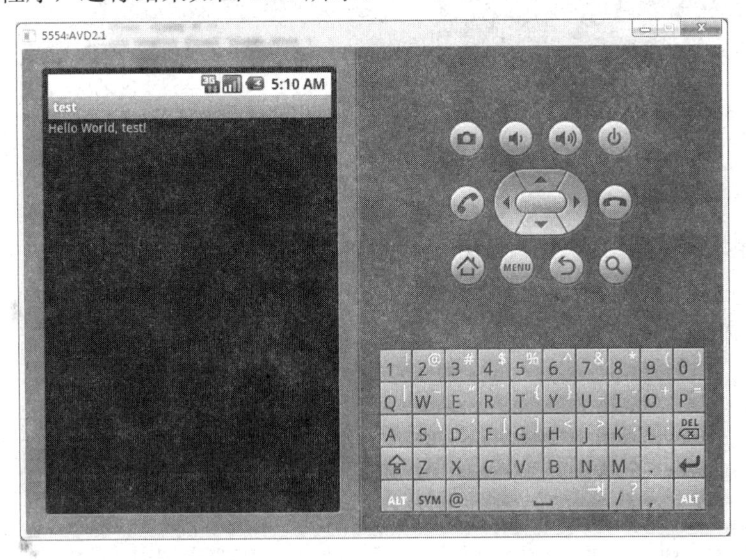

图 2.71　应用程序运行的结果

2. 发布应用程序

Android 项目开发完成后，将 Android 项目文件打包成 APK 文件，并最终下载到真机上运行。

注：更简便的办法，可直接到 Eclipse 项目的 bin 目录找到文件，那是 Eclipse 系统自动生成的 APK 文件。(例如：可在：~\workspace\AndroidTest\bin 目录下找到该文件。)

1) 生成 keystore

在 Windows 命令行执行，执行下面的命令行，在 C:\Program Files\Java\jdk1.6.0_26\bin> 目录下，输入：

keytool -genkey -alias android.keystore -keyalg RSA -validity 100000 -keystore android.keystore

命令执行后会在 C:\Program Files\Java\jdk1.6.0_26\bin>目录下生成 android.keystore 文件。参数意义：-validity 主要是证书的有效期，写 100000 天；空格、退格键也作为密码字符。如图 2.72 所示，命令行下生成 android.keystore。

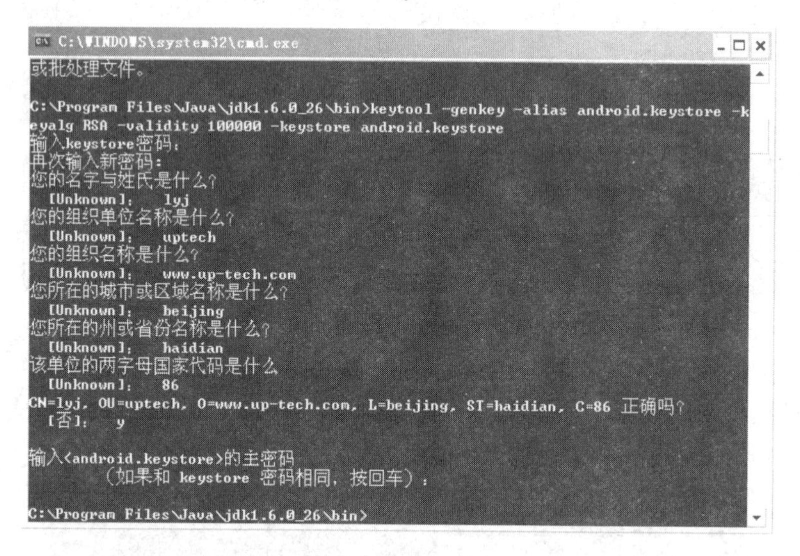

图 2.72　命令行下生成 android.keystore

将该目录下生成的 keystore 文件，拷贝到 C:\Android\app\keystore 目录下备用。

2) Eclipse 生成 APK 文件

(1) 选择要打包的项目，右键点击->Android tools->Export Signed Application Package，如图 2.73 所示。

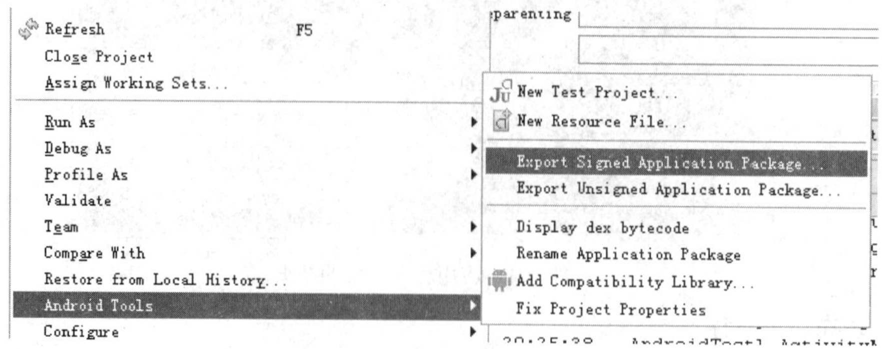

图 2.73　选择要打包的项目

(2) 选择要打包的项目，如图 2.74 所示。

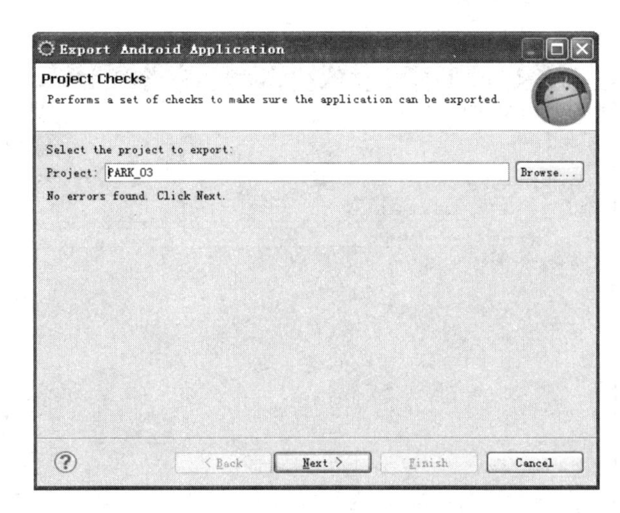

图 2.74　选择要打包的项目

(3) 选择生成的 keystore，并输入密码，如图 2.75 所示。

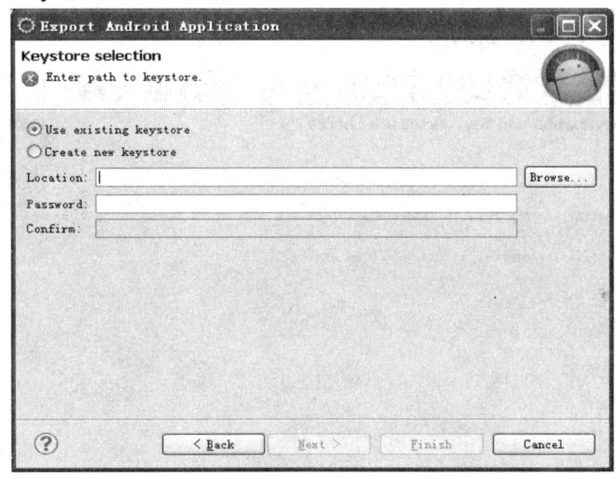

图 2.75　选择生成的 keystore 并输入密码

选择 keystore，如图 2.76 所示。Android.keystore 为第一步生成的 keystore 文件。输入密码，如图 2.77 所示。

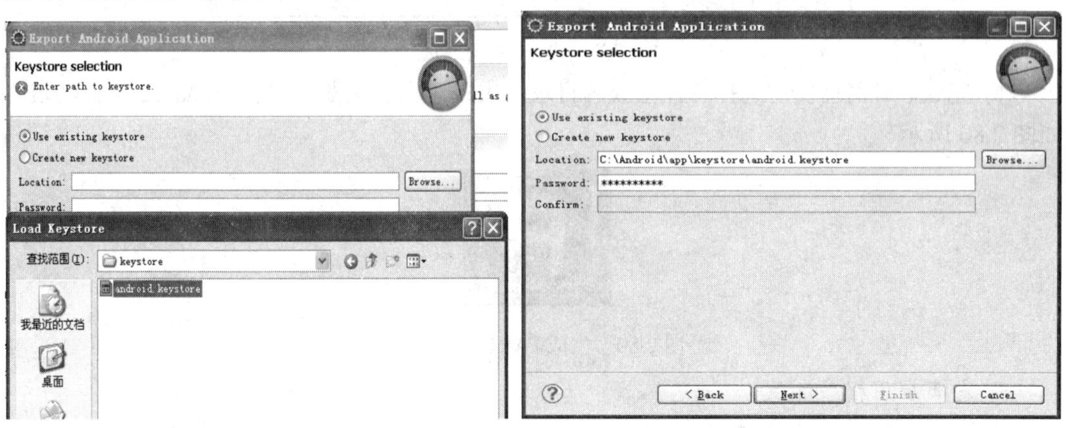

图 2.76　选择 keystore　　　　图 2.77　输入密码

(4) 选择 Alias Key，并输入密码，如图 2.78 所示。

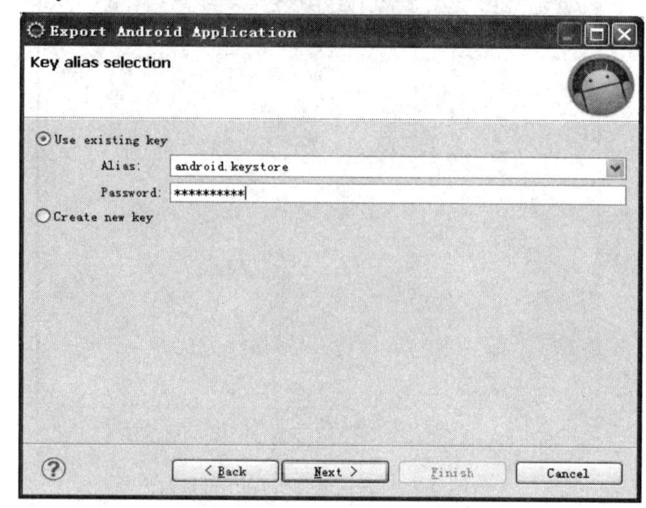

图 2.78　选择 Alias Key 并输入密码

(5) 选择生成目录，如图 2.79 所示。

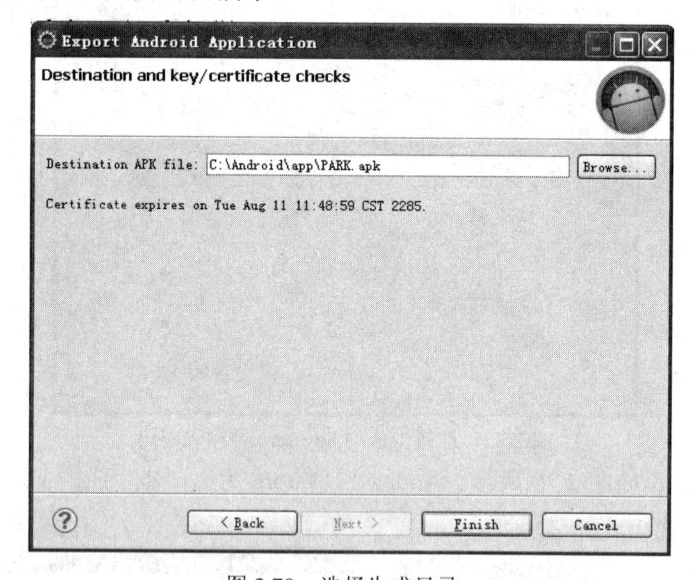

图 2.79　选择生成目录

(6) 完成。针对前面的选择可在生成的目录中生成对应的文件 C:\Android\app\ PARK.apk，如图 2.80 所示。

图 2.80　生成 PARK.apk 文件

3) 发布应用程序测试

(1) 将 PARK.apk 文件拷贝到 SD 卡中。

(2) 在 Android 手机设置中选择设置->应用程序->程序，选择要安装的 PARK.apk 文件，直接安装，如图 2.81 所示。

图 2.81　安装 PARK.apk 文件

在 Android 应用程序列表中可选择要运行的应用程序。

实　践　题

1. KeilC 开发环境的安装、配置与使用。
2. IAR 开发环境的安装、配置与使用。
3. Java 开发环境的安装、配置与使用。
4. Android 开发环境的安装、配置与使用。

项目三　传感器与检测的实现

【知识目标】

(1) 了解传感器的分类、传感器的组成。
(2) 了解典型传感器。
(3) 熟悉检测的基本概念、检测技术分类及检测系统组成。
(4) 熟悉智能检测系统的组成及类型、智能传感器技术。

【技能目标】

(1) 能把热释红外传感器应用到物联网中。
(2) 能把温湿度传感器应用到物联网中。
(3) 能把接近开关/红外反射传感器应用到物联网中。

3.1　任务一：传感器的基础知识

3.1.1　传感器的概述

传感器是一种物理装置或生物器官，能够探测、感受外界的信号、物理条件(如光、热、湿度)或化学组成(如烟雾)，并将探知的信息传递给其他装置或器官。

国家标准 GB 7665—87 对传感器下的定义是:“能感受规定的被测量件并按照一定的规律转换成可用信号的器件或装置，通常由敏感元件和转换元件组成”。传感器是一种检测装置，能感受到被测量的信息，并能将检测感受到的信息，按一定规律变换成为电信号或其他所需形式的信息输出，以满足信息的传输、处理、存储、显示、记录和控制等要求。它是实现自动检测和自动控制的首要环节。

关于传感器，我国曾出现过多种名称，如发送器、传送器、变送器等，它们的内涵相同或相似，所以近来已逐渐趋向统一，大都使用传感器这一名称了。从字面上可以作如下解释：传感器的功用是一感二传，即感受被测信息，并传送出去。根据这个定义，传感器的作用是将一种能量转换成另一种能量形式，所以不少学者也用“换能器－Transducer”来称谓“传感器－Sensor”。

传感器是物联网信息采集基础。传感器处于产业链上游，在物联网发展之初受益较大；同时传感器又处在物联网金字塔的塔座，随着物联网的发展，传感器行业也将得到提升，它将是整个物联网产业中需求量最大的环节。

3.1.2　传感器的分类

往往同一被测量可以用不同类型的传感器来测量，而同一原理的传感器又可测量多种物理量，因此传感器有许多种分类方法。常见的传感器分类方法如下：

1. 按传感器的用途分类

传感器按照其用途分为力敏传感器、位置传感器、液面传感器、能耗传感器、速度传感器、加速度传感器、射线辐射传感器、热敏传感器和 24 GHz 雷达传感器。

2. 按传感器的原理分类

传感器按照其原理可分为振动传感器、湿敏传感器、磁敏传感器、气敏传感器、真空度传感器和生物传感器。

3. 按传感器的输出信号标准分类

传感器按照其输出信号的标准分类可分为以下四种：

(1) 模拟传感器：将被测量的非电学量转换成模拟电信号。

(2) 数字传感器：将被测量的非电学量转换成数字输出信号(包括直接和间接转换)。

(3) 膺数字传感器：将被测量的信号量转换成频率信号或短周期信号的输出(包括直接或间接转换)。

(4) 开关传感器：当一个被测量的信号达到某个特定的阈值时，传感器相应地输出一个设定的低电平或高电平信号。

4. 按传感器的材料分类

在外界因素的作用下，所有材料都会作出相应的、具有特征性的反应。它们中的那些对外界作用最敏感的材料，即那些具有功能特性的材料，被用来制作传感器的敏感元件。从所应用的材料观点出发可将传感器分成下列三类：

(1) 按照其所用材料的类别分类：金属聚合物和陶瓷混合物。

(2) 按材料的物理性质分类：导体、半导体、绝缘体和磁性材料。

(3) 按材料的晶体结构分类：单晶、多晶和非晶材料。

与采用新材料紧密相关的传感器开发工作，可以归纳为下述三个方向：

(1) 在已知的材料中探索新的现象、效应和反应，然后使它们能在传感器技术中得到实际使用。

(2) 探索新的材料，应用那些已知的现象、效应和反应来改进传感器技术。

(3) 在研究新型材料的基础上探索新现象、新效应和反应，并在传感器技术中加以具体实施。

现代传感器制造业的进展取决于用于传感器技术的新材料和敏感元件的开发强度。传感器开发的基本趋势是和半导体以及介质材料的应用密切关联的。

5. 按传感器的制造工艺分类

传感器按照其制造工艺分类可分为以下四种：

传感器按照其制造工艺可分为集成传感器、薄膜传感器、厚膜传感器和陶瓷传感器。

(1) 集成传感器是用标准的生产硅基半导体集成电路的工艺技术制造的。通常还将用于初步处理被测信号的部分电路也集成在同一芯片上。

(2) 薄膜传感器则是通过沉积在介质衬底(基板)上的，相应敏感材料的薄膜形成的。使用混合工艺时，同样可将部分电路制造在此基板上。

(3) 厚膜传感器是利用相应材料的浆料，涂覆在陶瓷基片上制成的，基片通常是Al_2O_3制成的，然后进行热处理，使厚膜成形。

(4) 陶瓷传感器是采用标准的陶瓷工艺或其某种变种工艺(溶胶—凝胶等)生产的。完成适当的预备性操作之后，已成形的元件在高温中进行烧结。

厚膜传感器和陶瓷传感器这两种工艺之间有许多共同特性，在某些方面，可以认为厚膜工艺是陶瓷工艺的一种变型。

每种工艺技术都有自己的优点和不足。由于研究、开发和生产所需的资本投入较低，以及传感器参数的高稳定性等原因，采用陶瓷传感器和厚膜传感器比较合理。

6. 按传感器的测量目的不同分类

传感器根据测量目的不同可分为物理型传感器、化学型传感器和生物型传感器。

(1) 物理型传感器是利用被测量物质的某些物理性质发生明显变化的特性制成的。

(2) 化学型传感器是利用能把化学物质的成分、浓度等化学量转化成电学量的敏感元件制成的。

(3) 生物型传感器是利用各种生物或生物物质的特性做成的，用以检测与识别生物体内化学成分的传感器。

3.1.3 传感器的性能指标

1. 传感器静态特性

传感器的静态特性是指对静态的输入信号，传感器的输出量与输入量之间所具有的相互关系。因为这时输入量和输出量都和时间无关，所以它们之间的关系，即传感器的静态特性可用一个不含时间变量的代数方程，或以输入量作横坐标，把与其对应的输出量作纵坐标而画出的特性曲线来描述。表征传感器静态特性的主要参数有线性度、灵敏度、迟滞、重复性、漂移等。

(1) 线性度：指传感器输出量与输入量之间的实际关系曲线偏离拟合直线的程度。其定义为在全量程范围内实际特性曲线与拟合直线之间的最大偏差值与满量程输出值之比。

(2) 灵敏度：是传感器静态特性的一个重要指标。其定义为输出量的增量与引起该增量的相应输入量增量之比。用S表示灵敏度。

(3) 迟滞：指传感器在输入量由小到大(正行程)及输入量由大到小(反行程)变化期间其输入、输出特性曲线不重合的现象。对于同一大小的输入信号，传感器的正、反行程输出信号大小不相等，这个差值称为迟滞差值。

(4) 重复性：指传感器在输入量按同一方向作全量程连续多次变化时，所得特性曲线不一致的程度。

(5) 漂移：指在输入量不变的情况下，传感器输出量随着时间变化的现象。产生漂移的原因有两个方面：一是传感器自身结构参数，二是周围环境(如温度、湿度等)。

2. 传感器动态特性

所谓动态特性，是指传感器在输入变化时，它的输出的特性。在实际工作中，传感器的动态特性常用它对某些标准输入信号的响应来表示。这是因为传感器对标准输入信号的响应容易用实验方法求得，并且它对标准输入信号的响应与它对任意输入信号的响应之间存在一定的关系，往往知道了前者就能推定后者。最常用的标准输入信号有阶跃信号和正弦信号两种，所以传感器的动态特性也常用阶跃响应和频率响应来表示。

3. 传感器的线性度

通常情况下，传感器的实际静态特性输出是条曲线而非直线。在实际工作中，为使仪表具有均匀刻度的读数，常用一条拟合直线近似地代表实际的特性曲线、线性度(非线性误差)，就是这个近似程度的一个性能指标。

拟合直线的选取有多种方法。如将零输入和满量程输出点相连的理论直线作为拟合直线；或将与特性曲线上各点偏差的平方和为最小的理论直线作为拟合直线，此拟合直线称为最小二乘法拟合直线。

4. 传感器的灵敏度

灵敏度是指传感器在稳态工作情况下输出量变化 Δy 对输入量变化 Δx 的比值。

它是输出-输入特性曲线的斜率。如果传感器的输出和输入之间显线性关系，则灵敏度 S 是一个常数。否则，它将随输入量的变化而变化。

灵敏度的量纲是输出、输入量的量纲之比。例如，某位移传感器，在位移变化 1 mm 时，输出电压变化为 200 mV，则其灵敏度应表示为 200 mV/mm。

当传感器的输出、输入量的量纲相同时，灵敏度可理解为放大倍数。提高灵敏度，可得到较高的测量精度。但灵敏度愈高，测量范围愈窄，稳定性也往往愈差。

5. 传感器的分辨率

分辨率是指传感器可感受到的被测量的最小变化的能力。当输入变化值未超过某一数值时，传感器的输出不会发生变化，即传感器对此输入量的变化是分辨不出来的。只有当输入量的变化超过分辨率时，其输出才会发生变化。

通常传感器在满量程范围内各点的分辨率并不相同，因此常用满量程中能使输出量产生阶跃变化的输入量中的最大变化值作为衡量分辨率的指标。上述指标若用满量程的百分比表示，则称为分辨率。分辨率与传感器的稳定性有负相相关性。

3.1.4 传感器的组成和结构

国家标准(GB 7665—87)中传感器(Transducer/Sensor)的定义：能够感受规定的被测量并按照一定规律转换成可用输出信号的器件或装置。这一定义包含了以下四方面：

(1) 传感器是测量装置，能完成检测任务。

(2) 它的输出量是某一被测量，可能是物理量，也可能是化学量、生物量等。

(3) 它的输出量是某种物理量，这种量要便于传输、转换、处理、显示等，这种量可以是气、光、电量，但主要是电量。

(4) 输出-输入有对应关系，且应有一定的精确程度。

传感器一般由敏感元件、转换元件、转换电路三部分组成，如图 3.1 所示。

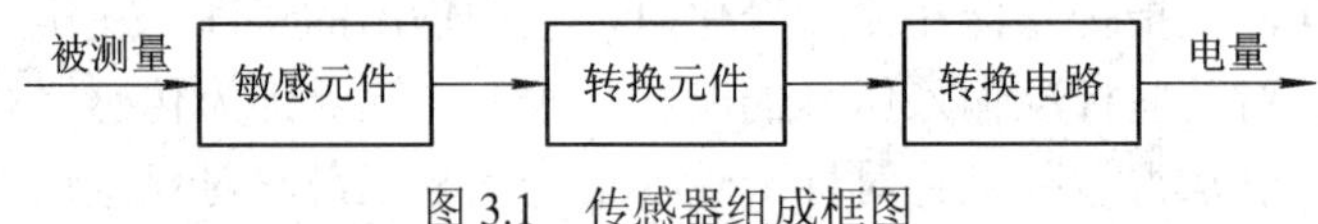

图 3.1　传感器组成框图

- 敏感元件：是直接感受被测量，并且输出与被测量成确定关系的某一物理量的元件。
- 转换元件：敏感元件的输出就是它的输入，它把输入转换成电路参量。
- 转换电路：转换电路可把敏感元件的输出经转换元件的输出再转换成电量输出。

实际上，传感器有简单的，也有复杂的；有开环系统，也有带反馈的闭环系统。

3.2　任务二：检测技术基础

自动检测技术是一门以研究检测系统中信息提取、转换及处理的理论和技术为主要内容的应用技术学科。检测技术是多学科知识的综合应用，涉及半导体技术、激光技术、光纤技术、声控技术、遥感技术、自动化技术、计算机应用技术，以及数理统计、控制论、信息化等近代新技术和新理论。

3.2.1　检测系统概述

检测是人类认识物质世界、改造物质世界的重要手段。检测技术的发展标志着人类的进步和人类社会的繁荣。现代工业、农业、国防、交通、医疗、科研等各行业，检测技术的作用越来越大，检测设备就像神经和感官，源源不断地向人们传输各种有用的信息。微处理器芯片使传统的检测技术采用计算机进行数据分析处理成为现实。从广义上说，自动检测系统包括以单片机为核心的智能仪器、以 PC 核心的自动测试系统和目前发展势头迅猛的专家系统。

现代检测系统应当包含测量、故障诊断、信息处理和决策输出等多种内容，具有比传统的“测量”更丰富的范畴和模仿人类专家信息综合处理能力。一般具有以下特点：

(1) 软件控制测量过程。自动检测系统可实现自动测量、自动极性判断、自动量程切换、自动报警、过载保护、非线性补偿、多功能测试和自动巡回检测。

(2) 智能化数据处理。智能检测系统可用软件对测量结果利用各种算法进行及时在线处理，提高测量精度。

(3) 高度的灵活性。智能检测系统以软件为工作核心，生产、修改、复制都较容易，功能和性能指标更改方便。

(4) 实现多参数检测与信息融合。智能检测系统可以对多种测量参数进行检测。在进行多参数检测的基础上，依据各路信息的相关特性，可以实现智能检测系统的多传感器信息融合，从而提高检测系统的准确性、可靠性和可容错性。

(5) 测量速度快。所谓检测速度，是指从测量开始，经过信号放大、整流滤波、非线性补偿、A/D 转换、数据处理和结果输出的全过程所需的时间。随着电子技术的迅猛发展，高速显示、高速打印、高速绘图设备也日趋完善。这些都为智能检测系统的快速性提供了条件。

(6) 智能化功能强。以计算机为信息处理核心的智能检测系统具有较强的智能功能，可以满足各类用户的需要。典型的智能功能有：

① 检测选择功能。智能检测系统能够实现量程转换、信号通道和采样方式的自动选择，使系统具有对被测对象的最优化跟踪检测能力。

② 故障诊断功能。智能检测系统结构复杂，功能较多，系统本身的故障诊断尤为重要。系统可以根据检测通道的特征和计算机本身的自诊断能力，检查各单元故障，显示故障部位、故障原因和应该采取的故障排除方法。

③ 其他智能功能。智能检测系统还可以具备人机对话、自校准、打印、绘图、通信、专家知识查询和控制输出等智能功能。

在工程实践和科学实验中提出的检测任务是正确及时地掌握各种消息，大多数情况下是要获取被测对象信息的大小，即被测量的大小。这样，信息采集的主要含义就是测量并取得测量数据。

测量结果可用一定的数值表示，也可用一条曲线或某种图形表示。但无论其表现形式如何，测量结果应包括两部分，即比值和测量单位。确切地讲，测量结果还应包括误差部分。

实现被测量与标准量比较得出比值的方法，称为测量方法。针对不同测量任务进行具体分析以找出切实可行的测量方法，对测量工作是十分重要的。

3.2.2　检测技术分类

1. 按测量过程的特点分类

1) 直接测量法

在使用仪表或传感器进行测量时，对仪表读数不需要经过任何运算就能直接表示测量结果的测量方法称为直接测量。例如，用磁电式电流表测量电路的某一支路电流、用弹簧管压力表测量压力等，都属于直接测量。直接测量的优点是测量过程既简单又迅速，缺点是测量精度不高。直接测量方法又包括以下三种：

(1) 偏差测量法。用仪表指针的位移(即偏差)决定被测量的量值的测量方法。在测量时，插入被测量，按照仪表指针在标尺上的示值决定被测量的数值。这种方法测量过程比较简单、迅速，但测量结果精度较低。

(2) 零位测量法。用指零仪表的零位指示检测测量系统的平衡状态，在测量系统平衡时，用已知的标准量决定被测量的量值的测量方法。在测量时，已知的标准量直接与被测量相比较，已知量应连续可调，指零仪表指零时，被测量与已知标准量相等。

(3) 微差测量法。是综合了偏差法测量与零位法测量的优点而提出的一种测量方法。它将被测量与已知的标准量相比较，取得差值后，再用偏差测量法测得此差值。应用这种方法测量时，不需要调整标准量，而只需测量两者的差值。微差测量法的优点是反应快，而且测量精度高，特别适用于在线控制参数的测量。

2) 间接测量法

在使用仪表或传感器进行测量时，首先对与测量有确定函数关系的几个量进行测量，将被测量代入函数关系式，经过计算得到所需要的结果，这种测量方法称为间接测量法。间接测量法的测量手续较多，花费时间较长，常用于不易直接测量或者缺乏直接测量手段的场合。

3) 组合测量法

组合测量法是一种特殊的精密测量方法。被测量必须经过求解联立方程组才能得到最后结果。组合测量操作手续复杂，花费时间长，多用于科学实验或特殊场合。

2. 按测量的精度因素分类

(1) 等精度测量法：用相同精度的仪表与测量方法对同一被测量进行多次重复测量。

(2) 非等精度测量法：用不同精度的仪表或不同的测量方法，或在环境条件相差很大时对同一被测量进行多次重复测量。

3. 按测量仪表特点分类

(1) 接触测量法：传感器直接与被测对象接触，承受被测参数的作用，感受其变化，从而获得其信号，并测量其信号大小的方法。

(2) 非接触测量法：传感器不与被测对象直接接触，而是间接承受被测参数的作用，感受其变化，并测量其信号大小的方法。

4. 按测量对象的特点分类

(1) 静态测量法：指被测对象处于稳定情况下的测量，此时被测对象不随时间变化，故又称为稳态测量。

(2) 动态测量法：指被测对象处于不稳定情况下进行的测量，此时被测对象随时间而变化，因此，这种测量必须在瞬间完成，才能得到动态参数的测量结果。

3.2.3 检测系统组成

1. 检测系统构成

在工程中，由传感器与多台仪表组合在一起，完成信号的检测，这就形成了一个检测系统。检测系统是传感器与测量仪表、变换装置等的有机结合。检测系统原理结构框图如图 3.2 所示。

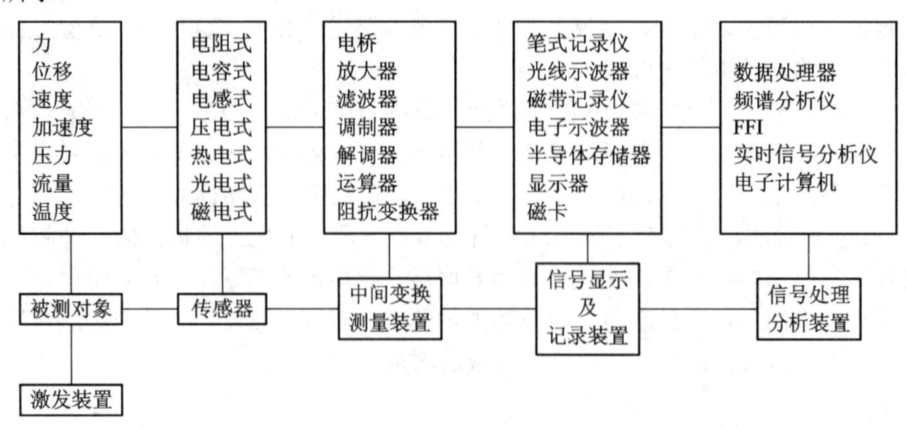

图 3.2　检测系统原理结构框图

2. 开环检测系统和闭环检测系统

1) 开环检测系统

开环检测系统的全部信息变换只沿着一个方向进行，如图3.3所示。其中x为输入量，y为输出量。x_1和x_2为各个环节的传递系数，采用开环方式构成的检测系统，结构较简单，但各环节特性的变化都会造成测量误差。

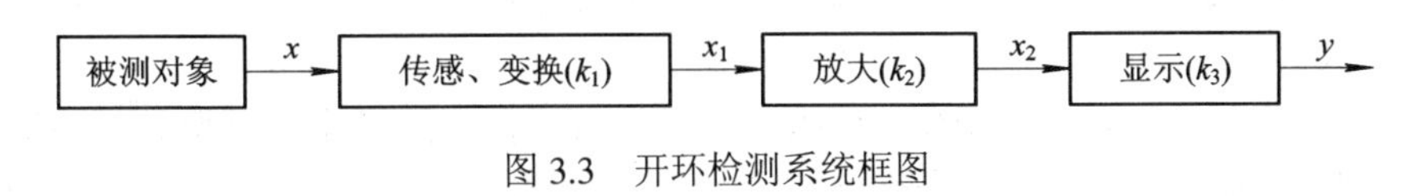

图3.3　开环检测系统框图

2) 闭环检测系统

闭环检测系统是在开环系统的基础上加了反馈环节，使得信息变换与传递形成闭环，能对包含在反馈环内的各环节造成的误差进行补偿，使得系统的误差变得很小。

3. 检测仪表的组成

检测仪表是实现检测过程的物质手段，是测量方法的具体化，它将被测量经过一次或多次的信号或能量形式的转换，再由仪表指针、数字或图像等显示出量值，从而实现被测量的检测。检测仪表的组成框图如图3.4所示。

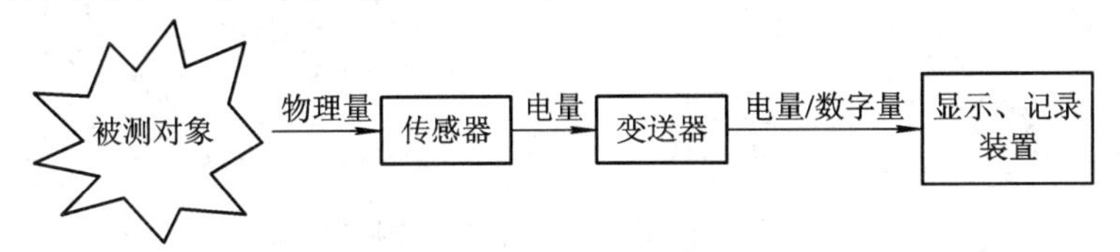

图3.4　检测仪表的组成框图

1) 传感器

传感器也称敏感元件，一次元件，其作用是感受被测量的变化并产生一个与被测量呈某种函数关系的输出信号。

2) 变送器

变送器的作用是将敏感元件输出信号变换成既保存原始信号全部信息又更易于处理、传输及测量的变量，因此要求变换器能准确稳定的实现信号的传输、放大和转换。

3) 显示(记录)仪表

显示(记录)仪表也称二次仪表，将测量信息转变成对应的工程量在显示(记录)仪表上显示。

3.3　任务三：典型传感器的选择

本节简单介绍物联网应用系统中常见的几种传感器(模块)。

3.3.1　磁检测传感器

磁检测传感器使用的是干簧管。干簧管(Reed Switch)也称舌簧管或磁簧开关，是一种磁敏的特殊开关。它通常由两个软磁性材料做成的、无磁时断开的金属簧片触点，有的还有第三个作为常闭触点的簧片。这些簧片触点被封装在充有惰性气体(如氮、氦等)或真空的玻璃管里，玻璃管内平行封装的簧片端部重叠，并留有一定间隙或相互接触以构成开关的常开或常闭触点。干簧管比一般机械开关结构简单、体积小、速度高、工作寿命长；而与电子开关相比，它又有抗负载冲击能力强等特点，工作可靠性很高。

干簧管可作传感器用，用于计数，限位等。例如，有一种自行车公里计，就是在轮胎上粘上磁铁，在一旁固定上干簧管构成的。把干簧管装在门上，可作为开门时的报警用，也可作为开关使用。

干簧管的外形和接口原理如图 3.5 所示。当没有磁性物质靠近磁检测传感器时，磁检测传感器开路，Q1 不导通。当有磁性物质靠近磁检测传感器的时候，磁检测传感器导通，则在 Q1 的基极得到使得 Q1 导通的电压，即 Q1 导通，电源从 R6—D3—Q1—地形成电流回路，则 D3 亮，同时 P1.0 为低电平。

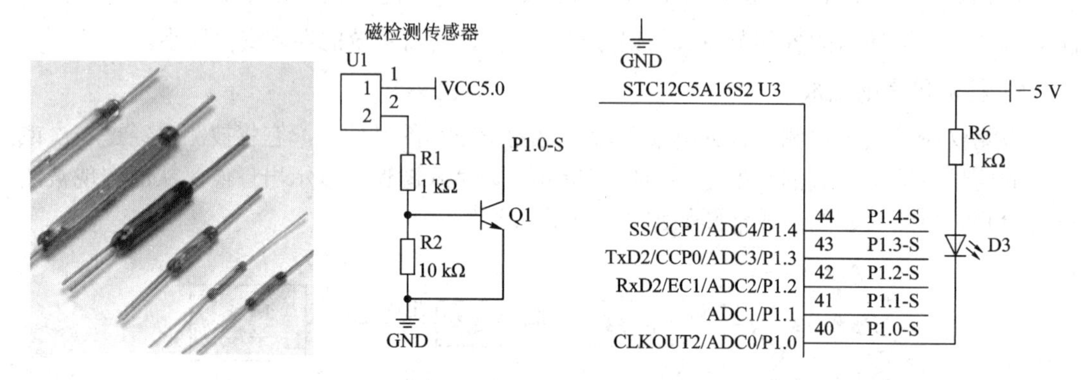

图 3.5　外形和接口原理图

3.3.2　光照传感器

光照传感器使用的是光敏电阻。光敏电阻又称光导管，常用的制作材料为硫化镉，另外还有硒、硫化铝、硫化铅和硫化铋等材料。这些制作材料具有在特定波长的光照射下，其阻值迅速减小的特性。这是由于光照产生的载流子都参与导电，在外加电场的作用下作漂移运动，电子奔向电源的正极，空穴奔向电源的负极，从而使光敏电阻器的阻值迅速下降。光敏电阻器一般用于光的测量、光的控制和光电转换(将光的变化转换为电的变化)。常用的光敏电阻器是硫化镉光敏电阻器，它是由半导体材料制成的。光敏电阻器的阻值随入射光线(可见光)的强弱变化而变化，在黑暗条件下，它的阻值(暗阻)可达 1～10 MΩ，在强光条件(100 LX)下，它阻值(亮阻)仅有几百至数千欧姆。光敏电阻器对光的敏感性(即光谱特性)与人眼对可见光(0.4～0.76 μm)的响应很接近，只要人眼可感受的光，都会引起它的阻值变化。

光照传感器的外形和接口原理图如图 3.6 所示。传感器使用的光敏电阻的暗电阻为 1～2 MΩ 左右，亮电阻为 1～5 kΩ 左右。可以计算出：

在黑暗条件下，$U2=\dfrac{3.3\,\text{V}\times 10\,\text{k}\Omega}{2000\,\text{k}\Omega+10\,\text{k}\Omega}=0.016\,\text{V}$。

在光照条件下，$U2=\dfrac{3.3\,\text{V}\times 10\,\text{k}\Omega}{15\,\text{k}\Omega+10\,\text{k}\Omega}=1.3\,\text{V}$。

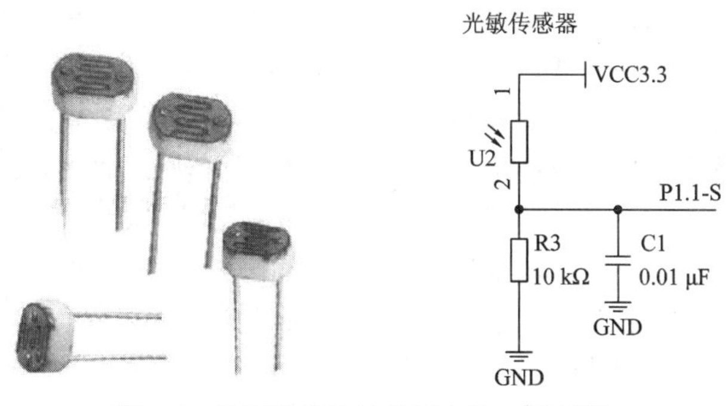

图 3.6　光照传感器的外形和接口原理图

3.3.3　红外对射传感器

红外对射传感器使用的是槽型红外光电开关。红外光电开关是捕捉红外线这种不可见光，采用专用的红外发射管和接收管，转换为可以观测的电信号。红外光电传感器有效地防止周围可见光的干扰，进行无接触探测，不损伤被测物体。红外光电传感器在一般情况下由三部分构成，它们分为：发送器、接收器和检测电路。红外光电传感器的发送器对准目标发射光束，当前面有被检测物体时，物体将发射器发出的红外光线反射回接收器，于是红外光电传感器就“感知”了物体的存在，产生输出信号。

红外对射传感器模块的外形如图 3.7 所示。槽型红外光电开关把一个红外光发射器和一个红外光接收器面对面地装在一个槽的两侧。发光器能发出红外光，在无阻情况下光接收器能收到光。但当被检测物体从槽中通过时，光被遮挡，光电开关便动作，输出一个开关控制信号，切断或接通负载电流，从而完成一次控制动作。槽形开关的检测距离因为受整体结构的限制一般只有几厘米。

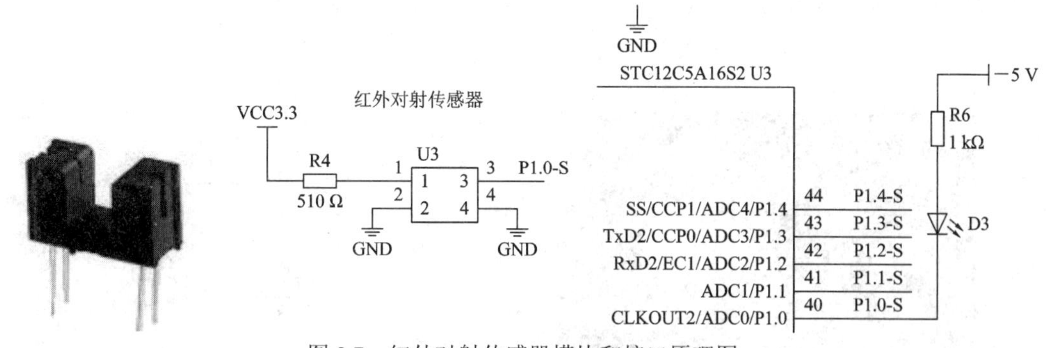

图 3.7　红外对射传感器模块和接口原理图

红外对射传感器 U3 的 PIN1 与 PIN2 为红外发射端，PIN3 与 PIN4 为接收端，当凹槽中有物体挡住红外线时，PIN3 与 PIN4 之间截止，则 LED(D3)灭，否则亮；另外从电路实际的测量看，当无物体挡时 PIN3 与 PIN4 的电压约 2.8 V，当有物体挡时电压则为 3.8 V，那么用 ADC 来采集实际的 ADC 值，当 ADC 大于 700(0x2bc)时判定为有物体挡。

3.3.4　人体检测传感器

人体检测传感器使用的是热释电人体红外线感应模块。人体红外线感应模块是基于红外线技术的自动控制产品，灵敏度高，可靠性强，用于各类感应电器设备，适合干电池供电的电器产品；低电压工作模式，可方便与各类电路实现对接；尺寸小，便于安装。人体红外线感应模块适用于感应广告机、感应水龙头、各类感应灯饰、感应玩具、感应排气扇、感应垃圾桶、感应报警器、感应风扇等。这类传感器种类繁多，通常具有高响应、低噪音的特点。

人体检测传感器电平输出：高 3.3 V；待机时输出为 0 V；延时时间：可制作范围零点几秒至十几分钟可调；感应范围：小于等于 110° 锥角，7 m 以内。

使用该传感器时应特别注意以下四点：

(1) 不可重复触发方式：即感应输出高电平后，延时时间段一结束，输出将自动从高电平变为低电平。

(2) 可重复触发：即感应输出高电平后，在延时时间段内，如果有人体在其感应范围活动，其输出将一直保持高电平，直到人离开后才延时将高电平变为低电平(感应模块检测到人体的每一次活动后会自动顺延一个延时时间段，且以最后一次活动的时间为延时时间的起始点)。

(3) 感应封锁时间：感应模块在每一次感应输出后(高电平变成低电平)，可以紧跟着设置一个封锁时间段，在此时间段内感应器不接受任何感应信号。此功能可以实现“感应输出时间”和“封锁时间”两者的间隔工作，可应用于间隔探测产品；同时此功能可有效抑制负载切换过程中产生的各种干扰。

(4) 模块出厂时已设置为：可重复触发方式，延时约为 0.5 s，感应锁存时间约为 2～3 s，灵敏度设为最小灵敏度。模块上电后大约会有 10 s 左右的预热时间，此时输出不稳定的。

人体检测传感器的外形和接口原理图如图 3.8 所示。传感器检测到人时，输出高电平，Q1 导通，IO 输出低电平；未检测到人时，Q1 截止，IO 输出高电平。热释电人体红外线感应模块只对人体活动产生感应信号，对静止的人体不做反应。

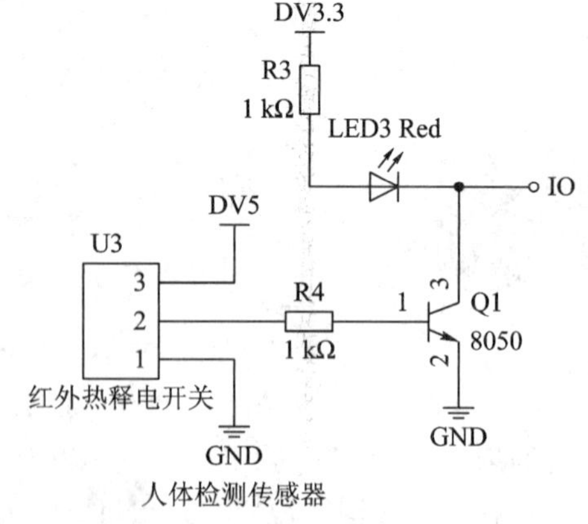

图 3.8 人体检测传感器模块和接口原理图

3.3.5 温湿度传感器

AM2321 数字温湿度传感器是一款含有已校准数字信号输出的温湿度复合传感器。它使用专用的数字模块采集技术和温湿度传感技术，确保产品具有极高的可靠性与卓越的长期稳定性。传感器包括一个电容式感湿元件和一个高精度测温元件，并与一个高性能 8 位单片机相连接。因此该产品具有品质卓越、超快响应、抗干扰能力强、性价比极高等优点。每个传感器都在极为精确的湿度校验室中进行校准。校准系数以程序的形式储存在单片机中，传感器内部在检测信号的处理过程中要调用这些校准系数。标准单总线接口，使系统集成变得简易快捷。超小的体积、极低的功耗，信号传输距离可达 20 m 以上。产品为 3 引线(单总线接口)连接方便。AM2321 的响应时间约 2 s，这比一般的温湿度传感器的响应时间要快。

1. 接口电路

AM2321 温湿度传感器的实物与 STC12C5A16S2 接口电路原理图如图 3.9 所示。

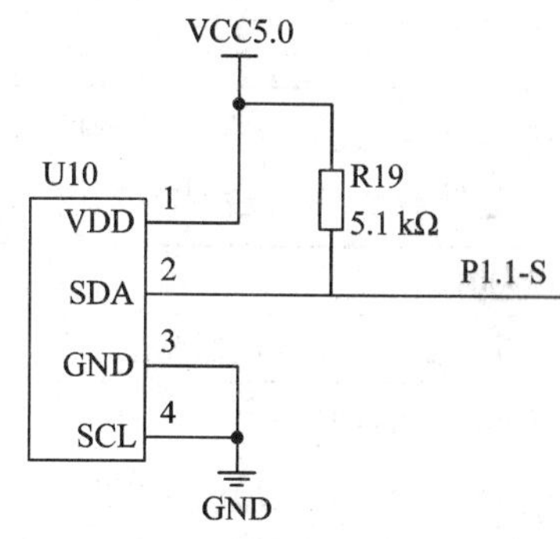

图 3.9 AM2321 温湿度传感器实物与 STC12C5A16S2 接口电路原理图

其 SDA 口连接到 STC12C5A16S2 的 P1.1 进行单总线通信，R19 为上拉电阻，各 PIN 的分配如表 3.1 所示。

表 3.1 AM2321 温湿度传感器引脚定义

PIN 号	名 称	描 述
PIN1	VDD	电源(3.5～5.5 V)
PIN2	SDA	串行数据，双向口
PIN3	GND	地
PIN4	SCL	单总线通信模式接地

2. 通信协议

AM2321 的单总线通信协议说明：

SDA 用于微处理器与 AM2321 之间的通信和同步，采用单总线数据格式，一次传送 40 位数据，高位先出。具体通信时序如图 3.10 所示。

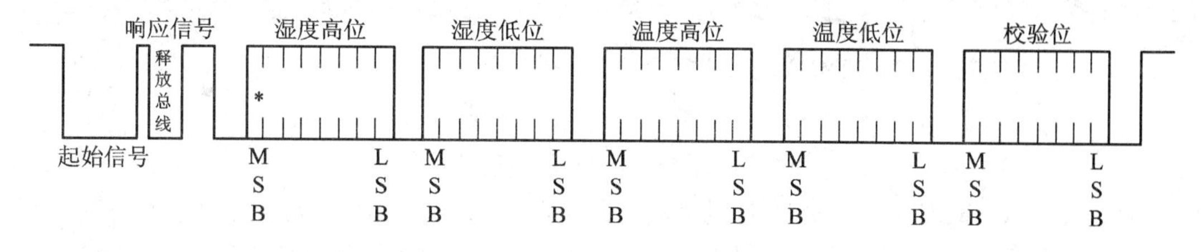

图 3.10 AM2321 单总线通信协议图

单总线格式定义如表 3.2 所示。

表 3.2　AM2321 温湿度传感器单总线格式定义表

名　称	单总线格式定义
起始信号	微处理器把数据总线(SDA)拉低一段时间(至少 800 μs)，通知传感器准备数据
响应信号	传感器把数据总线(SDA)拉低 80 μs，再拉高 80 μs 以响应主机的起始信号
数据格式	收到主机起始信号后，传感器一次性从数据总线(SDA)串出 40 位数据，高位先出
湿度	湿度分辨率是 16 bit，高位在前；传感器串出的湿度值是实际湿度值的 10 倍
温度	温度分辨率是 16 bit，高位在前；传感器串出的温度值是实际温度值的 10 倍； 温度最高位(Bit 15)等于 1 表示负温度，温度最高位(Bit 15)等于 0 表示正温度； 温度除了最高位(Bit 14～Bit 0)表示温度值
校验位	校验位 = 湿度高位 + 湿度低位 + 温度高位 + 温度低位

下面以单总线数据计算为举例加以说明：

(1) 假定接收到 40 位数据，其格式如下：

0000 0010	1001 0010	0000 0001	0000 1101	1010 0010
湿度高 8 位	湿度低 8 位	温度高 8 位	温度低 8 位	校验位

(2) 校验位的计算如下：

0000 0010 + 1001 0010 + 0000 0001 + 0000 1101 + 1010 0010 = 1010 0010 (校验位)

由接收到的数据计算的校验码与接收到的校验码相同，表示接收数据正确。

(3) 计算接收到的湿度和温度值：

湿度：0000 0010 1001 0010 = 0x0292H = 658，即湿度 = 65.8%RH

温度：0000 0001 0000 1101 = 0x10DH = 269，即温度 = 26.9℃

3. 单总线通信时序

用户主机(MCU)发送一次起始信号(把数据总线 SDA 拉低至少 800 μs)后，AM2321 从休眠模式转换到高速模式。待主机开始信号结束后，AM2321 发送响应信号，从数据总线 SDA 串行送出 40 bit 的数据，先发送字节的高位；发送的数据依次为湿度高位、湿度低位、温度高位、温度低位、校验位，发送数据结束触发一次信息采集，采集结束传感器自动转入休眠模式，直到下一次通信来临。单总线通信时序如图 3.11 所示。

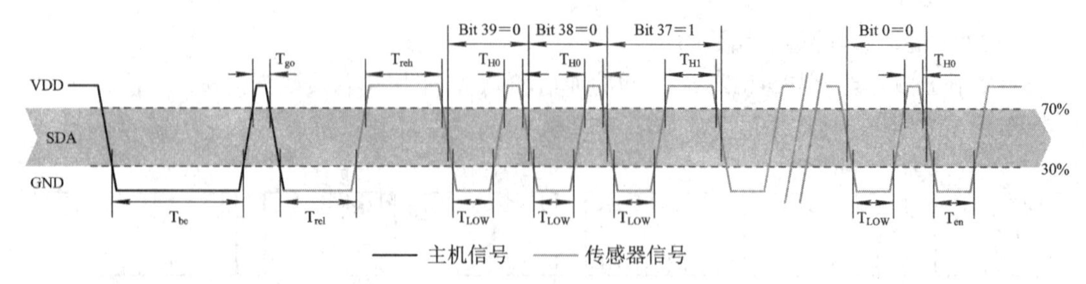

图 3.11　AM2321 单总线通信时序图

注：主机从 AM2321 读取的温湿度数据总是前一次的测量值，如两次测量间隔时间很长，请连续读两次以第二次获得的值为实时温湿度值，同时两次读取间隔时间最小为 2 s。

单总线时间表如表 3.3 所示。

表 3.3　AM2321 温湿度传感器单总线时序时间表

符号	参 数 描 述	Min	Typ	Max	单位
T_{be}	主机起始信号拉低时间	0.8	1	20	ms
T_{go}	主机释放总线时间	20	30	200	μs
T_{rel}	响应低电平时间	75	80	85	μs
T_{reh}	响应高电平时间	75	80	85	μs
T_{LOW}	信号“0”、“1”低电平时间	48	50	55	μs
T_{H0}	信号“0”高电平时间	22	26	30	μs
T_{H1}	信号“1”高电平时间	68	70	75	μs
T_{en}	传感器释放总线时间	45	50	55	μs

外部设备读取温湿度信号的步骤如下：

(1) AM2321 上电后(需要等待 2 s 以越过不稳定状态，在此期间读取设备不能发送任何指令)，测试环境温湿度数据，并记录数据，此后传感器自动转入休眠状态。AM2321 的 SDA 数据线由上拉电阻拉高一直保持高电平，此时 AM2321 的 SDA 引脚处于输入状态，时刻检测外部信号。

(2) 微处理器的 I/O 设置为输出，同时输出低电平，且低电平保持时间不能小于 800 μs，典型值是拉低 1 ms，然后微处理器的 I/O 设置为输入状态，释放总线，由于上拉电阻，微处理器的 I/O 即 AM2321 的 SDA 数据线也随之变高，等主机释放总线后，AM2321 发送响应信号，即输出 80 μs 的低电平作为应答信号，紧接着输出 80 μs 的高电平通知外设准备接收数据，信号传输如图 3.12 所示。

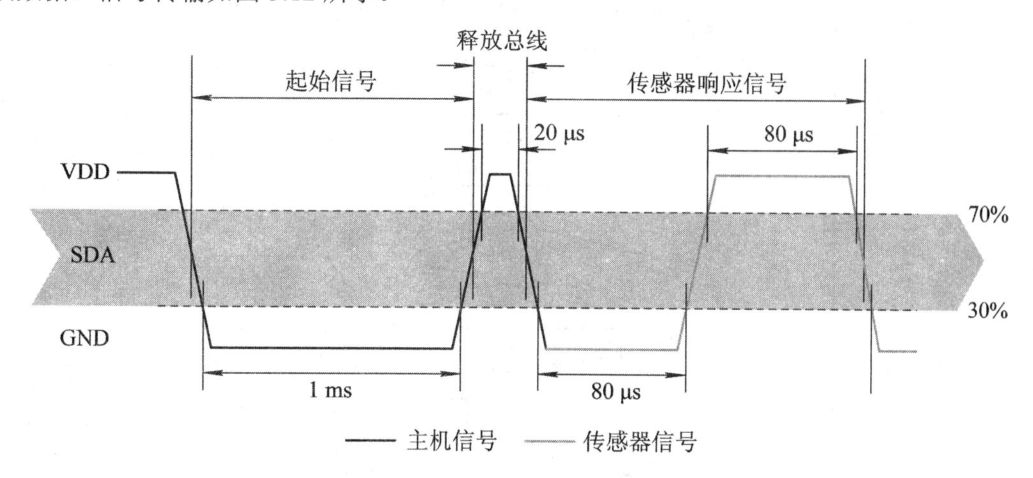

图 3.12　AM2321 单总线通信时序图

(3) AM2321 发送完响应后，随后由数据总线 SDA 连续串行输出 40 位数据，微处理器根据 I/O 电平的变化接收 40 位数据。

位数据“0”的格式为：50 μs 的低电平加 26～28 μs 的高电平；

位数据“1”的格式为：50 μs 的低电平加 70 μs 的高电平；

位数据“0”、位数据“1”格式信号如图 3.13 所示。

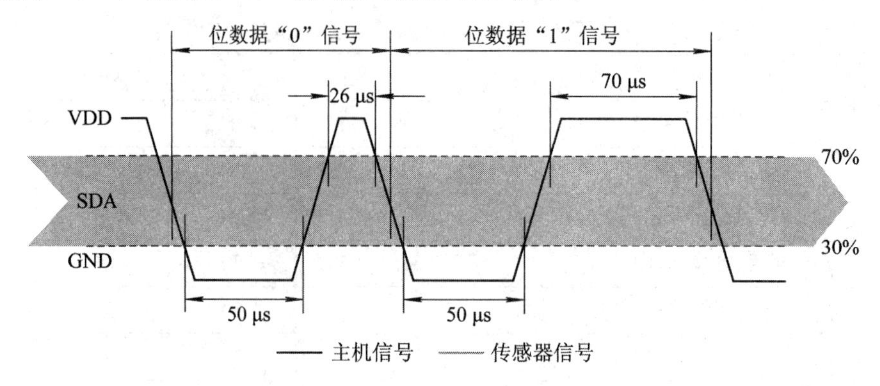

图 3.13　AM2321 单总线通信时序图

AM2321 的数据总线 SDA 输出 40 位数据后，继续输出低电平 50 μs 后转为输入状态，由于上拉电阻随之变为高电平。同时 AM2321 内部重测环境温湿度数据，并记录数据，测试记录结束，单片机自动进入休眠状态。单片机只有收到主机的起始信号后，才重新唤醒传感器，进入工作状态。

外部设备读取温湿度流程图如图 3.14 所示。

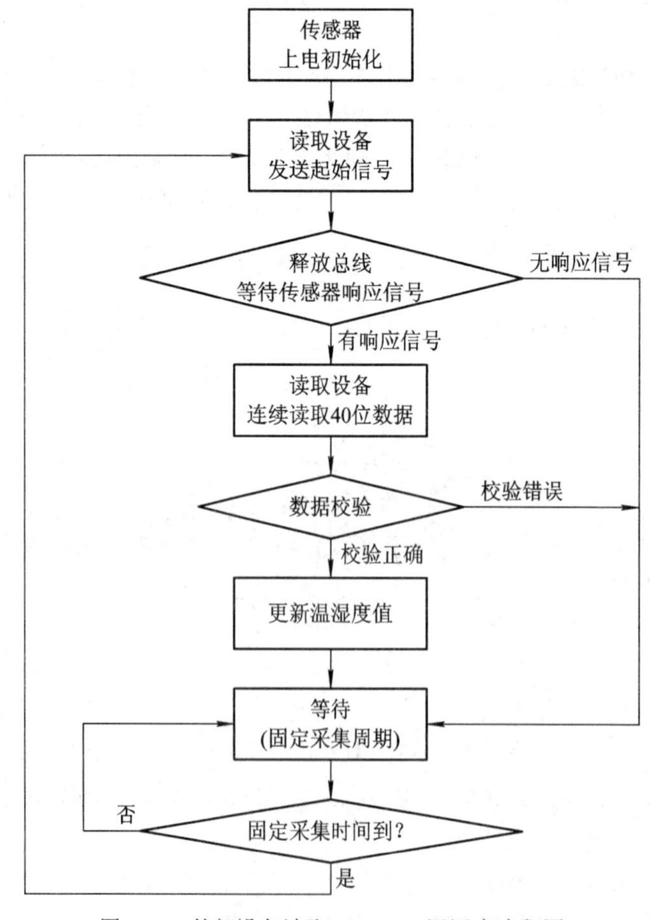

图 3.14　外部设备读取 AM2321 温湿度流程图

3.3.6　红外感应火焰传感器

火焰传感器模块及管脚说明如图 3.15 所示。

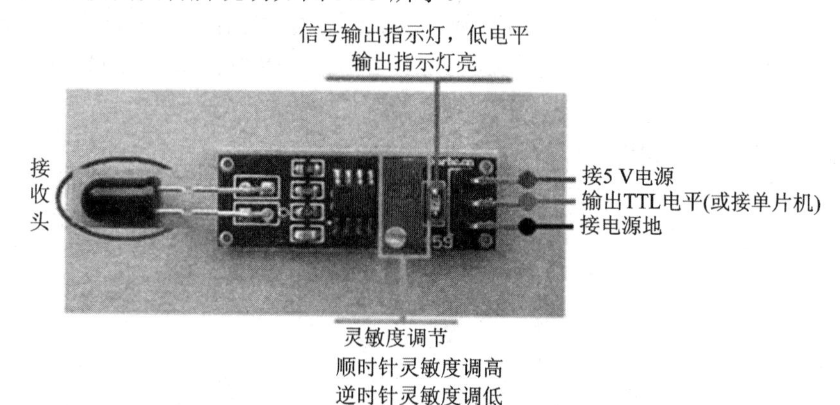

图 3.15　火焰传感器模块及管脚说明

火焰传感器模块芯片利用红外线对火焰非常敏感的特点，使用特制的红外线接收二极管来检测火焰，然后把火焰的亮度转化为高低变化的电平信号。

模块具有信号输出指示，单路信号输出低电平有效，用于检测波长在 760～1100 nm 范围内的热源，探测角度达 60° 等特性。火焰传感器模块的电原理图如图 3.16 所示。

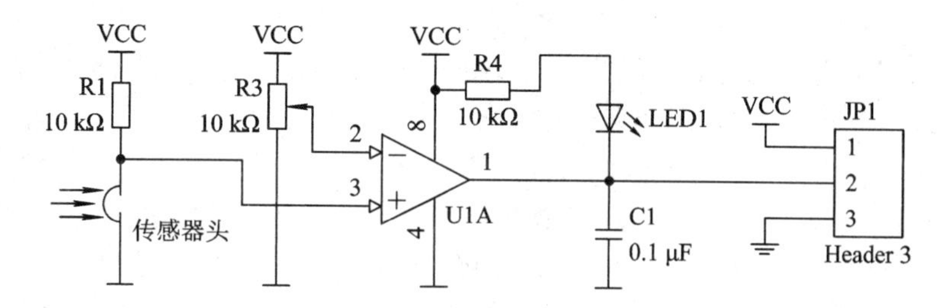

图 3.16 火焰传感器模块电原理图

3.3.7　声响检测传感器

声响检测传感器使用麦克风(咪头)作为拾音器，经过运算放大器放大，单片机 AD 采集，获取声响强度信号。咪头是将声音信号转换为电信号的能量转换器件，和喇叭正好相反。若选用的是驻极体电容式咪头。其接口电路原理如图 3.17 所示。

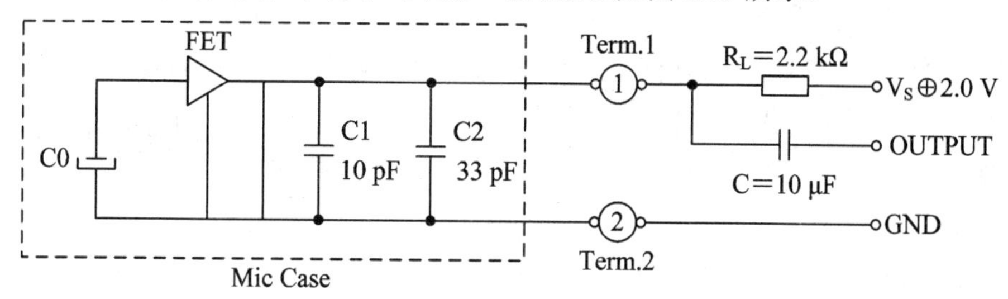

图 3.17　麦克风(咪头)接口电路原理图

图中各元器件的说明如下：

- FET：(场效应管)MIC 的主要器件，起到阻抗变换和放大的作用。
- C：是一个可以通过膜片震动而改变电容量的电容，声电转换的主要部件。
- C1，C2：是为了防止射频干扰而设置的，可以分别对两个射频频段的干扰起到抑制作用。C1 一般是 10 pF，C2 一般是 33 pF，10 pF 滤波 1800 MHz，33 pF 滤波 900 MHz。
- R_L：负载电阻，它的大小决定灵敏度的高低。
- V_S：工作电压，MIC 提供工作电压。
- C0：隔直电容，信号输出端。

由声信号到电信号的转换。

由静电学可知，对于平行板电容器，有如下的关系式：

$$C=\frac{\varepsilon \cdot S}{L} \quad ①$$

即电容的容量与介质的介电常数成正比，与两个极板的面积成正比，与两个极板之间的距离成反比。另外，当一个电容器充有 Q 量的电荷，那么电容器两个极板要形成一定的电压，有如下关系式：

$$C=\frac{Q}{V} \quad ②$$

对于一个驻极体传声器，内部存在一个由振膜、垫片和极板组成的电容器，因为膜片上充有电荷，并且是一个塑料膜，因此当膜片受到声压强的作用，膜片要产生振动，从而改变了膜片与极板之间的距离，从而改变了电容器两个极板之间的距离，产生了一个 Δd 的变化，因此由公式①可知，必然要产生一个 ΔC 的变化，由公式②又知，由于 ΔC 的变化，充电电荷又是固定不变的，因此必然产生一个 ΔV 的变化。

由于这个信号非常微弱，内阻非常高，不能直接使用，因此还要进行阻抗变换和放大。

FET 场效应管是一个电压控制元件，漏极的输出电流受源极与栅极电压的控制。由于电容器的两个极是接到 FET 的 S 极和 G 极的，因此相当于 FET 的 S 极与 G 极之间加了一个 ΔV 的变化量，FET 的漏极电流 I 就产生一个 ΔID 的变化量，因此这个电流的变化量就在电阻 R_L 上产生一个 ΔVD 的变化量，这个电压的变化量就可以通过电容 C0 输出，这个电压的变化量是由声压引起的，因此整个传声器就完成了一个声电的转换过程。

声音检测接口电路如图 3.18 所示。

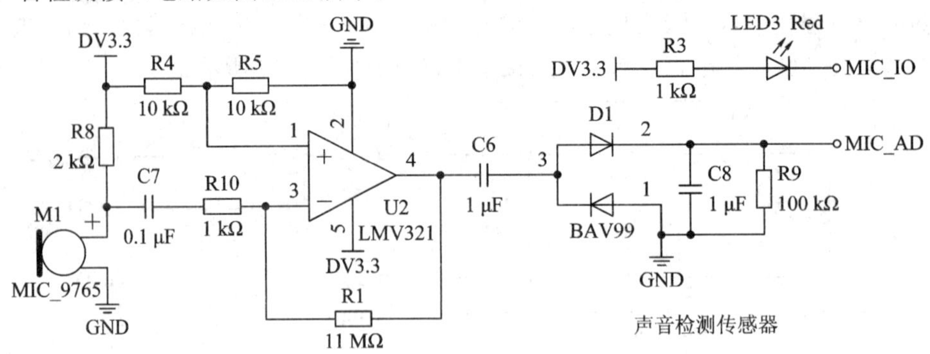

图 3.18 声音检测接口电路

由于麦克风输出的信号微弱，必须经过运放放大才能保证 AD 采样的精度。麦克风输入的是交流信号，C7 和 C6 用于耦合输入；运放 LMV321 将信号放大了 101 倍，经过 D1 保留交流信号的正向信号，最后输入到单片机 AD 进行采样。在实验室测得，静止条件下，MIC_AD 为 0 V；给一个拍手的声响信号，MIC_AD 最大到 1 V 左右，此时 AD 值约为 300。因此，取 300 作为临界值，AD 采样值大于 300 时，表明检测到声响，并点亮 LED3 作为指示。

3.3.8　烟雾检测传感器

烟雾传感器 MQ-2，使用的气敏材料在清洁空气中电导率较低的二氧化锡(SnO_2)。当传感器所处环境中存在烟雾或者可燃气体时，传感器的电导率随空气中烟雾和可燃气体浓度的增加而增大。使用简单的电路即可将电导率的变化转换为与该气体浓度相对应的输出信号。可燃气体检测传感器 MQ-2 的实物如图 3.19 所示。

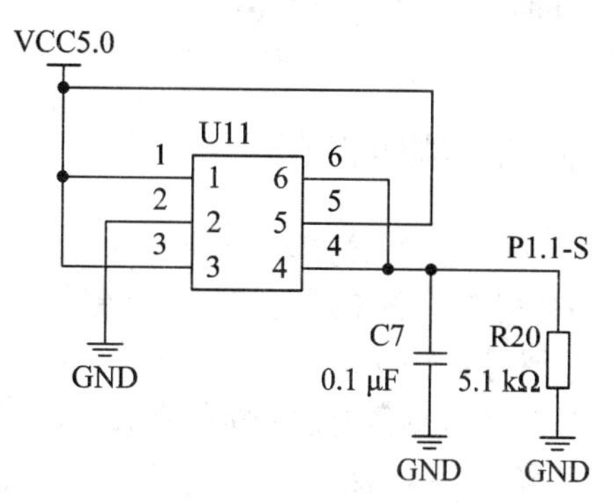

图 3.19　烟雾传感器 MQ-2 实物和电路原理图

其中，U11(MQ-2)的 PIN5 与 PIN2 为加热电路，对应结构图中的两个 H 端；PIN1、PIN3、PIN4、PIN6 构成检测电路。

MQ-2 传感器的供电电压 Vc 和加热电压 Vh 都为 5 V，负载电阻 R20 为 5.1 kΩ。ADC1(P1.1)在清洁空气中的值以及检测到烟雾时的值需要根据实际应用情况进行调整，以下仅为在实验条件下做的不完全的实验结果，仅供参考。在清洁空气中，ADC1 的 AD 采样值为 50 左右；在烟雾中(燃烧纸产生的烟雾或者液化气)，ADC1 的 AD 采样值为大于 85。当 AD 采集的数值大于 85 时表明检测到烟雾。

MQ-2 气体传感器对液化气、丙烷、氢气的灵敏度高，对天然气和其他可燃蒸气的检测也很理想。这种传感器可检测多种可燃性气体，另外烟雾中含有多种 MQ-2 可检测的成分，则其可作为烟雾传感器使用，是一款适合多种应用场合的低成本传感器。

3.3.9　结露检测传感器

结露传感器 HDS10 是正特性开关型元件，仅对高湿敏感，对低湿不敏感，可在直流电压下工作，响应速度快，高可靠性，广泛用于仓储、气象等行业。

结露传感器 HDS10 实物和电路原理如图 3.20 所示。从图 3.20 所示的电路图，可计算出加在结露传感器 U5 上的电压为 $\frac{3.3\,\text{V}\cdot 47\,\text{k}\Omega}{150\,\text{k}\Omega+47\,\text{k}\Omega}=0.787\,\text{V}$，小于结露传感器的安全电压 0.8 V，由特性参数表中可知，75% RH 25℃条件下，结露传感器电阻为 10 kΩ，此时 ADC1(P1.1)为 0.171 V。当湿度增加时，电阻增大，ADC1(P1.1)增大，选定一个临界值(根据实际情况选择)，比如 0.171 V，此时 AD 读数为 0.171/3.3 × 1024 = 53，当 AD 采集的数值大于 53 时表明有结露。实际的湿度测量需要标准的条件来测试。

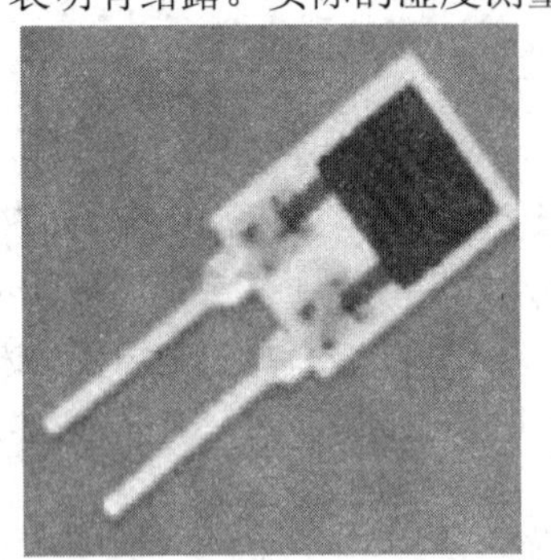

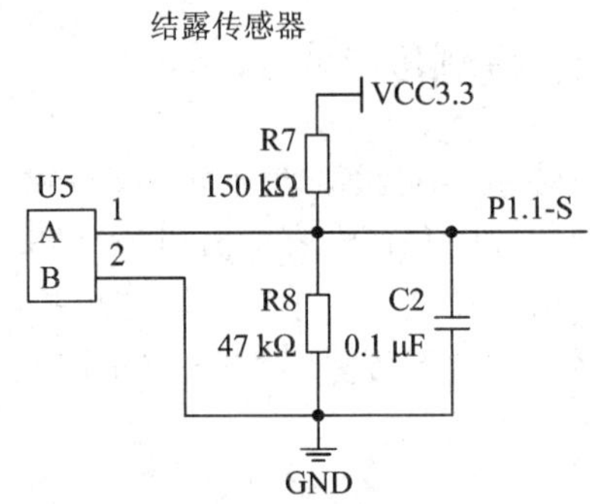

图 3.20　结露传感器实物和电路原理图

3.3.10　酒精检测传感器

酒精检测 MQ-3 传感器所使用的气敏材料是在清洁空气中电导率较低的二氧化锡(SnO_2)。当传感器所处环境中存在酒精蒸气时，传感器的电导率随空气中酒精气体浓度的增加而增大。使用简单的电路即可将电导率的变化转换为与该气体浓度相对应的输出信号。

MQ-3 气体传感器对酒精的灵敏度高，可以抵抗汽油、烟雾、水蒸气的干扰。这种传感器可检测多种浓度酒精气氛，是一款适合多种应用的低成本传感器。其实物和电路原理如图 3.21 所示。

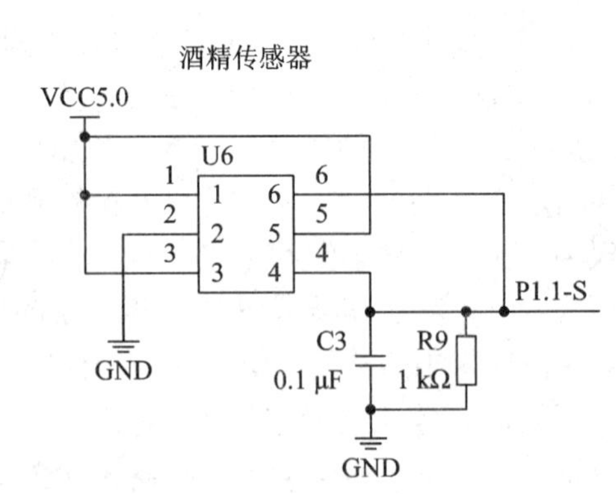

图 3.21　酒精检测传感器实物和原理图

其中，U6(MQ-3)的 PIN5 与 PIN2 为加热端，对应测试回路的 H 端；PIN1、PIN3、PIN4、PIN6 为检测回路；

MQ-3 传感器的供电电压 Vc 和加热电压 Vh 都为 5 V，负载电阻 R9 为 1 kΩ。从技术指标表中可知，在 0.4 mg/L 酒精中，传感器电阻 Rs 为 2～20 kΩ，取 Rs = 12 kΩ。假设检测到酒精浓度为 10 mg/L 时报警，由灵敏度特性曲线可知灵敏度为 0.12，MQ-3 电阻值为

$12 \times 0.12 = 1.44$ K(Rs/Ro = 灵敏度，其中 Ro 为传感器在 0.4 mg/L 酒精时的电阻值)，ADC1(P1.1) = 5V × 1 kΩ / (1 kΩ + 1.44 kΩ) = 2.00 V，AD 读数为 $2.00/3.3 \times 1024 = 620$，当 AD 采集的数值大于 620 时表明检测到酒精。

3.4　任务四：物联网中传感器应用实践

3.4.1　实践一：温湿度传感器应用

本实践是在 IOT-L01-05 型物联网综合实验箱上完成。将 AM2321 温湿度传感模块插到实验箱传感器节点底板上，然后通过串口线将实验箱上相应的 RS232 接口与 PC 机连接，再将调试好的 AM2321.hex 下载到 STC12C5A16S2 单片机中运行，便可以通过串口监控终端看到温湿度值了。

有关温湿度传感器的工作原理，电路原理图，工作方式等详细信息请读者阅读前面(3.3.5 温湿度传感器)，这里不再叙述。

下面对本实验的关键程序代码作简要介绍。

Main.c 源文件代码如下：

```
/**********************************************************/
//晶振频率：11.0592 MHz
//文件名　：Main.c
//功能说明：温湿度传感器 AM2321 读取实验
/**********************************************************/
#include <STC12C5A60S2.h>
#include <intrins.h>
#define  BUF_LENTH  128                //定义串口接收缓冲长度
unsigned char       uart1_wr;          //写指针
unsigned char       uart1_rd;          //读指针
unsigned char       xdata RX0_Buffer[BUF_LENTH];      //定义串口接收缓冲
unsigned char flag;        //定义串口中断接收标号，即当其为 1 时表示串口介绍到数据
unsigned char i;           //定义普通变量
unsigned char Sensor_Data[5]={0x00, 0x00, 0x00, 0x00, 0x00};    //定义温湿度传感器数据存放区
unsigned char Sensor_Check; //温湿度传感器校验和，判断读取的温湿度数据是否正确
unsigned char Sensor_AnswerFlag;          //温湿度传感器收到起始标志位
unsigned char Sensor_ErrorFlag;           //读取传感器错误标志
unsigned char Ascii_buffer[10] = {'0', '1', '2', '3', '4', '5', '6', '7', '8', '9'};
unsigned char mbus_regi[20] = {'H', ':', '0', '0', '.', '0', '%', 'R', 'H', ' ', 'T', ':', '0', '0', '.', '0'};
unsigned int RH_Data;         //定义湿度值，因为其数值一般大于 255，所以声明为 int 类型
unsigned int T_Data;          //定义温度值，因为其数值一般大于 255，所以声明为 int 类型
unsigned int   Sys_CNT;
```

```
unsigned int   Tmp;
bit   B_TI;
sbit Sensor_SDA = P1^1;       //定义 P1.1 为 AM2321 的数据口

/*******************函数声明区**************************************/
void uart1_init(void);            //声明串口初始化函数
void Uart1_TxByte(unsigned char dat);                   //声明串口发送单字节函数
void Uart1_String(unsigned char code *puts);            //声明串口发送字符串函数
void delay_ms(unsigned char ms);                        //声明普通延时函数
void Clear_Data (void);                                 //声明 AM2321 的数据清除函数
void delay_3ms(void);                             //声明延时 3 ms 函数
void delay_30us(void);                            //声明延时 30 μs 函数
unsigned char Read_SensorData(void);              //声明读取 AM2321 数据函数
unsigned char Read_Sensor(void);                  //声明读取 AM2321 温湿度数据函数

/*****用户定义参数 ，声明串口参数为 9600 8 N 1    ***********/
#define MAIN_Fosc      11059200UL
#define Baudrate0       9600UL
/****************** 编译器自动生成，用户请勿修改 **********************/
#define BRT_Reload                    (256 - MAIN_Fosc / 16 / Baudrate0)

//函数名：main(void)
//功能描述：实现 STC12C5A16S2 单片机的 P1.1 口读取 AM2321 的温湿度数据，并按照 ASCII
//格式输出到串口界面中，按照“H:xx.x%RH，T:xx.x”格式每隔约 2 秒显示一次
void   main(void)
{
  Sensor_SDA = 1;//SDA 数据线由上拉电阻拉高一直保持高电平，初始化数据总线
  uart1_init();  //初始化串口，参数为 9600 8 N 1.
  Uart1_String("www.frotech.com"); //串口打印输出测试字符串
  while(1) //死循环开始
  {
    delay_ms(1000); //延时
    Read_Sensor();                //读取传感器数据
    if(Sensor_Data[4] == (Sensor_Data[0]+ Sensor_Data[1]+Sensor_Data[2]+Sensor_Data[3]))
                                                            //判断温湿度校验值是否相等
    {
      RH_Data = (Sensor_Data[0] * 256) + Sensor_Data[1];    //保存湿度值
      T_Data   = (Sensor_Data[2] * 256) + Sensor_Data[3];    //保存温度值
      mbus_regi[2]     = Ascii_buffer[RH_Data/100];          //取得湿度十位值
```

```
        mbus_regi[3]    = Ascii_buffer[(RH_Data%100)/10];   //取得湿度个位值
        mbus_regi[5]    = Ascii_buffer[RH_Data%10];         //取得湿度小数值
        mbus_regi[12]   = Ascii_buffer[T_Data/100];         //取得温度十位值
        mbus_regi[13]   = Ascii_buffer[(T_Data%100)/10];    //取得温度个位值
        mbus_regi[15]   = Ascii_buffer[T_Data%10];          //取得温度小数值
        for(i = 0; i < 16; i++)
        {
            Uart1_TxByte(mbus_regi[i]);       //按照“H:xx.x%RH,T:xx.x”格式发送温湿度值
        }
        Uart1_TxByte('\r');//回车换行
        Uart1_TxByte('\n');
      }
    }
}

//函数名：uart1_init(void)
//功能描述：实现 STC12C5A16S2 单片机的 UART1 初始化为 9600 8 N 1
void    uart1_init(void)
{
    PCON |= 0x80;                  //UART0 速率加倍开
    SCON = 0x50;                   //UART0 设置为 1 帧 10 为，接收中断使能
    AUXR |=   0x01;                //UART0 使用 BRT
    AUXR |=   0x04;                //BRT 设置为 1 倍模式
    BRT = BRT_Reload;
    AUXR |=   0x10;                //开始计数
    ES    = 1;
    EA = 1;
}

//函数名：Uart1_TxByte(unsigned char dat)
//输入：dat 通过串口发送的字符
//功能描述：实现 STC12C5A16S2 单片机的 UART1 的字符发送
void Uart1_TxByte(unsigned char dat)
{
    B_TI = 0;
    SBUF = dat;
    while(!B_TI);
    B_TI = 0;
}
```

```
//函数名：Uart1_String(unsigned char code *puts)
//输入：puts 通过串口发送的字符串
//功能描述：实现 STC12C5A16S2 单片机的 UART1 的字符发送串
void Uart1_String(unsigned char code *puts)
{
   for(; *puts != 0; puts++)
   {
      Uart1_TxByte(*puts);
   }
}

//函数名：UART1_RCV (void) interrupt 4
//功能描述：实现 STC12C5A16S2 单片机的 UART 的中断处理
void   UART1_RCV (void) interrupt 4
{
   if(RI)
   {
      RI = 0;
      RX0_Buffer[uart1_wr++] = SBUF;
      //if(++uart0_wr >= BUF_LENTH)    uart0_wr = 0;
      flag = 1;
   }
   if(TI)
   {
      TI = 0;
      B_TI = 1;
   }
}
//函数名：delay_3 ms(void)
//功能描述：延时 3 ms 函数
void delay_3ms(void)
{
   unsigned char a, b;
   for(b=194;b>0;b--)
        for(a=84;a>0;a--);
}

//函数名：delay_30us(void)
//功能描述：延时 3 ms 函数
```

```
void delay_30us(void)
{
   unsigned char a;
   for(a=164;a>0;a--);
}
void delay_ms(unsigned char ms)
{
   unsigned int i;
   do{
      i = MAIN_Fosc /1400;
      while(--i);
   }while(--ms);
}

//函数名：Read_SensorData(void)
//输出　：单字节的温湿度数据或者校验值
//功能描述：读取单字节的 AM2321 的数据
unsigned char Read_SensorData(void)
{
   unsigned char i, cnt;
   unsigned char buffer, tmp;
   buffer = 0;
   for(i=0;i<8;i++)
   {
      cnt=0;
      while(!Sensor_SDA)              //检测上次低电平是否结束
      {
         if(++cnt >= 290)
         {
            break;
         }
      }
      //延时 Min=26μs Max50μs 跳过数据“0”的高电平
      delay_30us();                   //延时 30 μs
      tmp =0;
      if(Sensor_SDA)    //延时 30 μs 后如果数据口还是高，则该位为 1，否则为 0，见 P19
      {
         tmp = 1;
      }
```

```
        cnt =0;
        while(Sensor_SDA)               //等待高电平结束
        {
          if(++cnt >= 200)
          {
            break;
          }
        }
        buffer <<=1;                    //移位，使得数据的最低位准备接收下一位
        buffer |= tmp;                  //把本次接收到的位加入到数据中
      }
      return buffer;                    //返回单字节数据
    }
    //函数名：Read_Sensor(void)
    //功能描述：读取 AM2321 的温湿度及校验值放在 Sensor_Data[]中
    unsigned char Read_Sensor(void)
    {
      unsigned char i;
      Sensor_SDA = 0;                   //起始信号拉低
      delay_3ms();                      //延时 3 ms，当然一般 1 ms 就可以了
      Sensor_SDA = 1;                   //拉高，释放总线
      delay_30us();                     //延时 30 μs
      Sensor_AnswerFlag = 0;            //传感器响应标志
      if(Sensor_SDA ==0)                //从高电平到低电平经过 30 μs(大于 20 μs)是否为低
      {
        //如果为低，那么传感器发出响应信号
        Sensor_AnswerFlag = 1;          //收到起始信号
        Sys_CNT = 0;//判断从机是否发出 80 μs 的低电平响应信号是否结束
        while((!Sensor_SDA))            //等待传感器响应信号 80 μs 的低电平结束
        {
          if(++Sys_CNT>300)             //防止进入死循环
          {
            Sensor_ErrorFlag = 1;
            return 0;
          }
        }
        Sys_CNT = 0;
        //判断从机是否发出 80 μs 的高电平，如发出则进入数据接收状态
        while((Sensor_SDA))             //等待传感器响应信号 80 μs 的高电平结束
```

```
    {
      if(++Sys_CNT>300)          //防止进入死循环
      {
        Sensor_ErrorFlag = 1;
        return 0;
      }
    }
    /*数据接收，传感器共发送 40 位数据，即 5 个字节：高位先送 5 个字节分别为湿度高位、
     湿度低位、温度高位、温度低位、校验和；校验和为：
                    湿度高位 + 湿度低位 + 温度高位 + 温度低位*/
    for(i=0;i<5;i++)
    {
      Sensor_Data[i] = Read_SensorData();
    }
  }
  else
  {
    Sensor_AnswerFlag = 0;    //未收到传感器响应
  }
  return 1;
}
```

实践步骤如下：

(1) 打开 KEIL 集成开发环境。选择菜单 Project->New uVersion Project 弹出新建工程对话框，在对话框中输入保存位置以及新建工程名字 AM2321，如图 3.22 所示。

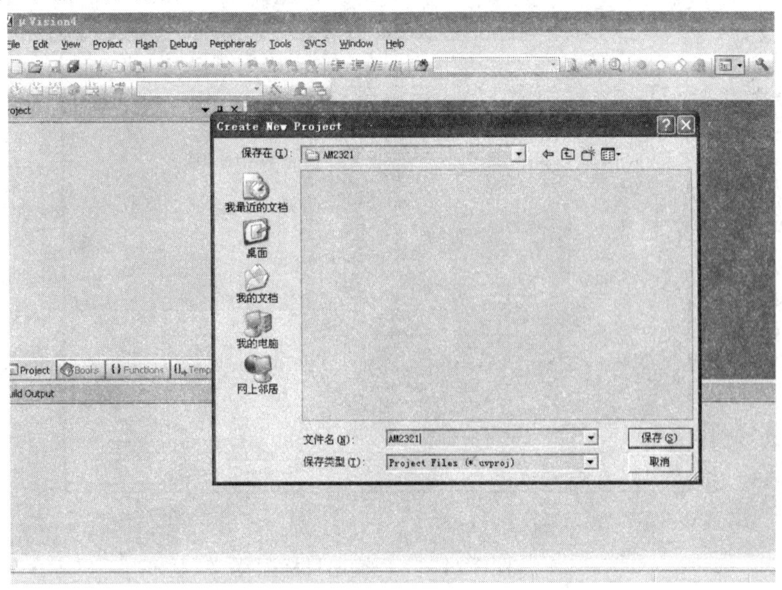

图 3.22　KEIL 环境下新建工程

(2) 新建完工程之后会立即弹出选择单片机的型号对话框，选择 STC12C5A16S2 Series->STC12C5A16S2，选择 CPU 的型号，如图 3.23 所示。

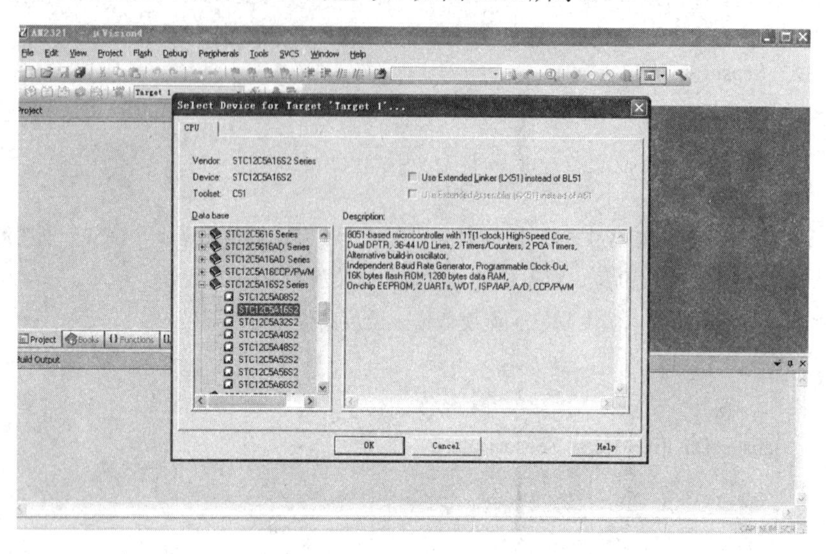

图 3.23　CPU 型号选择

(3) 选择完 CPU 型号之后就会弹出对话框询问是否添加 8051 头文件，选择“是”即可。

(4) 选择 Target->Options for Target，选择工程目标文件的相关配置，弹出目标文件配置对话框，如图 3.24 所示。点击“Target”选项卡，在“Xtal(MHZ):”中输入单片机的外接晶振频率“11.0592”。接下来修改 Flash 块的大小，先点击“Code Banking”，然后在 Flash 结束地址“End”中输入“0xFFFF”，最后再点击“Code Banking”将该选项去掉。

注意：如果选择了“Code Banking”选项，在后面的编译，链接过程将不会有可执行文件输出。

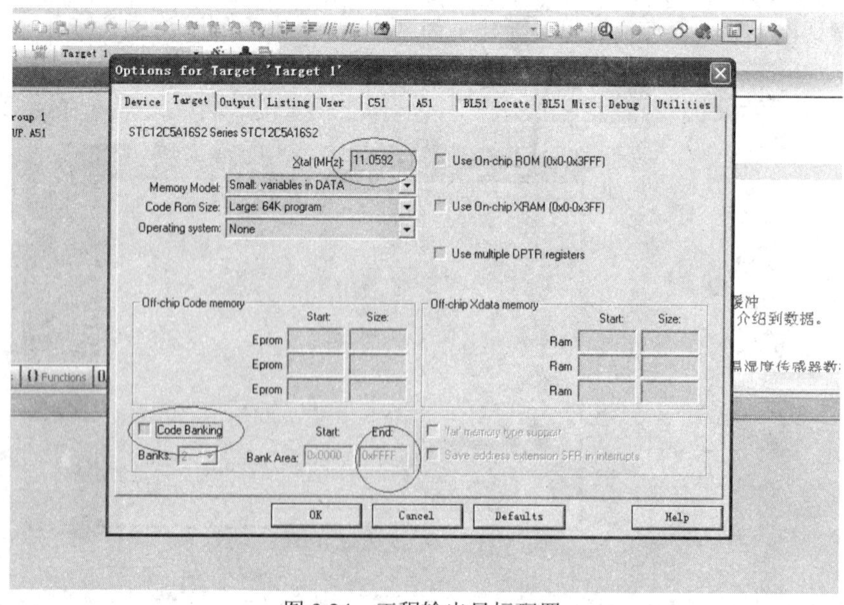

图 3.24　工程输出目标配置

(5) 选择输出目标文件格式“Create HEX File”，如图 3.25 所示。

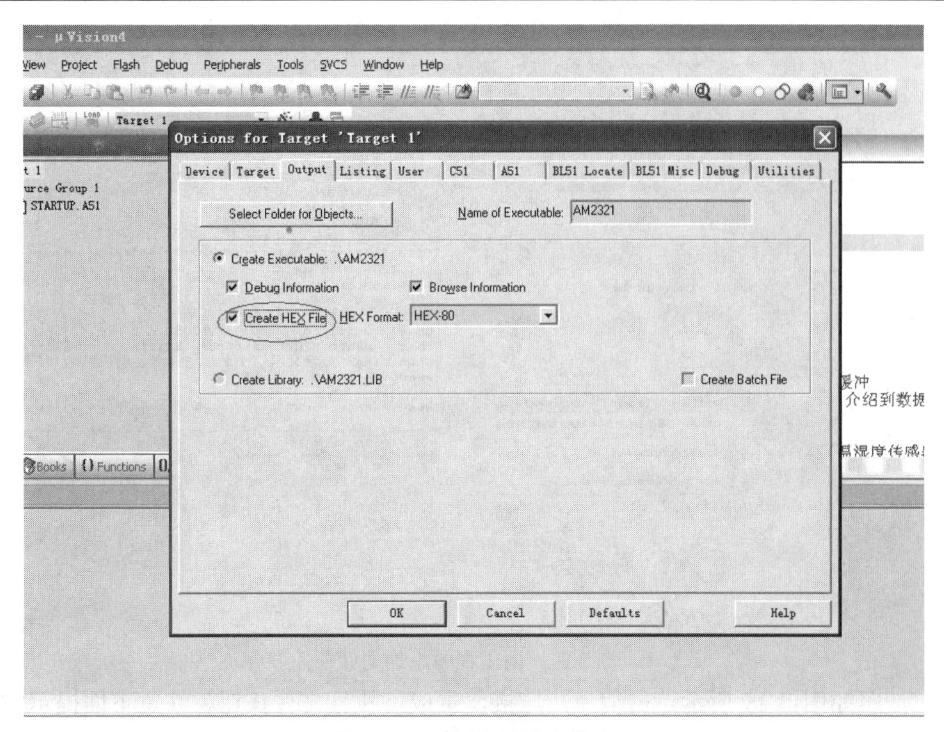

图 3.25　目标文件输出格式

(6) 选择菜单 File->New 或者使用 Ctrl + N 快捷键可添加新文件，如图 3.26 所示。

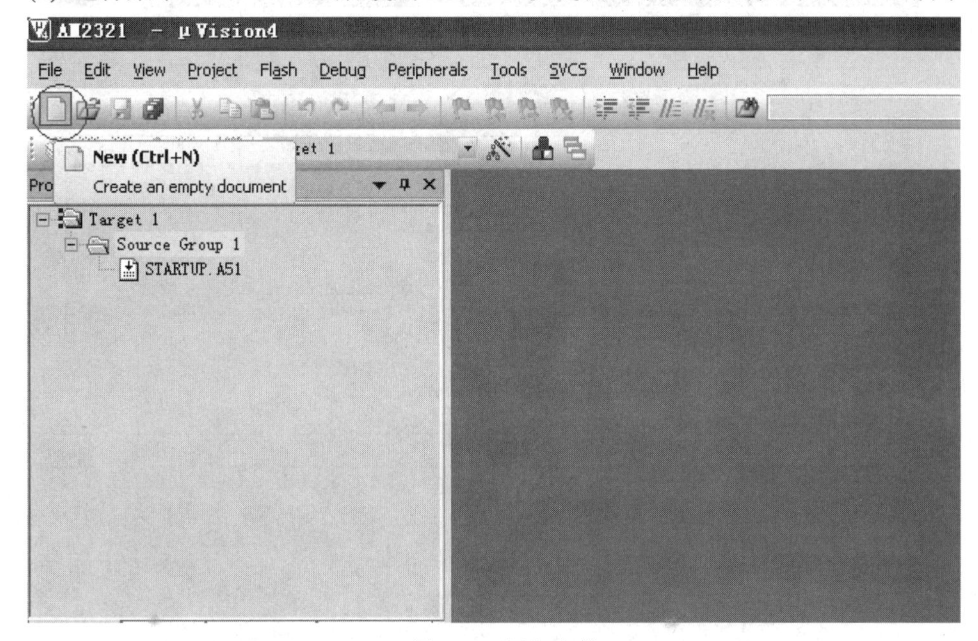

图 3.26　添加文件

(7) 选择菜单“File->Save As”项可把新建的文件保存到工程目录下，并取文件名为“Main.c”。

(8) 按照 Source Group 1(鼠标右键)->Add Files to Group“Source Group 1”步骤将刚才的 Main.c 添加到该工程中，如图 3.27 所示。

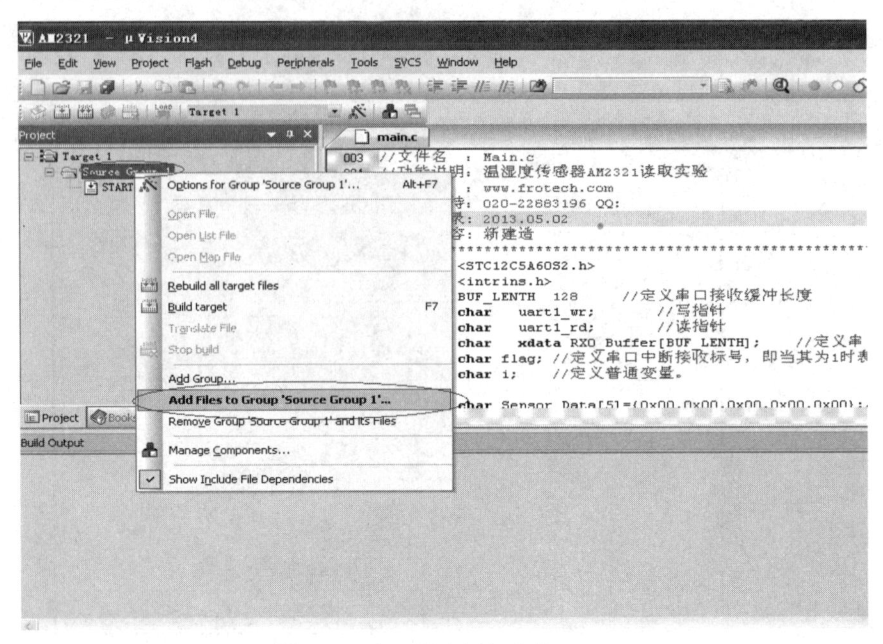

图 3.27　向工程中添加文件

(9) 按照如图 3.28 所示点击编译，连接，生成可执行文件按钮，注意下面提示的错误和警告。

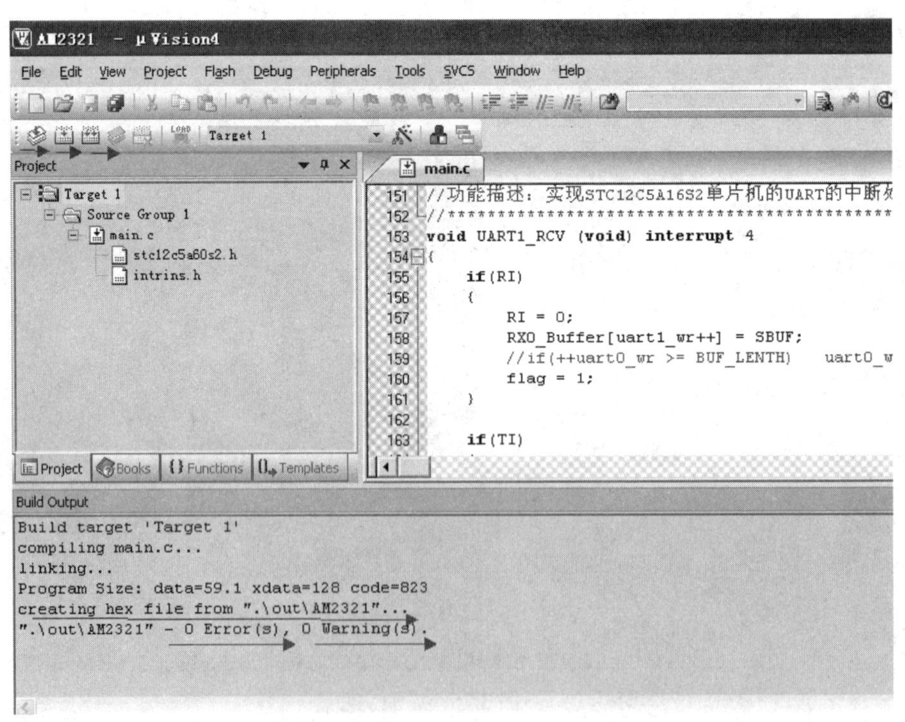

图 3.28　编译，链接，生成可执行文件

(10) 连接好串口线，打开 STC—ISP 下载软件，选择好芯片型号、串口号，打开刚才编译生成的可执行程序，然后点击“下载/编程”按钮，这时再将节点上电，将可执行程序下载到单片机中，如图 3.29 所示。

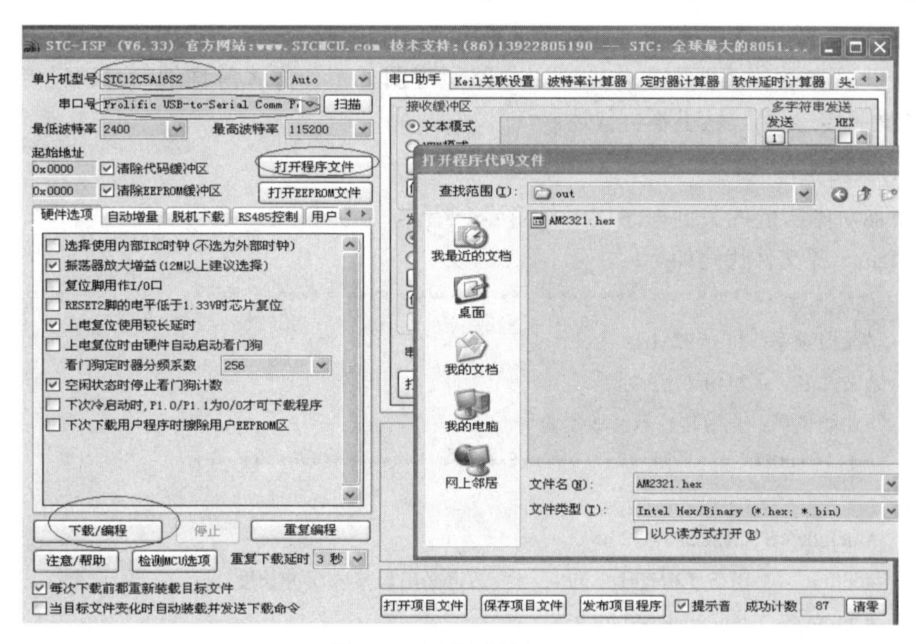

图 3.29　下载源程序

程序的运行结果如图 3.30 所示。

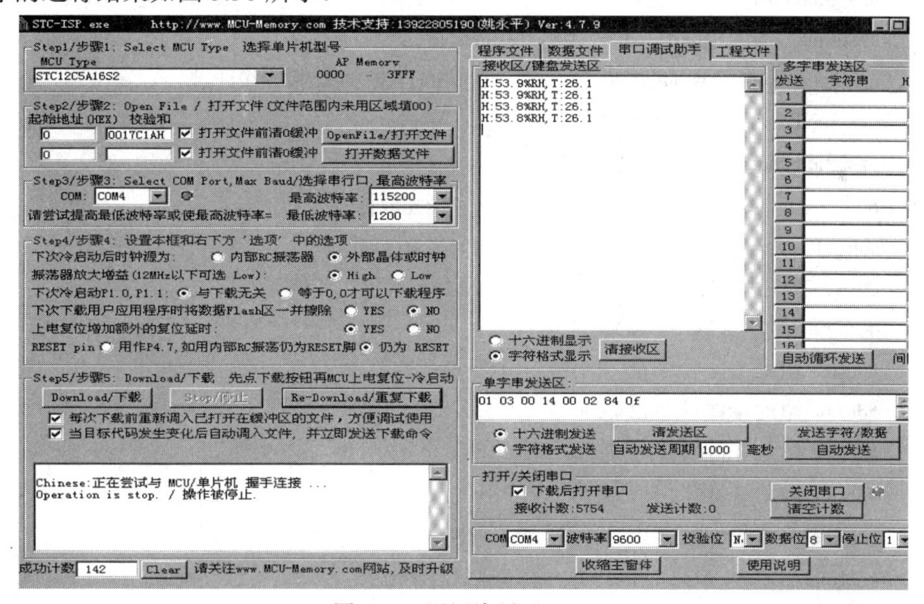

图 3.30　温湿度显示

3.4.2　实践二：光敏传感器应用

本实践是在IOT-L01-05型物联网综合实验箱上完成。将带有光敏传感器的B1板插到实验箱上，然后通过串口线将实验箱上相应的 RS232 接口与 PC 机连接，再将调试好的GuangMin.hex 下载到STC12C5A16S2 单片机中运行。当用手或者其他不透明的物体遮住光敏电阻时，ADC1 的值大约 300 左右，当无遮挡时 ADC1 的值一般大于 400。因此，当大于400时我们判定为有光亮，且输出字符串“Light_Open”。

有关温光敏传感器的工作原理、电路原理图、工作方式等详细信息请读者阅读前面(3.3.2 光照传感器)，这里不再叙述。

1. 实验程序代码

下面对本实验的关键程序代码作简要介绍。

Main.c 源文件代码如下：

```
/*******************************************************/
//晶振频率：11.0592MHz
//文件名  ：Main.c
//功能说明：光敏传感器读取实验
/*******************************************************/

#include <STC12C5A60S2.h>
#define       BUF_LENTH     128          //定义串口接收缓冲长度
#define       uint unsigned int
#define       uchar unsigned char
unsigned char       uart1_wr;            //写指针
unsigned char       uart1_rd;            //读指针
unsigned char       xdata RX0_Buffer[BUF_LENTH];      //接收缓冲
unsigned char flag;
unsigned char i;
bit              B_TI;                   //发送完成标志
sbit   P1_0 = P1^0;                      //定义 P1.0 端口
CHS2 CHS1 CHS0 0000, 0000                //AD 转换控制寄存器
#define ADC_OFF()      ADC_CONTR = 0
#define ADC_ON         (1 << 7)
#define ADC_90T        (3 << 5)
#define ADC_180T       (2 << 5)
#define ADC_360T       (1 << 5)
#define ADC_540T       0
#define ADC_FLAG       (1 << 4)          //软件清 0
#define ADC_START      (1 << 3)          //自动清 0
#define ADC_CH0             0
#define ADC_CH1             1
#define ADC_CH2             2
#define ADC_CH3             3
#define ADC_CH4             4
#define ADC_CH5             5
#define ADC_CH6             6
```

```
#define ADC_CH7             7

uint adc10_start(uchar channel);
void   uart1_init(void);
void Uart1_TxByte(unsigned char dat);
void Uart1_String(unsigned char code *puts);
void delay_ms(unsigned char ms);

/*************** 用户定义参数 ****************************/
#define MAIN_Fosc          11059200UL
#define Baudrate0        9600UL

/************ 编译器自动生成，用户请勿修改 ****************/
#define BRT_Reload (256-MAIN_Fosc /16/Baudrate0)    //计算定时器 1 的重载值

//函数名：main(void)
//功能描述：当有物体挡住光敏传感器上的光敏电阻时，ADC1(P1.1)的电压变小
//              当无遮挡时，ADC1 的值大于 400 时我们判定有光，且输出“Light_Open”
void   main(void)
{
  uint j;
  uart1_init();                          //初始化串口
  P1ASF = (1 << ADC_CH1);                //STC12C5A16S2 系列模拟输入(AD)选择 ADC1(P1.1)
  ADC_CONTR = ADC_360T | ADC_ON;
  while(1)
  {
    delay_ms(500);
    j = adc10_start(1);                  //(P1.1)ADC1 转换
    if(j > 0x190)        //当 ADC1 的值大于 400 时我们判定有光，且输出字符串“Light_Open”
    {
       Uart1_String("Light_Open");
    }
    Uart1_TxByte('A');  //以下为按照十进制输出 ADC 值
    Uart1_TxByte('D');
    Uart1_TxByte('1');
    Uart1_TxByte('=');
    Uart1_TxByte(j/1000 + '0');
    Uart1_TxByte(j%1000/100 + '0');
    Uart1_TxByte(j%100/10 + '0');
```

```
        Uart1_TxByte(j%10 + '0');
        Uart1_TxByte(0x0d);
        Uart1_TxByte(0x0a);
    }
}

//函数名：adc10_start(uchar channel)
//输入：ADC 转换的通道
//输出：ADC 值
//功能描述：ADC 转换
uint    adc10_start(uchar channel)   //channel = 0～7
{
    uint  adc;
    uchar     i;

    ADC_RES = 0;
    ADC_RESL = 0;

    ADC_CONTR = (ADC_CONTR & 0xe0) | ADC_START | channel;
    i = 250;
    do
    {
        if(ADC_CONTR & ADC_FLAG)
        {
            ADC_CONTR &= ~ADC_FLAG;
            adc = (uint)ADC_RES;
            adc = (adc << 2) | (ADC_RESL & 3);
            return      adc;
        }
    }while(--i);
    return      1024;
}

//函数名：uart1_init(void)
//功能描述：串口初始化函数，通信参数为 9600 8 N 1
void    uart1_init(void)
{
    PCON |= 0x80;
    SCON = 0x50;
```

```
    AUXR |=   0x01;
    AUXR |=   0x04;
    BRT = BRT_Reload;
    AUXR |=   0x10;

    ES   = 1;
    EA = 1;
}

//函数名：Uart1_TxByte(unsigned char dat)
//输入：需要发送的字节数据
//功能描述：从串口发送单字节数据
void Uart1_TxByte(unsigned char dat)
{
    B_TI = 0;
    SBUF = dat;
    while(!B_TI);
    B_TI = 0;
}

//函数名：Uart1_String(unsigned char code *puts)
//输入：字符串首地址
//功能描述：从串口发送字符串
void Uart1_String(unsigned char code *puts)
{
    for(; *puts != 0; puts++)
    {
        Uart1_TxByte(*puts);
    }
}

//函数名：UART1_RCV (void)
//功能描述：串口中断接收函数
void UART1_RCV (void) interrupt 4
{
    if(RI)
    {
        RI = 0;
        RX0_Buffer[uart1_wr++] = SBUF;
```

```
            flag = 1;
        }

        if(TI)
        {
            TI = 0;
            B_TI = 1;
        }
    }

void delay_ms(unsigned char ms)
{
    unsigned int i;
    do
    {
        i = MAIN_Fosc /1400;
        while(--i);
    }while(--ms);
}
```

2. 运行效果

连接好串口线，打开 STC—ISP 下载软件，选择芯片型号和串口号，打开刚才编译生成的可执行程序，然后点击“下载/编程”按钮，这时再将节点上电，将可执行程序下载到单片机中。程序运行结果如图 3.31 所示。注意：串口的通信参数依次为 9600、N、8、1。

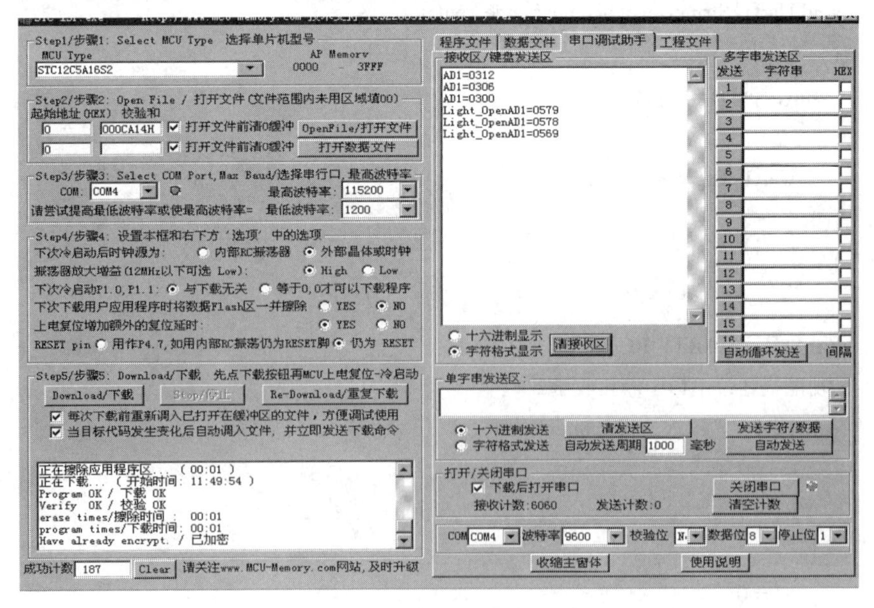

图 3.31　程序运行结果

从实验结果来看，ADC1 的值为 312 时，即小于 400，串口没有输出“Light_Open”；当 ADC1 的值为 579，即大于 400 时，串口有输出“Light_Open”。

练　习　题

一、单选题

1. 下列哪项不是传感器的组成元件(　　)。

A. 敏感元件　B. 转换元件　C. 变换电路　D. 电阻电路

2. 力敏传感器接受(　　)信息，并转化为电信号。

A. 力　B. 声　C. 光　D. 位置

3. 声敏传感器接受(　　)信息，并转化为电信号。

A. 力　B. 声　C. 光　D. 位置

4. 位移传感器接受(　　)信息，并转化为电信号。

A. 力　B. 声　C. 光　D. 位置

5. 光敏传感器接受(　　)信息，并转化为电信号。

A. 力　B. 声　C. 光　D. 位置

6. 哪个不是物理传感器(　　)。

A. 视觉传感器　B. 嗅觉传感器　C. 听觉传感器　D. 触觉传感器

7. 机器人中的皮肤采用的是(　　)。

A. 气体传感器　B. 味觉传感器　C. 光电传感器　D. 温度传感器

二、简答题

1. 简述传感器的作用及组成。
2. 按传感器的输出信号标准可分为哪几种？
3. 何为传感器静态特性？
4. 检测技术按测量过程的特点分类可分为哪几类？

项目四　射频识别技术应用项目的开发

【知识目标】

(1) 了解 RFID 技术的分类和 RFID 技术标准。
(2) 了解 RFID 的工作原理及系统的组成。
(3) 熟悉 RFID 系统中的软件组件。
(4) 熟悉 RFID 中间件的组成及功能特点、RFID 中间件体系结构。

【技能目标】

(1) 能把 RFID 模块应用到物联网系统中。
(2) 能分析和设计 RFID 的应用系统。

4.1　任务一：射频识别技术基础知识

4.1.1　射频识别

1. 概述

RFID 是 Radio Frequency Identification 的缩写，意为射频识别。射频识别技术是一项利用射频信号通过空间耦合(交变磁场或电磁场)实现无接触信息传递并通过所传递的信息达到识别目的的技术。RFID 常称为感应式电子芯片或近接卡、感应卡、非接触卡、电子标签、电子条码等。一套完整 RFID 系统由读写器和电子标签两部分组成，其工作原理为由读写器发射一特定频率的无限电波能量给电子标签，用以驱动电子标签的电路将其内部的 ID Code 送出，此时读写器便接收此 ID Code。电子标签的特殊在于免用电池、免接触、免刷卡，故不怕脏污，且芯片密码为世界唯一，无法复制，安全性高、长寿命。

RFID 的应用非常广泛，目前典型应用有动物芯片、汽车芯片防盗器、门禁管制、停车场管制、生产线自动化、物料管理。

从信息传递的基本原理来说，射频识别技术在低频段基于变压器耦合模型(初级与次级之间的能量传递及信号传递)，在高频段基于雷达探测目标的空间耦合模型(雷达发射电磁波信号碰到目标后携带目标信息返回雷达接收机)。

2. 射频识别技术特点

RFID 需要利用无线电频率资源，因此 RFID 必须遵守无线电频率管理的诸多规范。具体来说，与同期或早期的接触式识别技术相比较，RFID 还具有如下一些特点。

(1) 数据的读写功能。只要通过 RFID 读写器，不需要接触即可直接读取射频卡内的数据信息到数据库内，且一次可处理多个标签，也可将处理的数据状态写入电子标签。

(2) 电子标签的小型化和多样化。RFID 在读取上不受尺寸大小与形状之限制。RFID 电子标签正朝向小型化发展，便于嵌入到不同物品内。

(3) 耐环境性。RFID 可以非接触读写(读写距离可以从十厘米至几十米)、可识别高速运动物体，抗恶劣环境，且对水、油和药品等物质具有强力的抗污性。RFID 可以在黑暗或脏污的环境之中读取数据。

(4) 可重复使用。由于 RFID 为电子数据，可以反复读写，因此可以回收标签重复使用，提高利用率，降低电子污染。

(5) 穿透性。RFID 即便是被纸张、木材和塑料等非金属、非透明材质包覆，也可以进行穿透性通信。但是它不能穿过铁质等金属物体进行通信。

(6) 数据的记忆容量大。数据容量随着记忆规格的发展而扩大，未来物品所需携带的数据量会愈来愈大。

(7) 系统安全性。将产品数据从中央计算机中转存到标签上将为系统提供安全保障。射频标签中数据的存储可以通过校验或循环冗余校验的方法来得到保证。

4.1.2　RFID 技术分类

1. RFID 技术分类

依据电子标签的供电方式、工作频率、可读性和工作方式进行分类。

1) 根据标签的供电形式分类

RFID 电子标签的电能消耗是非常低的(一般是 1/100 mW 级别)。按照电子标签获取电能的方式不同，电子标签可分成有源式电子标签、无源式电子标签及半有源式电子标签。

(1) 有源式电子标签。有源式电子标签通过标签自带的内部电池进行供电，其电能充足，工作可靠，信号传送距离远。有源式电子标签的缺点主要是价格高，体积大，使用寿命受到限制，而且随着电子标签内电池电力的消耗，数据传输的距离会越来越小，影响系统的正常工作。

(2) 无源式电子标签。无源式电子标签的内部不带电池，需靠外界提供能量才能正常工作。无源式电子标签典型的产生电能的装置是天线与线圈，当电子标签进入系统的工作区域，天线接收到特定的电磁波，线圈就会产生感应电流，再经过整流并给电容充电，电容电压经过稳压后可作为工作电压。无源式电子标签具有永久的使用期，常用于需要每天读写或频繁读写信息的场合。无源式电子标签的缺点主要是数据传输的距离要比有源式电子标签短。需要敏感性比较高的信号接收器才能可靠识读。

(3) 半有源式电子标签。半有源式电子标签内的电池仅对标签内要求供电维持数据的电路供电或者为标签芯片工作所需的电压提供辅助支持，为本身耗电很少的标签电路供电。标签未进入工作状态前，一直处于休眠状态，相当于无源式电子标签，标签内部电池能量消耗很少，因而电池可维持几年，甚至长达 10 年有效。当标签进入读写器的读取区域，受到读写器发出的射频信号激励而进入工作状态时，电子标签与读写器之间信息交换的能量支持以读写器供应的射频能量为主(反射调制方式)，标签内部电池的作用主要在于弥补标签所处位置的射频场强不足，标签内部电池的能量并不转换为射频能量。

2) 根据电子标签的工作频率分类

电子标签的工作频率决定着射频识别系统的工作原理(电感耦合还是电磁耦合)、识别距离、电子标签及读写器实现的难易程度和设备的成本。射频识别应用占据的频段或频点在国际上有公认的划分，即位于ISM波段。典型的工作频率有：125 kHz、133 kHz、13.56 MHz、27.12 MHz、433 MHz、902～928 MHz、2.45 GHz、5.8 GHz等。

(1) 低频段电子标签。低频段电子标签，简称为低频电子标签，其工作频率范围为30～300 kHz。典型工作频率有：125 kHz、133 kHz(也有接近的其他频率的，如TI公司使用134.2 kHz)。低频标签一般为无源式电子标签，其工作能量通过电感耦合方式从读写器耦合线圈的辐射近场中获得。低频标签与读写器之间传送数据时，低频电子标签需位于读写器天线辐射的近场区内。低频电子标签的阅读距离一般情况下小于1 m。

低频标签的典型应用有：动物识别、容器识别、工具识别、电子闭锁防盗(带有内置应答器的汽车钥匙)等。与低频标签相关的国际标准有：ISO 11784/11785(用于动物识别)、ISO 18000—2(125～135 kHz)。低频标签有多种外观形式，应用于动物识别的低频标签外观有：项圈式、耳牌式、注射式、药丸式等。

(2) 中高频段电子标签。中高频段电子标签的工作频率一般为3～30 MHz。典型工作频率为13.56 MHz。高频电子标签一般也采用无源方式，其工作能量同低频标签一样，也是通过电感(磁)耦合方式从读写器耦合线圈的辐射近场中获得。电子标签与读写器进行数据交换时，电子标签必须位于读写器天线辐射的近场区内。

高频电子标签典型应用包括：电子车票、电子身份证、电子闭锁防盗(电子遥控门锁控制器)等。相关的国际标准有：ISO 14443、ISO 15693、ISO 18000—3(13.56 MHz)等。

(3) 超高频与微波标签。超高频与微波频段的电子标签，简称为微波电子标签，其典型工作频率为433.92 MHz、902～928 MHz、2.45 GHz、5.8 GHz。微波电子标签可分为有源式电子标签与无源式电子标签两类。工作时，电子标签位于读写器天线辐射场的远区场内，电子标签与读写器之间的耦合方式为电磁耦合方式。读写器天线辐射场为无源式电子标签提供射频能量，将有源式电子标签唤醒。相应的射频识别系统阅读距离一般大于1 m，典型情况为4～7 m，最大可达10 m以上。读写器天线一般均为定向天线，只有在读写器天线定向波束范围内的电子标签才可被读写。

微波电子标签的典型特点主要集中在是否无源，无线读写距离，是否支持多电子标签读写，是否适合高速识别应用，读写器的发射功率容限，电子标签及读写器的价格等方面。微波电子标签的数据存储容量一般限定在2 kbit以内，从技术及应用的角度来说，微波电子标签并不适合作为大量数据的载体，其主要功能在于标识物品并完成无接触的识别过程。典型的数据容量指标有1 kbit、128 bit、64 bit等。

微波电子标签的典型应用包括移动车辆识别、电子身份证、仓储物流应用、电子闭锁防盗(电子遥控门锁控制器)等。相关的国际标准有ISO 10374，ISO 18000—4(2.45 GHz)、ISO 18000—5(5.8 GHz)、ISO 18000—6(860～930 MHz)、ISO 18000—7(433.92 MHz)，ANSI NCITS 256—1999等。

3) 根据标签的可读性分类

根据使用的存储器类型，可以将标签分成只读(Read Only，RO)标签、可读可写(Read and

Write，RW)标签和一次写入多次读出(Write Once Read Many，WORM)标签。

(1) 只读电子标签。只读标签内部有只读存储器(Read Only Memory，ROM)。ROM 中存储有电子标签的标识信息。这些信息可以在电子标签制造过程中，由制造商写入 ROM 中，电子标签在出厂时，即已将完整的电子标签信息写入电子标签。这种情况下，应用过程中，电子标签一般具有只读功能。也可以在电子标签开始使用时由使用者根据特定的应用目的写入特殊的编码信息。

(2) 可读可写标签。可读/写电子标签内部的存储器，除了 ROM、缓冲存储器之外，还有非活动可编程记忆存储器。这种存储器一般是 EEPROM(电可擦除可编程只读存储器)，它除了存储数据功能外，还具有在适当的条件下允许多次对原有数据的擦除以及重新写入数据的功能。可读可写电子标签还可能有随机存取器(Random Access Memory，RAM)，用于存储电子标签反应和数据传输过程中临时产生的数据。

(3) 一次写入多次读出标签。一次写入多次读出(Write Once Read Many，WORM)的电子标签既有接触式改写的电子标签存在，也有无接触式改写的电子标签存在。这类 WORM 电子标签一般大量用在一次性使用的场合，如航空行李标签、特殊身份证件标签等。

4) 根据标签的工作方式分类

根据标签的工作方式，可将 RFID 分为被动式、主动式和半主动式。一般来讲，无源系统为被动式，有源系统为主动式。

(1) 主动式电子标签。一般来说主动式 RFID 系统为有源系统，即主动式电子标签用自身的射频能量主动地发送数据给读写器，在有障碍物的情况下，只需穿透障碍物一次。由于主动式电子标签自带电池供电，它的电能充足，工作可靠性高，信号传输距离远。主要缺点是标签的使用寿命受到限制，而且随着标签内部电池能量的耗尽，数据传输距离越来越短，从而影响系统的正常工作。

(2) 被动式电子标签。被动式电子标签必须利用读写器的载波来调制自身的信号，标签产生电能的装置是天线和线圈。电子标签进入 RFID 系统工作区后，天线接收特定的电磁波，线圈产生感应电流供给电子标签工作，在有障碍物的情况下，读写器的能量必须来回穿过障碍物两次。这类系统一般用于门禁或交通系统中，因为读写器可以确保只激活一定范围内的电子标签。

(3) 半主动式电子标签。在半主动式 RFID 系统里，电子标签本身带有电池，但是电子标签并不通过自身能量主动发送数据给读写器，电池只负责对电子标签内部电路供电。电子标签需要被读写器的能量激活，然后才通过反向散射调制方式传送自身数据。

2. RFID 系统的分类

根据 RFID 系统完成的功能不同，可以粗略地把 RFID 系统分成四种类型：EAS 系统、便携式数据采集系统、网络系统、定位系统。

1) EAS 系统

EAS(ELECTRONIC ARTICLE SURVEILLANCE)是一种设置在需要控制物品出入的门口的 RFID 技术。这种技术的典型应用场合是商店、图书馆、数据中心等地方，当未被授权的人从这些地方非法取走物品时，EAS 系统会发出警告。在应用 EAS 技术时，首先在物品上粘付 EAS 标签，当物品被正常购买或者合法移出时，在结算处通过一定的装置使 EAS

标签失活，物品就可以取走。物品经过装有EAS系统的门口时，EAS装置能自动检测标签的活动性，发现活动性标签EAS系统会发出警告。典型的EAS系统一般由三部分组成：附着在商品上的电子标签(即电子传感器)、电子标签灭活装置(以便授权商品能正常出入)、监视器(在出口造成一定区域的监视空间)。

EAS系统的工作原理是：在监视区，发射器以一定的频率向接收器发射信号。发射器与接收器一般安装在零售店、图书馆的出入口，形成一定的监视空间。当具有特殊特征的标签进入该区域时，会对发射器发出的信号产生干扰，这种干扰信号也会被接收器接收，再经过微处理器的分析判断，就会控制警报器的鸣响。根据发射器所发出的信号不同以及标签对信号干扰原理不同，EAS可以分成许多种类型。EAS技术最新的研究方向是标签的制作，人们正在讨论EAS标签能不能像条码一样，在产品的制作或包装过程中加进产品，成为产品的一部分。

2) 便携式数据采集系统

便携式数据采集系统是使用带有RFID阅读器的手持式数据采集器采集RFID标签上的数据。这种系统具有比较大的灵活性，适用于不宜安装固定式RFID系统的应用环境。手持式阅读器(数据输入终端)可以在读取数据的同时，通过无线电波数据传输方式(RFDC)实时地向主计算机系统传输数据，也可以暂时将数据存储在阅读器中，再一批一批地向主计算机系统传输数据。

3) 物流控制系统

在物流控制系统中，固定布置的RFID阅读器分散布置在给定的区域，并且阅读器直接与数据管理信息系统相连，信号发射机是移动的，一般安装在移动的物体、人上面。当物体、人流经阅读器时，阅读器会自动扫描标签上的信息并把数据信息输入数据管理信息系统存储、分析、处理，达到控制物流的目的。

4) 定位系统

定位系统用于自动化加工系统中的定位以及对车辆、轮船等进行运行定位支持。阅读器放置在移动的车辆、轮船上或者自动化流水线中移动的物料、半成品或成品上，信号发射机嵌入到操作环境的地表下面。信号发射机上存储有位置识别信息，阅读器一般通过无线的方式或者有线的方式连接到主信息管理系统。

4.1.3 RFID技术标准

由于RFID的应用牵涉到众多行业，因此其相关的标准非常复杂。从类别看，RFID标准可以分为以下四类：技术标准(如RFID技术、IC卡标准等)；数据内容与编码标准(如编码格式、语法标准等)；性能与一致性标准(如测试规范等)；应用标准(如船运标签、产品包装标准等)。具体来讲，RFID相关的标准涉及电气特性、通信频率、数据格式和元数据、通信协议、安全、测试、应用等方面。

与RFID技术和应用相关的国际标准化机构主要有：国际标准化组织(ISO)、国际电工委员会(IEC)、国际电信联盟(ITU)、世界邮联(UPU)。此外还有其他的区域性标准化机构(如EPC Global、UID Center、CEN)、国家标准化机构(如BSI、ANSI、DIN)和产业联盟(如ATA、AIAG、EIA)等也制定了与RFID相关的区域、国家、产业联盟标准，并通过不同的渠道提升为国际标准。表 4.1 列出了目前 RFID 系统主要频段标准与特性。

表 4.1　RFID 系统主要频段标准与特性

	低　频	高　频	超 高 频	微　波
工作频率	125～134 kHz	13.56 MHz	868～915 MHz	2.45～5.8 GHz
读取距离	1.2 m	1.2 m	4 m(美国)	15 m(美国)
速度	慢	中等	快	很快
潮湿环境	无影响	无影响	影响较大	影响较大
方向性	无	无	部分	有
全球适用频率	是	是	部分	部分
现有 ISO 标准	11784/85，14223	14443，18000—3，15693	18000—6	18000—4/555

总体来看，目前 RFID 存在三个主要的技术标准体系：总部设在美国麻省理工学院(MIT)的自动识别中心(Auto-ID Center)、日本的泛在中心(Ubiquitous ID Center，UIC)和 ISO 标准体系。

4.2　任务二：RFID 系统的组成

4.2.1　RFID 的工作原理及系统组成

1. 工作原理

RFID 的工作原理是：标签进入磁场后，如果接收到阅读器发出的特殊射频信号，就能凭借感应电流所获得的能量发送出存储在芯片中的产品信息(即 Passive Tag，无源标签或被动标签)，或者主动发送某一频率的信号(即 Active Tag，有源标签或主动标签)，阅读器读取信息并解码后，送至中央信息系统进行有关数据处理。

2. RFID 系统的组成

射频识别系统至少应包括以下两个部分，一是读写器，二是电子标签(或称射频卡、应答器等，本文统称为电子标签)。另外还应包括天线，主机等。RFID 系统在具体的应用过程中，根据不同的应用目的和应用环境，系统的组成会有所不同，但从 RFID 系统的工作原理来看，系统一般都由信号发射机、信号接收机、发射接收天线等几部分组成。RFID 系统的组成如图 4.1 所示，下面分别加以说明：

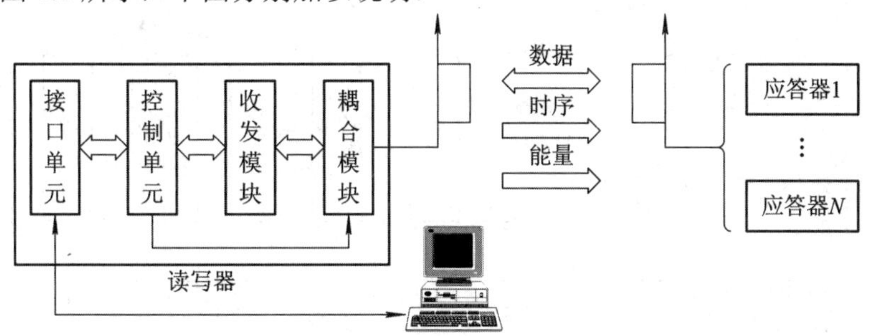

图 4.1　RFID 系统的组成

1) 信号发射机

在 RFID 系统中，信号发射机为了不同的应用目的，会以不同的形式存在，典型的形式是标签(TAG)。标签相当于条码技术中的条码符号，用来存储需要识别传输的信息，另外，与条码不同的是，标签必须能够自动或在外力的作用下，把存储的信息主动发射出去。

2) 信号接收机

在 RFID 系统中，信号接收机一般叫做阅读器。阅读器基本的功能就是提供与标签进行数据传输的途径。另外，阅读器还提供相当复杂的信号状态控制、奇偶错误校验与更正功能等。标签中除了存储需要传输的信息外，还必须含有一定的附加信息，如错误校验信息等。识别数据信息和附加信息按照一定的结构编制在一起，并按照特定的顺序向外发送。阅读器通过接收到的附加信息来控制数据流的发送。一旦到达阅读器的信息被正确的接收和译解后，阅读器通过特定的算法决定是否需要发射机对发送的信号重发一次，或者知道发射器停止发信号，这就是“命令响应协议”。使用这种协议，即便在很短的时间、很小的空间阅读多个标签，也可以有效地防止“欺骗问题”的产生。

3) 编程器

只有可读可写标签系统才需要编程器。编程器是向标签写入数据的装置。编程器写入数据一般来说是离线(OFF-LINE)完成的，也就是预先在标签中写入数据，等到开始应用时直接把标签黏附在被标识项目上。也有一些 RFID 应用系统，写数据是在线(ON-LINE)完成的，尤其是在生产环境中作为交互式便携数据文件来处理时。

4) 天线

天线是标签与阅读器之间传输数据的发射、接收装置。在实际应用中，除了系统功率，天线的形状和相对位置也会影响数据的发射和接收，需要专业人员对系统的天线进行设计、安装。

RFID 主要有线圈型、微带贴片型、偶极子型三种基本形式的天线。其中，小于 1 m 的近距离应用系统的 RFID 天线一般采用工艺简单、成本低的线圈型天线，它们主要工作在中低频段。而 1 m 以上远距离的应用系统需要采用微带贴片型或偶极子型的 RFID 天线，它们工作在高频及微波频段。这几种类型天线的工作原理是不相同的。

若从功能实现考虑，可将 RFID 系统分成边沿系统和软件系统两大部分，如图 4.2 所示。这种观点同现代信息技术观点相吻合。边沿系统主要是完成信息感知，属于硬件组件部分；软件系统完成信息的处理和应用；通信设施负责整个 RFID 系统的信息传递。

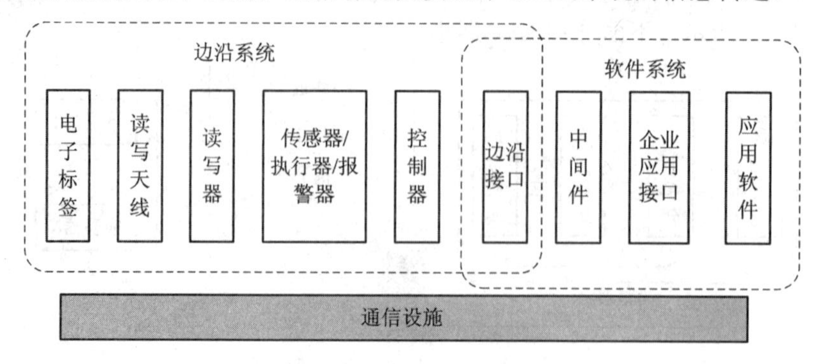

图 4.2　射频识别系统基本组成

4.2.2 RFID 系统中的软件组件

RFID 系统中的软件组件主要完成数据信息的存储、管理以及对 RFID 标签的读写控制，是独立于 RFID 硬件之上的部分。RFID 系统归根结底是为应用服务的，读写器与应用系统之间的接口通常由软件组件来完成。一般，RFID 软件组件包含有：边沿接口系统；中间件即为实现所采集信息的传递与分发而开发的中间软件；企业应用接口即为企业前端软件，如设备供应商提供的系统演示软件、驱动软件、接口软件、集成商或者客户自行开发的 RFID 前端操作软件等；应用软件，主要指企业后端软件，如后台应用软件、管理信息系统(MIS)软件等。

1. 边沿接口系统

边沿接口系统主要完成 RFID 系统硬件与软件之间的连接，通过使用控制器实现同 RFID 硬软件之间的通信。边沿接口系统的主要任务是从读写器中读取数据和控制读写器的行为，激励外部传感器、执行器工作。此外，边沿接口系统还具有以下功能：

(1) 从不同读写器中过滤重复数据。

(2) 设置基于事件方式触发的外部执行机构。

(3) 提供智能功能，选择发送到软件系统。

(4) 远程管理功能。

2. RFID 中间件

RFID 系统中间件是介于读写器和后端软件之间的一组独立软件，它能够与多个 RFID 读写器和多个后端软件应用系统连接。应用程序使用中间件所提供的通用应用程序接口(API)，就能够连接到读写器，读取 RFID 标签数据。中间件屏蔽了不同读写器和应用程序后端软件的差异，从而减轻了多对多连接的设计与维护的复杂性。

使用 RFID 中间件有三个主要目的：

(1) 隔离应用层和设备接口。

(2) 处理读写器和传感器捕获的原始数据，使应用层看到的都是有意义的高层事件，大大减少所需处理的信息。

(3) 提供应用层接口用于管理读写器和查询 RFID 观测数据，目前，大多数可用的 RFID 中间件都有这些特性。

3. 企业应用接口

企业应用接口是 RFID 前端操作软件，主要是提供给 RFID 设备操作人员使用的，如手持读写设备上使用的 RFID 识别系统、超市收银台使用的结算系统和门禁系统使用的监控软件等，此外还应当包括将 RFID 读写器采集到的信息向软件系统传送的接口软件。

前端软件最重要的功能是保障电子标签和读写器之间的正常通信，通过硬件设备的运行和接收高层的后端软件控制来处理和管理电子标签和读写器之间的数据通信。前端软件完成的基本功能有：

(1) 读/写功能：读功能就是从电子标签中读取数据，写功能就是将数据写入电子标签。这中间涉及到编码和调制技术的使用，例如采用 FSK 还是 ASK 方式发送数据。

(2) 防碰撞功能：很多时候不可避免地会有多个电子标签同时进入读写器的读取区域，

要求同时识别和传输数据，这时，就需要前端软件具有防碰撞功能，即可以同时识别进入识别范围内的所有电子标签，其并行工作方式大大提高了系统的效率。

(3) 安全功能：确保电子标签和读写器双向数据交换通信的安全。在前端软件设计中可以利用密码限制读取标签内信息、读写一定范围内的标签数据以及对传输数据进行加密等措施来实现安全功能。也可以使用硬件结合的方式来实现安全功能。标签不仅提供了密码保护，而且能对标签上的数据和数据从标签传输到读取器的过程进行加密。

(4) 检/纠错功能：由于使用无线方式传输数据很容易被干扰，使得接收到的数据产生畸变，从而导致传输出错。前端软件可以采用校验和的方法，如循环冗余校验(Cyclic Redundance Check，CRC)、纵向冗余校验(Longitudinal Redundance Check，LRC)、奇偶校验等检测错误。可以结合自动重传请求(Automatic Repeater Quest，ARQ)技术重传有错误的数据来纠正错误，以上功能也可以通过硬件来实现。

4. 应用软件

应用软件也是系统的数据中心，它负责与读写器通信，将读写器经过中间件转换之后的数据，插入到后台企业仓储管理系统的数据库中，对电子标签管理信息、发行电子标签和采集的电子标签信息集中进行存储和处理。一般说来，后端应用软件系统需要完成以下功能：

(1) RFID 系统管理：系统设置以及系统用户信息和权限。

(2) 电子标签管理：在数据库中管理电子标签序列号和每个物品对应的序号及产品名称、型号规格，芯片内记录的详细信息等，完成数据库内所有电子标签的信息更新。

(3) 数据分析和存储：对整个系统内的数据进行统计分析，生成相关报表，对采集到的数据进行存储和管理。

4.3 任务三：几种常见的 RFID 系统

从电子标签到读写器之间的通信和能量感应方式来看，RFID 系统一般可分为电感耦合(磁耦合)系统和电磁反向散射耦合(电磁场耦合)系统。电感耦合系统是通过空间高频交变磁场实现耦合，依据的是电磁感应定律；电磁反向散射耦合，即雷达原理模型，发射出去的电磁波碰到目标后反射，同时携带回目标信息，依据的是电磁波的空间传播规律。

电感耦合方式一般适合于中、低频率工作的近距离 RFID 系统；电磁反向散射耦合方式一般适合于高频、微波工作频率的远距离 RFID 系统，如图 4.3 所示。

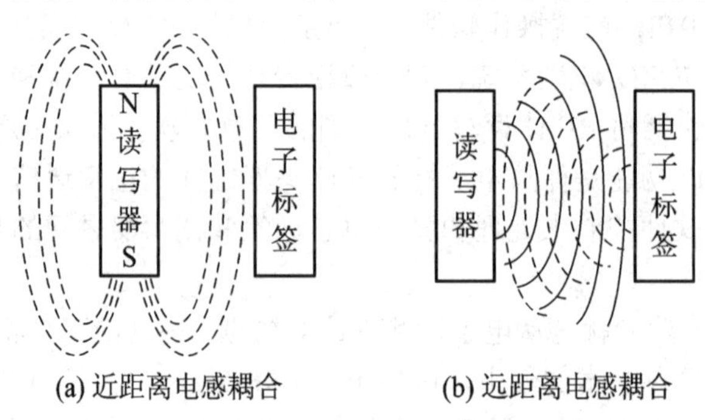

图 4.3　电感耦合和电磁耦合

4.3.1　电感耦合 RFID 系统

电感耦合方式电路结构如图 4.4 所示。电感耦合的射频载波频率为 13.56 MHz 和小于 135 kHz 的频段，应答器和读写器之间的工作距离小于 1 m。

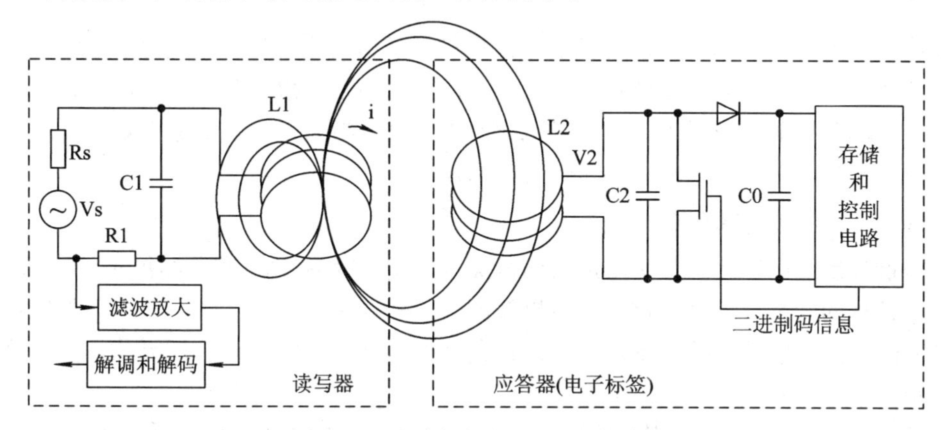

图 4.4　电感耦合方式的电路结构

1. 应答器的能量供给

电磁耦合方式的应答器几乎都是无源的，能量(电源)从读写器获得。由于读写器产生的磁场强度受到电磁兼容性能有关标准的严格限制，因此系统的工作距离较近。

在图 4.4 所示的读写器中，Vs 为射频信号源，L1 和 C1 构成谐振回路(谐振于 Vs 的频率)，Rs 是射频源的内阻，R1 是电感线圈 L1 的损耗电阻。Vs 在 L1 上产生高频电流 i，谐振时高频电流 i 最大，高频电流产生的磁场穿过线圈，并有部分磁力线穿过距离读写器电感线圈 L1 一定距离的应答器线圈 L2。由于所有工作频率范围内的波长(13.56 MHz 的波长为 22.1 m，135 kHz 的波长为 2400 m)比读写器和应答器线圈之间的距离大很多，所以两线圈之间的电磁场可以视为简单的交变磁场。

穿过电感线圈 L2 的磁力线通过感应，在 L2 上产生电压，将其通过 C2 和 C0 整流滤波后，即可产生应答器工作所需的直流电压。电容器 C2 的选择应使 L2 和 C2 构成对工作频率谐振的回路，以使电压 V2 达到最大值。

电感线圈 L1 和 L2 可以看做变压器初次级线圈，不过它们之间的耦合很弱。读写器和应答器之间的功率传输效率与工作频率 f、应答器线圈的匝数 n、应答器线圈包围的面积 A、两线圈的相对角度以及它们之间的距离是成比例的。

因为电感耦合系统的效率不高，所以只适合于低电流电路。只有功耗极低的只读电子标签(小于 135 kHz)可用于 1 m 以上的距离。具有写入功能和复杂安全算法的电子标签的功率消耗较大，因而其一般的作用距离为 15 cm。

2. 数据传输

应答器向读写器的数据传输采用负载调制方法。应答器二进制数据编码信号控制开关器件，使其电阻发生变化，从而使应答器线圈上的负载电阻按二进制编码信号的变化而改变。负载的变化通过 L2 映射到 L1，使 L1 的电压也按二进制编码规律变化。该电压的变化通过滤波放大和调制解调电路，恢复应答器的二进制编码信号，这样，读写器就获得了应答器发出的二进制数据信息。

4.3.2 反向散射耦合 RFID 系统

1. 反向散射

雷达技术为 RFID 的反向散射耦合方式提供了理论和应用基础。当电磁波遇到空间目标时，其能量的一部分被目标吸收，另一部分以不同的强度散射到各个方向。在散射的能量中，一小部分反射回发射天线，并被天线接收(因此发射天线也是接收天线)，对接收信号进行放大和处理，即可获得目标的有关信息。

2. RFID 反向散射耦合方式

一个目标反射电磁波的频率由反射横截面来确定。反射横截面的大小与一系列的参数有关，如目标的大小、形状和材料，电磁波的波长和极化方向等。由于目标的反射性能通常随频率的升高而增强，所以 RFID 反向散射耦合方式采用特高频和超高频，应答器和读写器的距离大于 1 m。

RFID 反向散射耦合方式的原理框图如图 4.5 所示，读写器、应答器和天线构成一个收发通信系统。

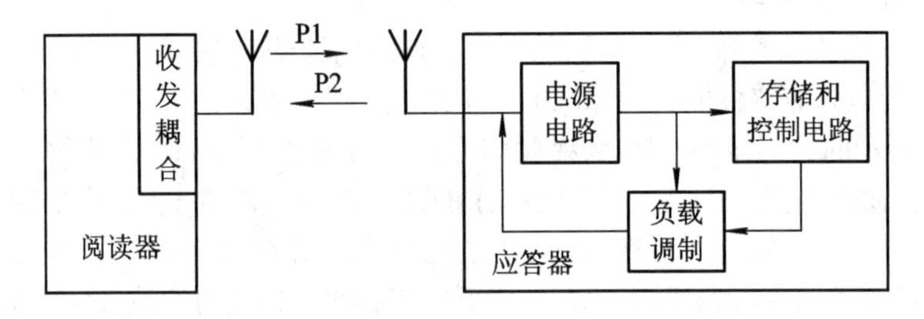

图 4.5　RFID 反向散射耦合方式原理图

1) 应答器的能量供给

无源应答器的能量由读写器提供，读写器天线发射的功率 P1 经自由空间衰减后到达应答，被吸收的功率经应答器中的整流电路后形成应答器的工作电压。

在超高频(UHF)和超音频(SHF)频率范围，有关电磁兼容的国际标准对读写器所能发射的最大功率有严格的限制，因此在有些应用中，应答器采用完全无源方式会有一定困难。为解决应答器的供电问题，可在应答器上安装附加电池。为防止电池不必要的消耗，应答器平时处于低功耗模式，当应答器进入读写器的作用范围时，应答器由获得的射频功率激活，进入工作状态。

2) 应答器至读写器的数据传输

由读写器传到应答器的功率的一部分被天线反射，反射功率 P2 经自由空间后返回读写器，被读写器天线接收。接收信号经收发耦合器电路传输到读写器的接收通道，被放大后经处理电路获得有用信息。

应答器天线的反射性能受连接到天线的负载变化的影响，因此，可采用相同的负载调制方法实现反射的调制。其表现为反射功率 P2 是振幅调制信号，它包含了存储在应答器中的识别数据信息。

3) 读写器至应答器的数据传输

读写器至应答器的命令及数据传输，应根据 RFID 的有关标准进行编码和调制，或者按所选用应答器的要求进行设计。

3. 声表面波应答器

1) 声表面波器件

声表面波(Surface Acoustic Wave，SAW)器件以压电效应和与表面弹性相关的低速传播的声波为依据。SAW 器件体积小、重量轻、工作频率高、相对带宽较宽，并且可以采用与集成电路工艺相同的平面加工工艺，制造简单，重获得性和设计灵活性高。

声表面波器件具有广泛的应用，如通信设备中的滤波器。在 RFID 应用中，声表面波应答器的工作频率目前主要为 2.45 GHz。

2) 声表面波应答器

声表面波应答器的基本结构如图 4.6 所示，长长的一条压电晶体基片的端部有指状电极结构。基片通常采用石英铌酸锂或钽酸锂等压电材料制作。在压电基片的导电板上附有偶极子天线，其工作频率和读写器的发送频率一致。在应答器的剩余长度安装了反射器，反射器的反射带通常由铝制成。

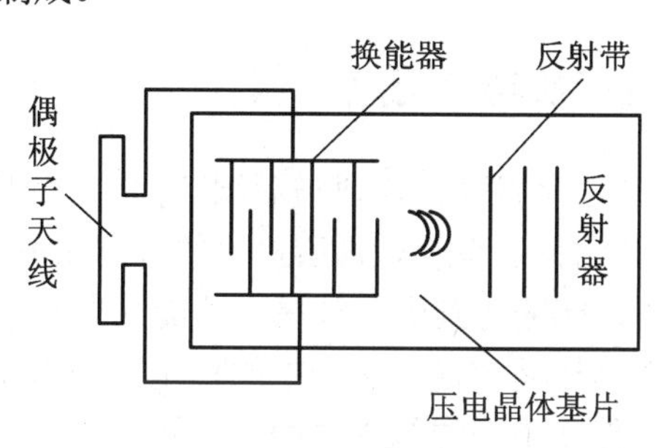

图 4.6 声表面波应答器原理结构图

读写器送出的射频脉冲序列电信号，从应答器的偶极子天线馈送至换能器。换能器将电信号转换为声波。转换的工作原理是利用压电衬底在电场作用时的膨胀和收缩效应。电场是由指状电极上的电位差形成的。一个时变输入电信号(即射频信号)引起压电衬底振动，并沿其表面产生声波。严格地说，传输的声波有表面波和体波，但主要是表面波，这种表面波纵向通过基片。一部分表面波被每个分布在基片上的反射带反射，而剩余部分到达基片的终端后被吸收。

一部分反射波返回换能器，在那里被转换成射频脉冲序列电信号(即将声波变换为电信号)，并被偶极子天线传送至读写器。读写器接收到的脉冲数量与基片上的反射带数量相符，单个脉冲之间的时间间隔与基片上反射带的空间间隔成比例，从而通过反射的空间布局可以表示一个二进制的数字序列。

由于基片上的表面波传播速度缓慢，在读写器的射频脉冲序列电信号发送后，经过约 1.5 ms 的滞后时间，从应答器返回的第一个应答脉冲才到达。这是表面波应答器时序方式的重要优点。因为在读写器周围所处环境中的金属表面上的反射信号以光速返回到读写器天线(例如，与读写器相距 100 m 处的金属表面反射信号，在读写器天线发射之后 0.6 ms 就能返回读写器)，所以当应答器信号返回时，读写器周围的所有金属表面反射都已消失，不会干扰返回的应答信号。

声表面波应答器的数据存储能力和数据传输取决于基片的尺寸和反射带之间所能实现的最短间隔，实际上，16～32 bit 的数据传输率大约为 500 kb/s。

声表面波 RFID 系统的作用距离主要取决于读写器所能允许的发射功率，在 2.45 GHz 下，作用距离可达到 1～2 m。

采用偶极子天线的好处是它的辐射能力强，制造工艺简单、成本低，而且能够实现全向性的方向图。微带贴片天线的方向图是定向的，适用于通信方向变化不大的 RFID 系统，但工艺较为复杂，成本也相对较高。

4.4 任务四：RFID 中间件技术

RFID 中间件(Middleware)技术将企业级中间件技术延伸到 RFID 领域，是 RFID 产业链的关键共性技术。它是 RFID 读写器和应用系统之间的中介。RFID 中间件屏蔽了 RFID 设备的多样性和复杂性，能够为后台业务系统提供强大的支撑，从而驱动更广泛、更丰富的 RFID 应用。

4.4.1 RFID 中间件的组成及功能特点

RFID 中间件是介于前端读写器硬件模块与后端数据库、应用软件之间的一类软件，是 RFID 应用部署运作的中枢。它使用系统软件所提供的基础服务(功能)，衔接网络上应用系统的各个部分或不同的应用，能够达到资源共享、功能共享的目的。目前，对 RFID 中间件还没有很严格的定义，普遍接受的描述是：中间件是一种独立的系统软件或服务程序，分布式应用软件借助这种软件在不同的技术之间共享资源，中间件位于客户机服务器的操作系统之上，管理计算资源和网络通信。使用中间件主要有三个目的：隔离应用层与设备接口；处理读写器与传感器捕获的原始数据；提供应用层接口用于管理读写器、查询 RFID 观测数据。

1. RFID 中间件的组成

RFID 中间件(即 RFID Edge Server)也是 EPC Global 推荐的 RFID 应用框架中相当重要的一环，它负责实现与 RFID 硬件以及配套设备的信息交互与管理，同时作为一个软硬件集成的桥梁，完成与上层复杂应用的信息交换。鉴于使用中间件的三个主要原因，大多数中间件应由读写器适配器、事件管理器和应用程序接口三个组件组成。

1) 读写器适配器

读写器适配器的作用是提供读写器接口。假若每个应用程序都编写适应于不同类型读写器的 API 程序，那将是非常麻烦的事情。读写器适配器程序提供一种抽象的应用接口，来消除不同读写器与 API 之间的差别。

2) 事件管理器

事件管理器的作用是过滤事件。读写器不断从电子标签读取大量未经处理的数据，一般说来应用系统内部存在大量重复数据，因此数据必须进行去重和过滤。而不同的数据子集，中间件应能够聚合汇总应用系统定制的数据集合。事件管理器就是按照规则取得指定的数据。过滤有两种类型，一是基于读写器的过滤；二是基于标签和数据的过滤。提供这种事件过滤的组件就是事件管理器。

3) 应用程序接口

应用程序接口的作用是提供一个基于标准的服务接口。这是一个面向服务的接口，即应用程序层接口，它为 RFID 数据的收集提供应用程序层语义。

2. RFID 中间件的主要功能

RFID 中间件的任务主要是对读写器传来的与标签相关的数据进行过滤、汇总、计算、分组，减少从读写器传往应用系统的大量原始数据、生成加入了语义解释的事件数据。因此说，中间件是 RFID 系统的“神经中枢”，也是 RFID 应用的核心设施。具体说来，RFID 中间件的功能主要集中在以下四个方面。

1) 数据实时采集

RFID 中间件最基本的功能是从多种不同读写器中实时采集数据。目前，RFID 应用处于起始阶段，特别是在物流等行业，条码等还是主要的识别方式，而且现在不同生产商提供的 RFID 读写器接口未能标准化，功能也不尽相同，这就要求中间件能兼容多种读写器。

2) 数据处理

RFID 的特性决定了它在短时间内能产生海量的数据，而这些数据有效利用率非常低，必须经过过滤聚合处理，缩减数据的规模。此外，RFID 本身具有错读、漏读和多读等在硬件上无法避免的问题，通过软件的方法弥补，事件的平滑过滤可确保 RFID 事件的一致性、准确性。这就需要进行数据底层处理，也需要进行高级处理功能，即事件处理。

3) 数据共享

RFID 产生的数据最终的目的是数据的共享，随着部署 RFID 应用的企业增多，大量应用出现推动数据共享的需求，高效快速地将物品信息共享给应用系统，提高了数据利用的价值，是 RFID 中间件的一个重要功能。这主要涉及数据的存储、订阅和分发，以及浏览器控制。

4) 安全服务

RFID 中间件采集了大量的数据，并把这些数据共享，这些数据可能是很敏感的数据，比如个人隐私，这就需要中间件实现网络通信安全机制，根据授权提供给应用系统相应的数据。

3. 中间件的工作机制及特点

中间件的工作机制为在客户端上的应用程序需要从网络中的某个地方获取一定的数据或服务，这些数据或服务可能处于一个运行着不同操作系统的特定查询语言数据库的服务器中。客户/服务器应用程序中负责寻找数据的部分只需访问一个中间件系统，由中间件完成到网络中寻址数据源或服务，进而传输客户请求、重组答复信息，最后将结果送回应用程序的任务。

中间件作为一个用 API 定义的软件层，在具体实现上应具有强大的通信能力和良好的可扩展性。作为一个中间件应具备如下四点：

(1) 标准的协议和接口，具备通用性、易用性；

(2) 分布式计算，提供网络、硬件、操作系统透明性；

(3) 满足大量应用需要；

(4) 能运行于多种硬件和操作系统平台。

其中，具有标准的协议和接口更为重要，因为由此可实现不同硬件、操作系统平台上的数据共享、应用互操作。

4.4.2 RFID中间件体系结构

RFID 中间件技术涉及的内容比较多，包括：开发访问技术、目录服务及定位技术、数据及设备监控技术、远程数据访问、安全和集成技术、进程及会话管理技术等。但任何 RFID 中间件应能够提供数据读出和写入、数据过滤和聚合、数据的分发、数据的安全等服务。根据 RFID 应用需求，中间件必须具备通用性、易用性、模块化等特点。对于通用性要求，系统采用面向服务架构(Service Oriented Architecture，SOA)的实现技术，Web Services 以服务的形式接受上层应用系统的定制要求并提供相应服务，通过读写器适配器提供通用的适配接口以“即插即用”的方式接收读写器进入系统；对于易用性要求，系统采用 B/S 结构，以 Web 服务器作为系统的控制枢纽，以 Web 浏览器作为系统的控制终端，可以远程控制中间件系统以及下属的读写器。

例如，根据 SOA 的分布式架构思想，RFID 中间件可按照 SOA 类型来划分层次，每一层都有一组独立的功能以及定义明确的接口，而且都可以利用定义明确的规范接口与相邻层进行交互。把功能组件合理划分为相对独立的模块，使系统具备更好的可维护性和可扩展性，如图 4.7 所示，将中间件系统按照数据流程划分为设备管理系统(包括数据采集及预处理)、事件处理以及数据服务接口模块。

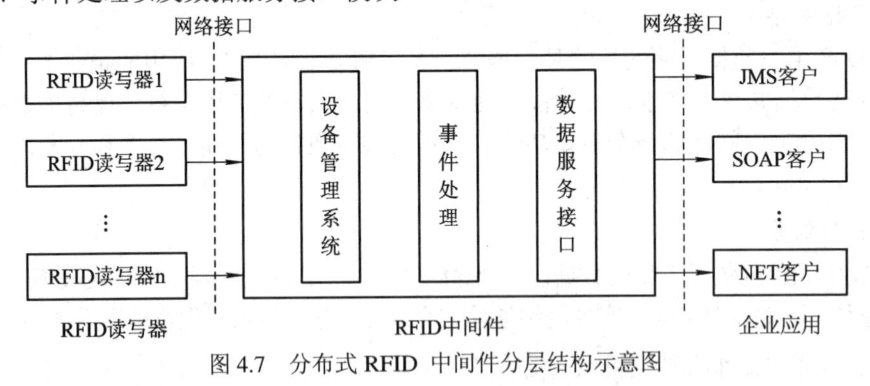

图 4.7　分布式 RFID 中间件分层结构示意图

1. 设备管理系统

设备管理系统实现的主要功能：一是为网络上的读写器进行适配，并按照上层的配置建立实时的 UDP 连接并做好接收标签数据的准备；二是对接收到的数据进行预处理。读写器传递上来的数据存在着大量的冗余信息以及一些误读的标签信息，所以要对数据进行过滤，消除冗余数据。预处理内容包括集中处理所属读写器采集到的标签数据，并统一进行冗余过滤、平滑处理、标签解读等工作。经过处理后，每条标签内容包含的信息有标准 EPC 格式数据、采集的读写器编号、首次读取时间、末次读取时间等，并以一个读周期为时间间隔，分时向事件处理子系统发送，为进一步的数据高级处理做好必要准备。

2. 事件处理

设备管理系统产生事件，并将事件传递到事件处理系统中，由事件处理系统进行处理，然后通过数据服务接口把数据传递到相关的应用系统。在这种模式下，读写器不必关心哪个应用系统需要什么数据。同时，应用程序也不需要维护与各个读写器之间的网络通道，仅需要将需求发送到事件处理系统中即可。由此，设计出的事件处理系统应具有如下功能：数据缓存功能、基于内容的路由功能和数据分类存储功能。

来自事件处理系统的数据一般以临时 XML 文件的形式和磁盘文件方式保存，供数据服务接口使用。这样，一方面可通过操作临时 XML 文件，实现数据入库前数据过滤功能；另一方面又实现了 RFID 数据的批量入库，而不是对于每条来自设备管理系统的 RFID 数据都进行一次数据库的连接和断开操作，减少了因数据库连接和断开而浪费的宝贵资源。

3. 数据服务接口

来自事件处理系统的数据最终是分类的 XML 文件。同一类型的数据以 XML 文件的形式保存，并提供给相应的一个或多个应用程序使用。而数据服务接口主要是对这些数据进行过滤、入库操作，并提供访问相应数据库的服务接口。具体操作如下：

(1) 将存放在磁盘上的 XML 文件进行批量入库操作，当 XML 数据量达到一定数量时，启动数据入库功能模块，将 XML 数据移植到各种数据库中。

(2) 在数据移植前将重复的数据过滤掉。数据过滤过程一般在处理临时存放的 XML 文件的过程中完成。

(3) 为企业内部和企业外部访问数据库提供 Web Services 接口。

4.5 任务五：RFID 典型模块应用实践

本实践是用一块基于 MFRC522 射频芯片的高频 RFID 模块，配合实验箱配套的高频标签(即非接触式 IC 卡)完成高频 RFID 的读写。通过 STC16C51 单片机连接 MFRC522 控制器，进行 IC 卡的读写操作，HF RFID 的扩展子板通过串口与智能网关进行通信和数据交换。

4.5.1 高频(HF)读卡模块

1. MFRC522 射频芯片

MFRC522 是高度集成的非接触式(13.56 MHz)读写卡芯片。此发送模块利用调制和解调的原理，并将它们完全集成到各种非接触式通信方法和协议中。MFRC522 发送模块支持的工作模式是 ISO 14443A。

MFRC522 的内部发送器部分可驱动读写器天线与 ISO 14443A/MIFARE 卡和应答机通信，无需其他的电路。接收器部分提供一个功能强大和高效的解调和译码电路，用来处理兼容 ISO 14443A/MIFARE 的卡和应答机的信号。数字电路部分处理完整的 ISO 14443A 帧和错误检测。MFRC522 支持 MIFARE Classis 器件，双向传输速率高达 424 kb/s。

MFRC522 射频芯片具有如下特点：

- 高集成度模拟电路用于卡应答的解调和解码。

- 缓冲输出驱动器使用最少数目的外部元件连接到天线。
- 支持 MIFARE 双接口卡 IC 和 ISO14443A。
- 加密并保护内部非易失性密匙存储器。
- 并行微处理器接口带有内部地址锁存和 IRQ 线。
- 自动检测微处理器并行接口类型。
- 方便的 64 B 发送和接收 FIFO 缓冲区。
- 内部振荡器缓冲连接 13.56 MHz，石英晶体低相位抖动。
- 短距离应用中发送器(天线驱动器)为 3.3 V 操作。

2. 非接触式 IC 卡

目前市面上有多种类型的非接触式 IC 卡，按照不同协议大体可以分为三类，各类 IC 卡特点及工作特性如表 4.2 所示。与 MFRC500 系列射频芯片配套使用的是 Philips 的 MIFARE 卡，MIFARE 卡有 MIFARE 1(简称 M1 卡)和 MIFARE LIGHT 卡(简称 ML 卡)。Philips 的 MIFARE 1 卡属于 PICC 卡，该类卡的读写器可以称为 PCD。高频 RFID 系统选用 PICC 类 IC 卡作为其电子标签，MIFARE 卡是 Philips 公司典型的 PICC 卡。

表 4.2　IC 卡分类

IC 卡	读写器	国际标准	读写距离	工 作 频 率
CICC	CCD	ISO/IEC 10536	密耦合(0～1 cm)	0～30 MHz
PICC	PCD	ISO/IEC 14443	近耦合(7～10 cm)	< 135 kHz，6.75 MHz，13.56 MHz 27.125 MHz
VICC	VCD	ISO/IEC 15693	疏耦合(< 1 m)	

3. Philips 的 MIFARE 卡

Philips 的 MIFARE 卡有 M1 卡和 ML 卡。下面分别作简要介绍。

1) M1 卡简介

(1) M1 卡工作原理。

卡片的电气部分只由一个天线和 ASIC 组成。

天线：卡片的天线是只有几组绕线的线圈，很适于封装到 ISO 卡片中。

ASIC：卡片的 ASIC 由一个高速(106 KB 波特率)的 RF 接口、一个控制单元和一个 8 K 位 EEPROM 组成。

工作原理：读写器向 M1 卡发一组固定频率的电磁波，卡片内有一个 LC 串联谐振电路，其频率与读写器发射的频率相同，在电磁波的激励下，LC 谐振电路产生共振，从而使电容内有了电荷，在这个电容的另一端，接有一个单向导通的电子泵，将电容内的电荷送到另一个电容内储存，当所积累的电荷达到 2 V 时，此电容可作电源为其他电路提供工作电压，将卡内数据发射出去或接收读写器的数据。

(2) M1 卡主要指标如下。

- 容量为 8 K 位 EEPROM。
- 分为 16 个扇区，每个扇区为 4 块，每块 16 个字节，以块为存取单位。
- 每个扇区有独立的一组密码及访问控制。
- 每张卡有唯一序列号，为 32 位。

- 具有防冲突机制，支持多卡操作。
- 无电源，自带天线，内含加密控制逻辑和通信逻辑电路。
- 数据保存期为 10 年，可改写 10 万次，读无限次。
- 工作温度：–20～50℃(温度为 90%)。
- 工作频率：13.56 MHz。
- 通信速率：106 kb/s。
- 读写距离：10 mm 以内(与读写器有关)。

(3) M1 卡存储结构。

① M1 卡分为 16 个扇区，每个扇区由 4 块(块 0、块 1、块 2、块 3)组成，也将 16 个扇区的 64 个块按绝对地址编号为 0～63，存储结构如图 4.8 所示。

扇区 0	块 0		数据块	0
	块 1		数据块	1
	块 2		数据块	2
	块 3	密码 A　存取控制　密码 B	数据块	3
扇区 1	块 0		数据块	4
	块 1		数据块	5
	块 2		数据块	6
	块 3	密码 A　存取控制　密码 B	控制块	7
⋮	⋮	⋮	⋮	⋮
扇区 15	0		数据块	60
	1		数据块	61
	2		数据块	62
	3	密码 A　存取控制　密码 B	控制块	63

图 4.8　M1 存贮结构图

② 第 0 扇区的块 0(即绝对地址 0 块)，它用于存放厂商代码，已经固化，不可更改。

③ 每个扇区的块 0、块 1、块 2 为数据块，可用于存储数据。

数据块可作两种应用：

- 用作一般的数据保存，可以进行读、写操作。
- 用作数据值，可以进行初始化值、加值、减值、读值操作。

④ 每个扇区的块 3 为控制块，包括了密码 A、存取控制、密码 B。具体结构如下：

A0 A1 A2 A3 A4 A5	FF 07 80 69	B0 B1 B2 B3 B4 B5
密码 A(6 字节)	存取控制(4 字节)	密码 B(6 字节)

⑤ 每个扇区的密码和存取控制都是独立的，可以根据实际需要设定各自的密码及存取控制。存取控制为 4 个字节，共 32 位，扇区中的每个块(包括数据块和控制块)的存取条件

是由密码和存取控制共同决定的，在存取控制中每个块都有相应的三个控制位，定义如下：

块 0:　　C10　C20　C30

块 1:　　C11　C21　C31

块 2:　　C12　C22　C32

块 3:　　C13　C23　C33

三个控制位以正和反两种形式存在于存取控制字节中，决定了该块的访问权限(如进行减值操作必须验证 KEY A，进行加值操作必须验证 KEY B，等等)。三个控制位在存取控制字节中的位置，以块 0 为例，对块 0 的控制如图 4.9 所示。

	bit 7	6	5	4	3	2	1	0
字节 6				C20_b				C10_b
字节 7				C10				C30_b
字节 8				C30				C20
字节 9								

注：C10_b 表示 C10 取反。

图 4.9　三个控制位在块 0 存取控制字节中的位置图

存取控制(4 字节，其中字节 9 为备用字节)结构如下所示：

	bit 7	6	5	4	3	2	1	0
字节 6	C23_b	C22_b	C21_b	C20_b	C13_b	C12_b	C11_b	C10_b
字节 7	C13	C12	C11	C10	C33_b	C32_b	C31_b	C30_b
字节 8	C33	C32	C31	C30	C23	C22	C21	C20
字节 9								

注：　_b 表示取反。

⑥ 数据块(块 0、块 1、块 2)的存取控制如表 4.3 所示。

表 4.3　数据块(块 0、块 1、块 2)的存取控制

控制位(X = 0.1.2)			访 问 条 件 (对数据块 0、1、2)			
C1X	C2X	C3X	Read	Write	Increment	Decrement，Transfer，Restore
0	0	0	KeyA|B	KeyA|B	KeyA|B	KeyA|B
0	1	0	KeyA|B	Never	Never	Never
1	0	0	KeyA|B	KeyB	Never	Never
1	1	0	KeyA|B	KeyB	KeyB	KeyA|B
0	0	1	KeyA|B	Never	Never	KeyA|B
0	1	1	KeyB	KeyB	Never	Never
1	0	1	KeyB	Never	Never	Never
1	1	1	Never	Never	Never	Never

注：KeyA | B 表示密码 A 或密码 B，Never 表示任何条件下不能实现。

例如：当块 0 的存取控制位 C10 C20 C30=1 0 0 时，验证密码 A 或密码 B 正确后可读；验证密码 B 正确后可写；不能进行加值、减值操作。

⑦ 控制块块 3 的存取控制与数据块(块 0、1、2)不同，它的存取控制如表 4.4 所示。

表 4.4 控制块块 3 的存取控制

			密码 A		存取控制		密码 B	
C13	C23	C33	Read	Write	Read	Write	Read	Write
0	0	0	Never	KeyA|B	KeyA|B	Never	KeyA|B	KeyA|B
0	1	0	Never	Never	KeyA|B	Never	KeyA|B	Never
1	0	0	Never	KeyB	KeyA|B	Never	Never	KeyB
1	1	0	Never	Never	KeyA|B	Never	Never	Never
0	0	1	Never	KeyA|B	KeyA|B	KeyA|B	KeyA|B	KeyA|B
0	1	1	Never	KeyB	KeyA|B	KeyB	Never	KeyB
1	0	1	Never	Never	KeyA|B	KeyB	Never	Never
1	1	1	Never	Never	KeyA|B	Never	Never	Never

例如：当块 3 的存取控制位 C13 C23 C33 = 1 0 0 时，表示：

密码 A：不可读，验证 KeyA 或 KeyB 正确后，可写(更改)。

存取控制：验证 KeyA 或 KeyB 正确后，可读、可写。

密码 B：验证 KeyA 或 KeyB 正确后，可读、可写。

(4) M1 卡与读写器 MFRC522 的通信，如图 4.10 所示。

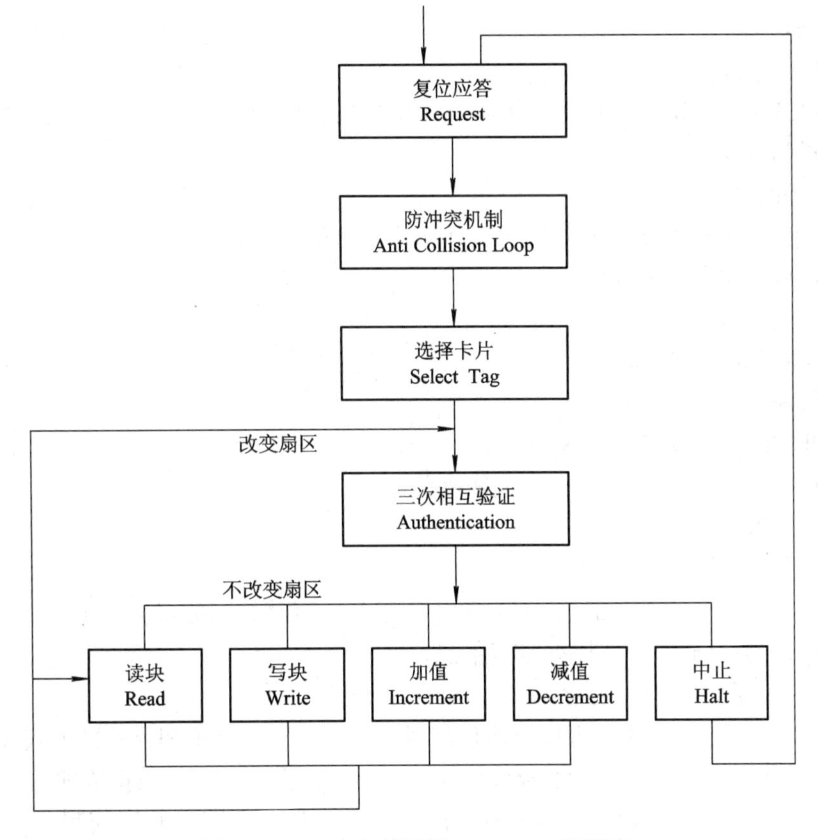

图 4.10 M1 卡与读写器 MFRC522 的通信

① 复位应答(Answer to Request)：M1 射频卡的通信协议和通信波特率是定义好的，当有卡片进入读写器的操作范围时，读写器以特定的协议与它通信，从而确定该卡是否为 M1 射频卡，即验证卡片的卡型。

② 防冲突机制(Anticollision Loop)：当有多张卡进入读写器操作范围时，防冲突机制会从其中选择一张进行操作，未选中的则处于空闲模式等待下一次选卡，该过程会返回被选卡的序列号。

③ 选择卡片(Select Tag)：选择被选中的卡的序列号，并同时返回卡的容量代码。

④ 三次互相确认(3 Pass Authentication)：选定要处理的卡片之后，读写器就确定要访问的扇区号，并对该扇区密码进行密码校验，在三次相互认证之后就可以通过加密流进行通信。(在选择另一扇区时，则必须进行另一扇区密码校验。)

⑤ 对数据块的操作如下：

- 读(Read)：读一个块。
- 写(Write)：写一个块。
- 加(Increment)：对数值块进行加值。
- 减(Decrement)：对数值块进行减值。
- 存储(Restore)：将块中的内容存到数据寄存器中。
- 传输(Transfer)：将数据寄存器中的内容写入块中。
- 中止(Halt)：将卡置于暂停工作状态。

2) ML 卡简介

(1) ML 卡性能介绍。

MIFARE LIGHT 卡是一种小容量卡，共 384 位，适合于一卡一用。主要指标如下：

- 容量为 384 位。
- 16 位的数值计算。
- 128 位的数据区(如果不用钱包文件可达 192 位)。
- 用户可自定义控制权限。
- 唯一的 32 位序列号。
- 工作频率：13.56 MHz。
- 通信速率：106 kb/s。
- 防冲突：同一时间可处理多张卡。
- 读写距离：在 10 cm 以内(与天线有关)。
- 卡内无需电源。

(2) ML 卡存储结构。

ML 卡共 384 位，分为 12 页，每页为 4 个字节。存储结构如表 4.5 所示。

① 第 0、1 页存放着卡的序列号等信息，只可读。

② 第 2、3 页及 A、B 两页数据块，可存储一般的数据。

③ 和 4、5 页为数值块，可作为钱包使用，两字节的值以正和反两种形式存储。只有减值操作，没有加值操作。如果不做钱包使用，则可以作为普通的数据块使用。

④ 第 6、7、8、9 页存储着密码 A(6 字节)、密码 B(6 字节)及存取控制。

⑤ 第 7 页的 2 字节、第 9 页的 2 字节为存储控制，存储控制以正和反的形式存两次。

其各位的定义如表 4.6 所示。

表 4.5　ML 卡存储结构

页号	字节 0	字节 1	字节 2	字节 3	
0	SerNr(0)	SerNr(1)	SerNr(2)	SerNr(3)	Block 0
1	SerNr(4)	Size Code	Type(0)	Type(1)	
2	Data(0)	Data(1)	Data(2)	Data(3)	Data1
3	Data(4)	Data(5)	Data(6)	Data(7)	
4	Value(0)	Value(1)	Value_b(0)	Value_b(1)	Value
5	Value(0)	Value(1)	Value_b(0)	Value_b(1)	
6	KeyA(0)	KeyA(1)	KeyA(2)	KeyA(3)	KeyA
7	KeyA(4)	KeyA(5)	AC-A	AC-A_b	
8	KeyB(0)	KeyB(1)	KeyB(2)	KeyB(3)	KeyB
9	KeyB(4)	KeyB(5)	AC-B	AC-B_b	
A	Data(0)	Data(1)	Data(2)	Data(3)	Data2
B	Data(4)	Data(5)	Data(6)	Data(7)	

注：_b 表示取反。

表 4.6　存储控制的各位定义

Bit 7	—
Bit 6	—
Bit 5	Data2—Write–Enable
Bit 4	Data2—Read—Enable
Bit 3	Key+AC—Write—Enable
Bit 2	Value—Write—Enable
Bit 1	Data1—Write—Enable
Bit 0	Data1—Read—Enable

例如：AC-A 的初始值为 ff，即‘11111111’，则：

Data1：可读、可写；

Value：可写；

AC-A：可写；

Data2：可读、可写。

⑥ 一次写一页(4 个字节)，一次读两页(8 个字节)。

4. ISO 14443 协议标准简介

ISO 14443 协议是超短距离智慧卡标准，该标准定义出读取距离 7～15 cm 的短距离非接触智能卡的功能及运作标准，ISO 14443 标准分为 TYPE A 和 TYPE B 两种。Philips 公司的 MIFARE 系列的 MIFARE 1 符合的 ISO 14443 TYPE A 标准。

(1) ISO 14443 TYPE A 标准中规定的基本空中接口基本标准如下所示。

· PCD 到 PICC(数据传输)调制为：ASK，调制指数 100%。

· PCD 到 PICC(数据传输)位编码为：改进的 Miller 编码。

· PICC 到 PCD(数据传输)调制为：频率为 847 kHz 的副载波负载调制。

· PICC 到 PCD 位编码为：曼彻斯特编码。

· 数据传输速率为 106 kb/s。

· 射频工作区的载波频率为 13.56 MHz。

最小未调制工作场的值是 1.5 A/m(以 H_{min} 表示)，最大未调制工作场的值是 7.5 A/m(以 H_{max} 表示)，邻近卡应持续工作在 H_{min} 和 H_{max} 之间。

PICC 的能量是通过发送频率为 13.56 MHz 的阅读器的交变磁场来提供。由阅读器产生的磁场必须在 1.5～7.5 A/m 之间。

(2) ISO 14443 TYPE A 标准中规定的 PICC 标签状态集，读卡器对进入其工作范围的多张 IC 卡的有效命令有：

· REQA：TYPE A 请求命令。

· WAKE UP：唤醒命令。

· ANTICOLLISION：防冲突命令。

· SELECT：选择命令。

· HALT：停止命令。

图 4.11 为 PICC(IC 卡)接收到 PCD(读卡器)发送命令后，可能引起状态的转换图。传输错误的命令(不符合 ISO 14443 TYPE A 协议的命令)不包括在内。

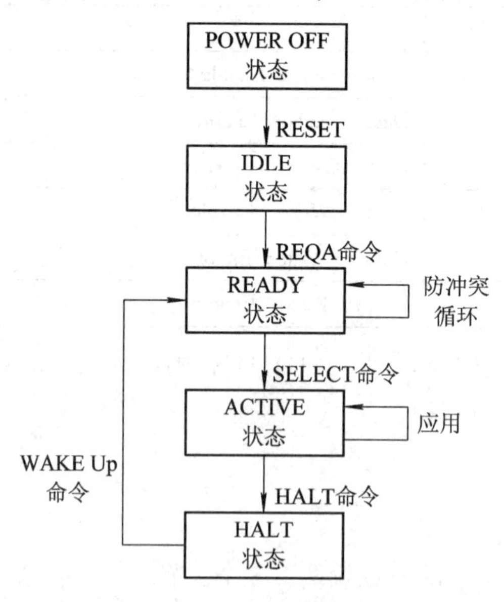

图 4.11 PICC 状态转化图

掉电状态(POWER OFF)：在没有提供足够的载波能量的情况下，PICC 不能对 PCD 发射的命令做出应答，也不能向 PCD 发送反射波；当 PICC 进入耦合场后，立即复位，进入闲置状态。

闲置状态(IDLE STATE)：当 PICC 进入闲置状态时，标签已经上电，能够解调 PCD 发射的信号；当 PICC 接收到 PCD 发送的有效的 REQA(对 A 型卡请求的应答)命令后，PICC 将进入就绪状态。

就绪状态(READY STATE)：在就绪状态下，执行位帧防碰撞算法或其他可行的防碰撞算法；当 PICC 标签处于就绪状态时，采用防冲突方法，用 UID(唯一标识符)从多张 PICC 标签中选择出一张 PICC；然后 PCD 发送含有 UID 的 SEL 命令，当 PICC 接收到有效的 SEL 命令时，PICC 就进入激活状态(ACTIVE　STATE)。

激活状态(ACTIVE STATE)：在激活状态下，PICC 应该完成本次应用所要求的所有操作(例如，读写 PICC 内部存储器)；当处于激活状态的 PICC 接收到有效的 HALT 命令后，PICC 就立即进入停止状态。

停止状态(HALT　STATE)：PICC 完成本次应用所有操作后，应进入停止状态；当处于停止状态的 PICC 接收到有效的 WAKE_UP 命令时，PICC 立即进入就绪状态。注意:当 PICC 处于停止状态下时，在重新进入就绪状态和激活状态后，PICC 接受到相应命令，不再是进入闲置状态，而是进入停止状态。

5. 上位机与高频 RFID 模块间的通信协议

高频 RFID 模块和高频标签间除了简单的读卡外，还有写入数据、修改密码的功能，这就需要上位机和这些 RFID 模块之间进行通信。以下便是上位机和高频 RFID 之间的一些协议。

以下数据均为十六进制，第一字节表示此次发生的字节长度。

读卡号：

02 A0

读数据：

09 A1 Key0 Key1 Key2 Key3 Key4 Key5 Kn。

例：0xA1 为读数据标志。

该卡密码 A 为十六进制：ff ff ff ff ff ff 对应 Key0 Key1 Key2 Key3 Key4 Key5；

要读的块数为第 4 块 即 Kn=4；

则发送：09 A1 ff ff ff ff ff ff 04。

返回第 4 块的 16 字节数据。

写数据：

19 A2 Key0 Key1 Key2 Key3 Key4 Key5 Kn Num0 Num1 Num2 Num3 Num4 Num5 Num6 Num7 Num8 Num9 Num10 Num11 Num12 Num13 Num14 Num15。

例：0xA2 为写数据标志。

该卡密码 A 为十六进制：FF FF FF FF FF FF 对应 Key0 Key1 Key2 Key3 Key4 Key5；

要写的块数为第 4 块 即 Kn=4；

要写的数据位 00 01 02 03 04 05 06 07 08 09 0A 0B 0C 0D 0E 0F

则发送：19 A2 FF FF FF FF FF FF 04 00 01 02 03 04 05 06 07 08 09 0A 0B 0C 0D 0E 0F。

4.5.1 MIFARE 1 卡通信测试实训

1. 实训目的

熟悉 HF RFID 硬件，了解 HF RFID 读卡模块与 PC 串口的通信过程和各种操作指令。

2. 实训设备

(1) PC 机和串口测试软件。

(2) HF RFID 读卡模块，通过串口连接到 PC 机。

(3) MIFARE 1 卡一张。

3. 实训内容

了解 MIFARE 1 卡的功能和使用方法、掌握 HF RFID 读卡模块的读卡过程、掌握 HF RFID 读卡模块与 PC 串口的通信协议和通信过程。

4. 实训原理

HF RFID 读卡器与 PC 机通过串口，使用自定义协议进行通信，该协议定义如下：

- 通信格式：

  数据包长度 L(1 Byte) 命令字 C(1 Byte) 数据包 D(L-1 Bytes)

- 通信方向：

  -> 下位机送给上位机

  <- 上位机送给下位机

- 协议规范

(1) 启动。

<- 02 0B 0F (02 为长度，0B 为命令字，测试风鸣器，0F 风鸣器响的时间)

-> 01 00 (01 为长度，00 为测试成功)

(2) 寻卡。

<- 02 02 26 (02 为命令字，26 为 RegMfOutSelect)

-> 03 00 04 00 (00 为命令成功代码，04 表示 Mifare One 卡)

<- 02 0B 0F

-> 01 00

(3) 防冲突。

<- 01 03 (03 为命令字)

-> 05 00 52 00 75 7A (52 00 75 7A 为卡号 CardSerialNo)

<- 02 0B 0F

-> 01 00

(4) 选择。

<- 01 04 (04 为命令字)

-> 03 00 80 00

<- 02 0B 0F

-> 01 00

(5) 终止。

<- 01 01 (01 为命令字)

-> 01 00

<- 02 0B 0F

-> 01 00

(6) 参数设置。

<- 01 0C (0C 为命令字)

-> 01 00

(7) 密码下载(扇区 1 密码为 12 个 F)。

<- 09 06 60 01 FF FF FF FF FF FF (06 为命令字，60 为 PICC_AUTHENT1A(61 为 PICC_AUTHENT1B)，01 为扇区号，12 个 F 为密码)

-> 01 00

<- 02 0B 0F

-> 01 00

(8) 数据读(扇区 1 块 0 块 1 块 2)。

<- 02 02 52 (02 为命令字，52 为 PICC_REQALL)

-> 03 00 04 00 (04 为 RegFIFOLength)

<- 01 03 (03 为命令字)

-> 05 00 52 00 75 7A (52 00 75 7A 为卡号)

<- 01 04 (04 为命令字)

-> 03 00 08 00

<- 04 05 60 01 04 (05 为命令字，60 为 PICC_AUTHENT1A(61 为 PICC_AUTHENT1B)，01 为扇区 1，04 为 RegFIFOLength)

-> 01 00

<- 02 08 04 (08 为命令号，04 为块号)

-> 11 00 00 00 00 00 00 00 00 00 00 00 00 00 00 00 00 00 (16 个 00 为数据)

<- 02 08 05 (08 为命令号，05 为块号)

-> 11 00 00 00 00 00 00 00 00 00 00 00 00 00 00 00 00 00 (16 个 00 为数据)

<- 02 08 06 (08 为命令号，06 为块号)

-> 11 00 00 00 00 00 00 00 00 00 00 00 00 00 00 00 00 00 (16 个 00 为数据)

<- 02 08 07 (08 为命令号，07 为块号)

-> 11 00 00 00 00 00 00 00 ff 07 80 69 ff ff ff ff ff ff (第一个 00 为返回代码，后面 6 个 00 为密码 A，ff 07 80 69 为控制位，后面 6 个 ff 为密码 B)

<- 02 0B 0F

-> 01 00

(9) 数据写(扇区 1 块 0 块 1 块 2)。

<- 12 09 04 12 30 00 00 00 00 00 00 00 00 00 00 00 00 00 00 (09 为命令字，04 为块号，12 开始的 16 个字节为要写的数据)

-> 01 00

<- 02 0B 0F

-> 01 00

<- 12 09 05 45 60 00 00 00 00 00 00 00 00 00 00 00 00 00 00 (09 为命令字，05 为块号，45 开始的 16 个字节为要写的数据)

-> 01 00

<- 02 0B 0F

-> 01 00

<- 12 09 06 78 90 00 00 00 00 00 00 00 00 00 00 00 00 00 00 (09 为命令字，06 为块号，78 开始的 16 个字节为要写的数据)

-> 01 00

<- 02 0B 0F

-> 01 00

<- 12 09 07 11 11 11 11 11 11 ff 07 80 69 11 11 11 11 11 11 (09 为命令字，07 为块号，把密码 A 和密码 B 都修改成 1)

-> 01 00

<- 02 0B 0F

-> 01 00

(10) 块值操作(初始化)。

<- 12 09 04 11 11 11 11 EE EE EE EE 11 11 11 11 04 FB 04 FB (09 为命令字，04 为块号，11 开始的 16 个字节为要写的数据)

-> 01 00

<- 02 0B 0F

-> 01 00

(11) 块值操作(读出)。

<- 02 08 04 (08 为命令字，04 为块号)

-> 11 00 11 11 11 11 EE EE EE EE 11 11 11 11 04 FB 04 FB(11 后面的 16 个自己是读出来的数据)

<- 02 0B 0F

-> 01 00

(12) 块值操作(加值)。

<- 08 0A C1 04 22 22 22 22 04 (0A 为命令字，C1 为 PICC_INCREMENT，04 为块号，4 个字节的 22 是要加值的数据，04 为块号)

-> 01 00

<- 02 0B 0F

-> 01 00

(13) 块值操作(减值)。

<- 08 0A C0 04 11 11 11 11 04 (0A 为命令字，C1 为 PICC_DECREMENT 为块号，4 个字节的 11 是要减值的数据，04 为块号)

-> 01 00

<- 02 0B 0F

-> 01 00

(14) 修改密码。

<- 02 02 26 (02 为命令字，26 为 RegMfOutSelect)

-> 03 00 04 00

<- 01 03 (03 为命令字)

-> 05 00 52 00 75 7A (52 00 75 7A 为卡号)

<- 01 04 (04 为命令字)

-> 03 00 80 00

<- 04 05 60 01 04 (05 为命令字，60 为 PICC_AUTHENT1A(61 为 PICC_AUTHENT1B)，01 为扇区号，04 为 RegFIFOLength)

-> 01 00

<- 12 09 07 33 33 33 33 33 33 ff 07 80 69 33 33 33 33 33 33 (09 为命令字，07 为块号，33 后面的 12 个字节为新密码)

-> 01 00

<- 02 0B 0F

-> 01 00

```
/*
扇区 0    块 0  块 1  块 2  块 3
扇区 1    块 4  块 5  块 6  块 7
扇区 2    块 8  块 9  块 10 块 11
扇区 3    块 12 块 13 块 14 块 15
扇区 4    块 16 块 17 块 18 块 19
扇区 5    块 19 块 20 块 21 块 22
扇区 6    块 23 块 24 块 25 块 26
扇区 7    块 27 块 28 块 29 块 30
扇区 8    块 31 块 32 块 33 块 34
扇区 9    块 35 块 36 块 37 块 38
扇区 10   块 39 块 40 块 41 块 42
扇区 11   块 43 块 44 块 45 块 46
扇区 12   块 47 块 48 块 49 块 50
扇区 13   块 51 块 52 块 53 块 54
扇区 14   块 55 块 56 块 57 块 58
扇区 15   块 59 块 60 块 61 块 62
*/
```

5. 实训步骤

1) 连接操作

(1) 把串口延长线 DB9 母头接到 PC 机的串口上。

(2) 把串口延长线 DB9 公头接到读写器的串口 DB9 母座，使读写器和 PC 机的串口良好连接。

(3) 通过两根杜邦线连接电源到串口连接区的 VCC 和 GND。

(4) 打开读写器上的电源开关，读写器上电以后可以听到一声蜂鸣器的响声，如果没有听到蜂鸣器声，表明读写器没有正常上电。

(5) 打开串口测试工具，设置串口参数：

• 串口号：选择连接的串口，PC 机自带的串口号一般是 COM1，如果使用的是 USB 转串口线，则需要在硬件管理器中查找当前使用的是哪个串口。

• 波特率：9600。

• 数据位：8。

• 流控制：None。

• 奇偶检验：None。

• 停止位：1。

串口参数设置如图 4.12 所示。

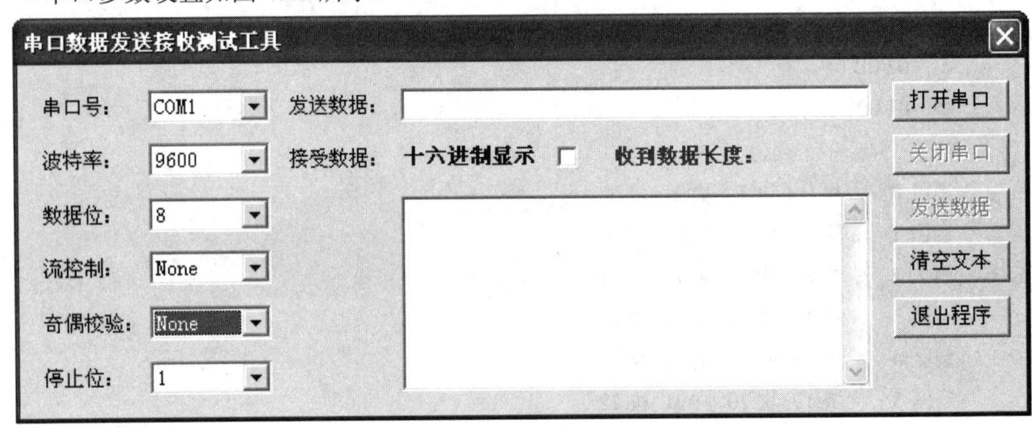

图 4.12　设置串口参数

2) 指令实验

(1) 设置完成后，点击“打开串口”，勾选十六进制显示，这样从读卡器中返回的数据会以十六进制显示。

(2) 按照前面所述通信命令格式，在发送数据文本框中输入命令，如启动命令为“020B0F”(02 为指令长度，0B 为命令字，测试蜂鸣器，0F 蜂鸣器响的时间)，如图 4.13 所示。

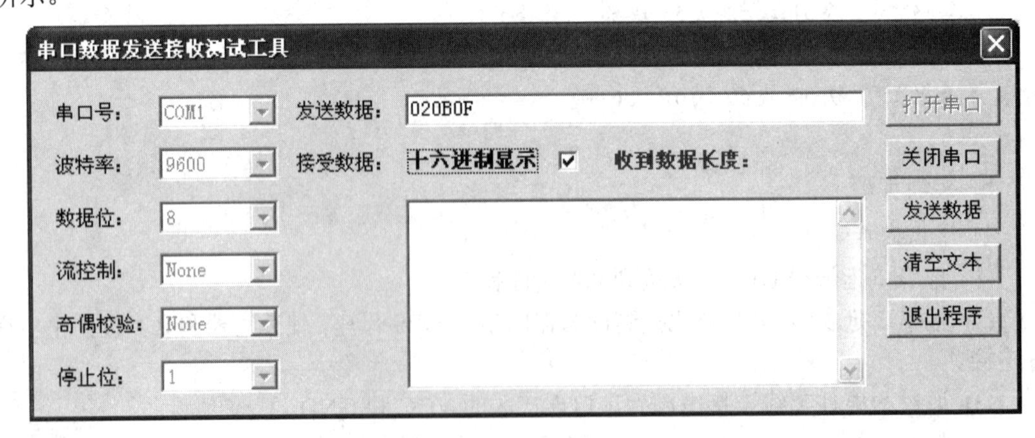

图 4.13　输入启动命令

(3) 点击“发送数据”，则测试工具会向读卡器发送测试指令，并显示读卡器返回的结果，如图 4.14 所示。

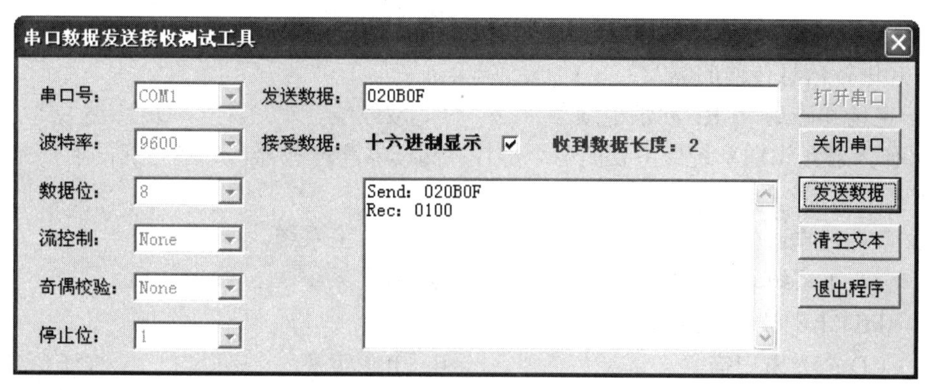

图 4.14　读卡器返回结束的显示

(4) 把 M1 卡放到 IC 卡刷卡区附近，在发送数据文本框输入“020226”命令进行寻卡，点击发送数据，则会找到当前卡的类型，其中返回的数据“03000400”中，03 表示数据长度，第一个 00 为命令成功代码，04 表示 MIFARE 1 卡，如图 4.15 所示。

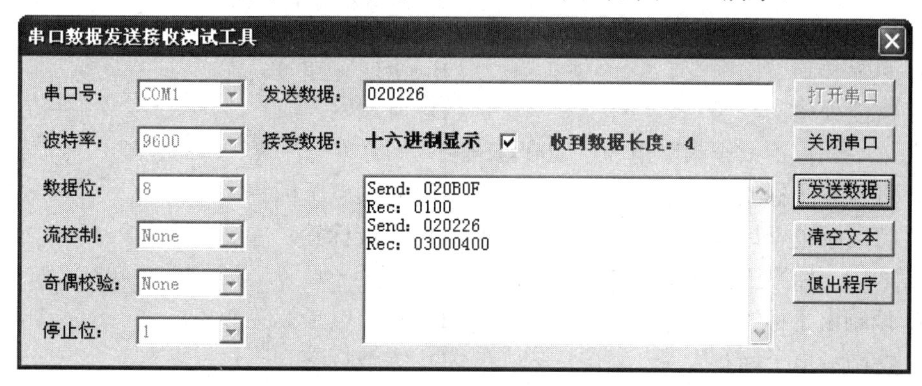

图 4.15　发送命令寻卡

(5) 对照实验原理中的指令表，依次对各种指令进行测试，完成在上一个实验中的内容。

练　习　题

一、单选题

1. 物联网有四个关键性的技术，下列哪项技术被认为是能够让物品“开口说话”的一种技术？(　　)

A. 传感器技术　　B. 电子标签技术　　C. 智能技术　　D. 纳米技术

2. (　　)是物联网中最为关键的技术。

A. RFID 标签　　B. 阅读器　　C. 天线　　D. 加速器

3. RFID 卡(　　)可分为：主动式标签(TTF)和被动式标签(RTF)。

A. 按供电方式分　　B. 按工作频率分

C. 按通信方式分　　D. 按标签芯片分

4. 射频识别卡同其他几类识别卡最大的区别在于(　　)。

A. 功耗　　B. 非接触　　C. 抗干扰　　D. 保密性

5. 物联网技术是基于射频识别技术而发展起来的新兴产业，射频识别技术主要是基于什么方式进行信息传输的呢？(　　)

A. 电场和磁场　　B. 同轴电缆　　C. 双绞线　　D. 声波

6. 作为射频识别系统最主要的两个部件：阅读器和应答器，二者之间的通信方式不包括以下哪个选项？(　　)

A. 串行数据通信　　B. 半双工系统

C. 全双工系统　　D. 时序系统

7. RFID 卡的读取方式(　　)。

A. CCD 或光束扫描　　B. 电磁转换

C. 无线通信　　D. 电擦除、写入

8. RFID 卡(　　)可分为：有源(Active)标签和无源(Passive)标签。

A. 按供电方式分　　B. 按工作频率分

C. 按通信方式分　　D. 按标签芯片分

9. 利用 RFID、传感器、二维码等随时随地获取物体的信息，指的是(　　)。

A. 可靠传递　　B. 全面感知

C. 智能处理　　D. 互联网

10. (　　)标签工作频率是 30～300 kHz。

A. 低频电子标签　　B. 高频电子标签

C. 特高频电子标签　　D. 微波标签

11. (　　)标签工作频率是 3～30 MHz。

A. 低频电子标签　　B. 高频电子标签

C. 特高频电子标签　　D. 微波标签

12. (　　)标签工作频率是 300 MHz～3 GHz。

A. 低频电子标签　　B. 高频电子标签

C. 特高频电子标签　　D. 微波标签

13. (　　)标签工作频率是 2.45 GHz。

A. 低频电子标签　　B. 高频电子标签

C. 特高频电子标签　　D. 微波标签

14. 二维码目前不能表示的数据类型(　　)。

A. 文字　　B. 数字　　C. 二进制　　D. 视频

15. (　　)抗损性强、可折叠、可局部穿孔、可局部切割。

A. 二维条码　　B. 磁卡　　C. IC 卡　　D. 光卡

16. (　　)对接收的信号进行解调和译码然后送到后台软件系统处理。

A. 射频卡　　B. 读写器　　C. 天线　　D. 中间件

17. 低频 RFID 卡的作用距离(　　)。

A. 小于 10 cm　　B. 1～20 cm　　C. 3～8 m　　D. 大于 10 m

18. 高频 RFID 卡的作用距离(　　)。

A. 小于 10 cm　　B. 1～20 cm　　C. 3～8 m　　D. 大于 10 m

19. 超高频 RFID 卡的作用距离(　　)。

A. 小于 10 cm　　B. 1～20 cm　　C. 3～8 m　　D. 大于 10 m

20. 微波 RFID 卡的作用距离(　　)。

A. 小于 10 cm　　B. 1～20 cm　　C. 3～8 m　　D. 大于 10 m

二、判断题

1. 物联网中 RFD 标签是最关键的技术和产品。(　)
2. 中国在 RFD 集成的专利上并没有主导权。(　)
3. RFD 系统包括标签、阅读器、天线。(　)
4. 射频识别系统一般由阅读器和应答器两部分构成。(　)
5. RFID 是一种接触式的识别技术。(　)
6. 物联网的实质是利用射频自动识别(RFID)技术通过计算机互联网实现物品(商品)的自动识别和信息的互联与共享。(　)
7. 物联网目前的传感技术主要是 RFID。植入这个芯片的产品，是可以被任何人进行感知的。(　)
8. 射频识别技术(RFID，Radio Frequency Identification)实际上是自动识别技术(AEI，Automatic Equipment Identification)在无线电技术方面的具体应用与发展。(　)
9. 射频识别系统与条形码技术相比，数据密度较低。(　)
10. 射频识别系统与 IC 卡相比，在数据读取中几乎不受方向和位置的影响。(　)

三、简答题

1. RFID 系统中如何确定所选频率适合实际应用?
2. 简述 RFID 的基本工作原理，RFID 技术的工作频率。
3. 简述 RFID 的分类。
4. 射频标签的能量获取方法有哪些?
5. 射频标签的天线有哪几种？各自的作用是什么?
6. 简述 RFID 的中间件的功能和作用。

项目五　物联网通信技术应用项目开发

【知识目标】

(1) 了解蓝牙技术的工作原理、基本结构和协议栈。
(2) 了解 Wi-Fi 网络结构和原理、Wi-Fi 技术的应用。
(3) 熟悉 ZigBee 网络及应用。
(4) 熟悉 GPRS 技术基础知识。

【技能目标】

(1) 能对 Bluetooth 模块传感器传输综合开发。
(2) 能 GPRS 无线通信开发。
(3) 能构建 ZigBee 的网络系统。
(4) 能无线网的综合开发。

5.1　任务一：蓝牙技术应用与实践

5.1.1　蓝牙技术的背景知识

蓝牙(Bluetooth)技术是由爱立信、诺基亚、Intel、IBM 和东芝五家公司于 1998 年 5 月共同提出开发的。蓝牙技术的本质是设备间的无线联接，主要用于通信与信息设备。近年来，在电声行业中也开始使用蓝牙技术。

1. 蓝牙模块的种类

蓝牙模块(BlueTooth Module)又叫蓝牙内嵌模块或蓝牙模组，一般意义上的蓝牙模块主要面向产品需要增加蓝牙无线传输功能的用户，用户不需要了解详细的蓝牙技术，进行蓝牙软、硬件开发，只需提出自身产品要求的电路接口、数据格式、通信对象即可，这样可以节省用户的技术投入成本，缩短其产品上市时间。

1) 蓝牙模块的种类

蓝牙模块可以从应用、芯片、技术、性能等多个角度区分。

(1) 从应用角度划区有：手机蓝牙模块、蓝牙耳机模块、蓝牙语音模块、蓝牙串口模块、蓝牙电力模块和蓝牙 HID 模块等。

(2) 从技术角度看可分为三种：蓝牙数据模块、蓝牙语音模块和蓝牙远程控制模块。

(3) 从芯片采用的角度看可分为 ROM 版模块、EXT 模块及 FLASH 版模块。

· ROM 版模块：该模块采用芯片厂家的 ROM 版芯片，特点是芯片厂家将标准的应用 PROFILE 固化在芯片中，用户无法对芯片内程序进行修改，适合大规模的批量生产，价格很低，如蓝牙耳机模块、手机模块、鼠标键盘模块等。

· EXT 模块：该模块采用的芯片没有 FLASH 存储，需外扩存储器件，用户可以进行应用开发，特点是价格适中，不足是稳定性、功耗等性能差异大，同时大部分 EXT 芯片没有音频解码电路，如需实现音频传输需外接编解码器件。

· FLASH 版模块：该模块的芯片价格高，但用户可按自己的应用需求进行，由于芯片内置了 FLASH 存储，可内置音频编解码电路，适合各种语音网关等应用。

(4) 从功率角度来看，标准通信距离有 100 m、10 m 等蓝牙模块。

(5) 按所采用的芯片厂家来分，市场上有 CSR、Brandcom、爱立信、Philip 等，市场上大部分解决方案是前两家公司的方案，爱立信等主要为自己手机等产品配套。公司采用 CSR 的芯片开发模块及应用软件。

2) 蓝牙模块的选择

大规模民用产品一般选用 ROM 版模块，如市场上的 USB 蓝牙适配器，由于大部分协议运行在 PC 内部，对芯片处理能力要求很低，芯片厂家会推出价格很低的产品；工业蓝牙应用一般应采用 FLASH 版的芯片生产的模块，运行速度快，具备高集成度、高可靠性、高性能指标等特点。用户选择蓝牙模块只需了解用户要求的通信距离及接口类型即可，可参考各公司的系列蓝牙模块数据手册。

2. 蓝牙模块的通信频率

1) 蓝牙的工作频段

蓝牙设备一般工作在 2400 MHz 的 ISM 频段。ISM 的含义是工业、科学及医学的首字母缩写，起始频率为 2402 MHz，终止频率为 2480 MHz，还在低端设置了 2 MHz 的保护频段，高端设置了 3.5 MHz 的保护频段。由于 ISM 频段是无需申请的公共频段，大量的无线设备采用这个频段，如无线 Wi-Fi 网(802.11)、2.4 G 无线通信、ZigBee 等，为了避免相互干扰，蓝牙采用了自适应跳频(AFH，Adaptive Frequency Hopping)、功率控制、LBT(Listen Before Talk)等独特的技术措施，避免相互冲突。

2) 蓝牙模块的跳频与工作模式

蓝牙采用跳频技术，将整个工作频段划分为 78 个信道，当一对蓝牙设备进行通信时，双约定同频跳频，同一时隙在同一个信道分时进行收发，天线收发共用，每秒跳频 1600 跳，信道的数量限制了同一时隙有效距离内理论上最多 78 对设备在工作。

实际应用中如确需同一场所大规模应用，可以通过功率控制来缩短有效距离，增加蓝牙的空间利用率，减少碰撞与冲突。

3. 蓝牙模块的协议

蓝牙协议是由蓝牙兴趣小组 SIG(Bluetooth Special Interest Group)开发的无线通信协议，主要面向近距离的无线数据语音传输，完成电缆替代的核心应用，蓝牙技术发展中主要经历了 V1.1、V1.2、V2.0、V2.1、V3.0、V4.0 等版本。IVT 公司是世界上第一个发布商用蓝牙协议栈(Bluelet™，1999 年 11 月)、发布蓝牙一致性测试软件(BlueTester™，2000 年 9 月)、发布蓝牙互联互通性测试软件(BlueTester™ for Interoperability，2001 年 9 月)、发布实现了固网—移动网融合的蓝牙 Class 1 CTP/GSM 手机(O100，2004 年 12 月)、发布支持 Moblin 和 Android 平台的蓝牙 3.0 协议栈(2009 年 4 月)。2011 年 3 月蓝牙技术联盟(Bluetooth Special Interest Group，SIG)宣布推出采用低功耗版本蓝牙核心规格 4.0 版本的升级版蓝牙低功耗无线技术，为具备低成本、低功耗的无线设备带来全新的市场。

4. 蓝牙模块的外围接口

蓝牙模块的外围接口种类很多，不同的蓝牙模块配置不同，主要有 UART 串口、USB 接口、双向数字 PIO、数模转换输出 DAC、模拟输入 ADC、模拟音频接口 AUDIO、数字音频接口 PCM 和编程口 SPI。另外还有电源、复位、天线等。

5. 蓝牙模块的功率与距离

1) 蓝牙模块的发射功率

蓝牙模块在查找、配对、通信不同的过程中，其发射功率会不同；蓝牙模块发射功率参数确定后，实际发射效率与射频电路、天线效率相关，目前蓝牙天线有 PCB 印制天线，陶瓷天线，外置 2.4G 天线等，有的公司用特殊 PCB 制作的天线，增益波瓣基本为球形，实测在各类板载天线中效果最好。蓝牙模块的发射功率级别有如下两种：

- 蓝牙模块发射功率为 +20 dBm，即 100 mW。
- 蓝牙模块发射功率 < 6 dBm，即小于 4 mW。

2) 蓝牙模块的接收灵敏度

蓝牙模块接收灵敏度 < –80 dBm。

3) 蓝牙模块的通信距离

蓝牙模块的通信距离与发射功率、接收灵敏度及应用环境密切相关，蓝牙工作在 2.4G 频段，穿透能力较差，在有遮挡的情况下，应在实际现场测试通信效果。通常的蓝牙模块通信距离有 100～10 之间，有的蓝牙模块在空旷场所测试最远通信距离大于 300 m。标准通信距离是指天线相互可视的情况下。

5.1.2 蓝牙网关

1. 蓝牙网关的功能

蓝牙网关用于办公网络或物联网内部的蓝牙移动终端，通过无线方式访问局域网以及 Internet；跟踪、定位办公网络内的所有蓝牙设备，在两个属于不同匹配网的蓝牙设备之间建立路由连接，并在设备之间交换路由信息。蓝牙网关的主要功能包括：

(1) 实现蓝牙协议与 TCP/IP 协议的转换，完成办公网络内部蓝牙移动终端的无线上网功能。

(2) 在安全的基础上实现蓝牙地址与 IP 地址之间的地址解析，它利用自身的 IP 地址和 TCP 端口来唯一地标识办公网络内部没有 IP 地址的蓝牙移动终端，比如蓝牙打印机等。

(3) 通过路由表来对网络内部的蓝牙移动终端进行跟踪、定位，使得办公网络内部的蓝牙移动终端可以通过正确的路由，访问局域网或者另一个匹配网中的蓝牙移动终端。

(4) 在两个属于不同匹配网的蓝牙移动终端之间交换路由信息，从而完成蓝牙移动终端通信的漫游与切换。在这种通信方式中，蓝牙网关在数据包路由过程中充当中继作用，相当于蓝牙网桥。

2. 蓝牙移动终端(MT)

蓝牙移动终端是普通的蓝牙设备，能够与蓝牙网关以及其他蓝牙设备进行通信，实现办公网络内部移动终端的无线上网以及网络内部文件、资源的共享。各个功能模块关系如图 5.1 所示。

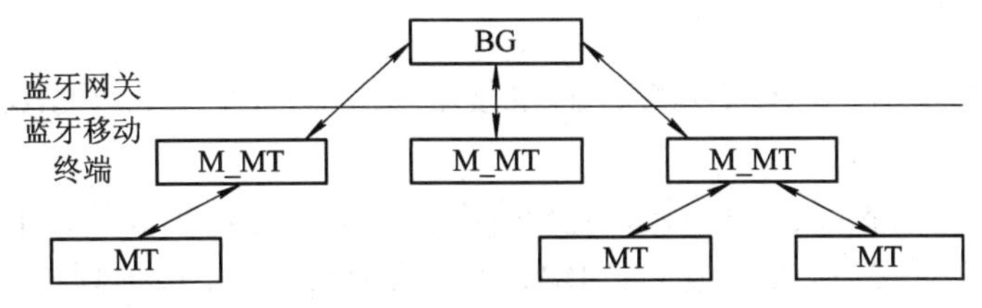

图 5.1 功能模块关系

如果目的端位于单位内部的局域网或者 Internet，则需要通过蓝牙网关进行蓝牙协议与 TCP/IP 协议的转换，如果该 MT 没有 IP 地址，则由蓝牙网关来提供，其通信方式为 MT-BG-MT。如果目的端位于办公网络内部的另一个匹配网，则通过蓝牙网关来建立路由连接，从而完成整个通信过程的漫游。其通信方式为 MT-BG-M_MT(为主移动终端) -MT。采用蓝牙技术也可使办公室的每个数据终端互相连通。例如多台终端共用 1 台打印机，可按照一定的算法登录打印机的等待队列，依次执行。

5.1.3 蓝牙系统的结构及组成

1. 蓝牙网络的结构

微微网是实现蓝牙无线通信的最基本方式。每个微微网只有一个主设备，一个主设备最多可以同时与七个从设备同时进行通信，多个蓝牙设备组成微微网如图 5.2 所示。

图 5.2 多个蓝牙设备组成微微网(Piconet)

散射网是多个微微网相互连接所形成的比微微网覆盖范围更大的蓝牙网络，其特点是不同的微微网之间有互联的蓝牙设备，如图 5.3 所示。

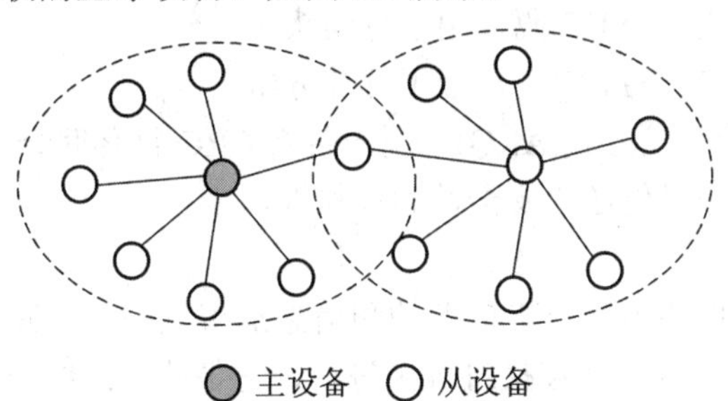

图 5.3 多个微微网组成散射网(Scatternet)

虽然每个微微网只有一个主设备，但从设备可以基于时分复用机制加入不同的微微网，而且一个微微网的主设备可以成为另外一个微微网的从设备。每个微微网都有其独立的跳频序列，它们之间并不跳频同步，由此避免了同频干扰。

2. 蓝牙系统的组成

蓝牙系统由无线单元、链路控制单元和链路管理三部分组成。

1) 无线单元

蓝牙是以无线 LAN 的 IEEE 802.11 标准技术为基础的，使用 2.45 GHz ISM 全球通自由波段。

蓝牙天线属于微带天线，空中接口是建立在天线电平为 0 dBm 基础上的，遵从 FCC(美国联邦通信委员会)有关 0 dBm 电平的 ISM 频段的标准。当采用扩频技术时，其发射功率可增加到 100 mW。频谱扩展功能是通过起始频率为 2.402 GHz、终止频率为 2.480 GHz、间隔为 1 MHz 的 79 个跳频频点来实现的。其最大的跳频速率为 1660 跳/s。系统设计通信距离为 10 cm～10 m，如增大发射功率，其距离可长达 100 m。

2) 链路控制单元

链路控制单元(即基带)描述了硬件—基带链路控制器的数字信号处理规范。基带链路控制器负责处理基带协议和其他一些低层常规协议。

(1) 建立物理链路。

微微网内的蓝牙设备之间的连接被建立之前，所有的蓝牙设备都处于待命(stand by)状态。此时，未连接的蓝牙设备每隔 1.28 s 就周期性地“监听”信息。每当一个蓝牙设备被激活，它就将监听划给该单元的 32 个跳频频点。跳频频点的数目因地理区域的不同而异(32 这个数字只适用于使用 2.400～2.4835 GHz 波段的国家)。

作为主蓝牙设备，首先初始化连接程序，如果地址已知，则通过寻呼(page)消息建立连接；如果地址未知，则通过一个后接寻呼消息的查询(inquiry)消息建立连接。在最初的寻呼状态，主单元将在分配给被寻呼单元的 16 个跳频频点上发送一串 16 个相同的寻呼消息。如果没有应答，主单元则按照激活次序在剩余 16 个频点上继续寻呼。从单元收到从主单元发来的消息的最大延迟时间为激活周期的 2 倍(2.56 s)，平均延迟时间是激活周期的一半(0.6 s)。查询消息主要用来寻找蓝牙设备。查询消息和寻呼消息很相像，但是查询消息需要一个额外的数据串周期来收集所有的响应。

(2) 差错控制。

基带控制器有三种纠错方式：

① 1/3 比例前向纠错(1/3FEC)码，用于分组头；

② 2/3 比例前向纠错(2/3FEC)码，用于部分分组；

③ 数据的自动请求重发方式(ARQ)，用于带有 CRC(循环冗余校验)的数据分组。

差错控制用于提高分组传送的安全性和可靠性。

(3) 验证和加密。

蓝牙基带部分在物理层为用户提供保护和信息加密机制。验证基于“请求—响应”运算法则，采用口令/应答方式，在连接进程中进行，它是蓝牙系统中的重要组成部分。它允许用户为个人的蓝牙设备建立一个信任域，比如只允许主人自己的笔记本电脑通过主人自己的移动电话通信。

加密采用流密码技术，适用于硬件实现。它被用来保护连接中的个人信息。密钥由程序的高层来管理。网络传送协议和应用程序可以为用户提供一个较强的安全机制。

3) 链路管理器

链路管理器(LM)软件模块设计了链路的数据设置、鉴权、链路硬件配置和其他一些协议。链路管理器能够发现其他蓝牙设备的链路管理器，并通过链路管理协议(LMP)建立通信联系。链路管理器提供的服务项目包括：发送和接收数据、设备号请求(LM 能够有效地查询和报告名称或者长度最大可达 16 位的设备 ID)、链路地址查询、建立连接、验证、协商并建立连接方式、确定分组类型、设置保持方式及休眠方式。

5.1.4　实践一：Bluetooth 模块的应用实践

1. 实践内容

本节将在 IOT-L01-05 型物联网综合实验箱的应用网关上开发一个小程序，控制实验箱内的蓝牙模块，与智能手机中的客户端程序相配合实现利用蓝牙的数据通信。

2. 硬件接口原理

Bluetooth 模块硬件原理图如图 5.4 所示。

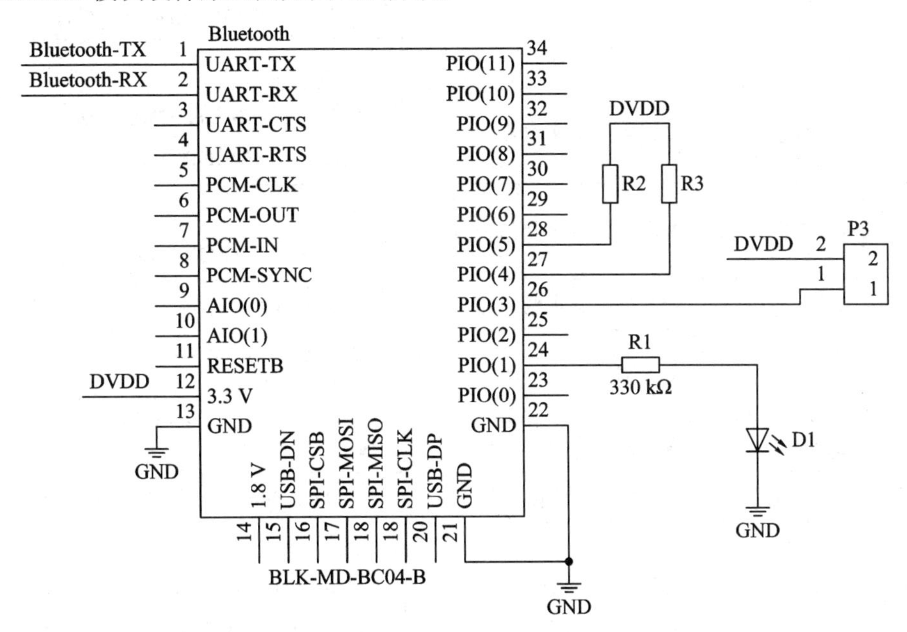

图 5.4　Bluetooth 模块硬件原理图

3. 实践原理

实验箱内的应用网关是通过串口发送 AT 命令行实现对蓝牙节点的控制，网关程序可以配置蓝牙名称和主从角色，完成配置后，该程序可与安有“蓝牙串口通信助手”的智能手机通过蓝牙通信。整个实践中最关键的部分便是对于 AT 命令行的学习。

蓝牙模块控制常用 AT 命令行如表 5.1 所示。

表 5.1　蓝牙模块控制常用 AT 命令行

命　令	用　途	返 回 信 息
AT	测试连接命令	OK
AT+VERSION	查看蓝牙模块固件版本号	+Version=<Para>
AT+NAME	查询蓝牙模块名称	+NAME=<Para>
AT+NAME <Para>	设置蓝牙模块名称	成功返回 OK 失败返回 ERROR=<Error_Code>
AT+DEFAULT	恢复默认设置	OK
AT+RESET	软件复位/重启	OK
AT+PIN	查询配对码	+PIN=<Para>
AT+PIN <Para>	设置配对码	成功返回+PIN=<Para> OK 失败返回 ERROR=<Error_Code>
AT+BAUD	查询波特率	+BAUD=<Para>
AT+BAUD <Para>	设置波特率	成功返回+BAUD=<Para> OK 失败返回 ERROR=<Error_Code>
AT+ROLE	查询模块主从模式	+ROLE=<Para>
AT+ROLE <Para>	设置模块主从模式	成功返回+ROLE=<Para> OK 失败返回 ERROR=<Error_Code>
AT+RNAME <Para>	查询远端蓝牙设备名称	成功返回 OK 失败返回 ERROR=<Error_Code>
AT+BIND	查询绑定蓝牙地址	+BIND=<Para>
AT+BIND <Para>	设置绑定蓝牙地址	成功返回+BIND=<Para> OK 失败返回 ERROR=<Error_Code>
AT+CLEAR	清楚记忆地址	OK
AT+UARTMODE	查询串口通信模式	+UARTMODE=<Para1>，<Para2>
AT+UARTMODE <Para>	设置串口通信模式	成功返回 +UARTMODE=<Para1>，<Para2> OK 失败返回 ERROR=<Error_Code>
AT+LADDR	查询本地蓝牙地址	+LADDR=<Para>

4. 软件设计

实验箱内的蓝牙模块默认情况下工作在从机模式，串口通信的波特率为 9600-8-N-1。为了简单起见，网关上的应用程序只通过 AT 命令行来修改蓝牙模块的名称(也就是广播名称)。

在 Ecplise 下建立一个名为 BlueToothTest 的 Android 工程。以下是程序源码解析。

MainActivity.java 主程序：

```
package com.snan4love.bluetoothtest;
import com.friendlyarm.AndroidSDK.HardwareControler;
import android.os.Bundle;
import android.os.Handler;
import android.os.Message;
import android.app.Activity;
import android.util.Log;
import android.view.Menu;
import android.view.View;
import android.view.View.OnClickListener;
import android.widget.Button;
import android.widget.EditText;

public class MainActivity extends Activity
{
    private String serialPort="/dev/s3c2410_serial3";   //实验箱网关的串口端口名称
    private String requestCommand="AT+NAME";   //蓝牙模块获取模块名称的 AT 命令行
    private String responseCommand="+NAME=";
    private String atEnd="\r\n";

    private int fd;
    private EditText BTName;
    private EditText receiveContents;
    private EditText sendContents;
    private byte [] receiveBuf=new byte [128];

    //创建一个用于监听串口获取数据的 Handler
    Handler receiveHandler=new Handler();
    //创建一个用于监听串口获取数据的线程
    Runnable receiveRunnable=new Runnable()
    {
        @Override
        public void run()
        {
            ReadSerial();
            receiveHandler.post(this);
        }
```

```
};
//获取串口数据的代码，当所读取的数据是以“AT + NAME”开头的则证明这条
//数据并不是用户数据，而是蓝牙模块的 AT 返回指令，将它显示在 BTName
//这个可编辑文本栏中。
public void ReadSerial()
{
    String s;
    //使用 select 方法，当串口有数据可读时，方法返回 1。
    int err=HardwareControler.select(fd, 0, 0);
    if(err==1)
    {
        try
        {
            Thread.sleep(500);
        }catch(InterruptedException e)
        {
            e.printStackTrace();
        }
        //从串口读取数据
        int n=HardwareControler.read(fd, receiveBuf, receiveBuf.length);
        s=new String(receiveBuf);
        //判断读取的数据的头六个字节是不是 AT 的返回命令
        if(s.substring(0, 6).equals(responseCommand))
            BTName.setText(s.substring(6, n-1));
        else
        //如果不是 AT 返回命令，它是用户的传输数据，将它显示在 receiveContents
        //这个可编辑文本框中。
        receiveContents.setText(s);
    }
}
public void getBTName()
{
    //获取蓝牙模块名称的方法，它向串口发送了“AT+NAME”命令
    String s=requestCommand+atEnd;
    HardwareControler.write(fd, s.getBytes());
}
public void setBTName(String name)
{
```

```
    //设置蓝牙模块名称的方法，它向串口发送了“AT + NAME name”命令
    String s=requestCommand+" "+name+atEnd;
    HardwareControler.write(fd, s.getBytes());
}
@Override
protected void onCreate(Bundle savedInstanceState)
{
    //Android 程序开始方法。
    super.onCreate(savedInstanceState);
    setContentView(R.layout.activity_main);
    //打开串口
    fd=HardwareControler.openSerialPort(serialPort, 9600, 8, 1);
    BTName=(EditText)findViewById(R.id.BTName);
    sendContents=(EditText)findViewById(R.id.sendContents);
    receiveContents=(EditText)findViewById(R.id.receiveContents);
    Button getNameButton=(Button)findViewById(R.id.GetBTName);
    Button setNameButton=(Button)findViewById(R.id.SetBTName);
    Button sendButton=(Button)findViewById(R.id.sendButton);
    Button clearButton=(Button)findViewById(R.id.clearButton);
    Button closeButton=(Button)findViewById(R.id.closeButton);
    //启动串口监听线程
    receiveHandler.post(receiveRunnable);
    //为 getNameButton 按键设置动作
    getNameButton.setOnClickListener(new OnClickListener()
    {
        public void onClick(View v)
        {
            getBTName();
        }
    });
    //为 setNameButton 按键设置动作
    setNameButton.setOnClickListener(new OnClickListener()
    {
        public void onClick(View v)
        {
            String Name=BTName.getText().toString();
            setBTName(Name);
        }
```

```
        });
        //为 sendButton 按键设置动作
        sendButton.setOnClickListener(new OnClickListener()
        {
            public void onClick(View v)
            {
                String sendText=sendContents.getText().toString();
                HardwareControler.write(fd, sendText.getBytes());
            }
        });
        //为 clearButton 按键设置动作
        clearButton.setOnClickListener(new OnClickListener()
        {
            public void onClick(View v)
            {
                receiveContents.setText("");
            }
        });
        //为 closeButton 按键设置动作
        closeButton.setOnClickListener(new OnClickListener()
        {
            public void onClick(View v)
            {
                HardwareControler.close(fd);
            }
        });
    }

    @Override
    public boolean onCreateOptionsMenu(Menu menu)
    {
        //这里是用来设置菜单选项的，实验中没有用到它
        // Inflate the menu; this adds items to the action bar if it is present.
        getMenuInflater().inflate(R.menu.main, menu);
        return true;
    }
}
```

activity_main.xml 页面布局源码

```
//整个布局选择使用了 TableLayout 的布局模式
<TableLayout xmlns:android="http://schemas.android.com/apk/res/android"
    android:layout_width="fill_parent"
    android:layout_height="fill_parent" >
//这里是第一个 Table 行，它里面包括了一个 TextView，一个 EditVier，两个按键
    <TableRow
        android:id="@+id/tableRow1"
        android:layout_width="wrap_content"
        android:layout_height="wrap_content" >
//TextView 显示固定信息“Please Enter The Name”
        <TextView
            android:id="@+id/textView1"
            android:layout_width="wrap_content"
            android:layout_height="wrap_content"
            android:text="Please Enter The Name：" />
//EditView 用来显示蓝牙模块的名称
        <EditText
            android:id="@+id/BTName"
            android:layout_width="wrap_content"
            android:layout_height="wrap_content"
            android:ems="10" >
            <requestFocus />
        </EditText>
//此按键用来获取蓝牙模块名称
  <Button
            android:id="@+id/GetBTName"
            android:layout_width="wrap_content"
            android:layout_height="wrap_content"
            android:text="Get Name" />
//此按键用来设置蓝牙模块名称
 <Button
            android:id="@+id/SetBTName"
            android:layout_width="wrap_content"
            android:layout_height="wrap_content"
            android:text="Set Name" />

    </TableRow>
```

```
//这里是第二个 Table 行，它里面包括了一个 EditVier，一个按键。
    <TableRow
        android:id="@+id/tableRow2"
        android:layout_width="wrap_content"
        android:layout_height="wrap_content" >
//EditText 用来记录用户想要发送的数据
        <EditText
            android:id="@+id/sendContents"
            android:layout_width="wrap_content"
            android:layout_height="wrap_content"
            android:ems="10"
            android:inputType="textMultiLine" />
//此按键用来发送数据
        <Button
            android:id="@+id/sendButton"
            android:layout_width="wrap_content"
            android:layout_height="wrap_content"
            android:text="Send" />

    </TableRow>
//这里是第三个 Table 行，它里面包括了一个 EditVier，一个按键
    <TableRow
        android:id="@+id/tableRow3"
        android:layout_width="wrap_content"
        android:layout_height="wrap_content" >
//EditText 用来显示用户接收到的数据
        <EditText
            android:id="@+id/receiveContents"
            android:layout_width="wrap_content"
            android:layout_height="wrap_content"
            android:ems="10"
            android:inputType="textMultiLine" />
//此按键用来清空接收区域
        <Button
            android:id="@+id/clearButton"
            android:layout_width="wrap_content"
            android:layout_height="wrap_content"
            android:text="Clear" />
```

```
        </TableRow>
//这里是第三个 Table 行，它里面包括了一个按键
        <TableRow
            android:id="@+id/tableRow4"
            android:layout_width="wrap_content"
            android:layout_height="wrap_content" >
//此按键用来断开串口连接
            <Button
                android:id="@+id/closeButton"
                android:layout_width="wrap_content"
                android:layout_height="wrap_content"
                android:text="Close Serial Port" />

        </TableRow>
    </TableLayout>
```

5. 实践步骤

(1) 建立 BlueToothTest 工程，完成源码设计，并将程序烧写到 Android 网关上。将网关上的串口 3 与实验箱内的蓝牙节点的串口相连。首先点击“Get Name”按键，查看一下现在蓝牙模块的名称，在编辑栏中输入想要设置的名称并点击“Set Name”按键，如果设置成功，在名称文本框内会显示新设置的名称以及一个 OK 字符串。

(2) 为自己的智能手机安装“蓝牙串口通信助手”软件，该软件的 apk 安装包位于本书配套资源的应用程序目录下，名为“安卓手机串口调试助手 A.apk”。安装完毕后，打开该软件，在菜单中选择“连接设备”，此时手机会自动搜索周边的蓝牙设备，找到之前设置好名称的蓝牙模块，与之配对，配对密码是“1234”，完成配对后，在手机软件的发送框内发送数据，可以在 Android 网关程序上显示出来，同理，在 Android 网关上发送的数据也可以在手机上显示出来。

5.1.5 实践二：基于 Bluetooth 的传感器网络实践

1. 蓝牙模块 BF10-A 详解

1) 产品概述

BF10 蓝牙通信模块是智能型无线数据传输蓝牙模块，支持 4800～1 382 400 b/s 等多种接口波特率，支持从模式，支持 64 通道蓝牙替代串口线。采用了世界领先的蓝牙芯片供应商 CSR 的 BlueCore4-Ext 芯片，完全兼容蓝牙 2.0 规范，硬件支持数据和语音传输，最高可支持 3M 调制模式。语音接口支持 PCM 协议。

2) 使用方法

BF10 模块的 TXD 需要和外部单片机或 ARM 的 RXD 相连，BF10 模块的 RXD 需要和外部单片机的 TXD 相连。模块供电是 3.3 V，可以用 AMS1117 供电。其 BF10 模块原理图

如图 5.5 所示。

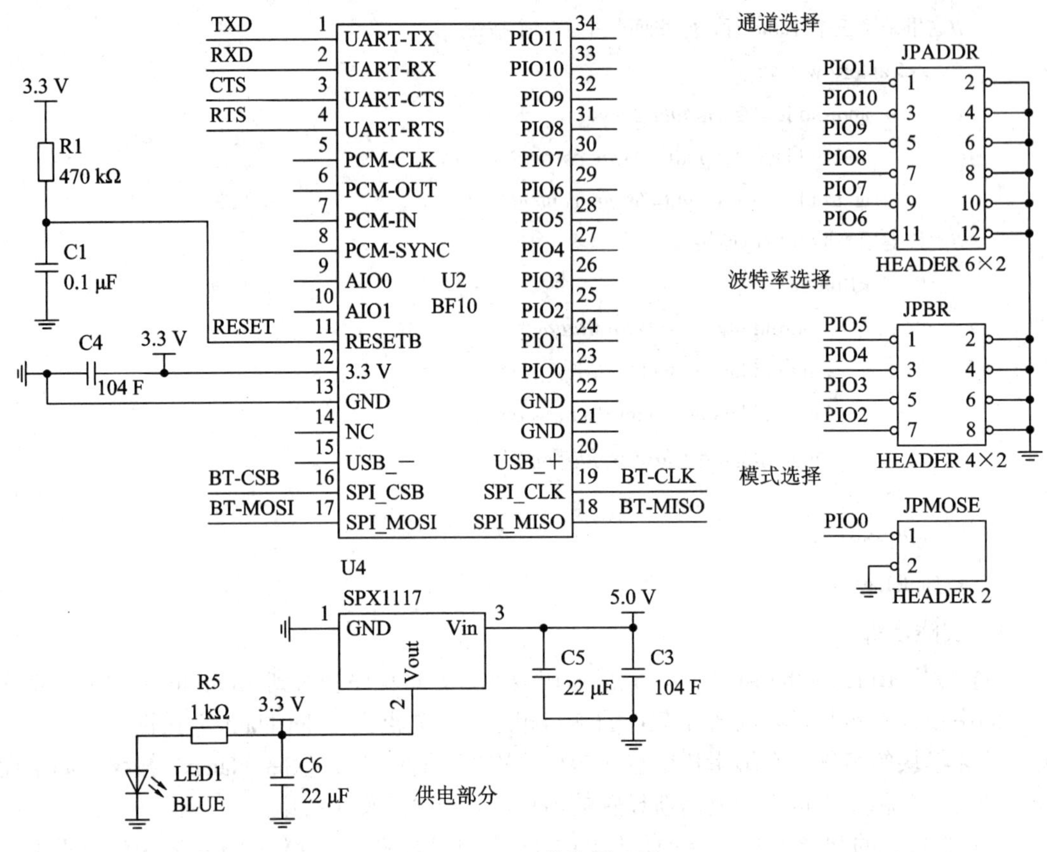

图 5.5　BF10 模块原理图

3) 替代串口线透明数据模式

应用原理框图如图 5.6 所示。

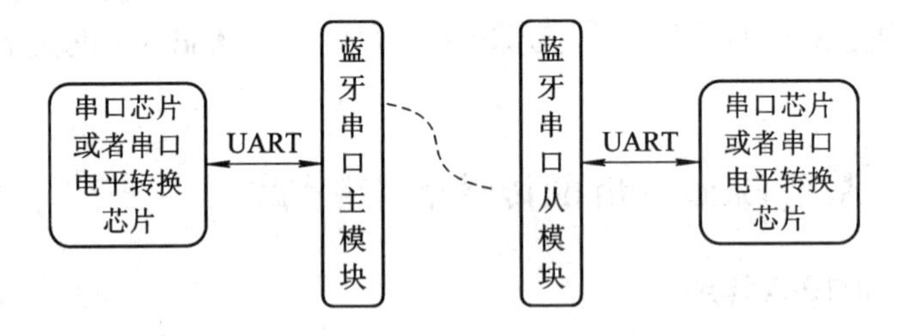

图 5.6　应用原理框图

其操作方式如下：

替代串口线透明数据需要两个 BF10 模块，一个模块工作在主模式下，一个模块工作在从模式下。当两模块设置为相同的波特率，相同的通道(不能为通道 64)。

上电之后，主从模块则自动连接形成串口透明。此时的数据传输则是全双工的。

(1) 设置主模块的 PIO0 为高或悬空，从模块的 PIO0 为低。

(2) 设置两个模块的 PIO2、PIO3、PIO4、PIO5 高低到对应的波特率，具体参考设置串口通信波特率。

(3) 设置两个模块的 PIO6、PIO7、PIO8、PIO9、PIO10、PIO11 相同的通道，不能为通道 64(即全高电平)。具体参考设置模块通道。

(4) 模块上电，主模块则自动去查找该通道的从模块，此时主模块和从模块的 PIO1 脚都是输出为高低脉冲。若连接成功之后，主从模块的 PIO1 管脚输出为高电平。可以连接一个 LED 进行显示状态。

(5) 连接成功之后，两个模块两端就能进行串口数据全双工通信了。

4) 从客户端模式

从客户端模式是用在被电脑的蓝牙适配器、PDA、手机等通用蓝牙设备连接进行数据传输的情况。其操作方式如下：

(1) 将 PIO0 接地，设置为从模式。

(2) 将 PIO6、PIO7、PIO8、PIO9、PIO10、PIO11 悬空或者置高，设置为 64 通道。

(3) 设置 PIO2、PIO3、PIO4、PIO5 为对应需要的波特率。

(4) 给模块上电，等待 PC 蓝牙适配器、PDA 等主机设备连接该模块。

(5) 连接成功后，PIO1 脚都是输出为高低脉冲。若连接成功之后，PIO1 管脚输出为高电平。可以连接一个 LED 进行显示状态。

注：模块配对密码默认为 1234。

5) 设置串口通信波特率

串口通信数据格式为：8 个数据位，无校验位，1 bit 停止位，TTL 电平为 3.3 V。

其波特率选择如表 5.2 所示。

表 5.2 串口通信波特率表

PIO5	PIO4	PIO3	PIO2	波特率(b/s)
0	0	0	0	9600
0	0	0	1	14 400
0	0	1	0	19 200
0	0	1	1	28 800
0	1	0	0	38 400
0	1	0	1	57 600
0	1	1	0	115 200
0	1	1	1	230 400
1	0	0	0	460 800
1	0	0	1	921 600
1	0	1	0	1 382 400
1	0	1	1	4800
1	1	0	0	9600
1	1	0	1	9600
1	1	1	0	9600
1	1	1	1	9600

PIO2、PIO3、PIO4、PIO5 内部上拉电阻，悬空或接 +3.3 V 状态为高电平，接地为低电平。当通信波特率需要为 19200 时，则只需要将 PIO2 悬空、PIO3、PIO4、PIO5 接地便可。波特率设置完必须模块重新复位才能生效。

6) 设置模块通道

模块通道如表 5.3 所示。

表 5.3 模块通道表

<table>
<tr><th>PIO11</th><th>PIO10</th><th>PIO9</th><th>PIO8</th><th>PIO7</th><th>PIO6</th><th>通道</th><th>描　述</th></tr>
<tr><td>0</td><td>0</td><td>0</td><td>0</td><td>0</td><td>0</td><td>1</td><td rowspan="8">1～63 通道可以用来作为替代串口线的操作通道</td></tr>
<tr><td>0</td><td>0</td><td>0</td><td>0</td><td>0</td><td>1</td><td>2</td></tr>
<tr><td>0</td><td>0</td><td>0</td><td>0</td><td>1</td><td>0</td><td>3</td></tr>
<tr><td>0</td><td>0</td><td>0</td><td>0</td><td>1</td><td>1</td><td>4</td></tr>
<tr><td>…</td><td>…</td><td>…</td><td>…</td><td>…</td><td>…</td><td>…</td></tr>
<tr><td>…</td><td>…</td><td>…</td><td>…</td><td>…</td><td>…</td><td>…</td></tr>
<tr><td>1</td><td>1</td><td>1</td><td>1</td><td>0</td><td>1</td><td>62</td></tr>
<tr><td>1</td><td>1</td><td>1</td><td>1</td><td>1</td><td>0</td><td>63</td></tr>
<tr><td>1</td><td>1</td><td>1</td><td>1</td><td>1</td><td>1</td><td>64</td><td>该通道只能用来作为从模式，不推荐用来作为替代串口线的操作通道</td></tr>
</table>

说明：

(1) PIO 口为悬空或连接到 3.3 V 则表示为高。

(2) 设置必须复位或重新上电才能生效。

(3) 通道 64 为从模式通道，不能作为替代串口线模式操作。

7) 应用实例

(1) 替代串口线应用。

① 设置模块模式，成对模块必须是一个为主模块，一个为从模块。

② 设置模块波特率，按照波特率对应表格设置 PIO2、PIO3、PIO4、PIO5 到对应的波特率。

③ 设置模块通信通道，不得为 63 通道(即 PIO6～PIO11 为高)，在该使用区域内不能有 2 对一样的通道，以免在使用中出现冲突。

④ 模块上电等待连接成功后，模块之间就是透明数据传输。

(2) 作为蓝牙从端，与 PC 机蓝牙适配器、手机形成透明串口线应用。

① 设置模块为从模式，即 PIO0 为低。

② 设置模块波特率，按照波特率对应表格设置 PIO2、PIO3、PIO4、PIO5 到对应的波特率。

③ 设置模块通信通道为 63 通道(即 PIO6～PIO11 为高)。

④ 模块上电等待连接成功后，形成透明串口数据传输。注：配对码为“1234”。

BF10 蓝牙模块使用时应注意事项：

① 关于无线蓝牙的使用环境，无线信号包括蓝牙应用都受周围环境的影响很大，如树

木、金属等障碍物会对无线信号有一定的吸收，从而在实际应用中，数据传输的距离受一定的影响。

② 由于蓝牙模块都要配套现有的系统，放置在外壳中。由于金属外壳对无线射频信号是有屏蔽作用的。所以建议不要安装在金属外壳中。

③ 电脑蓝牙驱动问题，对于从模式情况下，电脑上使用蓝牙适配器，通用的有WIDCOMM IVT Windows 自带的驱动。在系统应用上推荐采用 Windows 自带的驱动。

2. Bluetooth 的传感器网络的实现

1) 实践内容

通过 Bluetooth 硬件模块与 STM32F103 处理器的连接。使用 Keil MDK 开发环境设计程序，实现 Bluetooth 模块之间的组网配置。

2) 实践原理

(1) 硬件接口原理。

蓝牙组网原理：实验使用配套蓝牙模块是由 STM32F103 处理器与 BF10 蓝牙模块连接构成，通过对应用处理器 IO 的设置，可以配置 BF10 蓝牙模块的通信接口、工作模式、工作通道等网络参数，进行形成基于蓝牙网络的传输系统。

BF10-I 蓝牙模块可以通过不同的通道来设置通信，当主从模块通道一致时，会自动连接形成透明串口通信。如图 5.7 所示，蓝牙模块通过切换通道，实现主从机的连接，获取传感器的数据。

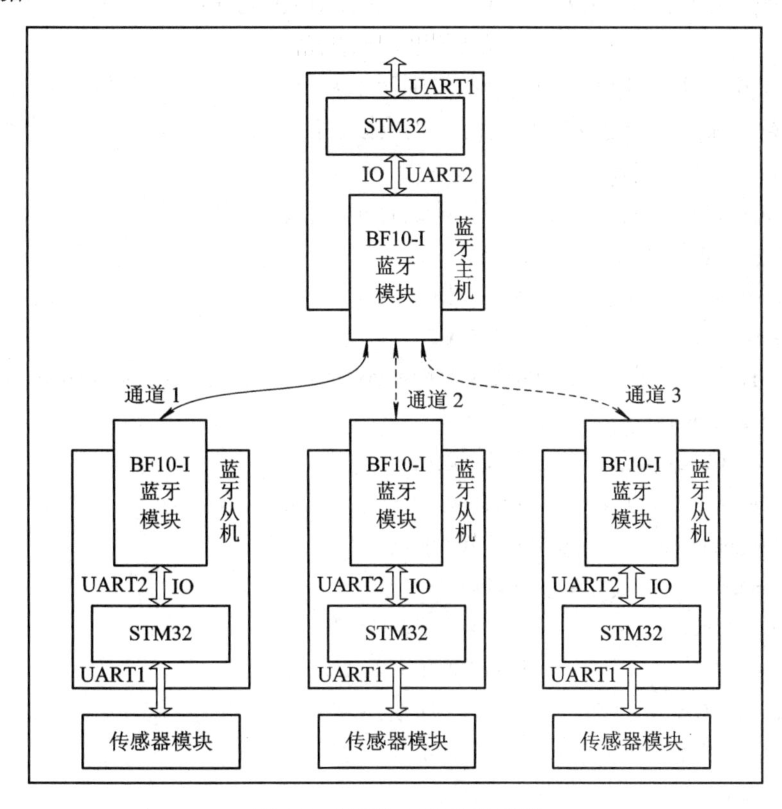

图 5.7　蓝牙组网工作原理图

具体工作流程为：

① STM32 设置蓝牙主机的通道为通道 1，并复位 BF10-I 至少 5 ms，则蓝牙主机自动和通道 1 的蓝牙从机建立连接，获取传感器的数据。

② 蓝牙主机和通道 1 的蓝牙从机通信完毕后，STM32 设置蓝牙主机的通道为通道 2，复位 5 ms，与通道 2 的蓝牙从机建立连接，获取传感器的数据。

③ 同样与通道 3 的蓝牙从机建立连接，获取传感器的数据。

BF10-I 主机最多可与 63 个不同通道的蓝牙从机建立连接。

(2) 软件接口原理。

① 设置蓝牙串口工作波特率。串口通信数据格式为：8 个数据位，无校验位，1 bit 停止位。其波特率选择参照表 5.2 所示。

② 模块通道设置参照表 5.3 所示的模块通道。

③ 操作方式。

替代串口线透明数据需要 2 个 BF10-I 模块，一个模块工作在主模式下，一个模块工作在从模式下。当两模块设置为相同的波特率，相同的通道(不能为通道 64)。上电之后，主从模块则自动连接形成串口透明。此时的数据传输则是全双工的。

a. 设置主模块的 PIO0 为高或悬空，从模块的 PIO0 为低。

b. 设置两个模块的 PIO2 PIO3 PIO4 PIO5 高低到对应的波特率，具体参考设置串口通信波特率。

c. 设置两个模块的 PIO6 PIO7 PIO8 PIO9 PIO10 PIO11 相同的通道，不能为通道 64(即全高电平)。

d. 模块上电，主模块则自动去查找该通道的从模块，此时主模块和从模块的 PIO1 脚都是输出为高低脉冲。若连接成功之后，主从模块的 PIO1 管脚输出为高电平，连接一个 LED GREEN 进行显示状态。

e. 连接成功之后，两个模块两端就能进行串口数据全双工通信了。

④ 蓝牙串口通信协议。

```
u8 DataHeadH;              //包头 0xEE
u8 DataDeadL;              //包头 0xCC
u8 NetID;                  //所属网络标识 00(zigbee) 01(蓝牙)02(WiFi)03(IPv6)04(RFID)
u8 NodeAddress[4];         //节点地址
u8 FamilyAddress[4];       //根节点地址
u8 NodeState;              //节点状态(00 未发现) (01 已发现)
u8 NodeChannel;            //蓝牙节点通道
u8 ConnectPort;            //通信端口
u8 SensorType;             //传感器类型编号
u8 SensorID;               //相同类型传感器 ID
u8 SensorCMD;              //节点命令序号
u8 Sensordata1;            //节点数据 1
u8 Sensordata2;            //节点数据 2
u8 Sensordata3;            //节点数据 3
```

```
u8 Sensordata4;          //节点数据 4
u8 Sensordata5;          //节点数据 5
u8 Sensordata6;          //节点数据 6
u8 Resv1;                //保留字节 1
u8 Resv2;                //保留字节 2
u8 DataEnd;              //节点包尾 0xFF
```

一帧数据为定长 26 字节。

⑤ 传感器说明。

传感器说明如表 5.4 所示。

表 5.4 传感器说明

传感器名称	传感器类型编号	传感器输出数据说明
磁检测传感器	0x01	1-有磁场；0-无磁场
光照传感器	0x02	1-有光照；0-无光照
红外对射传感器	0x03	1-有障碍；0-无障碍
红外反射传感器	0x04	1-有障碍；0-无障碍
结露传感器	0x05	1-有结露；0-无结露
酒精传感器	0x06	1-有酒精；0-无酒精
人体检测传感器	0x07	1-有人；0-无人
三轴加速度传感器	0x08	XH, XL, YH, YL, ZH, ZL
声响检测传感器	0x09	1-有声音；0-无声音
温湿度传感器	0x0A	HH, HL, TH, TL
烟雾传感器	0x0B	1-有烟雾；0-无烟雾
振动检测传感器	0x0C	1-有振动；0-无振动
传感器扩展板	0xFF	用户自定义

⑥ 传感器底层协议。

传感器底层协议定义如表 5.5 所示。

表 5.5 传感器底层协议

传感器模块	发 送	返 回	意 义
磁检测传感器	CC EE 01 NO 01 00 00 FF 查询是否有磁场	EE CC 01 NO 01 00 00 00 00 00 00 00 00 FF	无人
		EE CC 01 NO 01 00 00 00 00 00 01 00 00 FF	有人
光照传感器	CC EE 02 NO 01 00 00 FF 查询是否有光照	EE CC 02 NO 01 00 00 00 00 00 00 00 00 FF	无光照
		EE CC 02 NO 01 00 00 00 00 00 01 00 00 FF	有光照

续表

传感器模块	发　送	返　回	意　义
红外对射传感器	CC EE 03 NO 01 00 00 FF 查询红外对射传感器是否有障碍	EE CC 03 NO 01 00 00 00 00 00 00 00 00 FF	无障碍
		EE CC 03 NO 01 00 00 00 00 00 01 00 00 FF	有障碍
红外反射传感器	CC EE 04 NO 01 00 00 FF 查询红外反射传感器是否有障碍	EE CC 04 NO 01 00 00 00 00 00 00 00 00 FF	无障碍
		EE CC 04 NO 01 00 00 00 00 00 01 00 00 FF	有障碍
结露传感器	CC EE 05 NO 01 00 00 FF 查询是否有结露	EE CC 05 NO 01 00 00 00 00 00 00 00 00 FF	无结露
		EE CC 05 NO 01 00 00 00 00 00 01 00 00 FF	有结露
酒精传感器	CC EE 06 NO 01 00 00 FF 查询是否检测到酒精	EE CC 06 NO 01 00 00 00 00 00 00 00 00 FF	无酒精
		EE CC 06 NO 01 00 00 00 00 00 01 00 00 FF	有酒精
人体检测传感器	CC EE 07 NO 01 00 00 FF 查询是否检测到人	EE CC 07 NO 01 00 00 00 00 00 00 00 00 FF	无人
		EE CC 07 NO 01 00 00 00 00 00 01 00 00 FF	有人
三轴加速度传感器	CC EE 08 NO 01 00 00 FF 查询 XYZ 轴加速度	EE CC 08 NO 01 XH XL YH YL ZH ZL 00 00 FF	XYZ 轴加速度
声响检测传感器	CC EE 09 NO 01 00 00 FF 查询是否有声响	EE CC 09 NO 01 00 00 00 00 00 00 00 00 FF	无声响
		EE CC 09 NO 01 00 00 00 00 00 01 00 00 FF	有声响
温湿度传感器	CC EE 0A NO 01 00 00 FF 查询湿度和温度	EE CC 0A NO 01 00 00 HH HL TH TL 00 00 FF	湿度和温度值
烟雾传感器	CC EE 0B NO 01 00 00 FF 查询是否检测到烟雾	EE CC 0B NO 01 00 00 00 00 00 00 00 00 FF	无烟雾
		EE CC 0B NO 01 00 00 00 00 00 01 00 00 FF	有烟雾
振动检测传感器	CC EE 0C NO 01 00 00 FF 查询是否检测到振动	EE CC 0C NO 01 00 00 00 00 00 00 00 00 FF	无振动
		EE CC 0C NO 01 00 00 00 00 00 01 00 00 FF	有振动

(3) 关键代码分析。

① 数据类型定义。关键代码分析如下：

```
u8 rx_buf[14];
u8 rx_counter;
u8 Uart_RecvFlag = 0;
#define MAX_CNT 800          //最大超时计数器
u8 tx_buf[26];               //按照帧格式，发送数据缓冲区
u8 BT_Channel = 0;           //当前蓝牙连接的通道
u8 Sensor_Type = 0;          //传感器类型编号
u8 Sensor_ID = 0;            //相同类型传感器编号
u8 Sensor_Data[6];           //传感器数据区
```

② TIM3 做基本定时，每 1 ms 触发一次中断。关键代码分析如下：

```
void TIM3_Configuration(void)
{
  TIM_TimeBaseInitTypeDef    TIM_TimeBaseStructure;
  RCC_APB1PeriphClockCmd(RCC_APB1Periph_TIM3, ENABLE);
  TIM_DeInit(TIM3);
  TIM_TimeBaseStructure.TIM_Period = 100;        /***自动重装载寄存器周期的值(定时时间)
                                                   累计 1 个频率后产生个更新或者中断****/
  TIM_TimeBaseStructure.TIM_Prescaler = 719;     /*时钟预分频数 例如：时钟频率=72/(时钟
                                                   预分频+1) */
  TIM_TimeBaseStructure.TIM_ClockDivision = TIM_CKD_DIV1;        //采样分频
  TIM_TimeBaseStructure.TIM_CounterMode = TIM_CounterMode_Up;  //向上计数模式
  TIM_TimeBaseInit(TIM3, &TIM_TimeBaseStructure);
  TIM_ARRPreloadConfig(TIM3, DISABLE);                 //禁止 ARR 预装载缓冲器
  TIM_ITConfig(TIM3, TIM_IT_Update, ENABLE);
  TIM_Cmd(TIM3, ENABLE);                               //打开定时器
}
```

③ 蓝牙主机模块主函数。关键代码分析如下：

```
int main(void)
{
  GPIO_InitTypeDef GPIO_InitStructure;
  u8 i = 0;
  u16 j = 0;
  NVIC_Configuration();
  CLI();
  RCC_APB2PeriphClockCmd(RCC_APB2Periph_GPIOA | RCC_APB2Periph_GPIOB |
                         RCC_APB2Periph_GPIOC, ENABLE)
  GPIO_InitStructure.GPIO_Pin = GPIO_Pin_All;
```

```
GPIO_InitStructure.GPIO_Mode = GPIO_Mode_AIN;
GPIO_Init(GPIOA, &GPIO_InitStructure);
GPIO_Init(GPIOB, &GPIO_InitStructure);
GPIO_Init(GPIOC, &GPIO_InitStructure);
RCC_APB2PeriphClockCmd(RCC_APB2Periph_GPIOA | RCC_APB2Periph_GPIOB |
                        RCC_APB2Periph_GPIOC, DISABLE);
//JTAG_Remap
RCC_APB2PeriphClockCmd(RCC_APB2Periph_GPIOA | RCC_APB2Periph_GPIOB |
                        RCC_APB2Periph_AFIO, ENABLE);
// JTAG-DP Disabled and SW-DP Enabled
GPIO_PinRemapConfig(GPIO_Remap_SWJ_JTAGDisable, ENABLE);
  Systick_Init(72);
LED_Init();
LED_USER_On();
UART1_Configuration();
UART2_Configuration();
// 1 ms 中断
TIM3_Configuration()
BT_Init();
BT_SetBaud115200();
BT_SetChannel(1);
BT_Reset();
delay_ms(5000);
for(i = 0; i < 26;i++)
  tx_buf[i] = 0;
for(i = 0; i < 14;i++)
  rx_buf[i] = 0;
  /***************串口接收数据**************/
  tx_buf[0] = 0xEE;
  tx_buf[1] = 0xCC;
  tx_buf[2] = 0x01;     // Bluetooth Net
  tx_buf[3] = 0x00;
  tx_buf[4] = 0x00;
  tx_buf[5] = 0x00;
  tx_buf[6] = 0x00;
  tx_buf[7] = 0x00;
  tx_buf[8] = 0x00;
  tx_buf[9] = 0x00;
  tx_buf[10] = 0x00;
```

```
    tx_buf[11] = 0x00;        // BlueTooth State
    tx_buf[12] = 0x00;        // BlueTooth Channel
    tx_buf[13] = 0x00;
    tx_buf[14] = 0x00;        // Sensor Type
    tx_buf[15] = 0x00;        // Sensor ID
    tx_buf[16] = 0x00;        // CMD ID
    tx_buf[17] = 0x00;        // Sensor Data 1
    tx_buf[18] = 0x00;        // Sensor Data 2
    tx_buf[19] = 0x00;        // Sensor Data 3
    tx_buf[20] = 0x00;        // Sensor Data 4
    tx_buf[21] = 0x00;        // Sensor Data 5
    tx_buf[22] = 0x00;        // Sensor Data 6
    tx_buf[23] = 0x00;
    tx_buf[24] = 0x00;
    tx_buf[25] = 0xFF;
    BT_State = 0;
    BT_Cnt = 0;
    Uart_RecvFlag = 0;
    rx_counter = 0;
    /* Open Global Interrupt */
    SEI();
  while(1)
  {
    /************************ BlueTooth Channel 1 *********************/
    Uart_RecvFlag = 1;        //不允许串口接收数据
    BT_SetChannel(1);
    BT_Channel = 1;
    BT_Reset();
    j = 0;
    while(BT_State == 0)
    {
      j++;
      delay_ms(10);
      if(j > MAX_CNT)
      {
        break;                //连接超时退出
      }
    }
    if(BT_State == 1)         //已连接成功
```

```
{
    Uart_RecvFlag = 0;                //允许串口接收数据
    while(Uart_RecvFlag == 0);        //等待接收数据
    // 处理并发送数据
    tx_buf[11] = 0x01;
    tx_buf[12] = BT_Channel;
    tx_buf[14] = rx_buf[2];
    tx_buf[15] = rx_buf[3];
    tx_buf[16] = rx_buf[4];
    tx_buf[17] = rx_buf[5];
    tx_buf[18] = rx_buf[6];
    tx_buf[19] = rx_buf[7];
    tx_buf[20] = rx_buf[8];
    tx_buf[21] = rx_buf[9];
    tx_buf[22] = rx_buf[10];
    UART1_SendString(tx_buf, 26);
    LED_Toggle();
}
else                                  //未连接成功
{
    // 处理并发送数据
    tx_buf[11] = 0x00;
    tx_buf[12] = BT_Channel;
    tx_buf[14] = 0;
    tx_buf[15] = 0;
    tx_buf[16] = 0;
    tx_buf[17] = 0;
    tx_buf[18] = 0;
    tx_buf[19] = 0;
    tx_buf[20] = 0;
    tx_buf[21] = 0;
    tx_buf[22] = 0;
    UART1_SendString(tx_buf, 26);
    LED_Toggle();
}
/************************ BlueTooth Channel 2 **********************/
Uart_RecvFlag = 1;                    //不允许串口接收数据
BT_SetChannel(2);
BT_Channel = 2;
```

```
BT_Reset();
j = 0;
while(BT_State == 0)
{
  j++;
  delay_ms(10);
  if(j > MAX_CNT)
  {
      break;                          //连接超时退出
  }
}
if(BT_State == 1)                     //已连接成功
{
  Uart_RecvFlag = 0;                  //允许串口接收数据
  while(Uart_RecvFlag == 0);          //等待接收数据
  // 处理并发送数据
  tx_buf[11] = 0x01;
  tx_buf[12] = BT_Channel;
  tx_buf[14] = rx_buf[2];
  tx_buf[15] = rx_buf[3];
  tx_buf[16] = rx_buf[4];
  tx_buf[17] = rx_buf[5];
  tx_buf[18] = rx_buf[6];
  tx_buf[19] = rx_buf[7];
  tx_buf[20] = rx_buf[8];
  tx_buf[21] = rx_buf[9];
  tx_buf[22] = rx_buf[10];
  UART1_SendString(tx_buf, 26);
  LED_Toggle();
}
else                                  //未连接成功
{
  //处理并发送数据
  tx_buf[11] = 0x00;
  tx_buf[12] = BT_Channel;
  tx_buf[14] = 0;
  tx_buf[15] = 0;
  tx_buf[16] = 0;
  tx_buf[17] = 0;
```

```
            tx_buf[18] = 0;
            tx_buf[19] = 0;
            tx_buf[20] = 0;
            tx_buf[21] = 0;
            tx_buf[22] = 0;
            UART1_SendString(tx_buf, 26);
            LED_Toggle();
            /*****************在此处可添加与不同蓝牙模块之间通信的程序******************/
        }
    }
}
```

在主函数中添加与 Bluetooth channel 相同的程序只需更改 1～63 中不同的通道，即可实现与不同蓝牙之间的通信。

④ 蓝牙从机主函数。关键代码分析如下：

```
int main(void)
{
    GPIO_InitTypeDef GPIO_InitStructure;
    u8 i = 0;
    /*******************使能用到的外部各个时钟******************/
    RCC_APB2PeriphClockCmd(RCC_APB2Periph_GPIOA | RCC_APB2Periph_GPIOB |
                            RCC_APB2Periph_GPIOC, ENABLE);
    GPIO_InitStructure.GPIO_Pin = GPIO_Pin_All;
    GPIO_InitStructure.GPIO_Mode = GPIO_Mode_AIN;
    GPIO_Init(GPIOA, &GPIO_InitStructure);
    GPIO_Init(GPIOB, &GPIO_InitStructure);
    GPIO_Init(GPIOC, &GPIO_InitStructure);
    RCC_APB2PeriphClockCmd(RCC_APB2Periph_GPIOA | RCC_APB2Periph_GPIOB |
                            RCC_APB2Periph_GPIOC, DISABLE);
    RCC_APB2PeriphClockCmd(RCC_APB2Periph_GPIOA | RCC_APB2Periph_GPIOB |
                            RCC_APB2Periph_AFIO, ENABLE);
    GPIO_PinRemapConfig(GPIO_Remap_SWJ_JTAGDisable, ENABLE);
    Systick_Init(72);
    LED_Init();
    LED_USER_On();
    UART1_Configuration();
    UART2_Configuration();
    // 1 ms 中断
    TIM3_Configuration();
    BT_Init();
```

```
    BT_SetBaud115200();
    /***********************************************************/
    BT_SetChannel(1);          //不同的蓝牙模块在此设置不同的通道实现与主机的通信

    BT_Reset();
    delay_ms(5000);

    for(i = 0; i < 14;i++)
      tx_buf[i] = rx_buf[i] = 0;
    BT_State = 0;
    BT_Cnt = 0;
    Uart_RecvFlag = 0;
    rx_counter = 0;
    /* Open Global Interrupt */
    SEI();
    while(1)
    {
      // 判断是否与主机连接
      if(BT_State == 1)
      {
            delay_ms(100);
            UART2_SendString(tx_buf, 14);
            LED_USER_Toggle();
            delay_ms(500);
      }
      if(Uart_RecvFlag)
      {
            for(i = 0; i < 14;i++)
                  tx_buf[i] = rx_buf[i];
            delay_ms(100);

            Uart_RecvFlag = 0;
      }
    }
}
```

3) 实践步骤

本实践环境：

硬件：CBT-SuperIOT 型教学实验平台，PC 机，j-Link 仿真器，传感器模块。

软件：Keil MDK 开发环境，串口工具。

(1) 将实践设备配套的连接线连接到电源上，并给各个模块上电。

(2) 用蓝牙模块上的主从机选择开关，将一个模块设置为主机，将其他蓝牙模块设置为从机。

(3) 将打开的工程进行编译，可以选择界面上的“Project”中的“Rebuild all target files”或者选中工程右键选择“Rebuild all target files”选项，如图 5.8 所示。

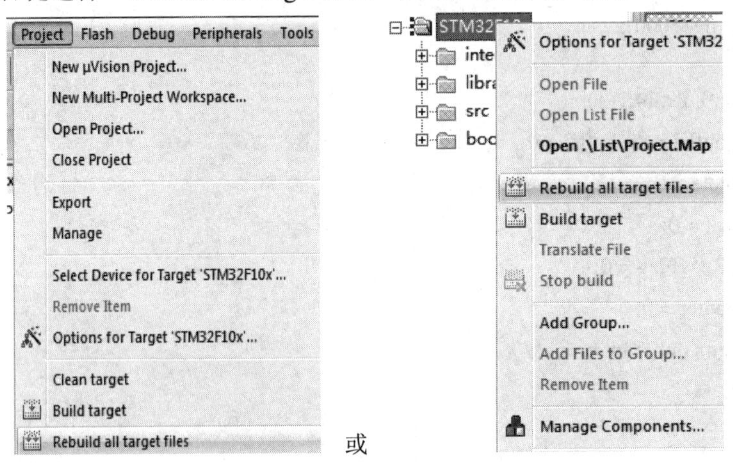

图 5.8　对工程进行编译

(4) 用实验箱上的“加”、“减”按键选中各个模块，将 MASTER 和 SLAVER 程序分别烧录到蓝牙主从机模块里。用串口工具观察蓝牙主机收到的数据，如图 5.9 所示。

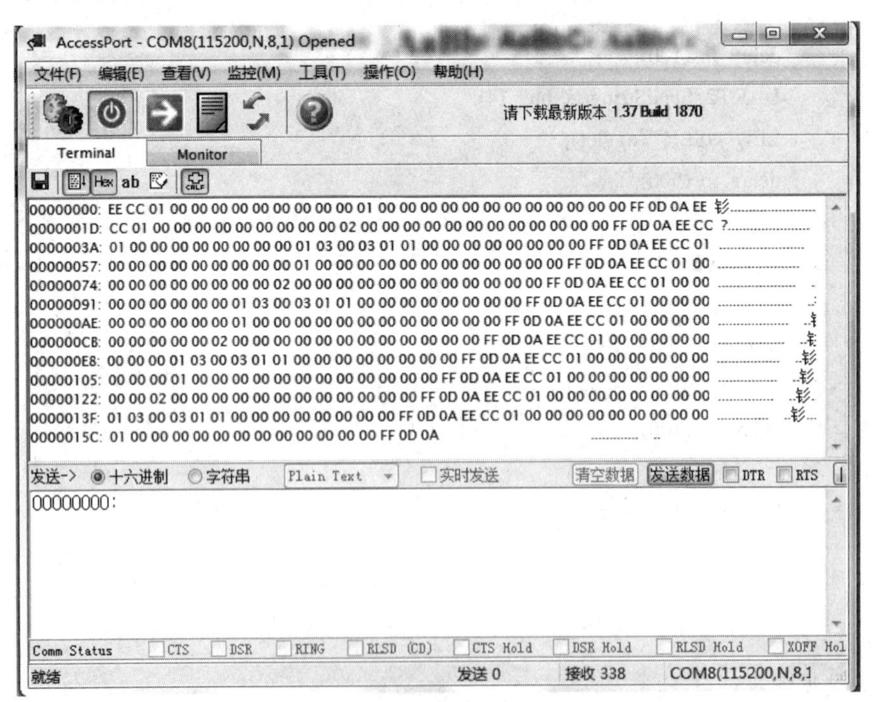

图 5.9　用串口工具观察蓝牙主机收到的数据

(5) 对照蓝牙串口通信协议和传感器底层协议，分析串口收到信息的含义，并与实际情况作比较。

5.2 任务二：GPRS 技术应用开发

5.2.1 GPRS 技术基础知识

1. GPRS 简介

GPRS 为(General Packet Radio Service)，通用分组无线业务的简称，是欧洲电信协会GSM 系统中有关分组数据所规定的标准。GPRS 具有充分利用现有的网络、资源利用率高、始终在线、传输速率高、资费合理等特点。

与 GSM CSD 业务不同的是，GPRS 业务将以数据流量计费，而 GSM CSD 业务则以时间计费，GPRS 这一计费方式更适应数据通信的特点。此外，GPRS 业务的速度较 GSM CSD 业务也将有很大提高，GPRS 可提供高达 115 kb/s 的传输速率(最高值为 171.2 kb/s)，下一代 GPRS 业务的速度可以达到 384 kb/s。

GPRS 一个较大的优势是能够充分利用现有的 GSM 网，可以使运营商在全国范围内推出此项业务。目前，通过便携式电脑，GPRS 用户能以与 ISDN(Integrated Services Digital Network，综合业务数字网)用户一样快的速度上网浏览，同时也使一些对传输速率敏感的移动多媒体应用成为可能。

GPRS 用户只有在发送或接收数据期间才占用资源，这意味着多个用户可高效率地共享同一无线信道，从而提高了资源的利用率。同时，用户只需按数据通信量付费，而无需对整个链路占用期间付费。实际上，GPRS 用户可能连接的时间长达数小时，却只需支付相对低廉的连接费用，可使用户的使用费用大大降低。

GPRS 通信模块就是为使用 GPRS 服务而开发的无线通信终端设备。可应用到下列系统集成中：远程数据监测系统、远程控制系统、自动售货系统、无线定位系统、门禁保安系统、物质管理系统等。

2. GPRS 特点

GPRS(通用无线分组业务)是一种基于 GSM 系统的无线分组交换技术，提供端到端的、广域的无线 IP 连接。GPRS 充分利用共享无线信道，采用 IP Over PPP 实现数据终端的高速、远程接入。作为现有 GSM 网络向第三代移动通信演变的过渡技术(2.5G)，GPRS 在许多方面都具有显著的优势。

GPRS 具有下列特点：

(1) 可充分利用现有资源：中国移动全国范围的电信网络——GSM，方便、快速、低建设成本地为用户数据终端提供远程接入网络的部署。

(2) 传输速率高，GPRS 数据传输速度可达到 57.6 kb/s，最高可达到 115～170 kb/s，完全可以满足用户应用的需求，下一代 GPRS 业务的速度可以达到 384 kb/s。

(3) 接入时间短，GPRS 接入等待时间短，可快速建立连接，平均为两秒。

(4) 提供实时在线功能“alwaysonline”，用户将始终处于连线和在线状态，这将使访问服务变得非常简单、快速。

(5) 按流量计费，GPRS 用户只有在发送或接收数据期间才占用资源，用户可以一直在线，按照用户接收和发送数据包的数量来收取费用，没有数据流量的传递时，用户即使挂在网上也是不收费的。

5.2.2 GPRS 无线通信实践

1. SIM900 GPRS 模块硬件

SIM900 GPRS 模块硬件是 SIMCOM 公司推出的新一代 GPRS 模块，主要为语音传输、短消息和数据业务提供无线接口。SIM900 集成了完整的射频电路和 GSM 的基带处理器，适合于开发一些 GSM/GPRS 的无线应用产品，如移动电话、PCMCIA 无线 MODEM 卡、无线 POS 机、无线抄表系统以及无线数据传输业务，应用范围十分广泛。

SIM900 提供标准的 RS-232 串行接口，用户可以通过串行口使用 AT 命令完成对模块的操作。串行口支持的通信速率主要有 2400 kb/s、4800 kb/s、9600 kb/s、19 200 kb/s、38 400 kb/s、57 600 kb/s 和 115 200 kb/s。

当模块上电源启动并报出 RDY 后，用户才可以和模块进行通信，模块的默认速率为 115 200 kb/s，可通过 AT + IPR=<rate>命令自由切换至其他通信速率。在应用设计中，当 MCU 需要通过串口与模块进行通信时，只用 TXD、RXD 和 GND 三个引脚，其他引脚悬空。建议 RTS 和 DTR 置低。

SIM900 模块提供了完整的音频接口，应用设计只需增加少量外围辅助元器件，主要是为 MIC 提供工作电压和射频旁路。音频分为主通道和辅助通道两部分。可以通过 AT + CHFA 命令切换主副音频通道。音频设计应该尽量远离模块的射频部分，以降低射频对音频的干扰。

GPRS 模块的射频部分支持 GSM900/DCS1800 双频，为了尽量减少射频信号在射频连接线上的损耗，必须谨慎选择射频连线。应采用 GSM900/DCS1800 双频段天线，天线应满足阻抗 50 Ω 和收发驻波比小于 2 的要求。为了避免过大的射频功率导致 GPRS 模块的损坏，在模块上电前请确保天线已正确连接。

模块支持外部 SIM 卡，可以直接与 3.0 V SIM 卡或者 1.8 V SIM 卡连接。模块自动监测和适应 SIM 卡类型。对用户来说，GPRS 模块实现的就是一个移动电话的基本功能，该模块正常的工作是需要电信网络支持的，需要配备一个可用的 SIM 卡，在网络服务计费方面和普通手机类似。

2. GPRS 通信模块的 AT 指令集

GPRS 模块和应用系统是通过串口连接的，控制系统可以发给 GPRS 模块 AT 命令的字符串来控制其行为。GPRS 模块具有一套标准的 AT 命令集，包括一般命令、呼叫控制命令、网络服务相关命令、电话本命令、短消息命令、GPRS 命令等。详细信息请参考 GPRS/SIM 300 的应用文档。

1) 一般命令

AT 命令字符串功能描述：

AT + CGMI　　　　返回生产厂商标识

AT + CGMM　　返回产品型号标识

AT + CGMR　　返回软件版本标识

ATI　　发行的产品信息

ATE <value>　　决定是否回显输入的命令。value=0 表示关闭回显，1 打开回显

AT + CGSN　　返回产品序列号标识

AT + CLVL?　　读取受话器音量级别

AT + CLVL=<level>　　设置受话器音量级别，level 在 0～100 之间，数值越小则音量越轻

AT + CHFA=<state>　　切换音频通道。State=0 为主音频通道，1 为辅助音频通道

AT + CMIC=<ch>, <gain>　　改变 MIC 增益，ch=0 为主 MIC，1 为辅助 MIC；gain 在 0～15 之间

2) 呼叫控制命令

ATDxxxxxxxx;　　拨打电话号码 xxxxxxxx，注意最后要加分号，中间无空格

ATA　　接听电话

ATH　　拒接电话或挂断电话

AT+VTS=<dtmfstr>　　在语音通话中发送 DTMF 音，dtmfstr 举例："4，5，6" 为 456 三字符。

3) 网络服务相关命令

AT + CNUM=?　　读取本机号码

AT + COPN　　读取网络运营商名称

AT + CSQ　　信号强度指示，返回接收信号强度指示值和信道误码率

4) 电话本命令

略。

5) 短消息命令

AT + CMGF=<mode>　　选择短消息格式。mode = 0 为 PDU 模式，1 为文本模式。建议文本模式

AT + CSCA?　　读取短消息中心地址

AT + CMGL=<stat>　　列出当前短消息存储器中的短信。stat 参数空白为收到的未读短信

AT + CMGR=<index>　　读取短消息。index 为所要读取短信的记录号

AT + CMGS=xxxxxxxx 'CR' Text 'CTRL + Z'

发送短消息。xxxxxxxx 为对方手机号码，回车后接着输入短信内容，然后按 CTRL + Z 发送短信。CTRL + Z 的 ASCII 码是 26

AT + CMGD=<index>　　删除短消息。index 为所要删除短信的记录号

6) GPRS 命令

本实验仅实现基本功能，GPRS 命令请参考手册。

3. GPRS通信模块应用的关键代码

在本实验中创建了两个线程：发送指令线程keyshell和GPRS反馈读取线程gprs_read。下面介绍GPRS通信模块应用的关键代码。

(1) 循环采集键盘的信息，若为符合选项的内容就执行相应的功能函数。以按键按下“1”为例：

```
get_line(cmd);                              //采集按键
if(strncmp("1", cmd, 1)==0)
{                                           //如果为“1”
  printf("\nyou select to gvie a call, please input number:")
  fflush(stdout);                           //立即输出串口缓冲区中的内容
  get_line(cmd);                            //继续读取按键输入的电话号码
  gprs_call(cmd, strlen(cmd));              //调用具体的实现函数
  printf("\ncalling......");                //显示相应的提示信息
}
```

(2) gprs_call实现：

```
void gprs_call(char *number, int num)
{                                           //tty_ write串口写函数
  tty_write("ATD", strlen("ATD"));          //发送拨打命令ATD，详见AT命令
  tty_write(number, num);                   //发送电话号码
  tty_write(";\r", strlen(";\r"));          //发送结束字符
  usleep(200000);                           //进行适当的延时
}
```

(3) gprs_hold实现：

```
void gprs_hold()
{
   tty_writecmd("AT", strlen("AT"));
   tty_writecmd("ATH", strlen("ATH"));      //发送挂机命令ATH
}
```

(4) gprs_ans实现：

```
void gprs_ans()
{
   tty_writecmd("at", strlen("at"));
   tty_writecmd("ata", strlen("ata"));      //发送接听命令ATA
}
```

(5) gprs_msg实现：

```
//发送短信
void gprs_msg(char *number, int num)
{
  char ctl[]={26, 0};
```

```
    /*  定义固定短信字符串  */
    char text[]="Welcome to use up-tech embedded platform!";
    tty_writecmd("AT", strlen("AT"));
    usleep(5000);
    tty_writecmd("AT", strlen("AT"));
    tty_writecmd("AT+CMGF=1", strlen("AT+CMGF=1")); //发送修改字符集命令
    tty_write("AT+CMGS=", strlen("AT+CMGS="));
    //发送发短信命令，具体格式见手册
    tty_write("\"", strlen("\""));
    tty_write(number, strlen(number));
    tty_write("\"", strlen("\""));
    tty_write(";\r", strlen(";\r"));
    tty_write(text, strlen(text));
    tty_write(ctl, 1);          // "CTRL+Z"的 ASCII 码
    usleep(300000);
  }
```

(6) 主函数 main.c 分析。

```
  int main(int argc, char** argv)
  {
    int ok;
    pthread_t th_a, th_b;
    void * retval;
    if (argc >1)
    {   /*  命令行参数设置串口波特率 默认 B9600*/
      baud=get_baudrate(argc, argv);
    }
    /*  初始化 16C550 串口  */
    tty_init();
    /*  建立键盘及 gprs_read 监听线程  */
    pthread_create(&th_b, NULL, gprs_read, 0);
    pthread_create(&th_a, NULL, keyshell, 0);
    while(!STOP)
    {
       usleep(100000);
    }
    tty_end();
    exit(0);
  }
```

更详细的处理流程，具体见本书提供的实验源代码。

5.3 任务三：ZigBee技术应用开发

5.3.1 ZigBee技术的基础知识

ZigBee 主要应用在短距离范围之内并且数据传输速率不高的各种电子设备之间。ZigBee联盟成立于2001年8月。2002年下半年，Invensys、Mitsubishi、Motorola以及Philips半导体公司四大巨头共同宣布加盟ZigBee联盟，研发ZigBee的下一代无线通信标准。到目前为止，该联盟大约已有27家成员企业。所有这些公司都参加了负责开发ZigBee物理和媒体控制层技术标准的IEEE 802.15.4工作组。ZigBee协议比蓝牙、高速率个人区域网或802.11x无线局域网更简单实用。

ZigBee使用2.4 GHz波段，采用跳频技术。它的基本速率是250 kb/s，当降低到28 kb/s时，传输范围可扩大到134 m，并获得更高的可靠性。另外，它可与254个节点联网。可以比蓝牙更好地支持游戏、消费电子、仪器和家庭自动化应用。

ZigBee技术具有如下主要特点：

(1) 数据传输速率低：只有10～250 kb/s，专注于低传输应用。

(2) 功耗低：在低耗电待机模式下，两节普通5号干电池可使用6个月以上。这也是ZigBee的支持者所一直引以为豪的独特优势。

(3) 成本低：因为ZigBee数据传输速率低，协议简单，所以大大降低了成本。

(4) 网络容量大：每个ZigBee网络最多可支持255个设备，也就是说每个ZigBee设备可以与另外254台设备相连接。

(5) 有效范围小：有效覆盖范围10～75 m之间，具体依据实际发射功率的大小和各种不同的应用模式而定，基本上能够覆盖普通的家庭或办公室环境。

(6) 工作频段灵活：使用的频段分别为2.4 GHz、868 MHz(欧洲)及915 MHz(美国)，均为免执照频段。

5.3.2 ZigBee协议栈

ZigBee协议栈结构如图5.10所示，是基于标准OSI七层模型的，包括高层应用规范、应用汇聚层、网络层、媒体接入层和物理层。

高层应用规范
应用汇聚层
网络层
媒体接入层
物理层

图5.10　ZigBee协议栈

IEEE 802.15.4 定义了两个物理层标准，分别是 2.4 GHz 物理层和 868/915 MHz 物理层。两者均基于直接序列扩频(Direct Sequence Spread Spectrum，DSSS)技术。868 MHz 只有一个信道，传输速率为 20 kb/s；902～928 MHz 频段有 10 个信道，信道间隔为 2 MHz，传输速率为 40 kb/s。以上这两个频段都采用 BPSK 调制。2.4～2.4835 GHz 频段有 16 个信道，信道间隔为 5 MHz，能够提供 250 kb/s 的传输速率，采用 O-QPSK 调制。为了提高传输数据的可靠性，IEEE 802.15.4 定义的媒体接入控制(MAC)层采用了 CSMA-CA 和时隙 CSMA-CA 信道接入方式和完全握手协议。应用汇聚层主要负责把不同的应用映射到 ZigBee 网络上，主要包括安全与鉴权、多个业务数据流的会聚、设备发现和业务发现。

5.3.3 构建 ZigBee 的网络系统

1. ZigBee 网络配置

低数据速率的 WPAN 中包括两种无线设备：全功能设备(FFD)和精简功能设备(RFD)。其中，FFD 可以和 FFD、RFD 通信，而 RFD 只能和 FFD 通信，RFD 之间是无法通信的。RFD 的应用相对简单，例如在传感器网络中，它们只负责将采集的数据信息发送给它的协调点，并不具备数据转发、路由发现和路由维护等功能。RFD 占用资源少，需要的存储容量也小，成本比较低。

在一个 ZigBee 网络中，至少存在一个 FFD 充当整个网络的协调点，即 PAN 协调点，ZigBee 中也称做 ZigBee 协调点。一个 ZigBee 网络只有一个 PAN 协调点。通常，PAN 协调点是一个特殊的 FFD，它具有较强大的功能，是整个网络的主要控制者，它负责建立新的网络、发送网络信标、管理网络中的节点以及存储网络信息等。FFD 和 RFD 都可以作为终端节点加入 ZigBee 网络。此外，普通 FFD 也可以在它的个人操作空间(POS)中充当协调点，但它仍然受 PAN 协调点的控制。ZigBee 中每个协调点最多可连接 255 个节点，一个 ZigBee 网络最多可容纳 65 535 个节点。

2. ZigBee 网络的拓扑结构

ZigBee 网络的拓扑结构主要有三种：星型网、Mesh(网状)网和混合网。

星型网如图 5.11(a)所示，是由一个 PAN 协调点和一个或多个终端节点组成的。PAN 协调点必须是 FFD，它负责发起建立和管理整个网络，其他的节点(终端节点)一般为 RFD，分布在 PAN 协调点的覆盖范围内，直接与 PAN 协调点进行通信。星型网通常用于节点数量较少的场合。

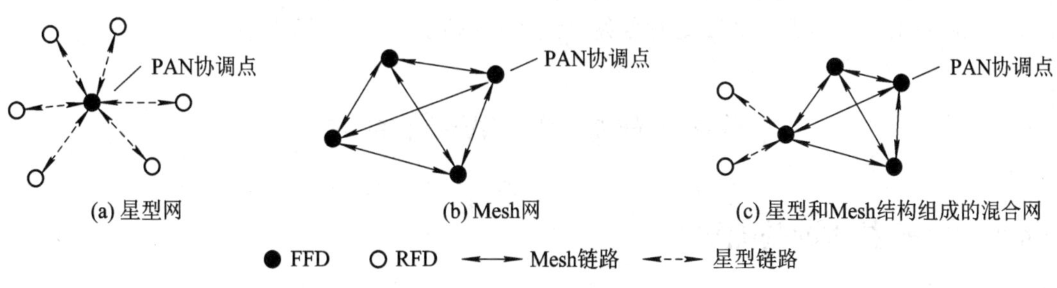

图 5.11 ZigBee 拓扑结构

Mesh 网如图 5.11(b)所示，一般是由若干个 FFD 连接在一起形成，它们之间是完全的对等通信，每个节点都可以与它的无线通信范围内的其他节点通信。Mesh 网中，一般将发起建立网络的 FFD 节点作为 PAN 协调点。Mesh 网是一种高可靠性网络，具有“自恢复”能力，它可为传输的数据包提供多条路径，一旦一条路径出现故障，则存在另一条或多条路径可供选择。

Mesh 网可以通过 FFD 扩展网络，组成 Mesh 网与星型网构成的混合网如图 5.11(c)所示。混合网中，终端节点采集的信息首先传到同一子网内的协调点，再通过网关节点上传到上一层网络的 PAN 协调点。混合网都适用于覆盖范围较大的网络。

3. ZigBee 组网技术

ZigBee 中，只有 PAN 协调点可以建立一个新的 ZigBee 网络。当 ZigBeePAN 协调点希望建立一个新网络时，首先扫描信道，寻找网络中的一个空闲信道来建立新的网络。如果找到了合适的信道，ZigBee 协调点会为新网络选择一个 PAN 标识符(PAN 标识符是用来标识整个网络的，所选的 PAN 标识符必须在信道中是唯一的)。一旦选定了 PAN 标识符，就说明已经建立了网络，此后，如果另一个 ZigBee 协调点扫描该信道，这个网络的协调点就会响应并声明它的存在。另外，这个 ZigBee 协调点还会为自己选择一个 16 bit 网络地址。ZigBee 网络中的所有节点都有一个 64 bit IEEE 扩展地址和一个 16 bit 网络地址，其中，16 bit 的网络地址在整个网络中是唯一的，也就是 802.15.4 中的 MAC 短地址。

ZigBee 协调点选定了网络地址后，就开始接受新的节点加入其网络。当一个节点希望加入该网络时，它首先会通过信道扫描来搜索它周围存在的网络，如果找到了一个网络，它就会进行关联过程加入网络，只有具备路由功能的节点可以允许别的节点通过它关联网络。如果网络中的一个节点与网络失去联系后想要重新加入网络，它可以进行孤立通知过程重新加入网络。网络中每个具备路由器功能的节点都维护一个路由表和一个路由发现表，它可以参与数据包的转发、路由发现和路由维护，以及关联其他节点来扩展网络。

ZigBee 网络中传输的数据可分为三类：周期性数据，例如传感器网中传输的数据，这一类数据的传输速率根据不同的应用而确定；间歇性数据，例如电灯开关传输的数据，这一类数据的传输速率根据应用或者外部激励而确定；反复性的、反应时间低的数据，例如无线鼠标传输的数据，这一类数据的传输速率是根据时隙分配而确定的。为了降低 ZigBee 节点的平均功耗，ZigBee 节点有激活和睡眠两种状态，只有当两个节点都处于激活状态才能完成数据的传输。在有信标的网络中，ZigBee 协调点通过定期地广播信标为网络中的节点提供同步；在无信标的网络中，终端节点定期睡眠，定期醒来，除终端节点以外的节点要保证始终处于激活状态，终端节点醒来后会主动询问它的协调点是否有数据要发送给它。在 ZigBee 网络中，协调点负责缓存要发送给正在睡眠的节点的数据包。

5.4 任务四：Wi-Fi 技术

5.4.1 Wi-Fi 技术的基础知识

Wi-Fi 是一种可以将个人电脑、手持设备(如 PDA、手机)等终端以无线方式互相连接的技术。其实就是 IEEE 802.11b 的别称，是由一个名为“无线以太网相容联盟”(Wireless

Ethernet Compatibility Alliance，WECA)的组织所发布的业界术语。随着技术的发展，以及IEEE 802.11a和IEEE 802.11g等标准的出现，现在IEEE 802.11这个标准已被统称做Wi-Fi。它可以帮助用户访问电子邮件、Web 和流式媒体。它为用户提供了无线的宽带互联网访问。同时，它也是在家里、办公室或在旅途中上网的快速、便捷的途径。Wi-Fi无线网络是由AP(Access Point)和无线网卡组成的无线网络。在开放性区域，通信距离可达305 m；在封闭性区域，通信距离为76 m到122 m，方便与现有的有线以太网络整合，组网的成本更低。

由于Wi-Fi的频段在世界范围内是无需任何电信运营执照的免费频段，因此WLAN无线设备提供了一个世界范围内可以使用的，费用极其低廉且数据带宽极高的无线空中接口。用户可以在 Wi-Fi 覆盖区域内快速浏览网页，随时随地接听拨打电话。而其他一些基于WLAN的宽带数据应用，如流媒体、网络游戏等功能更是值得用户期待。有了Wi-Fi功能，打长途电话(包括国际长途)、浏览网页、收发电子邮件、音乐下载、数码照片传递等，再无需担心速度慢和花费高的问题。

随着3G时代的来临越来越多的电信运营商也将目光投向了Wi-Fi技术，Wi-Fi技术低成本、无线、高速的特征非常符合3G时代的应用要求。在手机的3G业务方面，目前支持Wi-Fi的智能手机可以轻松的通过AP实现对互联网的浏览。

Wi-Fi网络是基于IEEE 802.11定义的一个无线网络通信的工业标准，利用这些标准来组成网络并进行数据传输的局域网，由于支持无线上网，只要移动终端具有这种功能就可无线上网。

1. Wi-Fi网络架构

Wi-Fi网络架构主要包括如下六部分。

(1) 站点(Station)：网络最基本的组成部分。

(2) 基本服务单元(Basic Service Set，BSS)：网络最基本的服务单元。最简单的服务单元可以只由两个站点组成。站点可以动态的连结到基本服务单元中。

(3) 分配系统(Distribution System，DS)：用于连接不同的基本服务单元。分配系统使用的媒介(Medium)逻辑上和基本服务单元使用的媒介是截然分开的，尽管它们物理上可能会是同一个媒介，例如同一个无线频段。

(4) 接入点(Access Point，AP)：即有普通站点的身份，又有接入到分配系统的功能。

(5) 扩展服务单元(Extended Service Set，ESS)：由分配系统和基本服务单元组合而成。这种组合是逻辑上，并非物理上的——不同的基本服务单元物有可能在地理位置相去甚远。分配系统也可以使用各种各样的技术。

(6) 关口(Portal)：也是一个逻辑成分。用于将无线局域网和有线局域网或其他网络联系起来。

IEEE 802.11没有具体定义分配系统，只是定义了分配系统应该提供的服务(Service)。整个无线局域网定义了九种服务，其中有五种服务属于分配系统的任务，分别是联接(Association)、结束联接(Disassociation)、分配(Distribution)、集成(Integration)、再联接(Reassociation)，四种服务属于站点的任务，分别为鉴权(Authentication)、结束鉴权(Deauthentication)、隐私(Privacy)、MAC数据传输(MSDU Delivery)。

2. Wi-Fi 网络工作原理

WiFi 的设置至少需要一个 Access Point(AP)和一个或一个以上的 Client(hi)。AP 每 100 ms 将 SSID(Service Set Identifier)经由 beacons(信号台)封包广播一次，beacons 封包的传输速率是 1 Mb/s，并且长度相当的短，所以这个广播动作对网络效能的影响不大。因为 Wi-Fi 规定的最低传输速率是 1 Mb/s，所以确保所有的 Wi-Fi client 端都能收到这个 SSID 广播封包，Client 可以借此决定是否要和这一个 SSID 的 AP 连线。使用者可以设定要连线到哪一个 SSID。Wi-Fi 总是对客户端开放其连接标准，并支持漫游。但亦意味着，一个无线适配器有可能在性能上优于其他的适配器。由于它是通过空气传送信号，所以和非交换以太网有相同的特点。

3. Wi-Fi 网络的使用

一般架设无线网络的基本配备就是无线网卡及一台 AP，如此便能以无线的模式，配合既有的有线架构来分享网络资源，架设费用和复杂程度远远低于传统的有线网络。如果只是几台电脑的对等网，也可不要 AP，只需要每台电脑配备无线网卡。AP 为 Access Point 简称，一般翻译为“无线访问节点”，或“桥接器”。它主要在媒体存取控制层 MAC 中扮演无线工作站及有线局域网络的桥梁。有了 AP，就像一般有线网络的 Hub 一般，无线工作站可以快速且轻易地与网络相连。特别是对于宽带的使用，Wi-Fi 更显优势，有线宽带网络(ADSL、小区 LAN 等)到户后，连接到一个 AP，然后在电脑中安装一块无线网卡即可。普通的家庭有一个 AP 已经足够，甚至用户的邻里得到授权后，则无需增加端口，也能以共享的方式上网。

无线 Wi-Fi 的工作距离不大，在网络建设完备的情况下，802.11b 的真实工作距离可以达到 100 m 以上，而且解决了高速移动时数据的纠错问题、误码问题，Wi-Fi 设备与设备、设备与基站之间的切换和安全认证都得到了很好的解决。

5.4.2 Wi-Fi 设备的应用实践

1. 实践内容

在网关上开发 Wi-Fi 模块间的通信程序。

2. 实践原理

IOT-L01-05 型物联网综合实验箱提供两款 Wi-Fi 模块，一种是 USB 接口 Wi-Fi 模块也就是平常经常用到的USB无线网卡，将它插在应用网关的U口上刻使应用网关具备Wi-Fi 通信的功能，另一种是传感器节点上使用的可插针式 Wi-Fi 模块，以后简称 Wi-Fi 模块，这也是本节中将重点介绍的模块，该模块内集成了完整的 Wi-Fi 及 TCP/IP 协议栈，通过 UART 口与节点上的 STC 单片机通信获取传感器数据。

3. 硬件接口

Wi-Fi 模块的外围电路图如图 5.12(左)所示，可以看到该模块是个高集成模块，为用户屏蔽了绝大部分电路特性，它为用户提供的接口只有 20 和 21 管教的发送和接收两个接口，也就是 UART 接口，UART 接口输入输出的是 TTL 电平信号，可以直接与各种型号的单片机相连，也可以通过 MAX232 芯片(图 5.12 中)进行电平转换成标准的 RS232 电平信号，然后通过 DB9 串口(图 5.12 右)接口与上位机相连。

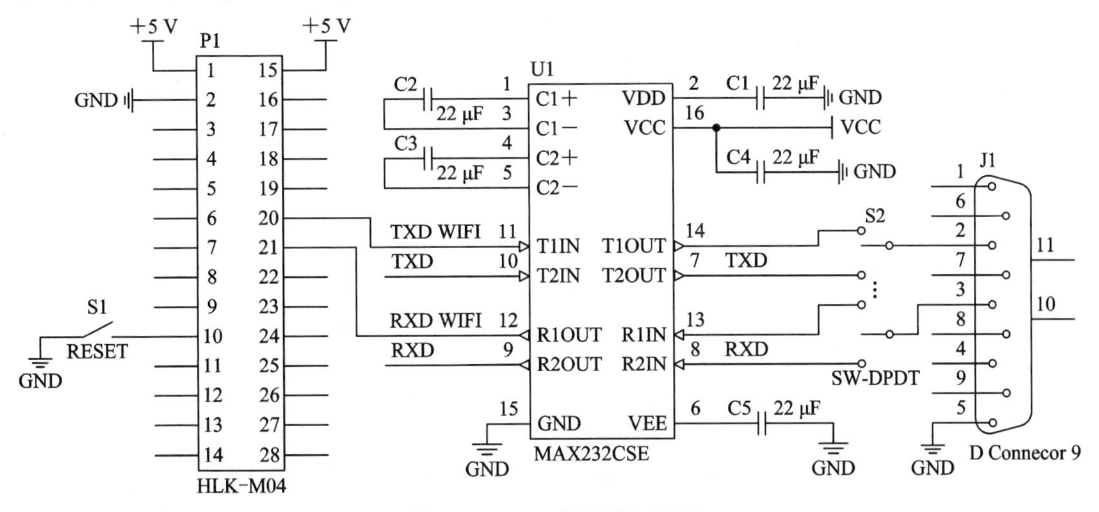

图 5.12　Wi-Fi 模块的电路图

4. 配置和使用 Wi-Fi 模块

实验箱内的 Wi-Fi 模块出厂默认工作在 AP 模式下，为 Wi-Fi 模块所在传感器节点上电，在 PC 机上可以通过 Windows 自带的功能找到一个名为 HI-LINK-**** 的无线 Wi-Fi 网络 SSID，该网络的接入密码是 12345678，接入该网络，并将 PC 机的无线 IP 地址配置为 192.168.16.*** 网段。打开 IE 浏览器，在地址栏输入地址“192.168.16.254/ser2net.asp”，回车确认，用户名密码均为“admin”，即可进入 Wi-Fi 模块的 IE 配置窗口，如图 5.13 所示。

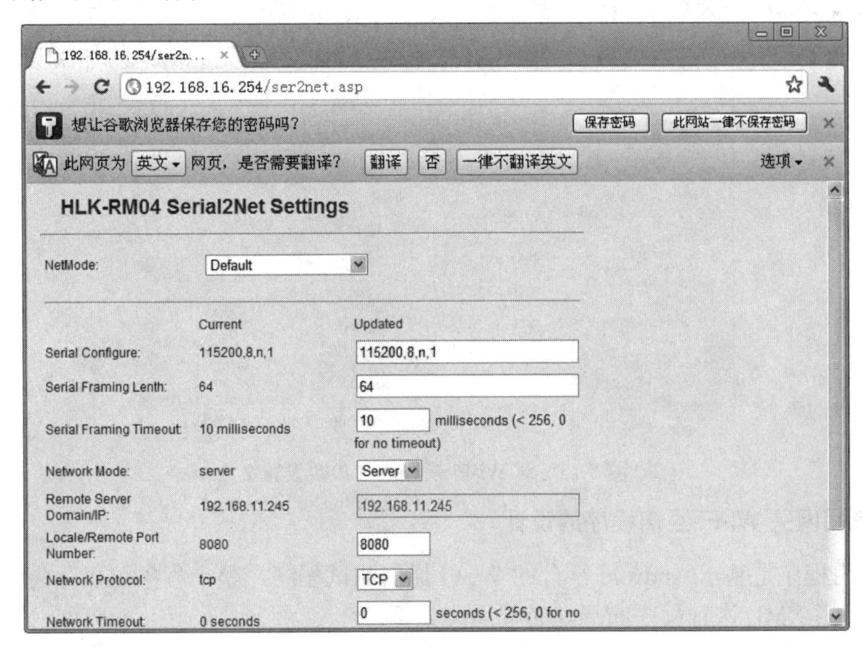

图 5.13　Wi-Fi 模块的 IE 配置窗口

对 Wi-Fi 模块进行如图 5.14 及图 5.15 所示的参数修改，点击 Apply 键确认，Wi-Fi 模块重启，将 PC 机连入同一无线网络(本例中为“snan4love”)，并将 IP 地址设置为

192.168.0.*** 网段。在 PC 机上尝试 PING Wi-Fi 模块的 IP 地址(本例中为 192.168.0.145)，如果可以 ping 通，证明 Wi-Fi 模块配置成功。

HLK-RM04 Serial2Net Settings

NetMode:	WIFI(CLIENT)-SERIAL
SSID:	snan4love
Encrypt Type:	WPA TKIP
Password:	12345678
IP Type:	STATIC
IP Address:	192.168.0.145
Subnet Mask:	255.255.255.0
Default Gateway:	192.168.0.1
Primary DNS Server:	192.168.0.1
Secondary DNS Server:	8.8.8.8

图 5.14　对 Wi-Fi 模块进行参数设置 1

NetMode 各选项说明如下：

Default：出厂默认选项。

Eth-Serial：工作在网口串口转换模式下，该 Wi-Fi 模块可以扩展出 RJ45 网口，并实现串口到网口的数据转发。

WIFI(Client)-SERIAL：实现串口到 Wi-Fi 的数据转发，此时 Wi-Fi 工作在客户端也就是说需要接入另外一个 SSID 的无线网络。

WIFI(AP)-SERIAL：实现串口到 Wi-Fi 的数据转发，此时 Wi-Fi 工作在 AP 模式下，也就是说想与之通信的其他 Wi-Fi 设备需要接入它的 Wi-Fi 网络。

Encryption Type：注意这里一定要选择正确的想要接入的无线网络的加密类型。

	Current	Updated
Serial Configure:	9600,8,n,1	9600,8,n,1
Serial Framing Lenth:	64	64
Serial Framing Timeout:	10 milliseconds	10 milliseconds (< 256, 0 for no timeout)
Network Mode:	server	Server
Remote Server Domain/IP:	192.168.11.245	192.168.11.245
Locale/Remote Port Number:	4001	4001
Network Protocol:	tcp	TCP
Network Timeout:	0 seconds	0 seconds (< 256, 0 for no timeout)

图 5.15　对 Wi-Fi 模块进行参数设置 2

5. 应用网关 Wi-Fi 通信程序的设计

本应用程序是基于 Android 平台的 Wi-Fi 通信测试程序，整个程序可以分为两部分。

(1) 利用 XML 进行程序布局，布局思路如下：

在第一行需要两个 EditText 文本框，分别填写 Wi-Fi 模块的 IP 地址和端口号，并且有一个建立连接的按键。

在第二行有可编辑文本框 1，在这里面输入想要通过 Socket 发送的数据，并且有一个发送按键。

在第三行可编辑文本框 2，在这里面显示从 Socket 获取的数据，并且有一个清空按键。

(2) 使用 Java 语言编写 MainActivity 主程序。

首先对界面上的所有组件进行功能定义。建立 Socket 连接，对 Socket 进行读写操作，将可编辑文本框 1 内的内容写入 Socket，并将从 Socket 读取的数据显示在可编辑文本框 2 上。

程序源码及解析如下所示(其中布局源码与实践二蓝牙程序使用的几乎相同，再次不再复述)：

MainThread.java:该部分内容建立 Socket，建立 Socket 输入输出流。

```
package com.snan4love.wifitest;
import java.io.BufferedInputStream;
import java.io.BufferedOutputStream;
import java.io.DataInputStream;
import java.io.DataOutputStream;
import java.io.IOException;
import java.net.InetAddress;
import java.net.InetSocketAddress;
import java.net.Socket;
import java.net.SocketAddress;
import android.os.Bundle;
import android.os.Handler;
import android.os.Message;
import android.widget.EditText;
import android.widget.TextView;

public class MainThread extends Thread
{
  public Socket socket;
  public Handler handler1;
  public TextView textView4;
  public DataInputStream dis;              //输入流
  public DataOutputStream dos;             //输出流

  public String IP, Port, title;
  //public EditText editText;
  public int miss_counter, miss_device = 0;            //检测软件或设备故障的计数器
  public boolean stop = false;                          //使线程停止标识符

  public MainThread(String ip, String port, Handler hand)
```

```
{
    this.IP=ip;
    this.Port=port;
    this.handler1=hand;
}
public void run()
{
    try
    {
        System.out.println(IP+" "+Port);
        Thread.sleep(500);
        loop: while (!stop)
        {
            InetAddress addremote = InetAddress.getByName(IP);
            int port = Integer.parseInt(Port);
            SocketAddress remoteAddr = new InetSocketAddress(addremote, port);
            socket = new Socket();
            try
            {
                socket.connect(remoteAddr, 3000);                    //Socket 通信连接
                System.out.println("连接成功");
            } catch (Exception e)
            {
                e.printStackTrace();
            }
            dis = new DataInputStream(new BufferedInputStream(
                                        socket.getInputStream()));       //获取输出流
            dos = new DataOutputStream(new BufferedOutputStream(
                                        socket.getOutputStream()));      //获取输出流
            while (!stop)
            {
                if(dis.available()!=0)
                {
                    /*在处理输入流的时候需要用到 Android 提供的 Handler 机制，简单的说它可以将
                     数据回传给主程序，在这里回传的数据就是从 Socket 上读到的数据 buf。*/
                    byte [] buf=new byte[dis.available()];
                    dis.read(buf);
                    Message m = handler1.obtainMessage();      //获取一个 Message
```

```
                Bundle bundle = new Bundle();              //获取 Bundle 对象
                m.what = 0x101;                            //设置消息标识
                bundle.putString("title", new String(buf)); //保存标题
                m.setData(bundle);                         //将 Bundle 对象保存到 Message 中
                handler1.sendMessage(m); // 发送消息
            }
        }
    }
    } catch (IOException e)
    {
        e.printStackTrace();
    } catch (InterruptedException e)
    {
        e.printStackTrace();
    }
  }
}
```

MainActivity.java:Android 主程序：

```
package com.snan4love.wifitest;


import java.io.IOException;
import android.os.Bundle;
import android.os.Handler;
import android.os.Message;
import android.app.Activity;
import android.view.Menu;
import android.view.View;
import android.view.View.OnClickListener;
import android.widget.Button;
import android.widget.EditText;
public class MainActivity extends Activity
{
    //首先声明需要用到的各个全局变量
    public Handler handler;             //用来处理输入流的 handler
    private MainThread socketFd;        //MainThread 对象实例
    private EditText ipAddress;
    private EditText Port;
    private EditText receiveContents;
```

```
private EditText sendContents;
@Override
protected void onCreate(Bundle savedInstanceState)
{
  super.onCreate(savedInstanceState);
  setContentView(R.layout.activity_main);

  ipAddress=(EditText)findViewById(R.id.IPAddress);
  Port=(EditText)findViewById(R.id.PORT);
  sendContents=(EditText)findViewById(R.id.sendContents);
  receiveContents=(EditText)findViewById(R.id.receiveContents);
  Button Connect=(Button)findViewById(R.id.Connect);
  Button sendButton=(Button)findViewById(R.id.sendButton);
  Button clearButton=(Button)findViewById(R.id.clearButton);
  Button Disconnect=(Button)findViewById(R.id.Disconnect);

  //这里
  handler=new Handler()
  {
    /*通过 Android 提供的 Handler 机制，它可以从 msg 中获取数据，在本例中 msg 中储存的
      是从 socket 中读取的数据。*/
    @Override
    public void handleMessage(Message msg)
    {
      // 更新 UI
      // textView4 = (TextView)findViewById(R.id.textView4);
      if (msg.what == 0x101)
      {
        receiveContents.setText(msg.getData().getString("title"));
      }
      super.handleMessage(msg);
    }
  };
  Connect.setOnClickListener(new OnClickListener()
  {
    //建立 Connect 按键监听事件，当按键触发时，它获取 ipAddress 和 Port 两个 EditText
    //里面的内容，并通过这两个参数建立 socket 连接。
    public void onClick(View v)
    {
```

```
            String ipAddressString=ipAddress.getText().toString();
            String portString=Port.getText().toString();
            socketFd=new MainThread(ipAddressString, portString, handler);
            socketFd.start();
        }
    });
    sendButton.setOnClickListener(new OnClickListener()
    {
        /*建立 send 按键监听事件，当按键触发时，它将 sendContents 文本框内的数据通过 socket
        发送。*/
        public void onClick(View v)
        {
            String sendContentsString=sendContents.getText().toString();

            //String sendContentsString = sendContents.getPrivateImeOptions();
            try
            {
                System.out.println(sendContentsString);
                socketFd.dos.write(sendContentsString.getBytes());
                socketFd.dos.flush();
            } catch (IOException e)
            {
                // TODO Auto-generated catch block
                e.printStackTrace();
            }
        }
    });
    clearButton.setOnClickListener(new OnClickListener()
    {
        //建立 Clear 按键监听事件，当按键触发时清空 receiveContents 文本框
        public void onClick(View v)
        {
            receiveContents.setText("");
        }
});
    Disconnect.setOnClickListener(new OnClickListener()
    {
        //建立 Disconnect 按键监听事件，当按键触发时，它关闭 socket 连接。
        public void onClick(View v)
```

```
            {
                socketFd.stop = true;
                try
                {
                    socketFd.socket.close();
                } catch (IOException e)
                {
                    // TODO Auto-generated catch block
                    e.printStackTrace();
                }
                socketFd.stop();
            }
        });
    }

    @Override
    public boolean onCreateOptionsMenu(Menu menu)
    {
        // Inflate the menu; this adds items to the action bar if it is present.
        getMenuInflater().inflate(R.menu.main, menu);
        return true;
    }
}
```

6. 实践步骤

(1) 利用以上提供的源码，建立一个名为 WiFiTest 的 Android 工程，并将其编译烧写至实验箱的应用网关上。将实验箱配套的USB无线网卡插到网关的USB插槽上，并对Wi-Fi进行配置让它接入和 Wi-Fi 模块相同的无线网络并且处于同一网段。

(2) 将 Wi-Fi 模块通过串口与 PC 机相连，在 PC 机上打开串口调试大师软件，设置正确的串口参数并打开串口。

(3) 打开应用网关的 WiFiTest 程序，输入 Wi-Fi 模块的 IP 地址，建立连接并且尝试通过 Wi-Fi 与 PC 机互相通信。

5.5 任务五：无线网的综合实践

5.5.1 实践一：ZigBee 无线组网和点对点通信

1. 实训内容

本实践是用 ZigBee 无线组网实现点对点通信数据传输，其基本功能是：两个 ZigBee

节点进行点对点通信，ZigBee 节点 1 发送“Hello”字符串给 ZigBee 节点 2，节点 2 收到数据后，对接收到的数据进行判断，如果收到的数据是“Hello”，则使节点 2 上的 LED 灯闪烁。

2. 实训设备

(1) 电脑一台，安装 IAR EW8051 集成开发环境，安装 Z-Stack 协议栈。

(2) SmartRF04EB 或 CC Debugger 编程调试工具一套。

(3) 两个 ZigBee 节点模块。

3. 实训步骤

1) 建立一个全新的 Z-Stack 工程

(1) 在 ZigBee 无线传感网络中有三种设备类型：协调器、路由器和终端节点，设备类型是由 Z-Stack 的不同编译选项来选择的。协调器主要负责网络的组建、维护、控制终端节点的加入等工作。路由器主要负责数据包的路由选择和转发。终端节点负责数据的采集和执行控制命令等，不具备路由功能。

(2) 在本实训中，ZigBee 节点 2 配置为一个协调器，负责 ZigBee 网络的组建，ZigBee 节点 1 配置为一个终端节点，上电后自动加入协调器建立的网络中，然后发送“Hello”字符串给协调器。

(3) 打开 ZStack-CC2530-2.5.1\Projects\zstack\Samples 目录，在这里建立工程，在该目录下，已经有了三个文件夹，分别是 GenericApp、SampleApp 和 SimpleApp。

(4) 下面来建立一个新的 Z-Stack 工程，工程名为 MyFirstApp。先复制 GenericApp 到本目录下，快捷操作如下：用鼠标选择 GenericApp 文件夹，使之处于高亮状态，此时按住 Ctrl 键，往下拖动 GenericApp 文件夹，当出现“+”号时，释放鼠标，则可以快速复制 GenericApp 文件夹到当前目录。

GenericApp	文件夹	2012-12-29 16:05
SampleApp	文件夹	2012-12-29 16:05
SimpleApp	文件夹	2012-12-29 16:05
复件 GenericApp	文件夹	2013-7-4 15:24

(5) 重命名“复件 GenericApp”文件夹为“MyFirstApp”。

GenericApp	文件夹	2012-12-29 16:05
SampleApp	文件夹	2012-12-29 16:05
SimpleApp	文件夹	2012-12-29 16:05
MyFirstApp	文件夹	2013-7-4 15:24

(6) 打开 MyFirstApp/Source 目录，如下所示：

GenericApp.c	19 KB	C Source	2012-3-7 2:04
GenericApp.h	4 KB	C/C++ Header	2012-2-12 16:58
OSAL_GenericApp.c	5 KB	C Source	2008-2-7 13:10

(7) 修改这三个文件的名称，如下所示：

MyFirstApp.c	19 KB	C Source	2012-3-7 2:04
MyFirstApp.h	4 KB	C/C++ Header	2012-2-12 16:58
OSAL_MyFirstApp.c	5 KB	C Source	2008-2-7 13:10

(8) 打开路径 MyFirstApp/CC2530DB，将里面的文件重命名为：

MyFirstApp.ewd	51 KB	EWD 文件	2012-2-19 14:42
MyFirstApp.ewp	108 KB	EWP 文件	2012-9-13 15:31
MyFirstApp.eww	1 KB	IAR IDE Workspace	2012-3-11 15:34

(9) 用文本编辑工具如记事本分别打开这三个文件，把里面所有的 GenericApp 字符串都替换为 MyFirstApp，如图 5.16 所示。

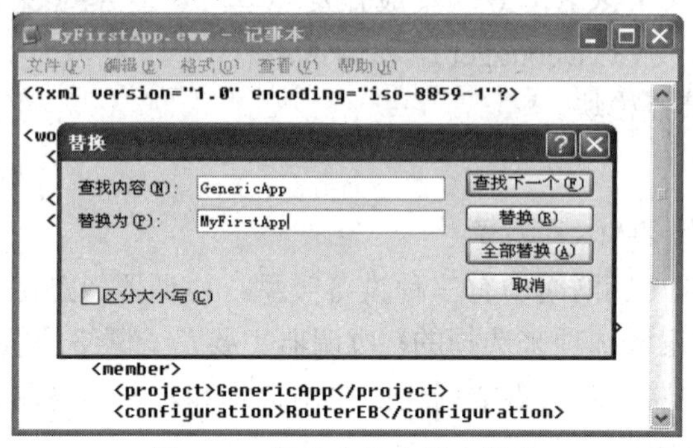

图 5.16　替换文件中的字符串

(10) 同样，用文本编辑工具打开 MyFirstApp/Source 文件夹下的三个文件，把里面所有的 GenericApp 字符串都替换为 MyFirstApp。

(11) 双击 MyFirstApp/CC2530DB 文件夹下的 MyFirstApp.eww，打开 IAR 工程，如图 5.17 所示。至此，全新的工程就建立好了。

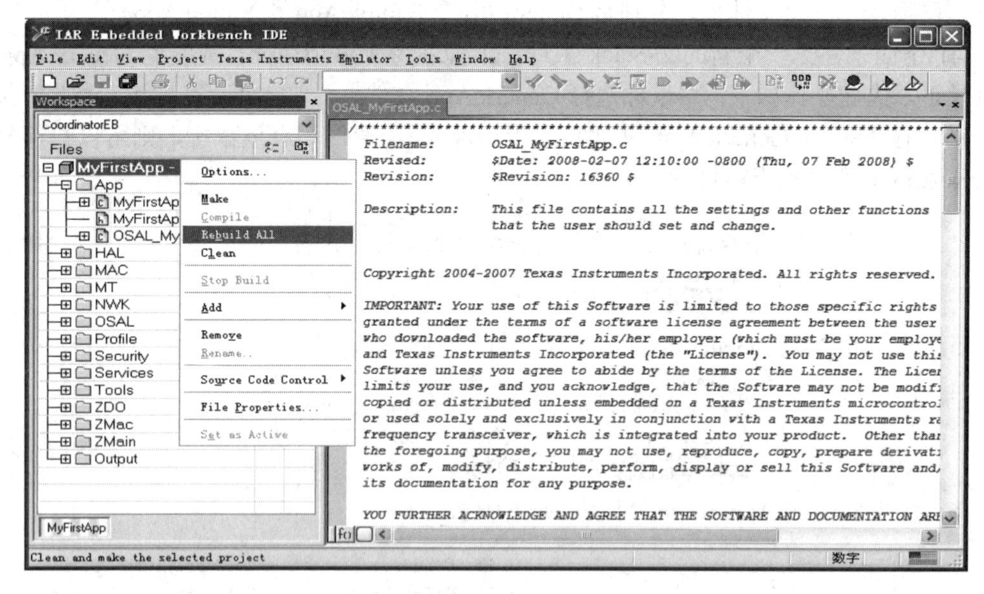

图 5.17　打开 IAR 工程

(12) IAR 软件 Workspace 窗口文件列表的最上面一行显示的是工程名 MyFirstApp，工程名下面就是这个工程拥有的所有文件和文件夹。在工程名 MyFirstApp 上单击右键，弹出菜单，选择 Rebuild All 进行编译。编译完成，如果没有错误，则全新的工程就建立好了。

(13) 在一个 IAR 工程中，可以有多种配置，每种配置可以有不同的编译选项。如在 MyFirstApp 工程中，在 workspce 窗口的配置选择下拉框里，可以看到有三种配置，分别是：CoordinatorEB、RouterEB 和 EndDeviceEB，恰好与 ZigBee 的三种设备类型：协调器、路由器和终端设备相对应。在这个工程中，当要为某一种设备编译程序时，就要选择不同的配置。

(14) 选择信道，可根据要求选择信道。在工程的 Workspace 下的 Tools 文件组下，打开 f8wConfig.cfg 文件，文件中定义了 0～26 信道，但这些定义都补注释掉，只要把文件中对应信道的语句前注释符“//”去掉就可选择该信道。f8wConfig.cfg 文件内容如下：

```
/* Default channel is Channel 11 - 0x0B */
// Channels are defined in the following:
//          0      : 868 MHz     0x00000001
//          1 - 10 : 915 MHz     0x000007FE
//         11 - 26 : 2.4 GHz     0x07FFF800
//-DMAX_CHANNELS_868MHZ      0x00000001
//-DMAX_CHANNELS_915MHZ      0x000007FE
//-DMAX_CHANNELS_24GHZ       0x07FFF800
//-DDEFAULT_CHANLIST=0x04000000   // 26 - 0x1A
//-DDEFAULT_CHANLIST=0x02000000   // 25 - 0x19
//-DDEFAULT_CHANLIST=0x01000000   // 24 - 0x18
//-DDEFAULT_CHANLIST=0x00800000   // 23 - 0x17
//-DDEFAULT_CHANLIST=0x00400000   // 22 - 0x16
//-DDEFAULT_CHANLIST=0x00200000   // 21 - 0x15
//-DDEFAULT_CHANLIST=0x00100000   // 20 - 0x14
//-DDEFAULT_CHANLIST=0x00080000   // 19 - 0x13
//-DDEFAULT_CHANLIST=0x00040000   // 18 - 0x12
//-DDEFAULT_CHANLIST=0x00020000   // 17 - 0x11
//-DDEFAULT_CHANLIST=0x00010000   // 16 - 0x10
//-DDEFAULT_CHANLIST=0x00008000   // 15 - 0x0F
//-DDEFAULT_CHANLIST=0x00004000   // 14 - 0x0E
//-DDEFAULT_CHANLIST=0x00002000   // 13 - 0x0D
//-DDEFAULT_CHANLIST=0x00001000   // 12 - 0x0C
-DDEFAULT_CHANLIST=0x00000800   // 11 - 0x0B
```

4. 协调器编程

(1) 上面已创建了 MyFirstApp 工程，当选择任意一种设备类型的配置时，如 CoordinatorEB 是协调器设备对应的配置，RouterEB 是路由器设备对应的配置，但每个配置使用到的程序文件都是 MyFirstApp.c 和 MyFirstApp.h，它是通过编译开关来选择使用或不使用某段程序。如果源代码中有太多的编译开关，在读写程序时将非常痛苦，很难知道某一段程序是否起作用。因此，为这个实训编写协调器和终端节点程序时，采用另外一种方法：为每种设备使用独立的文件。

(2) 选择 CoordinatorEB 配置，然后将 MyFirstApp 工程中 App 文件夹下的 MyFirstApp.h 和 MyFirstApp.c 文件从工程中删除，如图 5.18 所示，右键点击 MyFirstApp.h，选择下拉菜单中的 Remove 即可。

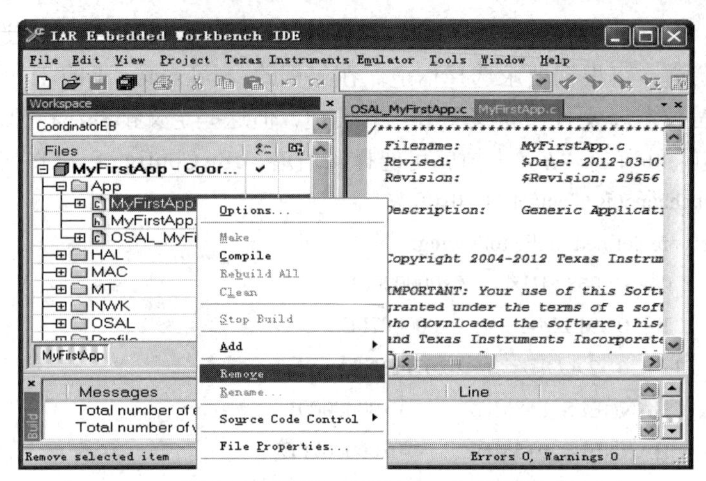

图 5.18　选择 Coordinator EB 配置

(3) 点击工具栏的新建文件按钮，新建三个新文件，点击保存，命名为 Coordinator.c、EndDevice.c 和 Common.h。

(4) 将这三个新建的文件添加到工程中来，右键单击 Workspace 下的 App 文件夹，选择 Add->Add files，在弹出的对话框中选择刚才建立的三个文件，选择打开即可。

(5) 修改 OSAL_MyFirstApp.c 的源代码如下：

```
⋮
12  #include "nwk.h"
13  #include "APS.h"
14  #include "ZDApp.h"
⋮
21  #include "Common.h"
⋮
26  // tasksArr 数组，定义了系统中所有的任务，它的顺序必须与任务初始化函数 osalInitTask 中的
初始化顺序保持一致
27  const pTaskEventHandlerFn tasksArr[] = {
28  macEventLoop,      // MAC 层任务函数指针
29  nwk_event_loop,     // NWK 层任务函数指针
30  Hal_ProcessEvent,     // HAL 层消息处理函数指针
⋮
43  };
44  const uint8 tasksCnt = sizeof( tasksArr ) / sizeof( tasksArr[0] );
45  uint16 *tasksEvents;
⋮
59  void osalInitTasks( void ) //调用各个任务的初始化函数，并为每个任务分配任务 ID
60  {
61  uint8 taskID = 0;
62  tasksEvents = (uint16 *)osal_mem_alloc( sizeof( uint16 ) * tasksCnt);
```

```
63  osal_memset( tasksEvents, 0, (sizeof( uint16 ) * tasksCnt));
64  macTaskInit( taskID++ );
65  nwk_init( taskID++ );
66  Hal_Init( taskID++ );
 ⋮
78  MyFirstApp_Init( taskID );
79  }
```

其中：

第 1～21 行是把程序中使用到的头文件包含进来，其中需要修改的是第 21 行，修改为把 Common.h 头文件包含进来。

第 22～45 行是全局变量的定义，其中包括了一个非常重要的数组：任务指针数组 taskArr[]，这是操作系统的任务列表，操作系统的所有任务都在这个表里。操作系统会根据任务的 ID 从这个数组查找相应的任务处理函数。

第 46～81 行是操作系统的初始化函数，在这里给各个任务进行初始化并分配一个唯一的 ID。

(6) 编写 Common.h 源文件：

```
#ifndef _COMMON_H
#define _COMMON_H
#ifdef _cplusplus
extern "C"
{
  #endif
  #include "ZComDef.h"
  #define MyFirstApp_ENDPOINT            10      //定义应用程序所在的端口
  #define MyFirstApp_PROFID              0x0F04  //定义 Profile ID
  #define MyFirstApp_DEVICEID            0x0001  //设备 ID
  #define MyFirstApp_DEVICE_VERSION      0       //设备版本号
  #define MyFirstApp_FLAGS               0       //其他标记

  //支持的簇个数，可以简单理解为设备的子功能数
  #define MyFirstApp_MAX_CLUSTERS        1
  //簇的 ID，一般一个子功能可以使用一个簇 ID
  #define MyFirstApp_CLUSTERID           1
  #define MyFirstApp_SEND_MSG_TIMEOUT    1000    //定义发送消息的频率，1 秒
  #define MyFirstApp_SEND_MSG_EVT        0x0001

  extern void MyFirstApp_Init( byte task_id );              //应用任务的初始化
  extern UINT16 MyFirstApp_ProcessEvent( byte task_id, UINT16 events ); //应用任务事件处理
  #ifdef _cplusplus
}
```

```
#endif
#endif /* _COMMON_H */
```

(7) 编写 Coordinator.c 文件：

Coordinator.c 是协调器端的应用程序，如果接收到终端节点的应用程序向本设备发送“Hello”消息，则让 LED2 闪烁。程序代码如下：

```
#include "OSAL.h"
#include "AF.h"
#include "ZDApp.h"
#include "ZDObject.h"
#include "ZDProfile.h"
#include "Common.h"
#include "DebugTrace.h"
#if !defined(WIN32)
#include "OnBoard.h"
#endif
#include "hal_led.h"

//应用程序使用到的簇 ID，相当于子功能列表
const cId_t MyFirstApp_ClusterList[MyFirstApp_MAX_CLUSTERS] =
{
  MyFirstApp_CLUSTERID
};

//应用程序简单描述符
const SimpleDescriptionFormat_t MyFirstApp_SimpleDesc =
{
  MyFirstApp_ENDPOINT,                   // int Endpoint;端点
  MyFirstApp_PROFID,                     // uint16 AppProfId[2];
  MyFirstApp_DEVICEID,                   // uint16 AppDeviceId[2];设备 ID
  MyFirstApp_DEVICE_VERSION,             // int    AppDevVer:4;设备版本号
  MyFirstApp_FLAGS,                      // int    AppFlags:4;设备标记
  MyFirstApp_MAX_CLUSTERS,               // byte   AppNumInClusters;输入簇个数
   (cId_t *)MyFirstApp_ClusterList,      // byte *pAppInClusterList;输入簇列表
  0,                                     // byte   AppNumInClusters;输出簇个数
   (cId_t *)NULL                         // byte *pAppInClusterList;输出簇列表
};

//在这里定义端点/接口描述符变量，在 MyFirstApp_Init()函数里面进行初始化。
endPointDesc_t MyFirstApp_epDesc;
byte MyFirstApp_TaskID; //任务 ID 用于处理任务和事件，在系统调用 MyFirstApp_Init()时进行初始化
```

```
static void MyFirstApp_MessageMSGCB(afIncomingMSGPacket_t *pckt );

/*函数 MyFirstApp_Init 是初始化任务，在系统初始化的过程中调用，所有的与应用有关的
 初始化都在这里进行(如硬件初始化，设置，数据表的初始化，上电通知等... ).。参数 task_id 是
 OSAL 分配的 ID，在应用程序中，应该使用这个 ID 来发送消息和设置定时器。*/
void MyFirstApp_Init( uint8 task_id )
{
  MyFirstApp_TaskID = task_id;
  MyFirstApp_NwkState = DEV_INIT;
  MyFirstApp_TransID = 0;
  //设备的硬件初始化可以在这里进行，也可以在 main()(Zmain.c)里面进行。
  //如果该硬件是与应用有关的，最后在这里进行初始化。
  //如果与设备的其他方面相关，可以在 main()里面进行。
  //设置端点描述符.
  MyFirstApp_epDesc.endPoint = MyFirstApp_ENDPOINT;
  MyFirstApp_epDesc.task_id = &MyFirstApp_TaskID;
  MyFirstApp_epDesc.simpleDesc
  = (SimpleDescriptionFormat_t *)&MyFirstApp_SimpleDesc;
  MyFirstApp_epDesc.latencyReq = noLatencyReqs;

  //通过 AF 注册端点描述符
  afRegister(&MyFirstApp_epDesc );
}

/*函数 MyFirstApp_ProcessEvent 是任务事件处理函数，用于处理传递给本任务的所有事件，包括
  定时器，消息和其他用户定义的事件。参数 task_id 是 OSAL 分配的任务 ID；events 是要处理
  的事件，每一位都代表一个事件，可以同时包含多个事件*/
uint16 MyFirstApp_ProcessEvent( uint8 task_id, uint16 events )
{
  afIncomingMSGPacket_t *MSGpkt;
  if ( events & SYS_EVENT_MSG )
  {
    MSGpkt = (afIncomingMSGPacket_t *)osal_msg_receive( MyFirstApp_TaskID );
    while ( MSGpkt )
    {
      switch ( MSGpkt->hdr.event )
      {
        case AF_INCOMING_MSG_CMD:  // 收到数据包消息
        MyFirstApp_MessageMSGCB( MSGpkt );
        break;
```

```
            default:
            break;
          }
          // 释放内存
          osal_msg_deallocate( (uint8 *)MSGpkt );

          MSGpkt = (afIncomingMSGPacket_t *)osal_msg_receive( MyFirstApp_TaskID );
        }

        // 返回未处理的事件
        return (events ^ SYS_EVENT_MSG);
      }

      // 丢弃未定义事件
      return 0;
    }

/*函数 MyFirstApp_MessageMSGCB 是消息处理回调函数，用于处理所的接收到的数据，有可能是从
 另一个设备发送过来的指令，可以根据簇 ID 来判断需要执行的子功能。参数 pkt 是消息数据包。*/
static void MyFirstApp_MessageMSGCB( afIncomingMSGPacket_t *pkt )
{
  unsigned char buffer[5];
  switch ( pkt->clusterId )
  {
    case MyFirstApp_CLUSTERID:
    osal_memcpy(buffer, pkt->cmd.Data, 5);
    if(buffer[0]=='H' &&
    buffer[1]=='e' &&
    buffer[2]=='l' &&
    buffer[3]=='l' &&
    buffer[4]=='o') {
    //接收到正确消息，让 LED1 闪烁一次
    HalLedBlink ( HAL_LED_1, 1, 50, 500 );
  } else
  {
  //接收到错误消息，让 LED2 不停闪烁
  HalLedBlink ( HAL_LED_2, 0, 50, 500 );}
  break;
  }
}
```

(8) 在 Workspace 窗口，右键单击 EndDevice.c 文件，在弹出的菜单中选择 Options，然后选择“Exclude from build”，如图 5.19 所示。

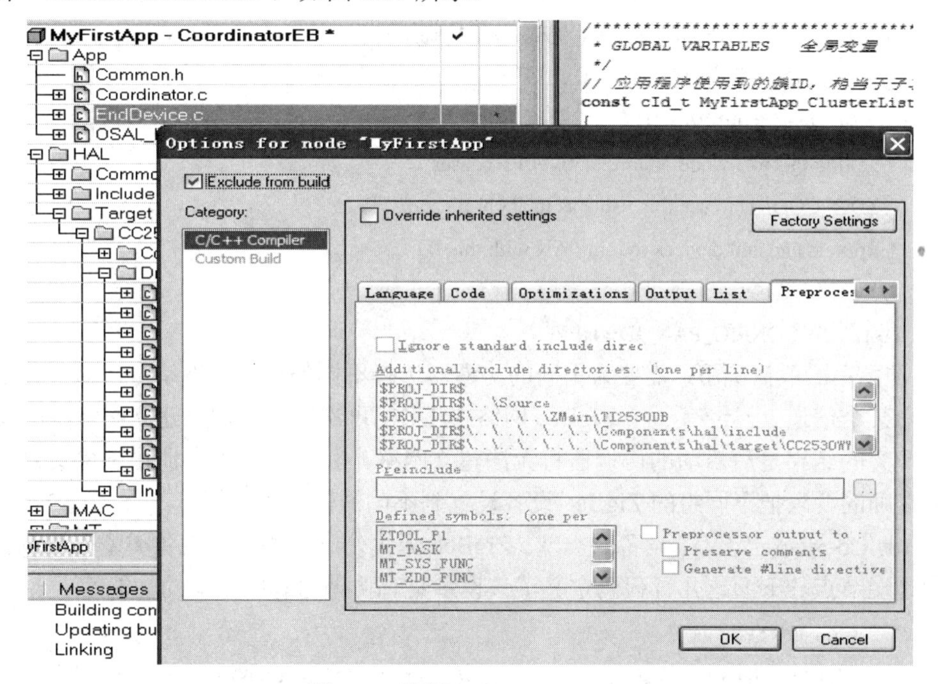

图 5.19　选择 Enclude from build

(9) 操作完成后，EndDevice.c 前面的图标里面有一个灰色的叉，同时文件名也变成灰色，表明 EndDevice.c 在 CoordinatorEB 这个配置中不参与编译。

(10) 我们还可以打开 Tools 文件组，可以看到 f8wEndev.cfg 和 f8wRouter.cfg 文件也是显示为灰白色状态，如右图所示，表示这两个文件也不参与编译，IAR 的不同配置之间正是通过这种方式来控制不同配置之间使用的源文件。

(11) 在 Tools 文件组下的 f8w2530.xcl、f8wConfig.cfg 和 f8wCoord.cfg 三个文件包含了节点的配置信息，具体功能如下：

f8w2530.xcl 包含了 CC2530 单片机的链接控制指令，如定义堆栈的大小，内存的分配等，一般不需要改动。

例如：下列代码定义了外部存储器的起始地址和结束地址。

```
// XDATA available to the program.
//
// Reserving address 0x0 for NULL.
-D_XDATA_START=0x0001
-D_XDATA_END=0x1EFF
```

- 当要输出 hex 格式的文件时，需要修改 f8w2530.xcl 中的下面两行指令。

```
// Include these two lines when generating a .hex file for banked code model:
//-M(CODE)[(_CODEBANK_START+_FIRST_BANK_ADDR)-(_CODEBANK_END+
  _FIRST_BANK_ADDR)]
//_NR_OF_BANKS+_FIRST_BANK_ADDR=0x8000
```

• f8wConfig.cfg 包含了信道的选择、网络号选择等有关的链接指令。

例如：下列代码定义了选择信道 22(0x16)来建立 ZigBee 网络。

```
-DDEFAULT_CHANLIST=0x00400000   // 22 - 0x16
```

下面的指令用于选择网络号为 0xFFFF

```
/* Define the default PAN ID.
 * Setting this to a value other than 0xFFFF causes
 * ZDO_COORD to use this value as its PAN ID and
 * Routers and end devices to join PAN with this ID
 */
-DZDAPP_CONFIG_PAN_ID=0xFFFF
```

• 注意：一般情况下，需要为不同的协调器选择不同的信道和网络号。当一个近距离的空间内某个信道上已经有一个 ZigBee 网络在工作，再次启动协调器建立网络时就会产生冲突，冲突的结果是后启动的协调器将无法建立网络。我们在使用实训台进行实验时，必须按照老师的要求把不同组的 ZigBee 设备设置到不同的信道和网络号。

• f8wCoord.cfg 定义了设备的类型。ZigBee 无线传感网络中的设备类型有协调器、路由器和终端节点。下面这几行代码定义了该设备具有协调器和路由器的功能。

```
/* Coordinator Settings */
-DZDO_COORDINATOR                 // Coordinator Functions
-DRTR_NWK                         // Router Functions
```

• 注意：在 ZigBee 网络中，只有协调器才能建立新的网络，协调器主要是在网络建立阶段存在的，一旦网络建立完成后，该设备就将变成一个路由器。

同样，f8wRouter.cfg 定义了设备类型为路由器，f8wEndev.cfg 定义的是终端节点设备。

(12) 按 F7 或菜单中的 Project->Make 或 Rebuild All 命令进行编译，编译完成后应该没有警告和错误。如果有错误，请检查源程序是否有拼写错误等。

(13) 最后，用 CC2530 仿真器将任意一个节点模块和电脑连接起来，然后选择工具栏上的 debug 按钮，即可实现程序的下载。

5. 终端节点的编程

(1) 先选择 EndDevice 的配置文件，如图 5.20 所示，在 Workspace 的最顶端就是选择不同配置的地方，在这里选择 EndDeviceEB。

图 5.20 选择 EndDeviceEB

(2) 然后在 Coordinator.c 文件上单击右键，把 Coordinator.c 文件排除出编译列表，如图 5.21 所示。

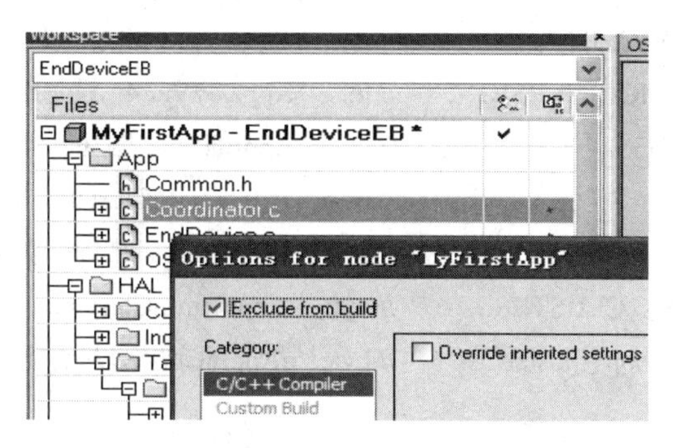

图 5.21　将 Coordinator.c 文件排除编译列表

(3) 完成后，Coordinator.c 图标里面有一个叉，同时文件名也变成灰色，如图 5.22 所示。

图 5.22　Coordinator.c 图标显示

(4) 编写 EndDevice.c 文件：

EndDevice.c 是终端设备端的应用程序，主要功能是向协调器发送“Hello”消息。

程序的代码如下：

```
#include "OSAL.h"
#include "AF.h"
#include "ZDApp.h"
#include "ZDObject.h"
#include "ZDProfile.h"
#include "Common.h"
#include "DebugTrace.h"
#if !defined( WIN32 )
#include "OnBoard.h"
#endif
//应用程序使用到的簇 ID，相当于子功能列表
const cId_t MyFirstApp_ClusterList[MyFirstApp_MAX_CLUSTERS] =
{
  MyFirstApp_CLUSTERID
};

//应用程序简单描述符
const SimpleDescriptionFormat_t MyFirstApp_SimpleDesc =
{
```

```
  MyFirstApp_ENDPOINT,              // int Endpoint;端点
  MyFirstApp_PROFID,                // uint16 AppProfId[2];
  MyFirstApp_DEVICEID,              // uint16 AppDeviceId[2]; 设备 ID
  MyFirstApp_DEVICE_VERSION,        // int    AppDevVer:4; 设备版本号
  MyFirstApp_FLAGS,                 // int    AppFlags:4; 设备标记
  0,                                // byte   AppNumInClusters; 输入簇个数
   (cId_t *)NULL,                   // byte *pAppInClusterList; 输入簇列表
  MyFirstApp_MAX_CLUSTERS,          // byte   AppNumInClusters; 输出簇个数
   (cId_t *)MyFirstApp_ClusterList  // byte *pAppInClusterList; 输出簇列表
};

//在这里定义端点/接口描述符变量，在 MyFirstApp_Init()函数里面进行初始化。
endPointDesc_t MyFirstApp_epDesc;

//任务 ID 用于处理任务和事件，在系统调用 MyFirstApp_Init()时进行初始化
byte MyFirstApp_TaskID;
devStates_t MyFirstApp_NwkState;       //保存设备当前的网络状态
byte MyFirstApp_TransID;               //唯一的消息 ID(计数器)
afAddrType_t MyFirstApp_DstAddr;       //保存目标地址

static void MyFirstApp_SendTheMessage(void);

/*函数 MyFirstApp_Init 是初始化任务，在系统初始化的过程中调用，所有的与应用有关的初始化
 都在这里进行(如硬件初始化，设置，数据表的初始化，上电通知等。参数 task_id 是 OSAL
 分配的 ID，在应用程序中，应该使用这个 ID 来发送消息和设置定时器。*/
void MyFirstApp_Init( uint8 task_id )
{
  MyFirstApp_TaskID = task_id;
  MyFirstApp_NwkState = DEV_INIT;
  MyFirstApp_TransID = 0;

  //设备的硬件初始化可以在这里进行，也可以在 main()(Zmain.c)里面进行
  //如果该硬件是与应用有关的，最后在这里进行初始化
  //如果与设备的其他方面相关，可以在 main()里面进行

  MyFirstApp_DstAddr.addrMode = (afAddrMode_t) Addr16Bit;
  MyFirstApp_DstAddr.endPoint = MyFirstApp_ENDPOINT;
  MyFirstApp_DstAddr.addr.shortAddr = 0;
```

```
    //设置端点描述符
    MyFirstApp_epDesc.endPoint = MyFirstApp_ENDPOINT;
    MyFirstApp_epDesc.task_id = &MyFirstApp_TaskID;
    MyFirstApp_epDesc.simpleDesc
    = (SimpleDescriptionFormat_t *)&MyFirstApp_SimpleDesc;
    MyFirstApp_epDesc.latencyReq = noLatencyReqs;

    afRegister( &MyFirstApp_epDesc ); //通过 AF 注册端点描述符
}

/*函数 MyFirstApp_ProcessEvent 是任务事件处理函数，用于处理传递给本任务的所有事件，包括
 定时器，消息和其他用户定义的事件。参数 task_id 是 OSAL 分配的任务 ID；events 是要处理的
 事件，每一位都代表一个事件，可以同时包含多个事件。*/
uint16 MyFirstApp_ProcessEvent( uint8 task_id, uint16 events )
{
    afIncomingMSGPacket_t *MSGpkt;
    if ( events & SYS_EVENT_MSG )
    {
        MSGpkt = (afIncomingMSGPacket_t *)osal_msg_receive( MyFirstApp_TaskID );
        while ( MSGpkt )
        {
            switch ( MSGpkt->hdr.event )
            {
                case ZDO_STATE_CHANGE:        // ZDO 状态改变消息
                MyFirstApp_NwkState = (devStates_t)(MSGpkt->hdr.status);
                if ( MyFirstApp_NwkState == DEV_END_DEVICE )
                {
                    //开始定时发送消息
                    osal_start_timerEx( MyFirstApp_TaskID,
                    MyFirstApp_SEND_MSG_EVT,
                    MyFirstApp_SEND_MSG_TIMEOUT );
                }
                break;
                default:
                break;
            }

            osal_msg_deallocate( (uint8 *)MSGpkt );        //释放内存
            MSGpkt = (afIncomingMSGPacket_t *)osal_msg_receive( MyFirstApp_TaskID );
```

```
  }
  return (events ^ SYS_EVENT_MSG);            //返回未处理的事件
}

//发送消息定时器事件
//(第一次的定时器事件是在上面的 ZDO_STATE_CHANGE 事件中设置的)
if ( events & MyFirstApp_SEND_MSG_EVT )
{
  //发送消息给另一个设备
  MyFirstApp_SendTheMessage();

  //设置定时器，用于再次发送
  osal_start_timerEx( MyFirstApp_TaskID,
  MyFirstApp_SEND_MSG_EVT,
  MyFirstApp_SEND_MSG_TIMEOUT );

  return (events ^ MyFirstApp_SEND_MSG_EVT); //返回未处理的事件
  }
  return 0; //丢弃未定义事件
}

/*函数 MyFirstApp_SendTheMessage 是发送消息。*/
static void MyFirstApp_SendTheMessage(void)
{
  char theMessageData[] = "Hello";
  if ( AF_DataRequest( &MyFirstApp_DstAddr,          //目标地址
  &MyFirstApp_epDesc,                                //源端点描述符
  MyFirstApp_CLUSTERID,                              //簇 ID
   (byte)osal_strlen( theMessageData ) + 1,          //数据长度
   (byte *)&theMessageData,                          //发送的数据指针
  &MyFirstApp_TransID,                               //会话 ID
  AF_DISCV_ROUTE,                                    //发送参数
  AF_DEFAULT_RADIUS )                                //发送范围，通常指路由跳数
  == afStatus_SUCCESS )
  {
    // 发送成功
    HalLedBlink ( HAL_LED_1, 1, 50, 500 );           // LED1 闪烁一次表示发送成功
  } else
  {
```

```
            // 发送出错
            HalLedBlink ( HAL_LED_2, 0, 50, 500 );          // LED2 不停闪烁表示发送失败
        }
    }
```

EndDevice.c 程序的简单说明：

- MyFirstApp_CLUSTERID 是在 Common.h 中定义的簇 ID。
- MyFirstApp_Init()函数是任务的初始化函数，在这里固定了目标地址 MyFirstApp_DstAddr 为 16 bit 模式的 0 地址，也即是协调器的地址。
- MyFirstApp_ProcessEvent()是消息处理函数，这里只处理一个消息：ZDO_STATE_CHANGE，就是当设备的网络状态改变时，会收到这个消息。在这个处理函数里面，将读取设备的类型，并对设备类型进行判断，如果是终端节点，那么就设定一个定时器，定时时间为 1 s，定时器超时后调用 MyFirstApp_SendTheMessage()函数发送“Hello”的信息给协调器。
- MyFirstApp_SendTheMessage()是发送信息的函数。

(5) 在编写完成代码后，选择编译，然后把 CC2530 仿真器连接到所选择的终端节点上，点击工具栏的 Debug 按钮下载程序，下载完成后点击全速运行。几秒钟后，终端将加入协调器所建立的网络，然后以 1 s 为争取向协调器发送“Hello”的消息，发送成功 LED1 闪烁一次。协调器如果接收到终端节点发送的“Hello”消息后，也会闪烁 LED1 一次以示回应。以上就是最简单的 ZigBee 无线网络的点对点无线数据传输。

6. ZigBee 数据传输实验剖析

(1) 本实训完成了 ZigBee 无线网络点对点的数据传输，下面来具体了解一下整个的工作流程。

(2) 首先，协调器上电后，会按照程序和工程中设定的参数选择信道、网络号建立 ZigBee 网络，这部分的内容是在协议栈里面实现的，用户应用程序不需要编写代码来实现。图 5.23(a)是协调器的工作流程图。

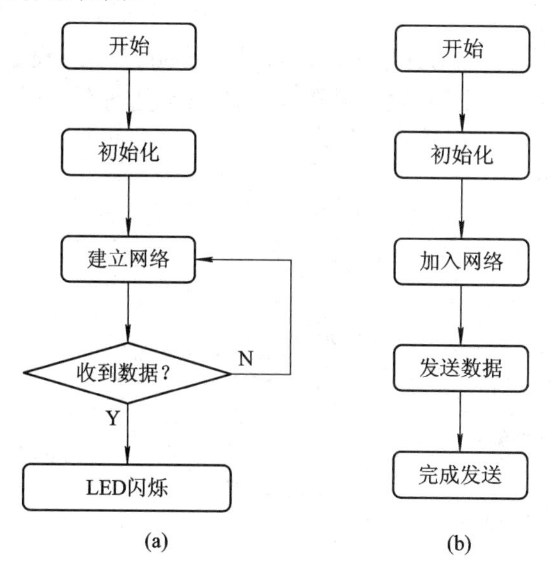

图 5.23　ZigBee 数据传输实验工作流程图

(3) 图 5.23(b)是终端节点的工作流程图，终端节点上电后，会技术硬件电路的初始化，然后搜索周围空间有否有 ZigBee 无线网络，如果有 ZigBee 无线网络再自动加入(这时最简单的情况，当然也可以控制节点加入网络)。终端节点加入网络后将定时发送数据给协调器(网络地址为 0)，最后使 LED 闪烁以示发送完成。

(4) 在了解具体的网络数据发送过程前，这里有几个重要的数据结构和函数需要了解：

① 地址类型数据结构：ZigBee 设备的地址一共有五种类型。

• AddrNotPresent：未知地址类型，当我们两个设备进行了绑定的时候，应用程序给绑定的设备发送消息就不需要知道具体的地址，而交由系统根据绑定表去寻找目标设备。

• Addr16 Bit：16 位的短地址(也叫网络地址)类型，在同一个 ZigBee 网络中这个地址是唯一的。

• Addr64 Bit：64 位的 IEEE 地址(也叫物理地址)类型，这是由 IEEE 分配给芯片厂商，由芯片厂商烧录到芯片中的，在全世界范围内都具有唯一性。

• AddrGroup：组地址类型，我们可以让几个设备加入一个组，这样，当我们向组内的设备成员发送消息时，就不用一一指定地址，直接使用组地址即可。

• AddrBroadcast：广播地址类型，向所有的设备成员发送广播消息。

```
typedef enum
{
  afAddrNotPresent = AddrNotPresent,
  afAddr16Bit      = Addr16Bit,
  afAddr64Bit      = Addr64Bit,
  afAddrGroup      = AddrGroup,
  afAddrBroadcast  = AddrBroadcast
} afAddrMode_t;
```

② 地址数据结构：定义通信的地址。

• addr：地址。

• addrMode：在定义 ZigBee 地址时，可以通过 addrMode 设定五种地址模式。

• endpoint：端点，一个设备会有很多个端点，当进行通信时，其实就是端点到端点的通信。

• panId：网络 ID。

```
typedef struct
{
  union
  {
    uint16       shortAddr;
    ZLongAddr_t extAddr;
  } addr;
  afAddrMode_t addrMode;
  uint8 endPoint;
  uint16 panId;   // used for the INTER_PAN feature
```

```
} afAddrType_t;
```

③ 输入消息包数据结构：定义了协议栈底层接收到的无线数据包。

```
typedef struct
{
  osal_event_hdr_t hdr;        /* OSAL Message header */
  uint16 groupId;              /* Message's group ID - 0 if not set */
  uint16 clusterId;            /* Message's cluster ID */
  afAddrType_t srcAddr;        /* Source Address, if endpoint is STUBAPS_INTER_PAN_EP,
                                  it's an InterPAN message */
  uint16 macDestAddr;          /* MAC header destination short address */
  uint8 endPoint;                  /* destination endpoint */
  uint8 wasBroadcast;              /* TRUE if network destination was a broadcast address */
  uint8 LinkQuality;               /* The link quality of the received data frame */
  uint8 correlation;               /* The raw correlation value of the received data frame */
  int8   rssi;                     /* The received RF power in units dBm */
  uint8 SecurityUse;               /* deprecated */
  uint32 timestamp;                /* receipt timestamp from MAC */
  uint8 nwkSeqNum;                 /* network header frame sequence number */
  afMSGCommandFormat_t cmd;    /* Application Data */
} afIncomingMSGPacket_t;
```

(5) 在 ZigBee 协议栈中进行数据发送，可以直接调用 AF 层的 AF_DataRequest()函数，该函数会调用协议栈里面与硬件相关的函数将数据通过天线发送到空间中。底层的操作我们无需了解也无法了解，因为 Z-Stack 并不是完全开源的协议栈，有很大一部分协议栈的实现都是使用库文件 lib 的形式来提供给用户的。用户只需要掌握 AF_DataRequest()函数的使用方法即可。下面来详细讲解 AF_DataRequest()函数中各个参数的具体含义：

① AF_DataRequest()函数：该函数是在 AF.c 文件中定义的，函数原型为

```
afStatus_t AF_DataRequest( afAddrType_t *dstAddr, endPointDesc_t *srcEP,
                           uint16 cID, uint16 len, uint8 *buf, uint8 *transID,
                           uint8 options, uint8 radius )
```

② afAddrType_t *dstAddr：该参数包含了目标节点的地址以及发送的格式，如广播、单播或组播等。

③ endPointDesc_t *srcEP：在 ZigBee 无线网络中，通过网络地址可以找到某个具体的设备节点，如协调器的网络地址是 0x0000。但是具体到某一个设备节点上，还有不同的端点(endpoint)，每个设备上最多支持 240 个端点。其中端点 0 是默认的 ZDO 端点，剩下的端点用户可以自己定义。每个端点上都可以有一个任务(用户应用程序)来收发这个端点上的数据流。例如，节点 1 的端点 1 可以给节点 2 的端点 1 发送控制命令来点亮 LED(这就是灯光控制实验)，节点 1 的端点 1 也可以给节点 2 的端点 2 发送数据采集命令。因此，节点 1 在发送命令给节点 2 时，不仅要指定节点 2 的网络地址，还需要指定端点。ZigBee 网络通信的实质就是端点到端点的数据交换。

④ uint16 cID：这个参数描述的是簇编号(子功能或子命令)，在ZigBee协议里的簇编号主要用来标识不同的控制命令。如节点1的端点1可以给节点2的端点1发送控制命令，当该命令的簇编号cID为1时表示点亮LED，当cID为0时表示熄灭LED。

⑤ uint16 len：数据长度。

⑥ uint8 *buf：发送数据缓冲区指针。

⑦ uint8 *trandID：会话序号参数指针，每次发送数据时，该序号会自动加1(协议栈里面实现)，在接收端可以通过会话序号来判断是否丢包，同时可以计算出丢包率。例如，发送10个数据包，数据包的序号为0～9，在接收端发现序号为1、8的数据包没有收到，则丢包率为20%。计算公式：

$$\text{丢包率}=\frac{\text{丢包个数}}{\text{数据包总数}}\times 100\%$$

⑧ uint8 options和uint8 radius：这两个参数取默认值即可，options参数可以取AF_DISCV_ROUTE，radius参数取AF_DEFAULT_RADIUS。

(6) 终端节点给网络地址0x0000发送数据后，协调器会收到该数据，但接收到的数据放在哪里？怎样通知用户应用程序有新的数据？这些都是通过操作系统来完成的，正是由于操作系统的存在，使得我们开发用户程序变得非常简单，我们不需要去关心数据是怎么接收的，只需要知道数据在哪，什么时候会接收到新的数据。当协调器接收到数据行，操作系统会将该数据封装成一个消息，然后将消息放入消息队列中，并且通知用户应用程序进行处理。

(7) 用户应用程序对消息的处理是在MyFirstApp_ProcessEvent()函数中进行的，消息队列中的每个消息都会有一个任务ID和一个消息ID，而表示新数据的消息ID是AF_INCOMING_MSG_CMD。消息处理函数根据消息ID调用相应的子函数MyFirstApp_MessageMSGCB()进行处理。

5.5.2 实践二：3G无线通信的应用实践

1. 实践内容

利用IOT-L01-05型物联网综合实验箱配套的USB 3G上网卡实现SMS短信发送。

2. 程序设计要求

用户界面界中需要有以下内容：

(1) 可编辑文本框A，用来编辑收件人的电话号码。

(2) 可编辑文本框B，用来编辑需要发送的信息。

(3) 发送按键。

点击发送按键后触发主程序事件，读取可编辑文本框B内的内容并调用函数将其发送至可编辑文本款A的电话中。

3. 关键代码解析

MainActivity.java主程序源码：

```
package cn.itcast.sms;
import java.util.ArrayList;
```

```
import android.app.Activity;
import android.os.Bundle;
//包括 SMS 管理库
import android.telephony.SmsManager;
import android.view.View;
import android.widget.Button;
import android.widget.EditText;
import android.widget.Toast;

public class MainActivity extends Activity
{
  /** Called when the activity is first created. */
  @Override
  public void onCreate(Bundle savedInstanceState)
  {
    super.onCreate(savedInstanceState);
    setContentView(R.layout.main);
    Button button = (Button)this.findViewById(R.id.button);
 //设置发送按键的响应事件
    button.setOnClickListener(new View.OnClickListener()
    {
      public void onClick(View v)
      {
        //获取电话号码文本框
        EditText mobileText = (EditText)findViewById(R.id.mobile);
        //获取发送内容文本框
        EditText contentText = (EditText)findViewById(R.id.content);
        //获取电话号码
        String mobile = mobileText.getText().toString();
        //获取发送内容
        String content = contentText.getText().toString();
        //获取 SmsManager 的工作状态
        SmsManager smsManager = SmsManager.getDefault();
        //拆分短信，根据 smsManager 来得知每条短信的最大长度
        ArrayList<String> texts = smsManager.divideMessage(content);
        for(String text : texts)
        {
          //直接调用短信发送接口即可
          smsManager.sendTextMessage(mobile, null, text, null, null);
```

```
            }
            Toast.makeText(MainActivity.this, R.string.success, Toast.LENGTH_LONG).show();
          }
      });
   }
}
```

main.xml Layout 源码

```
<?xml version="1.0" encoding="utf-8"?>
<RelativeLayout xmlns:android="http://schemas.android.com/apk/res/android"
      android:layout_width="fill_parent"
      android:layout_height="fill_parent"
>
<LinearLayout
     android:orientation="horizontal"
     android:layout_width="fill_parent"
     android:layout_height="wrap_content"
     android:id="@+id/lineLayout"
 >
//TextView A，提示用户输入电话号码
<TextView
      android:layout_width="100dip"
      android:layout_height="wrap_content"
      android:text="请输入电话号码"
      android:textSize="16sp"
/>
//第一个 EditText   A，在这里输入电话号码
<EditText
      android:layout_width="fill_parent"
      android:layout_height="wrap_content"
      android:phoneNumber="true"
      android:id="@+id/mobile"
      />
</LinearLayout>
// TextView B，提示用户输入短信内容
<TextView
      android:layout_width="fill_parent"
      android:layout_height="wrap_content"
      android:text="请输入短信内容"
      android:layout_below="@id/lineLayout"
```

```
    android:id="@+id/contentLabel"
/>
//EditText B，编辑短信内容
<EditText
    android:layout_width="fill_parent"
    android:layout_height="wrap_content"
    android:minLines="3"
    android:layout_below="@id/contentLabel"
    android:id="@+id/content"
/>
//发送按键
<Button
    android:layout_width="wrap_content"
    android:layout_height="wrap_content"
    android:text="@string/button"
    android:layout_below="@id/content"
    android:layout_alignParentRight="true"
    android:id="@+id/button"
/>
</RelativeLayout>
```

4. 实践步骤

(1) 将一张联通的WCDMA 3G SIM卡插入实验箱配套的E261型USB 3G无线网卡中，并将无线网卡查到应用网关的USB接口上。

(2) 点击应用网关上的“3G-Dial UP”程序，此时会列出来已经识别了的3G网卡，选择其中的“E261”网卡，进入下一界面，点击“Connect”按键，此时网关将试图通过3G接入网络，如果正常接入会有“Connect”提示，此时右方会出现几个默认的网站，点击网站，发现已经可以通过3G浏览网页，3G功能调试成功。

(3) 在PC机上Ecplise中建立“TestSMS”工程，输入上一小节的源码编译并下载至网关上，测试短信发送功能。

练　习　题

一、单选题

1. ZigBee(　　)：无需人工干预，网络节点能够感知其他节点的存在，并确定连结关系，组成结构化的网络。

A. 自愈功能　　B. 自组织功能

C. 碰撞避免机制　　D. 数据传输机制

2. 下列哪项不属于无线通信技术的(　　)。

A. 数字化技术　　B. 点对点的通信技术
C. 多媒体技术　　D. 频率复用技术

3. 蓝牙的技术标准为(　　)。

A. IEEE 802.15　　B. IEEE 802.2
C. IEEE 802.3　　D. IEEE 802.16

4. 下列哪项不属于3G网络的技术体制(　　)。

A. WCDMA　　B. CDMA2000
C. TD-SCDMA　　D. IP

5. ZigBee(　　)：增加或者删除一个节点，节点位置发生变动，节点发生故障等，网络都能够自我修复，并对网络拓扑结构进行相应的调整，无需人工干预，保证整个系统仍然能正常工作。

A. 自愈功能　　B. 自组织功能
C. 碰撞避免机制　　D. 数据传输机制

6. ZigBee采用了CSMA-CA(　　)，同时为需要固定带宽的通信业务预留了专用时隙，避免了发送数据时的竞争和冲突；明晰的信道检测。

A. 自愈功能　　B. 自组织功能
C. 碰撞避免机制　　D. 数据传输机制

7. 通过无线网络与互联网的融合，将物体的信息实时准确地传递给用户，指的是(　　)。

A. 可靠传递　　B. 全面感知
C. 智能处理　　D. 互联网

8. ZigBee网络设备(　　)，只能传送信息给FFD或从FFD接收信息。

A. 网络协调器　　B. 全功能设备(FFD)
C. 精简功能设备(RFD)　　D. 交换机

9. ZigBee堆栈是在(　　)标准基础上建立的。

A. IEEE 802.15.4　　B. IEEE 802.11.4
C. IEEE 802.12.4　　D. IEEE 802.13.4

10. ZigBee(　　)是协议的最底层，承付着和外界直接作用的任务。

A. 物理层　　B. MAC层
C. 网络/安全层　　D. 支持/应用层

11. ZigBee(　　)负责设备间无线数据链路的建立、维护和结束。

A. 物理层　　B. MAC层
C. 网络/安全层　　D. 支持/应用层

12. ZigBee(　)建立新网络，保证数据的传输。

A. 物理层　　B. MAC层
C. 网络/安全层　　D. 支持/应用层

13. ZigBee(　　)根据服务和需求使多个器件之间进行通信。

A. 物理层　　B. MAC层
C. 网络/安全层　　D. 支持/应用层

14. ZigBee 的频带，(　　)传输速率为 20 kb/s 适用于欧洲。

A. 868 MHz　　B. 915 MHz

C. 2.4 GHz　　D. 2.5 GHz

15. ZigBee 的频带，(　　)传输速率为 40 kb/s 适用于美国。

A. 868 MHz　　B. 915 MHz

C. 2.4 GHz　　D. 2.5 GHz

16. ZigBee 的频带，(　　)传输速率为 250 kb/s 全球通用。

A. 868 MHz　　B. 915 MHz

C. 2.4 GHz　　D. 2.5 GHz

17. ZigBee 网络设备(　　)发送网络信标、建立一个网络、管理网络节点、存储网络节点信息、寻找一对节点间的路由消息、不断地接收信息。

A. 网络协调器　　B. 全功能设备(FFD)

C. 精简功能设备(RFD)　　D. 路由器

二、判断题

1. 物联网是互联网的应用拓展与其说物联网是网络不如说物联网是业务和应用。(　)

2. ZigBee 是 IEEE 802.15.4 协议的代名词。ZigBee 就是一种便宜的，低功耗的近距离无线组网通信技术。(　)

3. 物联网、泛在网、传感网等概念基本没有交集。(　)

4. 在物联网节点之间做通信的时候，通信频率越高，意味着传输距离越远。(　)

5. 2009 年，IBM 提出“智慧地球”这一概念，那么“互联网 + 物联网 = 智慧地球”这一说法正确吗？(　)

三、简答题

1. 无线网与物联网的区别？

2. 蓝牙核心协议有哪些？蓝牙网关的主要功能是什么？

项目六　无线传感器网络技术应用与实践

【知识目标】

(1) 了解传感器网络的基本组成、传感器网络的特点。
(2) 了解传感器网络的体系结构、传感器网络协议体系结构。
(3) 熟悉路由协议、传感器网络 MAC 协议。
(4) 熟悉无线传感器网络技术基础知识。

【技能目标】

(1) 能对典型的传感器网络应用系统开发。
(2) 能对物联网无线通信应用开发。
(3) 能构建传感器网络应用系统。
(4) 能无线网的综合开发。

6.1　任务一：无线传感器网络基础知识

6.1.1　无线传感器网络背景知识

无线传感器网络(Wireless Sensor Network)是新一代传感器网络，具有非常广泛的应用前景，其发展和应用将会给人类的生活和生产的各个领域带来深远影响。无线传感器网络综合了微电子技术、嵌入式计算技术、现代网络及无线通信技术、分布式信息处理技术等先进技术，能够协同地实时监测、感知和采集网络覆盖区域中各种环境或监测对象的信息，并对其进行处理，处理后的信息通过无线方式发送，并以自组多跳的网络方式传送给观察者。

无线传感器网络可以定义为：无线传感器网络就是部署在监测区域内大量的廉价微型传感器节点组成，通过无线通信方式形成的一个多跳自组织网络的网络系统，其目的是协作感知、采集和处理网络覆盖区域中感知对象的信息，并发送给观察者。

可以看出，传感器、感知对象和观察者是传感器网络的三个基本要素。这三个要素之间通过无线网络建立通信路径，协作地感知、采集、处理和发布感知信息。

6.1.2　无线传感器网络的特点

目前常见的无线网络包括移动通信网、无线局域网、蓝牙网络、Ad hoc 网络等，无线传感器网络在通信方式、动态组网以及多跳通信等方面有许多相似之处，但同时也存在很大的差别。无线传感器网络具有如下特点：

(1) 电源能量有限。传感器节点体积微小，通常由电池供电。由于传感器节点数目庞大，成本要求低廉，分布区域广，而且部署区域环境复杂，有些区域甚至人员不能到达，所以传感器节点通过更换电池的方式来补充能源是不现实的。如何在使用过程中节省能源，最大化网络的生命周期，是传感器网络面临的首要挑战。

(2) 通信能量有限。传感器网络的通信带宽窄且经常变化，通信覆盖范围只有几十到几百米。由于传感器网络更多地受到高山、建筑物、障碍物等地势地貌以及风雨雷电等自然环境的影响，传感器可能会长时间脱离网络，离线工作。如何在有限通信能力的条件下高质量地完成感知信息的处理与传输，是传感器网络面临的挑战之一。

(3) 传感器接点的能量、计算能力和存储能力有限。传感器节点是一种微型嵌入式设备，要求价格低功耗小，这些限制必然导致其携带的处理器能力比较弱，存储器容量比较小。为了完成各种任务，传感器节点需要完成监测数据的采集和转换、数据的管理和处理、应答汇聚节点的任务请求和节点控制等多种工作。如何利用有限的计算和存储资源完成诸多协同任务成为传感器网络设计的挑战。

(4) 网络规模大，分布广。传感器网络中的节点分布密集、数量巨大，此外，传感器网络可分布在很广泛的地理区域。因此，传感器网络的软、硬件必须具有高强壮性和容错性，以满足传感器网络的功能要求。

(5) 自组织、动态性网络。在传感器网络应用中，传感器节点的位置和节点之间的相互邻居关系预先不知道，这就要求传感器节点具有自组织能力，能够自动进行配置和管理，通过拓扑控制机制和网络协议自动形成转发监控数据的多跳无线网络系统。这就要求传感器网络具有很强的动态性，以适应网络拓扑结构的动态变化。

(6) 传感器节点具有数据融合能力。与无线 Ad hoc 网络比数量多、密度大、易受损、拓扑结构频繁、广播式点对多通信、节点能量、计算能力受限。

(7) 应用相关的网络。传感器网络用来感知客观物理世界，获取物理世界的信息量。但不同的应用背景对传感器网络的要求不同，针对每个具体应用来研究传感器网络技术，这是传感器网络设计不同于传统网络的显著特征。

6.2　任务二：无线传感器网络体系结构及协议系统结构

6.2.1　无线传感器网络体系结构

1. 无线传感器网络的组成

无线传感器网络系统的组成如图 6.1 所示。监测区域中随机分布着大量的传感器节点，这些节点以自组织的方式构成网络结构。每个节点既有数据采集又有路由功能，采集数据经过多跳传递给汇聚节点，连接到互联网。在网络的任务管理节点对信息进行管理、分类、处理，最后供用户进行集中处理。

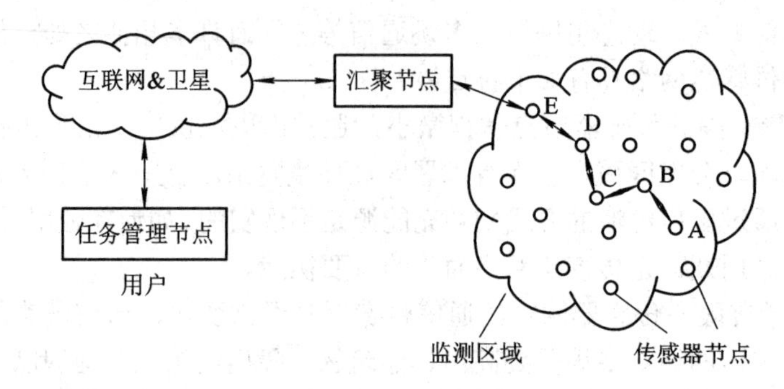

图 6.1　无线传感器网络的组成

2. 无线传感器网络的节点结构

节点同时具有传感、信息处理、无线通信及路由的功能。对于不同的应用环境，节点的结构也可能不一样，但它们的基本组成部分是一致的，一个节点通常包含传感器、微处理器、存储器、A/D 转换接口、无线发射与接收装置和电源组成。概括而言，可分为传感器模块、处理器模块、无线通信模块和能量供应模块四个部分，无线传感器节点的体系结构如图 6.2 所示。传感器模块负责信息采集和数据转换；处理模块控制整个传感器节点的操作，处理本身采集的数据和其他节点发来的数据，运行高层网络协议；无线收发模块负责与其他传感器节点进行通信；能量供应模块为传感器节点提供运行所需的能量，通常是微型蓄电池。

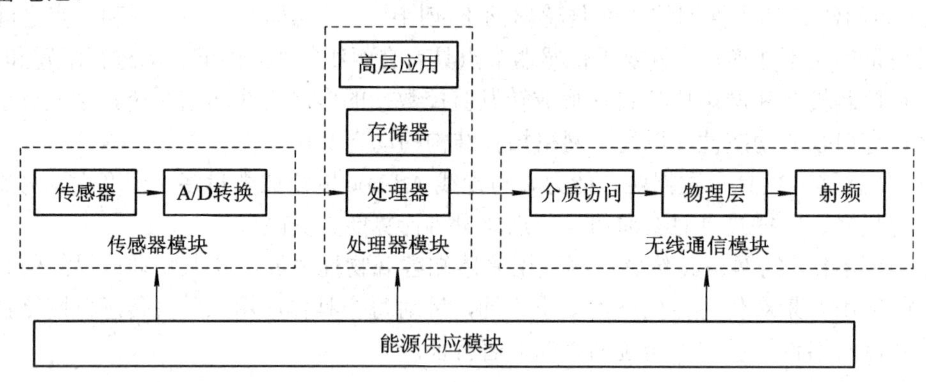

图 6.2　无线传感器节点的体系结构

3. 无线传感器网络应用系统结构

无线传感器网络应用系统结构如图 6.3 所示。无线传感器网络应用支撑层、无线传感器网络基础设施和基于无线传感器网络应用业务层的一部分共性功能以及管理、信息安全等部分组成了无线传感器网络中间件和平台软件。其基本含义是：应用支撑层支持应用业务层为各个应用领域服务，提供所需的各种通用服务，在这一层中核心的是中间件软件；管理和信息安全是贯穿各个层次的保障。无线传感器网络中间件和平台软件体系结构主要分为四个层次：网络适配层、基础软件层、应用开发层和应用业务适配层，其中网络适配层和基础软件层组成无线传感器网络节点嵌入式软件(部署在无线传感器网络节点中)的体系结构，应用开发层和基础软件层组成无线传感器网络应用支撑结构(支持应用业务的开发与实现)。网络适配层是在网络适配层中，网络适配器是对无线传感器网络底层(无线传感器网络基础设施、无线传感器操作系统)的封装。基础软件层包含无线传感器网络各种中间件。这些中间件构成无线传感器网络平台软件的公共基础，并提供了高度的灵活性、模块性和可移植性。

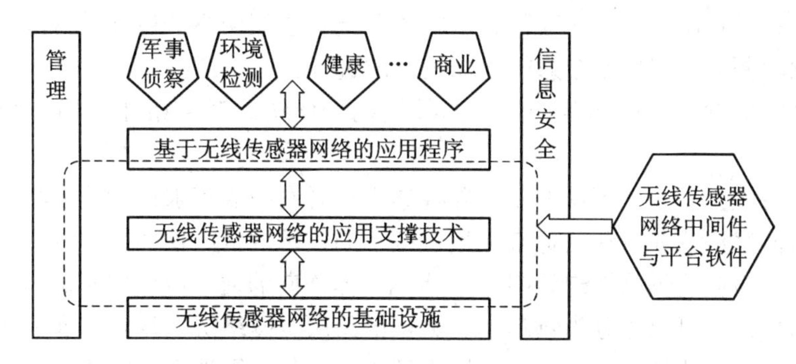

图 6.3　无线传感器网络应用系统结构

无线传感器网络中间件有如下五种：

(1) 网络中间件：网络中间件完成无线传感器网络接入服务、网络生成服务、网络自愈合服务、网络连通等。

(2) 配置中间件：配置中间件完成无线传感器网络的各种配置工作，例如路由配置、拓扑结构的调整等。

(3) 功能中间件：功能中间件完成无线传感器网络各种应用业务的共性功能，提供各种功能框架接口。

(4) 管理中间件：管理中间件为无线传感器网络应用业务实现各种管理功能，例如目录服务、资源管理、能量管理、生命周期管理等。

(5) 安全中间件：安全中间件为无线传感器网络应用业务实现各种安全功能，例如安全管理、安全监控、安全审计等。

无线传感器网络中间件和平台软件采用层次化、模块化的体系结构，使其更加适应无线传感器网络应用系统的要求，并用自身的复杂换取应用开发的简单，而中间件技术能够更简单明了地满足应用的需要。一方面，中间件提供满足无线传感器网络个性化应用的解决方案，形成一种特别适用的支撑环境；另一方面，中间件通过整合，使无线传感器网络应用只需面对一个可以解决问题的软件平台，因而以无线传感器网络中间件和平台软件的灵活性、可扩展性保证了无线传感器网络安全性，提高了无线传感器网络数据管理能力和能量效率，降低了应用开发的复杂性。

6.2.2　无线传感器网络的通信协议栈

无线传感器网络的实现需要自组织网络技术，相对于一般意义上的自组织网络，传感器网络有以下一些特色，需要在体系结构的设计中特殊考虑。

(1) 无线传感器网络中的节点数目众多，这就对传感器网络的可扩展性提出了要求，由于传感器节点的数目多，开销大，传感器网络通常不具备全球唯一的地址标识，这使得传感器网络的网络层和传输层相对于一般网络而言有很大的简化。

(2) 自组织传感器网络最大的特点就是能量受限，传感器节点受环境的限制，通常由电量有限且不可更换的电池供电，所以在考虑传感器网络体系结构以及各层协议设计时，节能是设计的主要考虑目标之一。

(3) 由于传感器网络应用环境的特殊性，无线信道不稳定以及能源受限的特点，传感器网络节点受损的概率远大于传统网络节点，因此自组织网络的健壮性保障是必须的，以保证部分传感器网络的损坏不会影响全局任务的进行。

(4) 传感器节点高密度部署，网络拓扑结构变化快。对于拓扑结构的维护也提出了挑战。

根据以上特性分析，传感器网络需要根据用户对网络的需求设计适应自身特点的网络体系结构，为网络协议和算法的标准化提供统一的技术规范，使其能够满足用户的需求。无线传感执行网络通信体系结构如图 6.4 所示，即横向的通信协议层和纵向的传感器网络管理面。通信协议层可以划分为物理层、数据链路层、网络层、传输层和应用层。而网络管理面则可以划分为能耗管理面、移动性管理面以及任务管理面，网络管理面的存在主要是用于协调不同层次的功能以求在能耗管理、移动性管理和任务管理方面获得综合考虑的最优设计。

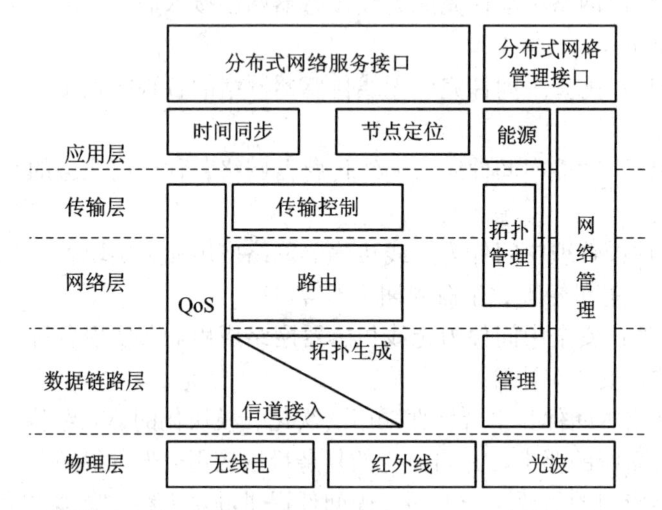

图 6.4　无线传感器网络通信体系结构

无线传感器网络协议栈与互联网协议框架类似，无线传感器网络的协议框架也包括五层，如图 6.4 所示，网络协议各层功能如下：

(1) 物理层协议：物理层负责数据的调制、发送与接收。该层的设计将直接影响到电路的复杂度和能耗。对于距离较远的无线通信来说，从实现的复杂性和能量的消耗来考虑，代价都是很高的。研究的目标是设计低成本、低功耗、小体积的传感器节点。在物理层面上，无线传感器网络遵从的主要是 IEEE 802.15.4 标准(ZigBee)。

(2) 数据链路层协议：数据链路层负责数据成帧、帧检测、差错控制以及无线信道的使用控制，减少邻居节点广播引起的冲突。它用于解决信道的多路传输问题。数据链路层的工作集中在数据流的多路技术，数据帧的监测，介质的访问和错误控制，它保证了无线传感器网络中点到点或一点到多点的可靠连接。

(3) 路由层协议(又称网络层)：路由层实现数据融合，负责路由生成和路由选择。它关心的是对传输层提供的数据进行路由。大量的传感器节点散布在监测区域中，需要设计一套路由协议来供采集数据的传感器节点和基站节点之间的通信使用。

(4) 传输控制层协议：传输控制层负责数据流的传输控制，协作维护数据流，是保障通信质量的重要部分。TCP 协议是 Internet 上通用的传输层协议。但无线传感器网络的资源受限、高错误率、拓扑结构动态变化的特点将严重影响 TCP 协议的性能。

(5) 应用层协议：基于检测任务，在应用层上开发和使用不同的应用层软件。

无线传感器网络的应用支撑服务包括：时间同步和节点定位。其中，时间同步服务为协同工作的节点同步本地时钟；节点定位服务依靠有限的位置已知节点(信标)，确定其他节点的位置，在系统中建立起一定的空间关系。

图 6.4 中右侧部分不是独立的模块，它们的功能渗透到各层中，如能量、安全、移动，在各层设计实现中都要考虑；而拓扑管理主要是为了节约能量，制定节点的休眠策略，保持网络畅通；网络管理主要是实现在传感器网络环境下对各种资源的管理，为上层应用服务的执行提供一个集成的网络环境；QoS 支持是指为用户提供高质量的服务。通信协议中的各层都需要提供 QoS 支持。

6.3　任务三：构建无线传感器的协议

6.3.1　无线传感器网 MAC 协议

媒体访问控制协议简称 MAC(Medium Access Control)协议，处于无线传感器网络协议的底层部分，以解决无线传感器网络中节点以怎样的规则共享媒体才能保证满意的网络性能问题。对传感器网络的性能有较大影响，是保证无线传感器网络高效通信的关键网络协议之一，传感器网络的性能如吞吐量、延迟性能等完全取决于所采用的 MAC 协议。

目前的 MAC 协议，主要是有如下三类：

(1) 无线信道随机竞争接入方式(CSMA)：节点需要发送数据时采用随机方式使用无线信道，典型的如采用载波监听多路访问(CSMA)的 MAC 协议，需要注意隐藏终端和暴露终端问题，尽量减少节点间的干扰。

(2) 无线信道时分复用无竞争接入方式(TDMA)：采用时分复用(TDMA)方式给每个节点分配了一个固定的无线信道使用时段，可以有效避免节点间的干扰。

(3) 无线信道时分/频分/码分等混合复用接入方式(TDMA/FDMA/CDMA)：通过混合采用时分和频分或码分等复用方式，实现节点间的无冲突信道分配策略。

1. 基于竞争的无线传感器网络 MAC 协议

基于竞争的 MAC 协议的基本思想是当节点需要发送数据时，通过竞争方式使用无线信道，如果发送的数据产生了碰撞，就按照某种策略(如 IEEE 802.11 MAC 协议的分布式协调工作模式 DCF 采用的是二进制退避重传机制)重发数据，直到数据发送成功或彻底放弃发送数据。

IEEE 802.11 是典型的竞争型介质访问控制协议，广泛应用在无线网络环境以作为无线节点的 MAC 协议。由于无线网络使用的传输媒介属于开放式共享资源，移动节点要传输时必须完全占用传输媒介才能运作，因此，802.11 采用了载波侦听多路访问/冲突检测(CSMA/CA)

的方式来争夺传输媒介，只有获得信道的节点才能进行数据传输。但是CSMA/CA的运作方式需要节点长期侦听信道，显然，对于传感器节点来说会消耗相当多的能源，另外CSMA/CA倾向支持独立的点到点通信业务，容易导致临近网关的节点获得更多的通信机会，而抑制多跳业务流量，因此，802.11协议不能直接应用于无线传感器网络领域。

下面介绍四种常用的随机竞争类MAC协议。

1) 带冲突避免的载波侦听多路访问MAC层协议——CSMA/CA协议

CSMA/CA协议主要是应用于无线局域网IEEE 802.11 MAC协议的分布式协调工作模式下的一种协议。在节点侦听到无线信道忙之后，采用CSMA/CA机制和随机退避时间，实现无线信道的共享。

传统的载波侦听多路访问(CSMA)协议不适合传感器，当一个节点要传输一个分组时，它首先侦听信道状态。如果信道空闲，而且经过一个帧间间隔DIF后，信道仍然空闲，则站点开始发送信息。如果信道忙，要一直侦听到信道的空闲时间超过DIFS。当信道最终空闲下来时，节点进一步使用二进制退避算法，以避免发生碰撞。节点进入退避状态时，启动一个退避计时器，当计时到达退避时间后结束退避状态。802.11 MAC协议中通过立即主动确认机制和预留机制来提高性能。

2) S-MAC协议

S-MAC(Self-organizing MAC)协议是由Wei Ye和Heidemann于2003年在IEEE 802.11 MAC协议基础上，采纳了其DCF节能模式的设计思想，针对传感器网络的节省能量需求而提出的传感器网络MAC协议。S-MAC以多跳网络环境为应用平台，节点周期性地在监听状态和休眠状态之间转换。

S-MAC协议的主要设计目标是提供良好的扩展性，减少能量的消耗。对碰撞重传、串音、空闲侦听和控制消息等可能造成传感器网络的消耗更多能量的主要因素，S-MAC协议采用以下机制：周期性侦听/睡眠的低占空比工作方式，控制节点尽可能处于睡眠状态来降低节点能量的消耗；邻居节点通过协商一致性睡眠调度机制形成虚拟簇，减少节点的空闲侦听时间；通过流量自适应的侦听机制，减少消息在网络中的传输延迟；采用带内信令来减少重传和避免监听不必要的数据；通过消息分割和突发传递机制来减少控制消息的开销和消息的传递延迟。

3) T-MAC协议

T-MAC(Timeout MAC)协议是在S-MAC协议的基础上提出来的。S-MAC协议通过采用周期性侦听/睡眠工作方式来减少空闲侦听，周期长度是固定不变的，节点的侦听活动时间也是固定的。而周期长度受限于延迟要求和缓存大小，活动时间主要依赖于消息速率。

在T-MAC协议中，发送数据时仍采用RTS/CTS/DATA/ACK的通信过程，节点周期性唤醒进行侦听，如果在一个给定时间内没有发生下面任何一个激活事件，则活动结束：周期时间定时器溢出；在无线信道上收到数据；通过接收信号强度指示RSSI感知存在无线通信；通过侦听RTS/CTS分组，确认邻居的数据交换已经结束。

4) WiseMAC协议

WiseMAC协议是基于竞争的MAC协议，WiseMAC协议通过先序采样(Preamble Sampling)技术达到减少节点空闲监听时间的目的。所谓先序采样，即节点发送数据包之前先发送一个先序(Preamble)，网络中的节点周期性地对媒介进行采样。如果发现媒介忙(即监听到此先序数据)，则继续监听并接收可能的数据。WiseMAC 协议是根据接收者的采样调度动态地调整先序数据的长度。当节点要传送数据至其邻居时，先检查该邻居的采样调度，并在该邻居采样之前发送一个较短的先序，则邻居活动后将检测到此先序并很快进入接收数据状态。因此，适中长度的先序不仅节约了发送方的能量，也缩短了接收方等待接收数据的时间。WiseMAC 协议获得了比 S-MAC 更好的性能，其动态地先序长度调整能适应网络负载的变化，在协议的内部可以处理时钟的漂移。

但由于节点的睡眠调度是相互独立的，节点邻居的睡眠、活动时间各不相同，这对消息的广播非常不利。广播的数据包将在每个邻居苏醒时发送，因此广播数据包需要进行缓存并要发送多次，这些冗余的传送将带来较高的延迟和能量消耗；此外，WiseMAC 协议不能处理隐藏终端问题。

2. 基于时分复用的无线传感器网络 MAC 协议

基于时分复用的无线传感器网络 MAC 协议主要指 TDMA 时间调度型的协议。时分复用 TDMA 是实现信道分配的简单、成熟的机制，TDMA 机制具有下列特点：没有竞争机制的碰撞重传问题，数据传输时不需要过多的控制信息，节点在空闲时隙能够及时进入睡眠状态。但是 TDMA 机制需要节点之间比较严格的时间同步。基于 TDMA 的 MAC 协议将时间区分为连续的时隙，每个时隙分配给某个特定的节点，每个节点只能在分配的时隙内发送消息。这样，节点可以在非发送或接收的时隙内及时进入睡眠状态，从而有效地减少能量消耗。下面介绍三种基于时分复用的 MAC 协议。

1) DMAC 协议

S-MAC 和 T-MAC 协议采用周期性的活动/睡眠策略，睡眠策略是减少能量消耗，但是存在数据通信停顿问题，从而引起数据的传输延迟。而在无线传感器网络中，经常采用的通信模式是数据采集树，针对这种结构，为发减少网络的能量消耗和数据的传输延迟，提出了 DMAC 协议。

DMAC 协议采用不同深度节点之间的活动/睡眠的交错调度机制，数据能够沿着多跳路径连续传播，减少睡眠带来的通信延迟。该协议通过自适应占空比机制，根据网络流量变化动态调整整条路径上节点的活动时间，通过数据预测机制解决相同父节点的不同子节点间的相互干扰问题，通过 MTS 机制解决不同父节点的邻居节点之间干扰带来的睡眠延迟问题。但是，该协议实现复杂。

2) DEANA 协议

分布式能量感知节点活动协议 DEANA(Distributed Energy-Aware Node Activation)将时间帧分为周期性的调度访问阶段和随机访问阶段。调度访问阶段由多个连续的数据传输时隙组成，某个时隙分配给特定节点用来发送数据。除相应的接收节点外，其他节点在此时隙处于睡眠状态。随机访问阶段由多个连续的信令交换时隙组成，用于处理节点的添加、删除以及时间同步等。

与传统的 TDMA 协议相比，DEANA 协议在数据传输时隙前加入了一个控制时隙，使节点在得知不需要接收数据时进入睡眠状态，从而能够部分解决串音问题。但是，DEANA 协议对时隙分配考虑较少。

3) TRAMA 协议

流量自适应介质访问(TRAMA)协议将时间划分为连续时隙，根据局部两跳内的邻居节点信息，采用分布选举机制确定每个时隙的无冲突发送者。同时，通过避免把时隙分配给无流量的节点，并让非发送和接收节点处于睡眠状态达到节省能量的目的。为了适应节点失败或节点增加等引起的网络拓扑结构变化，将时间划分为交替的随机访问周期和调度访问周期。随机访问周期和调度访问周期的时隙个数根据具体应用情况而定。随机访问周期主要用于网络维护。

TRAMA 协议根据两跳范围内的邻居节点信息，由节点独立确定自己发送消息的时隙，同时避免把时隙分配给没有信息发送的节点，由此提高了网络吞吐量，克服了基于 TDMA 的 MAC 协议扩展性差的不足。但是 TRAMA 协议相对比较复杂，为了建立节点间一致的调度消息，计算和通信开销都比较大。

3. 混合型的无线传感器网络 MAC 协议

采用单纯的竞争型或调度型机制很难在各种指标中获得较平衡的优良性能，它们往往用较大的某些性能损失代价去换取另一种性能的提高，如 S-MAC 用较大的时延代价来获取可接受的节能效率。而竞争性 MAC 机制与 TDMA 调度机制的有机结合可以平衡两者的优势和不足，取得较好的性能。下面介绍三种常用的“混合型”的 MAC 协议。

1) SMACS/EAR 协议

SMACS/EAR(Self-organizing Medium Access Control/Eavesdrop And Register)协议是一种结合时分复用和频分复用的基于固定信道分配的 MAC 协议。其主要思想是为每一对邻居节点分配一个特有频率进行数据传输，不同节点对时间的频率互不干扰，从而避免同时传输的数据之间产生碰撞。SMACS 协议主要用于静止节点间链路的建立，而 EAR 协议则用于建立少量运动节点与静止节点之间的通信链路。

SMACS/EAR 协议不要求所有节点之间进行时间同步，只需要两个通信节点间保持相对的帧同步。它不能完全避免碰撞，因为多个节点在协商过程中可能同时发出“邀请”消息或应答消息。由于每个节点要支持多种通信频率，这对节点硬件提出了很高的要求，另外每个节点需要建立的通信链路数无法事先预计，使得整个网络的利用率不高。

2) Z-MAC

Z-MAC 将信道使用划为时间帧的同时，使用 CSMA 作为基本机制，时隙的占有者只有数据发送的优先权，其他节点也可以在该时隙发送信息帧，当节点之间产生碰撞之后，时隙占有者的回退时间短，从而真正获得时隙的信道使用权。Z-MAC 使用竞争状态标示来转换 MAC 机制，节点在 ACKs 重复丢失和碰撞回退频繁的情况下，将由低竞争状态转为高竞争状态，由 CSMA 机制转为 TDMA 机制。可以说，Z-MAC 在低网络负载下类似 CSMA，在网络进入高竞争的信道状态之后类似 TDMA。

Z-MAC 在较低竞争情况下性能像 CSMA，在较高竞争情况下性能像 TDMA。优点是比较好结合了 CSMA 和 TDMA 的优点，节点在任何时隙都可以发送数据，信道利用率得到了提高。缺点是网络开始的时候，花费大量的开销来初始化网络，造成网络能量大量消耗，且协议实现过于复杂，虽然设计思想非常新颖有效，但实用性不强。

3) TRAMA

TRAMA 在协议运行过程中使用了关键的竞争策略来动态地建立网络拓扑、选举节点、分配时隙，且将时间划分为交替的随机访问周期和调度访问周期，有别于一般的 TDMA 型协议，属于典型的混合型的 MAC 协议。

TRAMA 包含两种接入模式：随机接入采用分时段 CSMA，定期接入采用 TDMA 方式。主要应用场合为周期性数据采集和监控。它将时间划分为连续时槽，根据局部两跳内的邻居节点信息，采用分布式选举机制确定每个时槽的无冲突发送者。TRAMA 协议包括邻居 NP(Neighbor Protocol)、调度交换协议 SEP(Schedule Exchange Protocol)和自适应时槽选择算法 AEA(Adaptive Election Algorithm)。

TRAMA 通过分布式协商保证节点无冲突地发送数据，无数据收发的节点处于睡眠状态；同时避免把时槽分配给没有信息发送的节点，在节省能量消耗的同时，保证网络的高数据传输率。

6.3.2　无线传感网路由协议

针对无线传感器网络(Wireless Sensor Network，WSN)的特点与通信需求，网络层需要解决通过局部信息来决策并优化全局行为(路由生成与路由选择)的问题。无线传感器网络的路由协议不同于传统网络的协议，它具有能量优先、基于局部的拓扑信息、以数据为中心和应用相关四个特点，因而，根据具体的应用设计路由机制时，需从四个方面衡量路由协议的优劣：

(1) 能量高效。传统路由协议在选择最优路径时，很少考虑节点的能量问题。由于无线传感器网络中节点的能量有限，传感器网络路由协议不仅要选择能量消耗小的消息传输路径，更要能量均衡消耗，实现简单且高效的传输，尽可能地延长整个网络的生存期。

(2) 可扩展性。无线传感器网络的应用决定了它的网络规模不是一成不变的，而且很容易造成拓扑结构动态发生变化，因而要求路由协议有可扩展性，能够适应结构的变化。具体体现在传感器的数量、网络覆盖区域、网络生命周期、网络时间延迟、网络感知精度等方面。

(3) 鲁棒性。无线传感器网络中，由于环境和节点的能量耗尽造成传感器的失效、通信质量的降低使网络变得不可靠，所以在路由协议的设计过程中必须考虑软硬件的高容错性，保障网络的健壮性。

(4) 快速收敛性。由于网络拓扑结构的动态变化，要求路由协议能够快速收敛，以适应拓扑的动态变化，提高带宽和节点能量等有限资源的利用率和消息传输效率。

针对不同传感器网络的应用，研究人员提出了不同的路由协议，目前已有的分类方式主要包括按网络结构划分和按协议的应用特征划分。路由协议按网络结构可以分为平面路由协议、基于位置路由协议和分级网络路由协议；按协议的应用特征可以分为基于多径路由协议、基于可靠路由协议、基于协商路由协议、基于查询路由协议、基于位置路由协议和基于 QoS 路由协议。基于平面的路由协议，所有节点通常都具有相同的功能和对等的角色；而基于分级的路由节点通常扮演不同的角色；基于位置的路由，网络节点利用传感器节点的位置来路由数据。这种分类方式太过分散，没有整体概念。本书就各个协议的不同侧重点提出一种新的分类方法，把现有的代表性路由协议按节点的传播方式划分为广播式路由协议、坐标式路由协议和分簇式路由协议。下面进行详细的介绍和分析。

1. 广播式路由协议

1) 扩散法(Flooding)

扩散法是一种传统的网络通信路由协议。它实现简单，不需要为保持网络拓扑信息和实现复杂的路由算法消耗计算资源，适用于健壮性要求高的场合。但是，扩散存在信息爆炸问题，即能出现一个节点可能得到多个数据副本的情况，而且也会出现部分重叠的现象，此外扩散法没有考虑各节点的能量，无法作出相应的自适应路由选择，当一个节点能量耗尽，网络就死去。

具体实现：节点 A 希望发送数据给节点 B，节点 A 首先通过网络将数据的副本传给其每一个邻居节点，每一个邻居节点又将其传给除 A 外的其他的邻居节点，直到将数据传到 B 为止或者为该数据设定的生命期限变为零为止或者所有节点拥有此副本为止。

2) 定向路由扩散(Directed Diffusion)

定向路由扩散是通过泛洪方式广播兴趣消息给所有的传感器节点，随着兴趣消息在整个网络中传播，协议逐跳地在每个传感器节点上建立反向的从数据源节点到基站或者汇聚节点的传输梯度。该协议通过将来自不同源节点的数据聚集再重新路由达到消除冗余和最大程度降低数据传输量的目的，因而可以节约网络能量、延长系统生存期。然而，路径建立时的兴趣消息扩散要执行一个泛洪广播操作，时间和能量开销大。

具体实现：首先是兴趣消息扩散，每个节点都在本地保存一个兴趣列表，其中专门存在一个表项用来记录发送该兴趣消息的邻居节点、数据发送速率和时间戳等相关信息，之后建立传输梯度。数据沿着建立好的梯度路径传输。

3) 谣传路由(Rumor Routing)

谣传路由是适用于数据传输量较小的无线传感器网络高效路由协议。其基本思想是时间监测区域的感应节点产生代理消息，代理消息沿着随机路径向邻居节点扩散传播。同时，基站或汇聚节点发送的查询消息也沿着随机路径在网络中传播。当查询消息和代理消息的传播路径交叉在一起时就会形成一条基站或汇聚节点到时间监测区域的完整路径。

具体实现：每个传感器节点维护一个邻居列表和一个事件列表，当传感器节点监测到一个事件发生时，在事件列表中增加一个表项并根据概率产生一个代理消息，代理消息是一个包含事件相关信息的分组，将事件传给经过的节点，收到代理消息的节点检查表项进行更新和增加表项的操作。节点根据事件列表到达事件区域的路径，或者节点随机选择邻居转发查询消息。

4) SPIN(Sensor Protocols for Information via Negotiation)

SPIN 是一种自适应的 SPIN 路由协议。该协议假定网络中所有节点都是 Sink 节点，每一个节点都有用户需要的信息，而且相邻的节点拥有类似的数据，所以只发送其他节点没有的数据。SPIN 协议通过协商完成资源自适应算法，即在发送真正数据之前，通过协商压缩重复的信息，避免了冗余数据的发送；此外，SPIN 协议有权访问每个节点的当前能量水平，根据节点剩余能量水平调整协议，所以可以在一定程度上延长网络的生存期。

具体实现：SPIN 采用了 3 种数据包来通信：ADV 用于新数据的广播，当节点有数据要发送时，利用该数据包向外广播；REQ 用于请求发送数据，当节点希望接收数据时，发送该报文；DATA 包含带有 Meta-data 头部数据的数据报文；当一个传感器节点在发送一个 DATA 数据包之前，首先向其邻居节点广播式地发送 ADV 数据包，如果一个邻居希望接收该 DATA 数据包，则向该节点发送 REQ 数据包，接着节点向其邻居节点发送 DATA 数据包。

5) GEAR(Geographical and Energy Aware Routing)

GEAR 路由协议是根据时间区域的地址位置，建立基站或者汇聚节点到时间区域的优化路径。把 GEAR 划分为广播式路由协议有点牵强，但是由于它是在利用地理信息的基础上将数据发送到合适区域，而且又是基于 DD 提出，这里仍然作为广播式的一种。

具体实现：首先向目标区域传递数据包，当节点收到数据包时，先检查是否有邻居比它更接近目标区域。如有就选择离目标区域最近的节点作数据传递的下一跳节点。如果数据包已经到达目标区域，利用递归的地理传递方式和受限的扩散方式发布该数据。

2. 坐标式路由协议

1) GEM(Graph Embedding)

GEM 实质上是一个虚拟极坐标系统(VPCS，Virtual Polar Coordinate System)GEM 路由协议，用来代表实际的网络拓扑结构。整个网络节点形成一个以基站或汇聚节点为根的带环树(Ringed Tree)。每个节点用距离树根的跳数距离和角度范围两个参数表示。

具体实现：首先建立虚拟极坐标系统，主要有三个阶段：由跳数建立路由并扩展到整个网络生成树型结构，再从叶节点开始反馈子树的大小，即树中包含的节点数目，最后确定每个子节点的虚拟角度范围。建立好系统之后，利用虚拟极坐标算法发送消息，即节点收到消息检查是否在自己的角度范围内，不在就向父节点传递，直到消息到达包含目的位置角度的节点。另外，当实际网络拓扑结构发生变化时，需要及时更新，比如节点加入和节点失效。

2) GRWLI(Geographic Routing Without Location Information)

GRWLI 是全局坐标系的路由协议，它需要少数节点精确位置信息。首先确定节点在坐标系中的位置，根据位置进行数据路由。关键是利用某些知道自己位置信息的信标节点确定全局坐标系及其他节点在坐标系中的位置。

具体实现：用三种策略确定信标节点。一是确定边界节点都为信标节点，则非边界节点通过边界节点确定自己的位置信息。在平面情况下，节点通过邻居节点位置的平均值计算。二是使用两个信标节点，则边界节点只知道自己处于网络边界不知道自己的精确位置消息。引入两个信标节点，并通过边界节点交换信息建立全局坐标系。三是使用一个信标节点，到信标节点最大的节点标记自己为边界节点。

3. 分簇式路由协议

1) LEACH(Low Energy Adaptive Clustering Hierarchy)

LEACH 是一种分簇路由算法，其基本思想是以循环的方式随机选择簇首节点，平均分配整个网络的能量到每个传感器节点，从而可以降低网络能源消耗，延长网络生存时间。簇首的产生是簇形成的基础，簇首的选取一般基于节点的剩余能量、簇首到基站或汇聚节点的距离、簇首的位置和簇内的通信代价。簇首的产生算法可以被分为分布式和集中式两种，这里不予介绍。

具体实现： LEACH 不断地循环执行簇的重构过程，可以分为两个阶段：一是簇的建立，即包括簇首节点的选择、簇首节点的广播、簇首节点的建立和调度机制的生成。二是传输数据的稳定阶段。每个节点随机选一个值，小于某阈值的节点就成为簇首节点，之后广播告知整个网络，完成簇的建立。在稳定阶段中，节点将采集的数据送到簇首节点，簇首节点将信息融合后送给汇聚点。一段时间后，重新建立簇，不断循环。

2) GAF(Geographic Adaptive Fidelity)

GAF 是一种利用分簇进行通信的路由算法。它最初是为移动 Ad hoc 网络应用设计的，也可以适用于无线传感器网络。其基本思想是网络区被分成固定区域，形成虚拟网格，每个网格里选出一个簇首节点在某段时间内保持清醒，其他节点都进入睡眠状态，但是簇首节点并不做任何数据汇聚或融合工作。GAF 算法即关掉网络中不必要的节点节省能量，同样可以达到延长网络生存期的目的。

具体实现： 当划分好固定的虚拟网格之后，网络中每个节点利用 GPS 接受卡指示的位置信息将节点本身与虚拟网格中某个点关联映射起来。网格上同一个点关联的节点对分组路由的代价是等价的，因而可以使某个特定网格区域的一些节点睡眠，且随着网络节点数目的增加可以极大地提高网络的寿命，在可扩展性上有很好的表现。

6.4 任务四：传感网系统设计与开发

6.4.1 无线传感器网络系统设计基本要求

1. 系统总体设计原则

无线传感器网络的载波媒体可能的选择包括红外线、激光和无线电波。为了提高网络的环境适应性，所选择的传输媒体应该是在多数地区内都可以使用的。红外线的使用不需要申请频段，不会受到电磁信号干扰，而且红外线收发器价格便宜。激光通信保密性强、速度快。但是红外线和激光通信的一个共同问题是要求发送器和接收器在视线范围之内，这对于节点随机分布的无线传感器网络来说，难以实现，因而使用受到了限制。在国外已经建立起来的无线传感器网络中，多数传感器节点的硬件设计多基于射频电路。由于使用9.2 MHz、2.4 GHz 及 5.8 GHz 的 ISM 频段不需要向无线电管理部门申请，所以很多系统采用 ISM 频段作为载波频率。

节点的设计方法主要有两种：一种是利用市场上可以获得的商业元器件构建传感器节点，如围绕 Tiny OS 项目所设计的系列硬件平台；另一种方法是采用 MEMS(微机电与微系统)和集成电路技术，设计包含微处理器、通信电路、传感器等模块的高度集成化传感器节点，如智能尘埃(Smart Dust)、无线集成网络传感器(WINS)等。下面通过对无线传感器网络节点的制作工艺及各种不同场合下的应用分析，总结了以下四个方面的基本设计原则：

(1) 节能是传感器网络节点设计最主要的问题。无线传感器网络要部署在人们无法接近的场所，而且不常更换供电设备，对节点功耗要求就非常严格。

(2) 成本的高低是衡量传感器网络节点设计好坏的重要指标。传感器网络节点通常大量散布，只有低成本才能保证节点广泛使用。

(3) 微型化是传感器网络追求的终极目标。只有节点本身足够小，才能保证不影响目标系统环境；另外，在战争侦查等特定用途的环境下，微型化更是首先考虑的问题之一。

(4) 可扩展性也是设计中必须考虑的问题。节点应当在具备通用处理器和通信模块的基础上拥有完整、规范的外部接口，以适应不同的组件。

2. WSN路由协议设计要求

对于传感器网络的特点与通信需求，网络层需要解决通过局部信息来决策并优化全局行为(路由生成与路由选择)的问题，其协议设计非常具有挑战性。在设计过程中需主要考虑的因素有节能(Energy Efficiency)、可扩展性(Scalability)、传输延迟(Latency)、容错性(Fault Tolerance)、精确度(Accuracy)和服务质量(QoS)等。由于WSN资源有限且与应用高度地相关，应该采用多种策略来设计路由协议。根据上述因素的考虑和对当前的各种路由协议的分析，在WSN路由协议设计时一般应遵循以下一些设计原则：

(1) 健壮性。在WSN中，由于能量限制、拓扑结构频繁变化和环境等因素的干扰，WSN节点易发生故障，因此应尽量利用节点易获得的网络信息计算路由，以确保在路由出现故障时能够尽快得到恢复，还可以采用多路径传输来提高数据传输的可靠性。路由协议具有健壮性可以保证部分传感器节点的损坏不会影响到全局任务。

(2) 减少通信量来降低能耗。由于WSN中数据通信最为耗能，因此应在协议中尽量减少数据通信量，例如，可在数据查询或数据上报中采用某种过滤机制，抑制节点传输不必要的数据；采用数据融合机制，在数据传输到Sink点前就完成可能的数据计算。

(3) 保持通信量负载平衡。通过更加灵活地使用路由策略让各个节点分担数据传输，平衡节点的剩余能量，提高整个网络的生命周期。例如，可在层次路由中采用动态簇头，在路由选择中采用随机路由而非稳定路由，在路径选择中考虑节点的剩余能量等。

(4) 路由协议应具有安全机制。由于WSN的固有特性，路由协议通过广播多跳的方式实现数据交换，其路由协议极易受到安全威胁，攻击者对未受到保护的路由信息可进行各种形式的攻击。传统Ad hoc网络的安全通信大多是基于公钥密码，但公钥密码的通信开销较大，不适合在资源受限的WSN中使用。

(5) 可扩展性。随着节点数量的增加，网络的存活时间和处理能力增强。路由协议的可扩展性可以有效地融合新增节点，使它们参与到全局的应用中。

6.4.2　无线传感器网络的实现方法

无线传感器节点一般通过电池供电，硬件结构简单，通信带宽小，点到点的通信距离短，所以工作时间有限及通信距离短成为无线传感器网络的两个主要瓶颈。下面详细介绍无线传感器网络的实现方法。

1. 系统总体方案

系统由基站节点、传感器节点和上位机组成。节点硬件主要包括七部分：处理器(MSP430F149)、Si4432射频收发模块、电源管理模块、串口通信模块、JTAG下载模块、传感器接口模块和E2PROM存储模块。基站节点没有传感器模块，传感器节点没有串口通信模块。基站节点由上位机 USB 接口供电。传感器节点使用两节 5 号电池供电。采用TPS61200 作为电源管理器，只要电池电压在 0.2～5 V 范围内，系统即可以正常工作，大大地延长了电池的使用时间。为了调试方便，在节点上增加了拨码开关和LED 信号指示灯。整个系统软件由上位机处理软件、基站节点软件、传感器节点软件三部分组成。在传感器节点软件设计上充分考虑了低功耗节能问题，因为它的能量主要消耗于无线射频模块，因此在组网时尽量使 Si4432 的输出能量设定为最小，且在没有收发信息时工作在睡眠模式，即等待唤醒模式。

2. 自组织协议设计

在协议中，通过定义数据包的格式和关键字来实现节点的自组织。

1) 协议格式

自组织协议格式如图 6.5 所示。

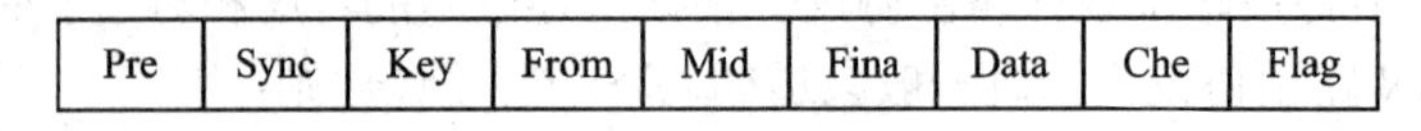

图 6.5　自组织协议格式

图中，Pre 表示前导码，这些字符杂波不容易产生，通过测试和试验发现，噪声中不容易产生 0x55 和 0xAA 等非常有规律的信号，因此前导码采用 0x55AA。Sync 表示同步字，在前导码之后，本系统设定的同步字为 2B，同步字内容为 0x2DD4，接收端在检测到同步字后才开始接收数据。Key 表示关键字，高 6 位用来表示目标地址的级别，接收节点会根据高6 位决定数据的去向(比本级节点大则向下级节点传，小则反之，如果相等则判断目标地址是否为本节点地址，是则直接向目标表地址发送，否则向上级发送节点回复重发应答)；低2 位用来区分各种情况下的数据(命令信号、组网信息、采集信息、广播信息)；接收节点会根据这些关键字低 2 位分别进入不同的数据处理单元。From 表示源地址，是发送数据的节点地址；Mid 表示接收信息的中转节点地址；Fina 表示数据的目标地址；除广播信息外，每个信息都有唯一的源地址和目标地址；Data 表示有效数据，这些数据随着关键字(Key)的不同而采用不同的格式，可携带不同的信息；Che 表示检验位，说明采用何种校验方式(校验和还是 CRC 校验)，可避免接收错误的数据包；Flag 表示数据包的结束标志位。Si4432内部集成有调制/解调、编码/解码等功能，从而 Pre、Sync 和 Che 都是硬件自动加上去的，用户只需设定数据包的组成结构和部分结构的具体内容(如前导码和同步字)。

2) 自组织算法

网络由一个基站和若干个传感器节点组成，基站上电初始化后就马上进入低功耗状态(Si4432 射频模块处于睡眠状态)；传感器节点随机地部署在需要采集信息的区域内，上电初始化后开始组网。首先发送请求基站分配级别的命令，若收到基站应答则定义为一级并把自身信息(包括地址、级别等)发给基站；反之，若发送次数达到设定值，则向周围节点发送广播信号，通过周围节点应答信息整理得出自身的网络级别，并向周围节点及基站发送自身信息。如果还是未能分配到级别，则延时等待其他节点分配好级别后重新请求入网。每个入网的传感器节点都保存有周围节点(上级、同级、下级节点)信息(级别及对应的地址)，最后就形成了网络拓扑结构。自组织算法流程图如图 6.6 所示。

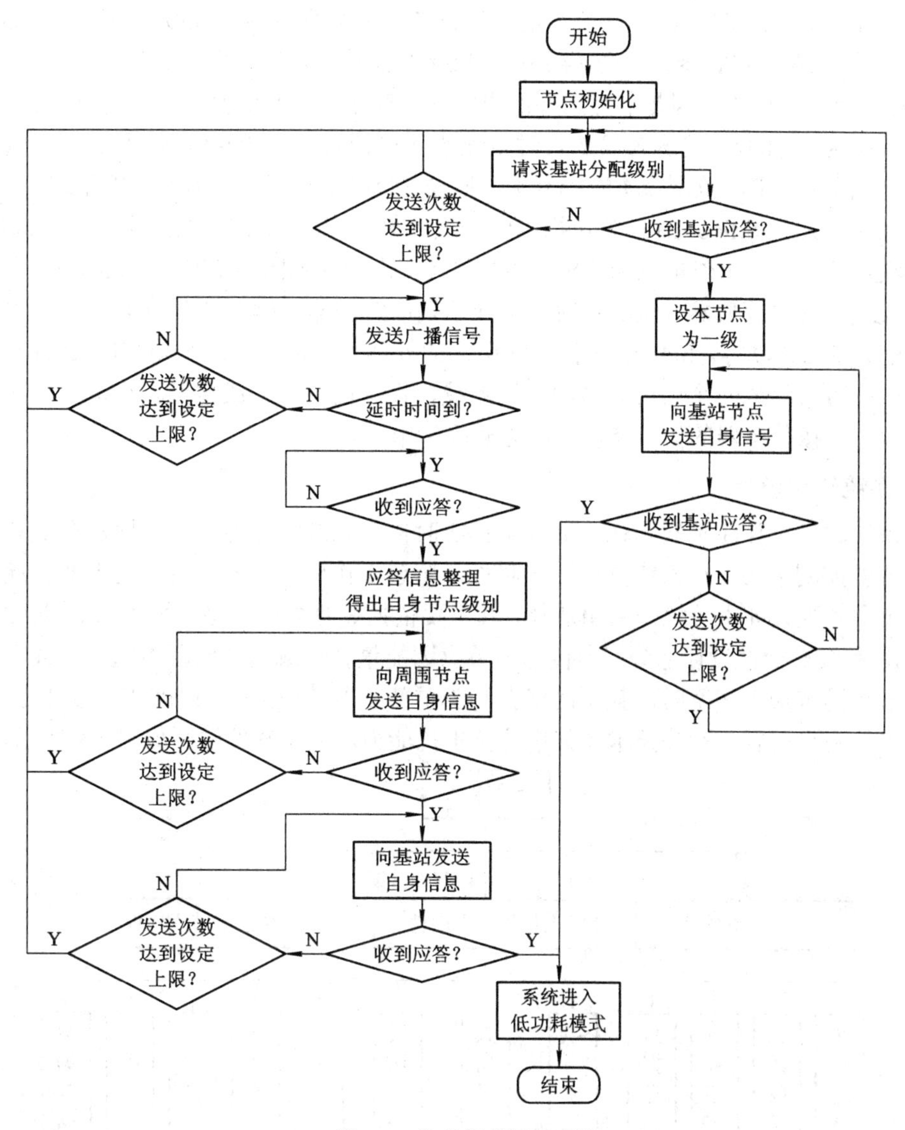

图 6.6　自组织算法流程图

3. 节点硬件设计

传感器节点要求低功耗、体积小，因此选用的芯片都是集成度高、功耗低、体积小的芯片，其他器件基本上采用贴片封装。节点硬件框图如图 6.7 所示。

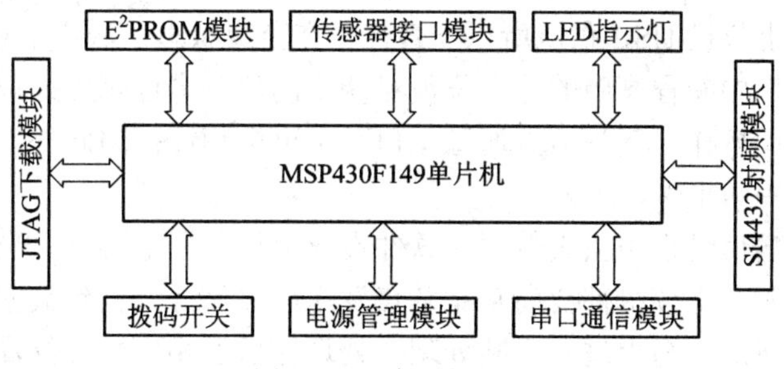

图 6.7　节点硬件框图

本设计中 MCU 采用 TI 公司生产的一种混合信号处理器 MSP430F149，其内部资源丰富，具有两个 16 位定时器、一个 14 路的 12 bit 的模数转换器、六组 I/O、一个看门狗、两路 USART 通信端口等；因此节点的外部电路非常简单，并且还具有功耗超低的突出特点，当工作频率为 1 MHz、电压为 2.2 V 时全速工作电流仅为 280 μA，待机状态下电流低至 1.6 μA。它的工作电压范围为 1.8～3.6 V，非常适合应用于电池供电的节能系统中。

Si4432 芯片是 SiliconLabs 公司推出的一款高集成度、低功耗、宽频带 EZRadioPRO 系列无线收发芯片。其工作电压为 1.8～3.6 V，可工作频率范围为 240～930 MHz；内部集成分集式天线、功率放大器、唤醒定时器、数字调制解调器、64 B 的发送和接收数据 FIFO，以及可配置的 GPIO 等。Si4432 在使用时所需的外部元件很少，1 个 30 MHz 的晶振、几个电容和电感就可组成一个高可靠性的收发系统，设计简单，且成本低。预留了大量外接传感器接口，外接传感器的信号能以中断方式唤醒节点。

4. 系统软件设计

本系统软件设计注重低功耗、数据采集实时性、系统稳健性及可靠性，在低功耗设计中采用智能控制策略，让系统需要工作时处于全速工作模式，其他时刻处于低功耗模式。数据采集实时性设计中关键是路由选择，其主要依据是跳数最少路径最短原则(兼顾能量优先原则)。系统稳健性设计部分，当传感器节点因能量耗尽或其他原因不能工作或者有新的传感器节点请求加入网络时，整个网络会马上重新组网，形成新的网络拓扑结构。在系统可靠性设计中采用看门狗等技术增强系统抗干扰能力。系统软件框图如图 6.8 所示。

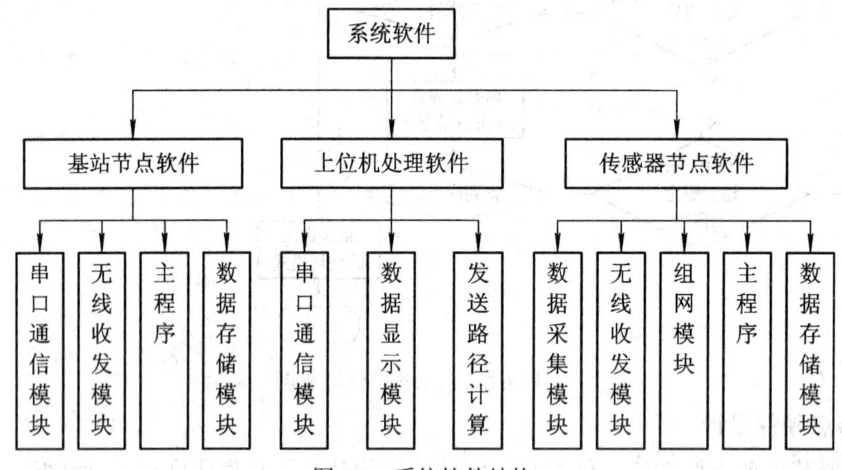

图 6.8　系统软件结构

1) 基站软件

基站节点通过上位机 USB 供电所以一直工作在全速状态，加快了对外部的响应速度。上电初始化后，根据中断程序中的标志位值对获得的信息进行相应处理，处理完后把标志位置零，循环执行此操作。基站节点通过串口与上位机相连；因此外部事件包括串口中断事件和接收到数据中断事件。

为了防止串口通信过程中丢失数据，软件设计上加了握手协议。当基站节点每发送一个数据包给上位机时，上位机都会向基站节点发送应答信号，直到数据包发送给上位机。上位机接收到数据包后，马上进入中断处理，处理完后把相应标志位置 1，通过主程序做进一步处理。

2) 传感器节点软件

传感器节点主程序主要是实现组网，当节点上电初始化后设定发射功率为最小，请求入网。如果入网不成功，则加大发射功率，继续请求入网。经试验证实，发射功率越小，电池的使用寿命就越长。入网成功后，保存入网信息，并马上进入低功耗状态，同时使用外部接收数据中断和定时器采集中断。程序流程图分别如图 6.9 和图 6.10 所示。数据发送放在定时中断程序里完成。

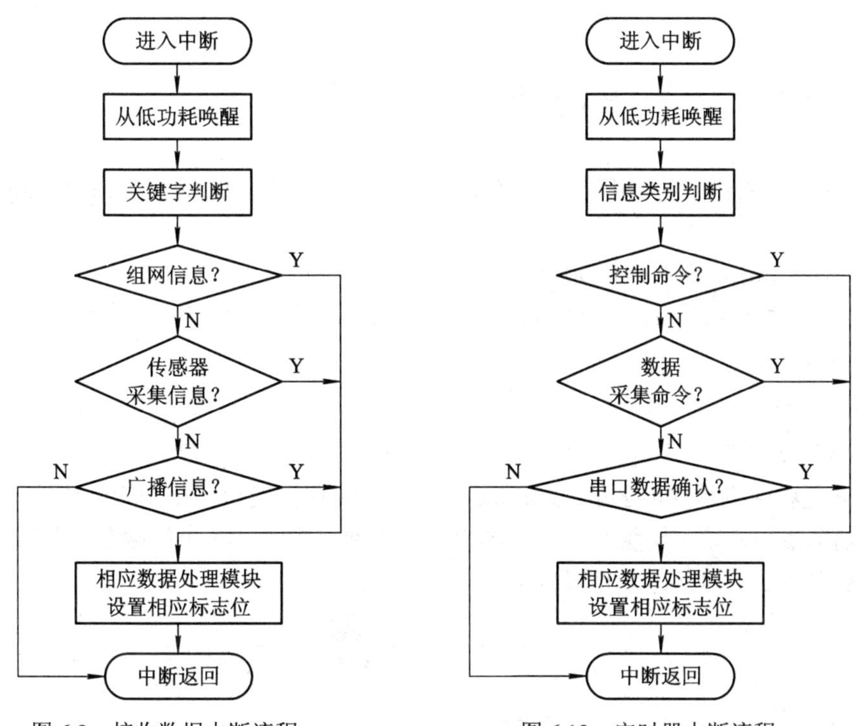

图 6.9　接收数据中断流程　　　　图 6.10　定时器中断流程

当多个传感器节点同时发送数据时，则会出现挣抢信道的现象。为了避免多个传感器节点同时与某个传感器节点通信造成数据丢失，软件上采用一定的退避机制。一方面，利用射频芯片 Si4432 的载波侦听信号来产生随机延时，以避免同时发送信号；另一方面，当一个传感器节点与某个传感器节点建立了通信通道时，其他发送数据的节点会增加发射数据的次数。

3) 上位机软件

上位机主要功能有发送重组网命令、向任意传感器节点发送采集信息命令、建立良好的人机界面用于观察传感器采集来的信息、帮助基站节点处理数据减轻基站的负担等。

采用 MSP430F149 作为处理器，Si4432 作为无线收发器，利用它们的高集成度、超低功耗等优势设计了一种无线传感器网络系统。该系统节点上电后会自行组网，当向网络加入新节点或移除某个节点时系统会重新组网，并且不会对系统通信产生毁坏性影响。系统节点最多可达 256 个，覆盖范围广。Si4432 的缓冲寄存器为 64 KB，一次性可发送接收信息量可多达 62 KB。基站节点通过串口跟上位机相连，在上位机建立良好的人机界面可以观察每个传感器采集来的信息，并且可以控制每个节点的工作状态。本系统已在实际中成功应用。

6.5 任务五：无线传感器网络的应用实践

6.5.1 实践一：基于 Z-Stack 协议栈的无线传感器网络组网实践

1. 实践内容

利用 Z-Stack 协议栈组成基于 Z-Stack 的星状组网。

2. 实践设备

硬件：B1 板 ZigBee 协调器模块多个，LCD 显示屏一个，Debugger(CC Debugger)仿真器一台。

软件：IAR Embedded WorkBench

实践程序代码在本书配套资料\源代码\ZigBee工程\CC2530无线组网实验\FRO\StarNetWork。

3. 实践原理

1) 星状网络拓扑图

ZigBee 星状网络是使用 ZigBee 协调器启动之后向周围发出一个空闲网络编号(PANID)使其他终端节点加入该网络编号，协调器自身位于网络当中，各个终端节点与协调器是一一对等的点对点通信，如图 6.11 所示。

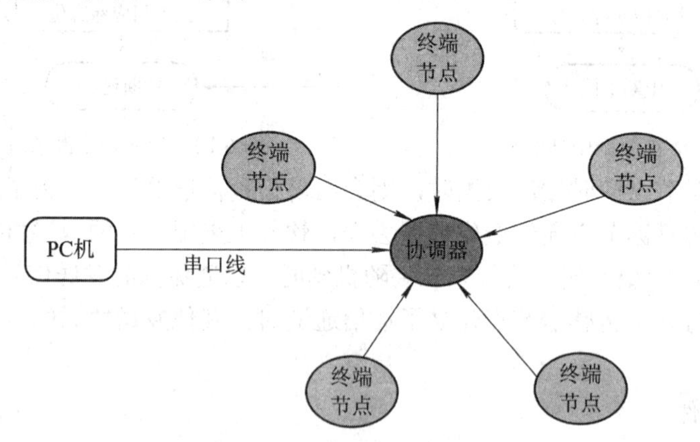

图 6.11 星状网络通信拓扑图

在 ZigBee 的应用编程中，经常要用到 PANID、Task ID、ClusterID、64 位长地址、16 位短地址等。

PANID 网络标识号：PANID(Personal Area Network ID)的出现一般是伴随在确定信道以后的。PANID 是针对一个或多个应用的网络，一般是星状或者树状两种拓扑结构之一。所有节点的 PANID 是唯一的，一个网络只有一个 PANID，它是由协调器生成的，PANID 是可选配置项，用来控制 ZigBee 路由器和终端节点要加入那个网络。文件 f8wConfg.cfg 中的

ZDO_CONFIG_PAN_ID 参数可以设置为一个 0～0x3FFF 之间的一个值。协调器使用这个值，作为它要启动的网络的 PANID。而对于路由器节点和终端节点来说只要加入一个已经用这个参数配置了 PANID 的网络。如果要关闭这个功能，只要将这个参数设置为 0xFFFF。要更进一步控制加入过程，需要修改 ZDApp.c 文件中的 ZDO_NetworkDiscoveryConfirmCB 函数。当然，如果 ZDAPP_CONFIG_PAN_ID 被定义为 0xFFFF，那么协调器将根据自身的 IEEE 地址建立一个随机的 PANID(0～0x3FFF)，经过试验发现，这个随机的 PANID 并非完全随机，它有规律，与 IEEE 地址有一定的关系：要么就是 IEEE 地址的低 16 位，要么就是一个与 IEEE 地址低 16 位非常相似的值。如 IEEE 地址为 0x8877665544332211，PANID 很有可能就是 2211，或相似的值；若 IEEE 地址为 0x8877665544337777，PANID 很有可能就是 3777，或其他相似的值。

Task ID 任务编号：即任务 ID，OS 负责分配的，也就是对一个事件作一个唯一的编码，在每一个任务的初始化函数中，必须完成的功能是要得到设置任务的任务 ID。相当于一个任务的标识，以区分运行过程中不同任务中的不同事件。其实 ID 就是给该任务取了一个编号，但任务的 ID 不能重复。

ClusterID 簇编号：ClusterID 是一个簇对外的 ID，就是一个星型网络的 ID。Cluster 是一个或更多属性的集合，也叫做簇，Cluster 是逻辑设备之间的事务关系，在 Zstack 协议栈中，Cluster 由 ClusterID 区分，ClusterID 与流出或者流入设备的数据时相关联的，ClusterID 在特定的剖面中是独一无二的。通过一个输出 ClusterID 和输入 ClusterID 的匹配(设定在同一个剖面中)，才能实现绑定。假定在一个自动调温装置中，在一个带有输出 ClusterID 的设备和一个输入 ClusterID 设备之间，绑定发生在温度这个层面，绑定表包含 8 bit 带源地址和目的地址的温度标识符。简而言之，task 用于给事件初始化应用建立的任务 ID 号，ClusterID 用来对信息的分类。ClusterID 和 Cluster 一一对应，不同的 Cluster 当然用不同的 ClusterID。

64 位长地址与 16 位短地址：ZigBee 设备有两种类型的地址。一种是 64 位 IEEE 地址，即 MAC 地址，另一种是 16 位网络地址。64 位地址是全球唯一的地址，设备将在它的生命周期中一直拥有它。它通常由制造商或者被安装时设置。这些地址由 IEEE 来维护和分配。16 位为网络地址是当设备加入网络后分配的。它在网络中是唯一的，用来在网络中鉴别设备和发送数据，在不同的网络 16 位短地址可能相同的。

2) 关键事件函数

(1) 应用层向操作系统注册事件。

编写的 ZigBee 程序通常都是在应用层，有时候会需要操作系统去做某一件事情，这样就需要调用 osal_set_event(uint8 task_id, uint16 event_flag)来向操作系统注册事件，以便使操作系统知道要去做什么事情了。该函数的定义在 OSAL 目录下的 OSAL.c 文件中，原型为

```
uint8 osal_set_event(uint8 task_id, uint16 event_flag){……}
```

其中，函数的参数 task_id 为操作系统自动分配的任务号，event_flag 为事件编号。

如图 6.12 所示的终端节点向操作系统注册设备状态信息报告事件函数：

```
osal_set_event( sapi_TaskID, MY_REPORT_EVT )
```

其中 MY_REPORT_EVT 定义为 0x0002。

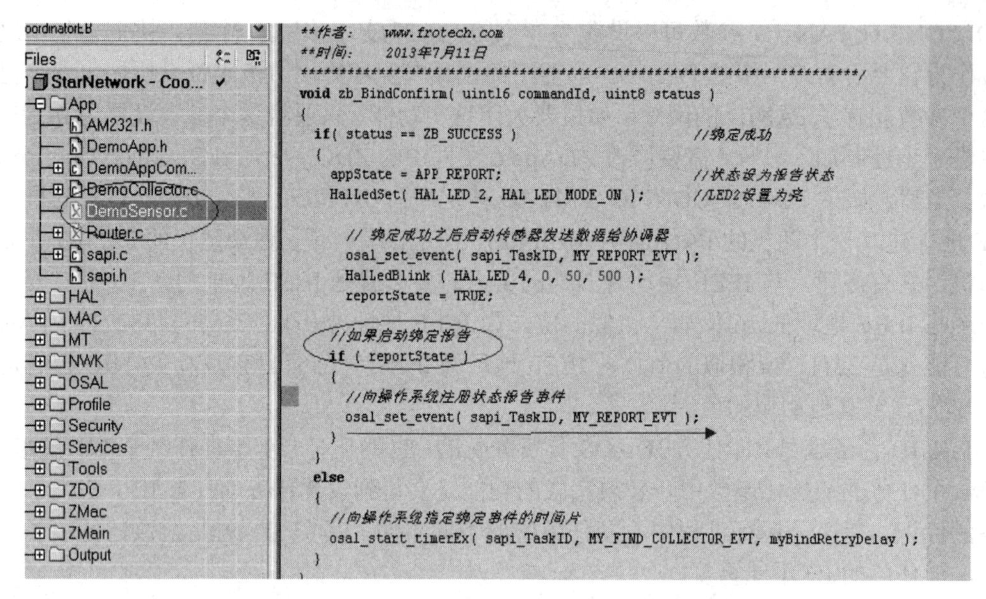

图 6.12　向操作系统注册设备信息报告函数

(2) 向操作系统分配任务事件片函数。

当向操作系统注册了事件之后，操作系统只会处理一次，而有的事件需要操作系统不停的处理，这个时候就得使用 osal_start_timerEx(uint8 taskID, uint16 event_id, uint16 timeout_value)来向操作系统申请分配时间片，使其能得到操作系统表面上不停的处理。

该函数原型定义在 OSAL 目录之下的 OSAL_Timers.c 文件中，原型为

uint8 osal_start_timerEx(uint8 taskID, uint16 event_id, uint16 timeout_value){}

其中，函数的参数 taskID 为操作系统自动分配的任务号；event_id 为事件编号；timeout_value 为操作系统每次为该事件分配的时间，单位为 ms。

如图 6.13 所示，当终端节点需要周期性报告当前设备状态以及发送传感器数据时，就调用 osal_start_timerEx(sapi_TaskID, MY_REPORT_EVT, myReportPeriod)，其中 MY_REPORT_EVT 定义为 0x0002，myReportPeriod 定义为 2000 ms。

```
    //LED1闪烁表面终端设备正在搜索，加入网络中
    HalLedBlink ( HAL_LED_1, 0, 50, 500 );

    //启动设备
    zb_StartRequest();
  }

  if ( event & MY_REPORT_EVT )            //设备状态报告事件
  {
    if ( appState == APP_REPORT )
    {
      sendReport();                       //向协调器发送数据
      osal_start_timerEx( sapi_TaskID, MY_REPORT_EVT, myReportPeriod );
    }
  }

  if ( event & MY_FIND_COLLECTOR_EVT )    //设备扫描事件
  {

    if ( appState==APP_REPORT )           //如果绑定存在
    {
```

图 6.13　向操作系统申请设备状态报告事件时间片

4. 实践步骤

(1) 在 PC 机上创建 StarNetWork 文件夹，将配套光盘\源代码\Zigbee 工程\CC2530 无线组网实验\FRO\GenericApp 下的 CC2530DB 文件夹和“配套光盘\源代码\Zigbee 系列实验\CC2530 无线组网实验\FRO\BasicRF\StarNetWork\Source”目录拷贝到刚才建立的 StarNetWork 下。

(2) 打开 StarNetWork 下的 CC2530DB，将 GenericApp.eww、GenericApp.ewd、GenericApp.eww、GenericApp.dep 四个文件重新命名为 StarNetWork.eww、StarNetWork.ewd、StarNetWork.ewp、StarNetWork.dep，如图 6.14 所示。

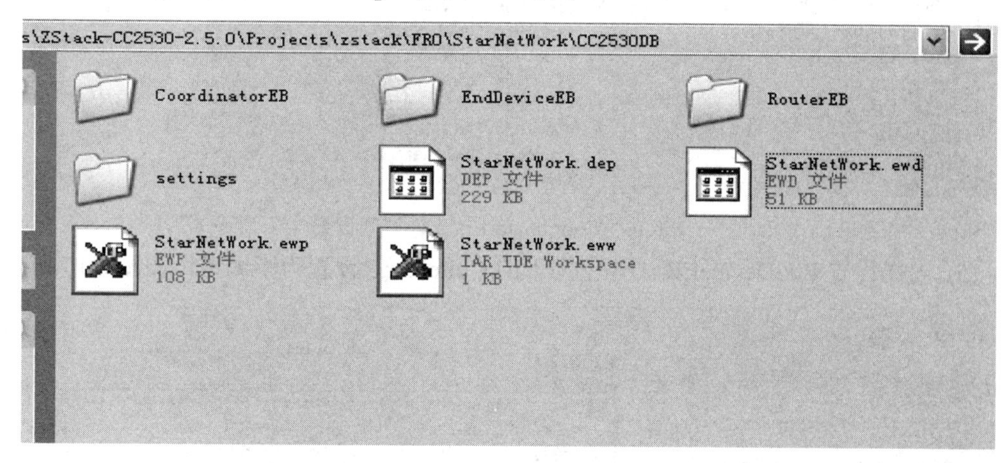

图 6.14　替换工程文件

(3) 打开 IAR 集成开发环境，工程->Options->Add Exsisting Project->选择 StarNetWork.ewp，然后删除 App 目录下原来的 GenericApp 相关源代码，添加 Source 下的源代码。添加之后如图 6.15 所示，然后保存工作空间。

注意：只能是按照上面步骤来第一次打开替换之后的新工程，不可以直接双击打开，当第一次成功打开之后保存了工作空间才可以直接双击打开。

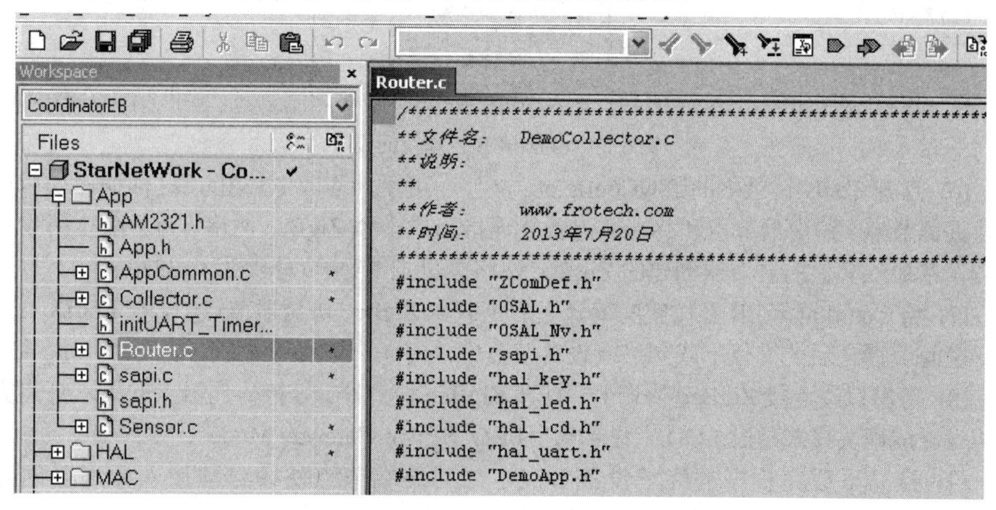

图 6.15　替换之后的 App 下源文件

(4) 在 CoordinatorEB 工作空间下将 Sensor.c 设置为不编译，如图 6.16 所示。

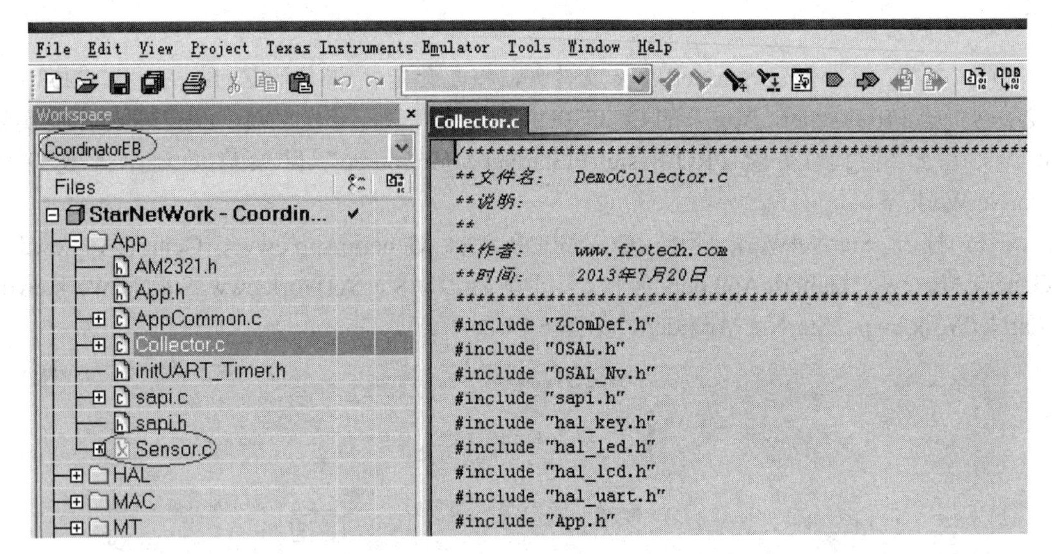

图 6.16　CoordinatorEB 工作空间设置

(5) 同样设置 EndDeviceEB 工作空间下的 Collector.c 设置为不编译，如图 6.17 所示。

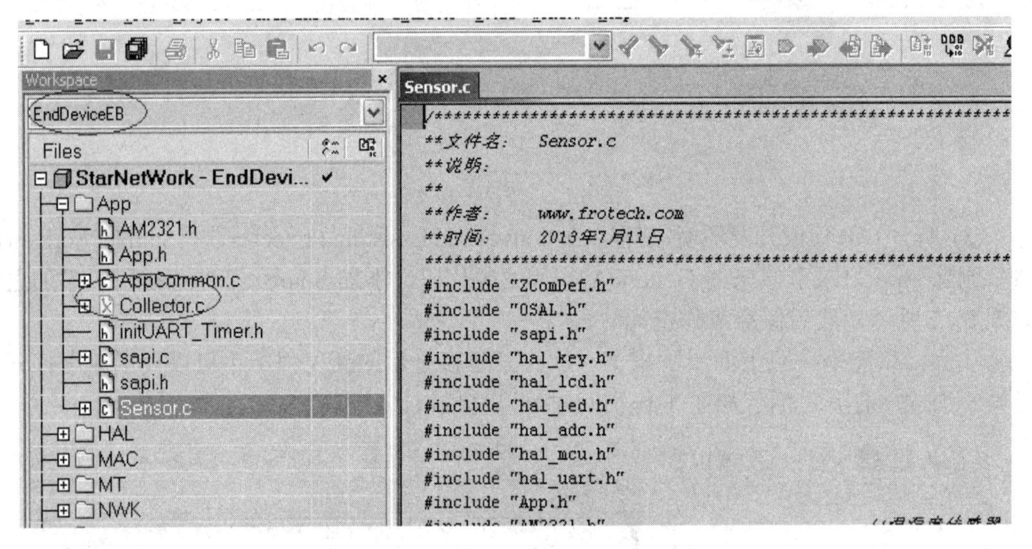

图 6.17　SensorEB 工作空间设置

(6) 打开 Tools 目录下的 f8wConfig.cfg 文件，可手动修改 PANID，这样编译之后产生的协调器节点、路由器节点和终端节点就能连接形成一个 ZigBee 网络。为了防止所设置的节点设备加入其他的协调器创建的 ZigBee 网络。可把 PANID 修改为 0x3333。

(7) 将 CoordinatorEB 工作空间编译之后下载到 ZigBee 协调器节点中，将 EndDeviceEB 工作空间编译之后的文件下载到终端设备节点中。

(8) 将串口线连接 ZigBee 协调器，打开 ZigBee 协调器，等待协调器上的指示灯点亮之后再设置成网关模式这时 LCD 上显示为“FRO_Sensor Gateway Mode”。

(9) 打开下载完程序的终端设备节点，这时终端节点便会自动接入协调器创建的 ZigBee 网络中。

(10) 打开 Z-Sensor Monitor，会看到如图 6.18 所示星状组网效果。

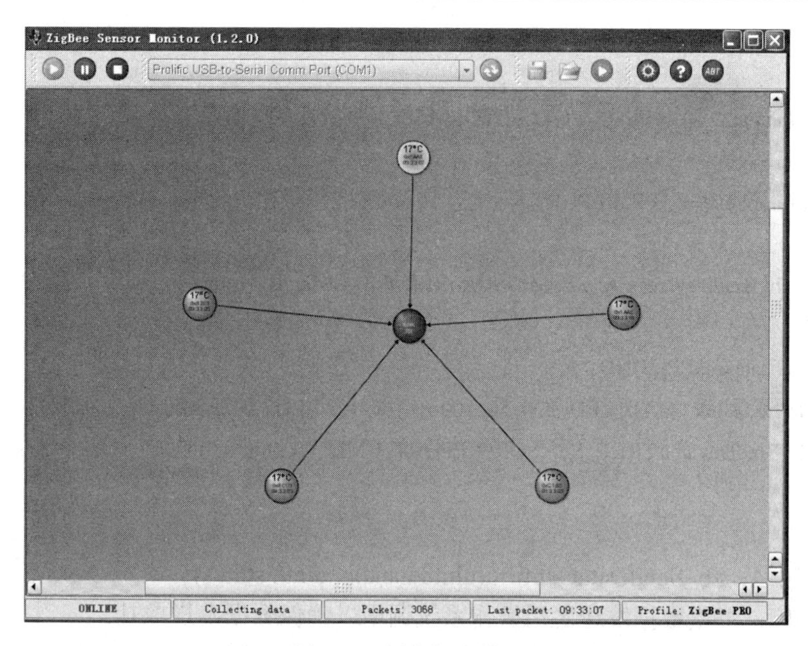

图 6.18　星状组网效果

5. 核心源码解析

1) Sensor.c 源代码(终端节点上源码)

(1) 函数名：zb_HandleOsalEvent(uint16 event)。

函数功能：处理系统事件。

函数参数：event 为系统事件号。

```
void zb_HandleOsalEvent(uint16 event)
{
  if(event & SYS_EVENT_MSG)                //系统事件处理
  {
  }
  if( event & ZB_ENTRY_EVENT )             //设备入口事件
  {
    HalLedBlink ( HAL_LED_1, 0, 50, 500 ); // LED1 闪烁表面终端设备正在搜索，加入网络中
    zb_StartRequest();                     //启动设备
  }
  if ( event & MY_REPORT_EVT )             //设备状态报告事件
  {
    if ( appState == APP_REPORT )
    {
      sendReport();                        //向协调器发送数据
      osal_start_timerEx( sapi_TaskID, MY_REPORT_EVT, myReportPeriod );
//向操作系统申请分配时间
```

```
        }
    }
    if ( event & MY_FIND_COLLECTOR_EVT )       //设备扫描事件
    {
    if ( appState==APP_REPORT )                //如果绑定存在
    {
      zb_BindDevice( FALSE, SENSOR_REPORT_CMD_ID, (uint8 *)NULL ); //删除原始的绑定
    }
    appState = APP_BIND;
    HalLedBlink ( HAL_LED_2, 0, 50, 500 );          //LED2 闪烁表明正在扫描协调器
    zb_BindDevice( TRUE, SENSOR_REPORT_CMD_ID, (uint8 *)NULL); //设备绑定
    }
  }
```

(2) 函数名：zb_SendDataConfirm(uint8 handle, uint8 status)。

函数功能：每次数据发送之后操作系统调用以确保数据发送成功。

函数参数：handle 为数据传输识别操作号，status 为操作状态。

```
  void zb_SendDataConfirm(uint8 handle, uint8 status)
  {
    if(status != ZB_SUCCESS)
    {
      if ( ++reportFailureNr >= REPORT_FAILURE_LIMIT )
      {
        osal_stop_timerEx(sapi_TaskID, MY_REPORT_EVT);//向操作系统暂停分配发送报告的时间片
        reportState=TRUE; //失败报告发送时启动重新绑定设备的网关机制
        osal_set_event( sapi_TaskID, MY_FIND_COLLECTOR_EVT ); //向操作系统注册绑定网关事件
        reportFailureNr=0;
      }
    }
    //发送状态成功处理
    else
    {
      reportFailureNr=0; //清零复位计数器
    }
  }
```

(3) 函数名：sendReport(void)。

函数功能：终端设备向协调器发送传感器数据。

```
  static void sendReport(void)
  {
     uint8 pData[SENSOR_REPORT_LENGTH];
```

```
   static uint8 reportNr=0;
   uint8 txOptions;
   uint8 sensorData;
   Read_Sensor();  //读取温湿度传感器数据，读取的数据放在了 Am2321_Data[5]数组中；
    //即 5 个字节  高位先送   5 个字节分别为湿度高位  湿度低位  温度高位  温度低位  校验和
    //校验和为：湿度高位+湿度低位+温度高位+温度低位
   // sensorData=Am2321_Data[0]*512+Am2321_Data[1]*256+Am2321_Data[2]*16+Am2321_Data[4];
   sensorData=Am2321_Data[2]*10+Am2321_Data[3]-5;          //减去 5 度左右的误差
   pData[SENSOR_TEMP_OFFSET] = sensorData;                              // 0
   pData[SENSOR_VOLTAGE_OFFSET] = 11;                                   // 1
   pData[SENSOR_PARENT_OFFSET] =   HI_UINT16(parentShortAddr);          // 2
   pData[SENSOR_PARENT_OFFSET + 1] =   LO_UINT16(parentShortAddr);      // 3
   pData[SENSOR_HUMIDITY_OFFSET] =   0;                                 // 4
   pData[SENSOR_TEMP2_OFFSET] =   55;                                   // 5
   pData[SENSOR_X_OFFSET] =   0;                                        // 6
   pData[SENSOR_Y_OFFSET] =   0;                                        // 7
   pData[SENSOR_Z_OFFSET] =   0;                                        // 8
  if ( ++reportNr<ACK_REQ_INTERVAL && reportFailureNr==0 )
  {
    txOptions = AF_TX_OPTIONS_NONE;
  }
  else
  {
    txOptions = AF_MSG_ACK_REQUEST;
    reportNr = 0;
  }
  zb_SendDataRequest( 0xFFFE, SENSOR_REPORT_CMD_ID, SENSOR_REPORT_LENGTH,
                      pData, 0, txOptions, 0);
  // 更新 LCD 显示
  #if defined ( LCD_SUPPORTED )
  HalLcdWriteString( "TP&HM:", HAL_LCD_LINE_1);
  HalLcdWriteString((char*)sensorData, HAL_LCD_LINE_2);
  #endif
}
```

2) Collector.c 源码(协调器上源码)

(1) 函数名：zb_HandleOsalEvent(uint16 event)。

函数功能：处理系统事件。

函数参数：event 为系统事件号。

```
void zb_HandleOsalEvent(uint16 event)
```

```
{
  uint8 logicalType;
  if(event & SYS_EVENT_MSG)                    //系统事件处理
  {
  }
  if( event & ZB_ENTRY_EVENT )                 //设备入口事件
  {
    initUart(uartRxCB); // 初始化串口
    HalLedBlink (HAL_LED_1, 0, 50, 500);        // LED4 闪烁表面在搜索和创建一个网络
    HalLedSet( HAL_LED_2, HAL_LED_MODE_OFF );
    // 从 NV 操作系统上读取设备类型
    zb_ReadConfiguration(ZCD_NV_LOGICAL_TYPE, sizeof(uint8), &logicalType);
    zb_StartRequest();// 启动设备
  }
  if ( event & MY_START_EVT )                  //启动设备
  {
    zb_StartRequest();
  }
  if ( event & MY_REPORT_EVT )                 //设备状态报告
  {
    if (isGateWay)                             //收到节点上传的传感器数据
    {
      osal_start_timerEx(sapi_TaskID, MY_REPORT_EVT, myReportPeriod);
     //向操作系统分配时间片
    }
    else if (appState == APP_BINDED)
    {
      sendDummyReport();
      osal_start_timerEx(sapi_TaskID, MY_REPORT_EVT, myReportPeriod);
    }
  }
  if ( event & MY_FIND_COLLECTOR_EVT )
  {
    if (!isGateWay)
    {
      zb_BindDevice(TRUE, DUMMY_REPORT_CMD_ID, (uint8 *)NULL);
    }
  }
}
```

(2) 函数名：zb_SendDataConfirm(uint8 handle, uint8 status)。

函数功能：每次数据发送之后操作系统调用以确保数据发送成功。

函数参数：handle 为数据传输识别操作号；status 为操作状态。

```
void zb_SendDataConfirm(uint8 handle, uint8 status){
  if (status != ZB_SUCCESS && !isGateWay)
  {
    if (++reportFailureNr>=REPORT_FAILURE_LIMIT)
    {
      osal_stop_timerEx(sapi_TaskID, MY_REPORT_EVT);        // 停止状态报告
      reportState=TRUE;
      zb_BindDevice(FALSE, DUMMY_REPORT_CMD_ID, (uint8 *)NULL ); //删除之前的绑定
      osal_set_event(sapi_TaskID, MY_FIND_COLLECTOR_EVT); //尝试绑定到一个新的网关
      reportFailureNr=0;
    }
  }
  else if (!isGateWay)
  {
    reportFailureNr=0;
  }
}
```

(3) 函数名：zb_BindConfirm(uint16 commandId, uint8 status)。

函数功能：终端设备绑定报告。

函数参数：commandId 为命令号，status 为操作状态。

```
void zb_BindConfirm(uint16 commandId, uint8 status) {
  if(status == ZB_SUCCESS)              //设备绑定成功
  {
    appState = APP_BINDED;              //将设备状态设置为允许绑定
    HalLedSet (HAL_LED_2, HAL_LED_MODE_ON); //开 LED2 表面设备允许绑定
    if (reportState)                    //如果设备报告状态开
    {
      osal_set_event(sapi_TaskID, MY_REPORT_EVT);  //向操作系统请求分配时间片
    }
  }
  else                                  //设备没有绑定成功
  {
    //向操作系统申请分配时间片循环绑定事件
    osal_start_timerEx(sapi_TaskID, MY_FIND_COLLECTOR_EVT, myBindRetryDelay);
  }
}
```

6.5.2 实践二：基于 Z-Stack 的无线数据(温湿度)传输

1. 实践内容

采用 AM2321 温湿度传感器，设计一个基于 Z-Stack 的无线数据(温湿度)的传输实践程序。

2. 实践设备

硬件：终端节点(带 AM2321)、协调器、串口线、电源、电脑等。

软件：IAR Embedded WorkBench，STC_ISP_V479 或者串口调试助手。

3. 实践原理

AM2321 温湿度传感器的技术资料详见《3.3.5 温湿度传感器》这一节。实践程序在配套光盘\源代码\基于 Z-Stack 的温湿度传感器实验。

1) Z-Stack 组网通信基本流程

本实践的协调器与终端节点采用固定的 PANID = 0x2FFFF(同一个地方多人实验最好自己独立一个 PANID，另外 PANID 设定与其他已启动的 PANID 相同的话，那么用户的 PANID 会自动加 1)，广播模式。首先是上位机发 Modbus 指令(指令格式后面有介绍)给协调器，协调器把从上位机接收到的数据通过无线发送出去，终端节点接收到数据以后判定是不是自己对应的地址及传感器，如果是那么作出反应，读取传感器数据并发送给协调器，协调器接收到传感器数据以后就转发给上位机。

2) 协调器基本工作代码分析

• Revice_From_PC(unsigned char port, unsigned char event)函数负责接收上位机的串口数据，并把数据通过无线发送出去。

• GenericApp_SendTheMessage(UINT8 *PC_CMD, UINT8 Rx_Count)函数负责把 PC_CMD 里面的 Rx_Count 个数据通过无线发送出去。

GenericApp_MessageMSGCB(afIncomingMSGPacket_t *pkt)函数负责处理无线接收到的数据，并转发给串口。

• GenericApp_ProcessEvent(byte task_id, UINT16 events)函数负责事件处理函数，其中 case AF_INCOMING_MSG_CMD 是无线接收响应。

• GenericApp_Init(byte task_id)函数负责硬件初始化。

3) 终端节点基本工作代码分析

• GenericApp_Init(byte task_id)函数负责硬件初始化。

• GenericApp_ProcessEvent(byte task_id, UINT16 events)函数负责事件处理函数，其中 case AF_INCOMING_MSG_CMD 是无线接收响应。

• GenericApp_MessageMSGCB(afIncomingMSGPacket_t *pkt)函数负责处理无线接收到的数据，并调用传感器读取数据函数。

• GenericApp_SendTheMessage(UINT8 *PC_CMD, UINT8 Rx_Count)函数负责把 PC_CMD 里面的 Rx_Count 个数据通过无线发送出去。

• Read_Sense(void)函数负责传感器数据的读取并发数据发送出去

• cal_crc(UINT8 *snd, UINT8 num)函数是 CRC-16 校验码生成函数。

4) ModBus 指令介绍

ModBus 协议是 1979 年由 Modicon 发明，应用于电子控制器上的一种通用语言，它已经成为一通用工业标准，目前由 IDA 组织管理，它定义了一个控制器能认识使用的消息结构，而不管它们是经过何种网络进行通信的。它描述了一控制器请求访问其他设备的过程，如何回应来自其他设备的请求，以及怎样侦测错误并记录。它制定了消息域格局和内容的公共格式。

ModBus 协议采用查询—响应的工作模式：查询消息中的功能代码告之被选中的从设备要执行何种功能，数据段必须包含要告之从设备的信息：从何寄存器开始读及要读或者写的寄存器数量。错误检测域为从设备提供了一种验证消息内容是否正确的方法。如果从设备有响应，那么从设备响应的消息中有查询的功能代码，并把收集的信息一道发送给查询端，如果从设备发现有错误的帧，那么功能代码将以错误功能代码来响应。

ModBus 协议的 ASCII 和 RTU 两种传输方式：

ASCII 模式下的帧格式如下表所示：

开始	地址	功能码	数　据	LRC	结束
1 字节	2 字节	2 字节	0～2 × 252 字节	2 字节	2 字节 CR，LF

在消息中的每个 8 bit 字节都作为一个 ASCII 码(两个十六进制字符)发送。这种方式的主要优点是字符发送的时间间隔可达到 1 s 而不产生错误。由于 ASCII 模式基本很少使用，在此不再多介绍。

RTU 模式下的帧格式如下：

地址	功能码	数据	CRC 校验
8 位	8 位	N × 8 位	16 位

当控制器设为在 ModBus 网络上以 RTU(远程终端单元)模式通信，在消息中的每个 8 bit 字节包含两个 4 bit 的十六进制字符。这种方式的主要优点是：在同样的波特率下，可比 ASCII 方式传送更多的数据。

CRC 校验(循环冗长检测)：

在 RTU 模式下，采用 CRC 校验，它包含 2 个字节，是 16 位的二进制数。CRC 产生过程中，每个 8 位字符都单独和寄存器内容相异或(XOR)，结果向最低有效位方向移动，最高有效位以 0 填充。LSB 被提取出来检测，如果 LSB 为 1，寄存器单独和预置的值或一下，如果 LSB 为 0，则不进行。整个过程要重复 8 次。在最后一位(第 8 位)完成后，下一个 8 位字节又单独和寄存器的当前值相或。最终寄存器中的值，是消息中所有的字节都执行之后的 CRC 值。CRC 添加到消息中时，低字节先加入，然后高字节。

简单的 CRC 功能函数如下，其是固定的一种格式，在此不再多解释。

```
UINT16 cal_crc(UINT8 *snd, UINT8 num)
{
  UINT8 I, j;
  UINT16 c, crc=0xFFFF;
  for(I = 0; I < num; I ++)
```

```
    {
        c = snd[i] & 0x00FF;
        crc ^= c;
        for(j = 0;j < 8; j ++)
        {
            if (crc & 0x0001)
            {
                crc>>=1;
                crc^=0xA001;
            }
            else crc>>=1;
        }
    }
    return(crc);
}
```

5) ModBus 协议的功能码

ModBus 协议的技术资料详见本书配套教学资料中的\附件\ModBus 协议资料。

下面只列出常用的 0～21 功能码如表 6.1 所示。

表 6.1　常用的 0～21 功能码

功能码	名　称	用 途 描 述
01	读取线圈状态	取得一组逻辑线圈的当前状态，判断是 ON 还是 OFF
02	读取输入状态	取得一组开关输入的当前状态，判断 ON 还是 OFF
03	读取保持寄存器	在一个或多个保持寄存器中取得当前的二进制值
04	读取输入寄存器	在一个或多个输入寄存器中取得当前的二进制值
05	强置单线圈	强置一个逻辑线圈的通断状态
06	预置单寄存器	把具体二进制装入一个保持寄存器
07	读取异常状态	取得 8 个内部线圈的通断状态，这 8 个线圈的地址由控制器决定，用户逻辑可以将这些线圈定义
08	回送诊断校验	把诊断校验报文送从机
09	编程(适用 485)	使主机模拟编程器作用，修改 PC 逻辑
10	控询(适用 485)	可使得主机与一台正在执行长程序任务的从机通信，查询该从机是否完成操作任务
11	读取事件个数	使主机发出单询问，判断操作是否成功
12	读取通信事件记录	使得主机检索每台从机的 ModBus 事务处理记录，如果某一个事务处理完成，记录会出相关错误
13	编程(484 等)	使得主机模拟编程器功能修改 PC 从机逻辑

续表

功能码	名　称	用途描述
14	探询(484 等)	使得主机与正在执行任务的从机通信，定期控询从机是否已完成其程序操作，仅在有 13 这个功能码的报文发送后，本功能码才发送
15	强置多线圈	强置一串连续逻辑线圈的通断
16	预置多寄存器	把具体的二进制值装入一串连续的保持寄存器
17	报告从机标识	使得主机判断编址从机的类型及该从机的运行指示灯的状态
18	(884 和 MICRO 84)	使得主机模拟编程功能，修改 PC 状态逻辑
19	重置通信链路	发生非可修改错误后，从机复位于已知状态，可重置顺序字节
20	读取通用参数	显示扩展存储器文件的数据信息
21	写入通用参数	把通用参数写入扩展存储文件或者修改它

功能码举例，以 03 为例子：

发送：地址 + 0x03 + StartAddr_Hi + StartAddr_Lo + Count_Hi + Count_Lo + CRC

返回：地址 + 0x03 + Count + Reg_Hi + Reg_Lo + CRC

地址：从机地址，可以理解为终端节点的固有地址。

StartAddr_Hi：开始地址的高字节

StartAddr_Lo：开始地址的低字节

Count_Hi：寄存器数量的高字节

Count_Lo：寄存器数量的低字节

CRC：两字节的 CRC 校验码

Reg_Hi：寄存器数据的高字节

Reg_Lo：寄存器数据的低字节

Count：返回的有效数据字节个数，就是发送指令里寄存器个数的 2 倍。

例如：要读取地址为 01，功能码为 03，开始地址为 00 00，读取 2 个寄存器(即 00 02) ModBus 的 RTU 格式：

发送 <u>01</u>　<u>03</u>　<u>00 00</u>　<u>00 02</u>　<u>c4 0b</u>

接收 <u>01</u>　<u>03</u>　<u>04</u>　<u>00 01</u>　<u>00 03</u>　<u>EB</u>　<u>F2</u>

那么接收到的寄存器数据有两个分别是 <u>00 01</u>、<u>00 03</u>，所以有效数据字节个数为 <u>04</u>。

4. 温湿度采集代码分析

AM2321.h 文件如下：

```
#include "ioCC2530.h"
#include "OnBoard.h"
unsigned char Am2321_Data[5]={0x00, 0x00, 0x00, 0x00, 0x00};//定义温湿度传感器数据存放区
UINT8 Sensor_Check;              //校验和
UINT8 Sensor_AnswerFlag;         //收到起始标志位
UINT8 Sensor_ErrorFlag;          //读取传感器错误标志
```

```
uint    Sys_CNT;
#define Sensor_SDA P0_4                        //定义 P0.4 为 AM2321 的数据口
#define SDADirOut P0DIR|=0x10;                 //xxxx1M01
#define SDADirIn    P0DIR&=~0x10;
#define COM_R MDP0_4
UINT16 Get_AM2321_Data(void);
void Delay_1us(void);                          //声明普通延时函数
void Delay_us(void);
void Delay_10us(void);
void Delay_ms(uint Time);
unsigned char Read_SensorData(void);           //声明读取 AM2321 数据函数
unsigned char Read_Sensor(void);               //声明读取 AM2321 温湿度数据函数
//延时函数
void Delay_1us(void)                           //1 μs 延时
{
  MicroWait(1);
}
void Delay_us(uint Time)                       // μs 延时
{
  unsigned char i;
  for(i=0;i<Time;i++)
  {
      MicroWait(1);
  }
}
void Delay_ms(uint Time)                       //n ms 延时
{
  unsigned char i;
  while(Time--)
  {
      for(i=0;i<100;i++)
      MicroWait(10);
  }
}

void Delay_us(void)                            // 1 μs 延时
{
  MicroWait(1);
}
```

```
void Delay_10us(void)                    // 10 μs 延时
{
  Delay_us();
  Delay_us();
  Delay_us();
  Delay_us();
  Delay_us();
  Delay_us();
  Delay_us();
  Delay_us();
  Delay_us();
  Delay_us();
}
void Delay_ms(uint Time)                 // n ms 延时
{
  unsigned char i;
  while(Time--)
  {
    for(i=0;i<100;i++)
     Delay_10us();
  }
}
//函数名：Read_SensorData(void)
//输出：单字节的温湿度数据或者校验值
//功能描述：读取单字节的 AM2321 的数据
unsigned char Read_SensorData(void)
{
  unsigned char i, cnt;
  unsigned char buffer, tmp;
  buffer = 0;
  for(i=0;i<8;i++)
  {
    cnt=0;
    while(!Sensor_SDA)      //检测上次低电平是否结束
    {
      if(++cnt >= 290)
      {
        break;
      }
```

```
        }
        //延时 Min=26 μs Max=50 μs 跳过数据“0”的高电平
        Delay_10us();       //这里虽然是延时 10 μs 的函数，但需结合前面运行的指令时间
                            //根据实际来确定调试时间，目的还是使得延时在 Min = 26 μs Max = 50 μs
                            //这样区分 0 和 1
        tmp =0;
        if(Sensor_SDA)      //延时 30 μs 左右后如果数据口还是高，则该位为 1，否则为 0，见 P19
        {
          tmp = 1;
        }
        cnt =0;
        while(Sensor_SDA)             //等待高电平，结束
        {
          if(++cnt >= 200)
          {
            break;
          }
        }
        buffer <<=1; //移位，使得数据的最低位准备接收下一位
        buffer |= tmp;//把本次接收到的位加入到数据中
    }
    return buffer;//返回单字节数据
}

//函数名：Read_Sensor(void)
//功能描述：读取 AM2321 的温湿度及校验值放在 Sensor_Data[]中。
unsigned char Read_Sensor(void)
{
    unsigned char i;

    P0SEL &= 0xEF;                //初始化 P0.4 口为通用 I/O 口

    SDADirOut;                    //设定 P0.4 口为输出
    Sensor_SDA = 0;               //起始信号拉低，见 AM2321 数据手册 P18
    Delay_ms(1);                  //拉低 1 ms 左右，给 AM2321 发送起始信号
    Sensor_SDA = 1;               //拉高，释放总线
    SDADirIn;                     //把 P0.4 设置为输入状态
    Delay_10us();                 //延时 20 μs 以上，即主机释放总线时间
    Delay_10us();
    if(Sensor_SDA == 0)           //从高电平到低电平经过 30 μs(大于 20 μs)是否为低
    {
```

```
        //如果为低，那么传感器发出响应信号
        Sensor_AnswerFlag = 1;          //收到起始信号
        Sys_CNT = 0;
        //判断从机是否发出 80 μs 的低电平响应信号是否结束
        while((!Sensor_SDA))            //等待传感器响应信号 80 μs 的低电平结束
        {
          if(++Sys_CNT>300)             //防止进入死循环
          {
            Sensor_ErrorFlag = 1;
            return 0;
          }
        }
        Sys_CNT = 0;
        //判断从机是否发出 80 μs 的高电平，如发出则进入数据接收状态
        while((Sensor_SDA))             //等待传感器响应信号 80 μs 的高电平结束
        {
          if(++Sys_CNT>300)             //防止进入死循环
          {
            Sensor_ErrorFlag = 1;
            return 0;
          }
        }
        //数据接收传感器共发送 40 位数据
        //即 5 个字节高位先送 5 个字节分别为湿度高位 湿度低位 温度高位 温度低位 校验和
        //校验和为：湿度高位 + 湿度低位 + 温度高位 + 温度低位
        for(i=0;i<5;i++)
        {
          Am2321_Data[i] = Read_SensorData();
        }
        if((Am2321_Data[0]+Am2321_Data[1]+Am2321_Data[2]+Am2321_Data[3])!=Am2321_Data[4])
        {
          for(i=0;i<5;i++)
          {
            //Am2321_Data[i] = 0x02;
          }
        }
      }
      else
      {
```

```
        Sensor_AnswerFlag = 0;          //未收到传感器响应
        for(i=0;i<5;i++)
        {
          Am2321_Data[i] = 0x01;
        }
    }
    return 1;
}
```

Enddevice.c 中的温湿度传感器处理函数 Read_Sense(void)如下：

```
void Read_Sense(void)
{
    UINT8 i;
    UINT16 temp;
    if(buffer[0]== 0x01 )              //判定第 0 个字节是不是本终端节点地址 01
    {
        if(buffer[1] == 0x03)          //判定第 1 个字节是不是 ModBus 读取指令 03
        {
            Crc_buf[0]=((cal_crc(buffer, 6) >> 8)&0xff);     //取得 CRC 值的高 8 位
            Crc_buf[1]=(cal_crc(buffer, 6) & 0xff);          //取得 CRC 值的低 8 位
            if((buffer[6] == Crc_buf[1]) && (buffer[7] == Crc_buf[0]))
            {         //判定 CRC 校验码是否相同
                      //温湿度传感器
              if(buffer[3] == 0x14)   //判定寄存器地址是否为从 14 开始读
              {
                Read_Sensor();                //读取温湿度传感器数据
                buffer[2] = (buffer[4]*256 + buffer[5])* 2;         //温湿度数据的字节数
                for(i = 0; i < 4; i++)
                {
                  buffer[i+3]=Am2321_Data[i];       //把温湿度数据拷贝到待发送缓存
                }
                buffer[8]=((cal_crc(buffer, 7) >> 8)&0xff);         //取得 CRC 值的高 8 位
                buffer[7]=(cal_crc(buffer, 7) & 0xff);              //取得 CRC 值的低 8 位
                GenericApp_SendTheMessage(buffer,9);//把包含了温湿度数据的数据发送给协调器
              }
            }
        }
    }
}
```

5. 实验步骤

注意事项：

(1) AM2321是有保护的塑料外壳包裹的，感应元件基本是通过空气来接触外界，所以你用手直接触摸它的外壳时温度的变化可能比较小，如果你放在温差比较大的两处地方的话会看到温湿度变化明显。

(2) 注意串口调试助手的参数设置：9600 8 N 1。

(3) 程序中采用ModBus数据格式，在Read_Sense(void)函数中采用终端节点地址及寄存器地址来作判断并无复杂之处，只是一种传输数据的格式而已。

分别下载协调器及终端节点的程序。

本实践的HEX文件在详见本书配套教学资料中的\源代码\基于Z-Stack的温湿度传感器实验，直接下载的HEX文件，运行结果如图6.19所示。

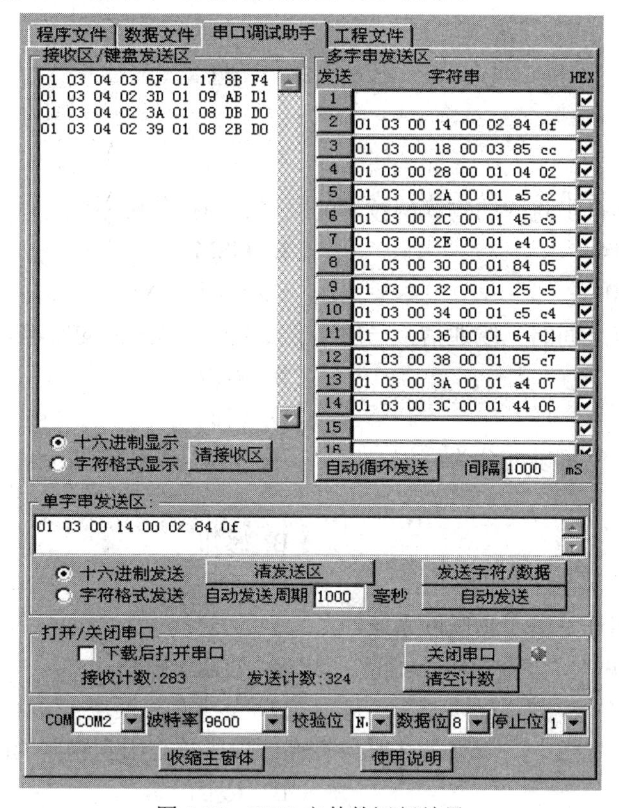

图6.19　HEX文件的运行结果

可以看到上位机发送ModBus的RTU帧格式数据“01 03 00 14 00 02 84 0f”给协调器。

数据帧解析：

01　03　00 14　00 02　84 0f：

01：从机地址

03：功能码

00 14：寄存器开始的地址

00 02：寄存器个数

84 0f：CRC校验码

即读取从地址 00 14 开始的两个寄存器的值。

01　03　04　02 39　01 08　2B D0：

01：从机地址

03：功能码

04：返回数据的字节个数

02 39：湿度数据，第一个 02 为湿度数据的高 8 位，第二个 39 为湿度数据的低 8 位

01 08：温度数据，01 为温度数据的高 8 位，08 为温度数据的低 8 位

2B D0：CRC 校验码

湿度 = ((0x02 * 256) + 0x39) /10 = 56.9%RH

温度 = ((0x01 * 256) + 0x08) /10 = 26.4℃

注意串口调试助手的串口参数及按照十六进制接收发送。

练　习　题

一、单选题

1. 工信部明确提出我国的物联网技术的发展必须把传感系统与(　　)结合起来。

A. TD-SCDMA　　B. GSM

C. CDMA2000　　D. WCDMA

2. 物联网节点之间的无线通信，一般不会受到(　　)因素的影响。

A. 节点能量　　B. 障碍物

C. 天气　　D. 时间

3. 物联网产业链可以细分为标识、感知、处理和信息传送四个环节，四个环节中核心环节是(　　)。

A. 标识　　B. 感知

C. 处理　　D. 信息传送

4. 下面哪一部分不属于物联网系统？(　　)

A. 传感器模块　　B. 处理器模块

C. 总线　　D. 无线通信模块

5. 在我们现实生活中，下列公共服务有哪一项还没有用到物联网(　　)。

A. 公交卡　　B. 安全门禁

C. 手机通信　　D. 水电费缴费卡

6. 下列传感器网与现有的无线自组网区别的论述中，哪一个是错误的。(　　)

A. 传感器网节点数目更加庞大　　B. 传感器网节点容易出现故障

C. 传感器网节点处理能力更强　　D. 传感器网节点的存储能力有限

二、判断题

1. 传感网：WSN、OSN、BSN 等技术是物联网的末端神经系统，主要解决“最后 100 m”连接问题，传感网末端一般是指比 M2M 末端更小的微型传感系统。(　)

2. 无线传感网(物联网)有传感器，感知对象和观察者三个要素构成(　)

3. 传感器网络通常包括传感器节点，汇聚节点和管理节点。(　)

4. 中科院早在 1999 年就启动了传感网的研发和标准制定，与其他国家相比，我国的技术研发水平处于世界前列，具有同发优势和重大影响力。(　)

5. 低成本是传感器节点的基本要求。只有低成本，才能大量地布置在目标区域中，表现出传感网的各种优点。(　)

6. “物联网”的概念是在 1999 年提出的，它的定义很简单：把所有物品通过射频识别等信息传感设备相互连接起来，实现智能化识别和管理。(　)

7. 物联网和传感网是一样的。(　)

8. 传感器网络规模控制起来非常容易。(　)

9. 物联网的单个节点可以做的很大，这样就可以感知更多的信息。(　)

10. 传感器不是感知延伸层获取数据的一种设备。(　)

项目七　基于物联网的公交车收费系统设计

【知识目标】

(1) 了解公交车收费系统的功能要求和基本组成。
(2) 了解基于物联网的公交车收费系统的基本结构。
(3) 熟悉 Android 的编程方法。
(4) 熟悉 RFID 的应用。

【技能目标】

(1) 能开发 RFID 应用系统。
(2) 能开发物联网无线通信应用。
(3) 能用 Android 开发物联网的应用系统。

7.1　任务一：项目的需求分析

7.1.1　系统需求

整个公交车收费系统需求体现在业务办理程序。业务办理程序主要包括办理新卡、公交卡充值、余额查询以及注销卡等功能模块。因此，公交车收费系统的软件设计流程如图 7.1 所示。

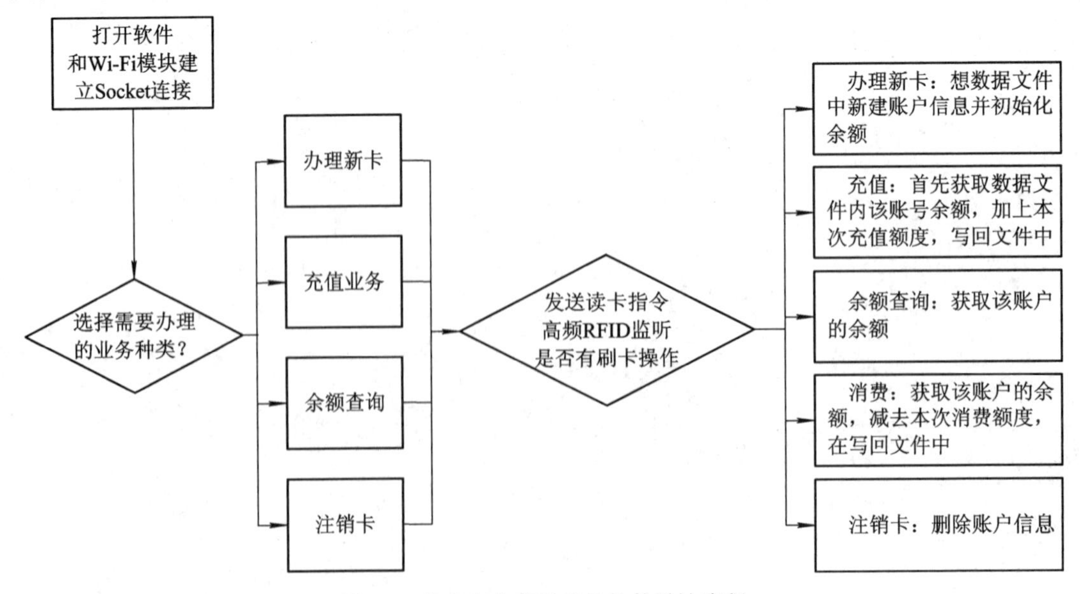

图 7.1　公交车收费系统的软件设计流程

7.1.2 公交车收费流程

乘车时的打卡收费功能实质上是由公交车收费程序完成的，其软件设计流程如图 7.2 所示。

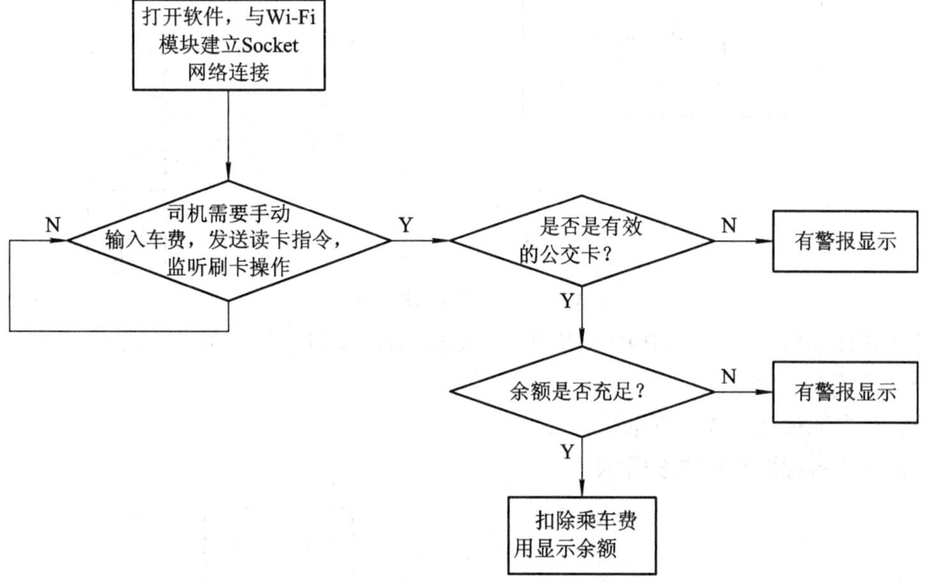

图 7.2 打卡收费收费程序的软件设计流程

7.2 任务二：系统硬件

公交车收费系统的硬件设备主要包括：

(1) Android 数据网关：程序的运行环境，处理获取的卡号，执行相关操作，并显示金额。

(2) USB 无线网卡：插在数据网关的 USB 接口上使数据网关具备 Wi-Fi 通信功能。

(3) 高频 RFID 读卡器：读卡设备，用于读取 IC 卡数据。

(4) Wi-Fi 模块：通过串口线与高频 RFID 读卡器相连，将读卡数据通过 Socket 连接发送给数据网关。

(5) 高频 IC 卡：用户公交卡。

7.3 任务三：软件设计

7.3.1 系统整体设计

公交车收费系统使用 Android 数据网关，连接无线 AP 点，高频 RFID 模块通过串口线与无线 AP 点相连。使用 Android 数据网关内的 RFID APP，对公交卡用户执行开户、充值、余额查询、销户、消费等操作。系统整体设计框图如图 7.3 所示。

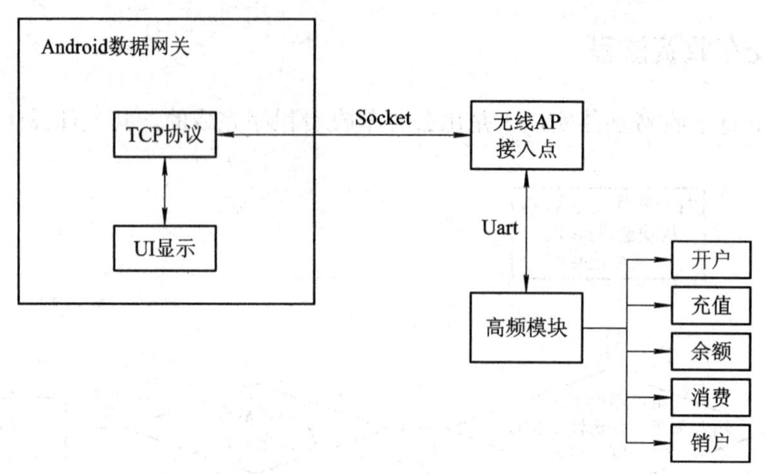

图 7.3　系统整体设计框图

当 RFID APP 与无线 AP 接入点建立 Socket 后，就可以进行开户、充值、账户余额。其控制流程分别如下。

(1) 开户流程如图 7.4 所示。

(2) 消费流程图如图 7.5 所示。

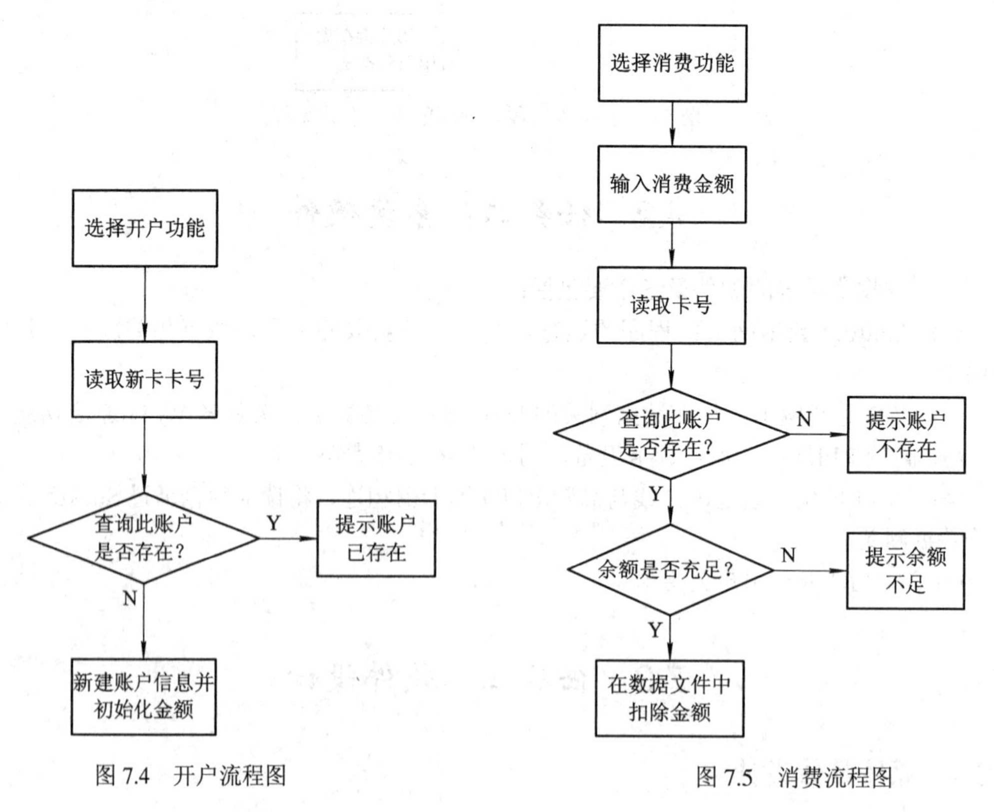

图 7.4　开户流程图

图 7.5　消费流程图

7.3.2　系统运行效果图

当 RFID APP 与无线 AP 接入点建立 Socket 后，创建连接如图 7.6 所示。

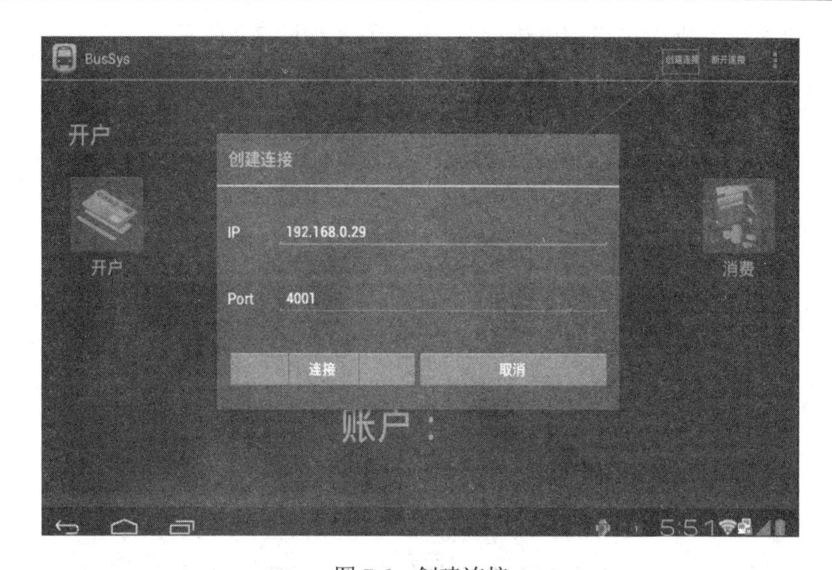

图 7.6　创建连接

当点击“开户”操作按钮后可显示如图 7.7 所示的界面。

图 7.7　开户操作的界面

当点击“余额”查询按钮后可查询卡上余额，如图 7.8 所示。

图 7.8　余额查询

当点击“充值”操作按钮后可进行IC卡充值，如图7.9所示。

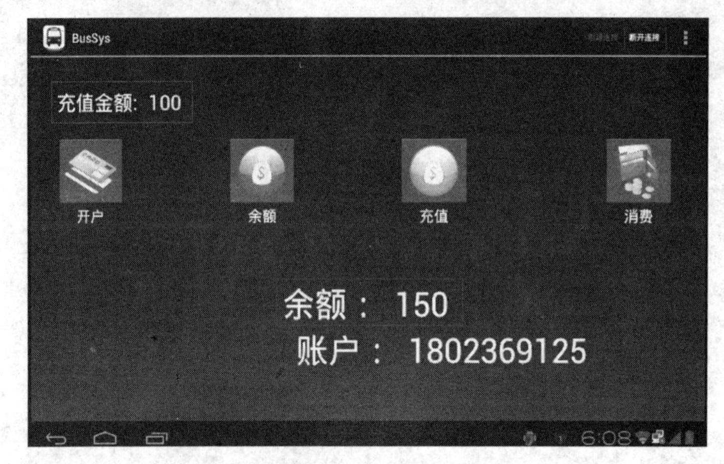

图7.9　充值操作

当点击“消费”操作按钮后可查询消费金额，如图7.10所示。

图7.10　消费操作

7.3.3　部分代码解析

主界面程序如下所示：

```
public class BusSysActivity extends Activity
{
    private int mOptionType = 4;           //操作类型。1:开户， 2:余额， 3:充值， 4:消费
    private int mConsumeMoney = 2;         //消费金额， 默认 2
    private int mRechargeMoney = 50;

    //socket 线程
    private SocketConnect mSocketConnect = null;
    private SocketReadThread mReadThread = null;
```

```
//sharedperferences 存储账户信息
private SharedPreferences mAccountInfo;
private Editor mEditor;

private Handler mRecvDataHandle = new Handler()
{
    public void handleMessage(Message msg)
    {
        if (0 == msg.what)
        {
            switch(mOptionType)
            {
                case 1:
                    Log.d(LOG_TAG, "1");
                    createAccount(msg.obj.toString());
                    break;
                case 2:
                    Log.d(LOG_TAG, "2");
                    getBalance(msg.obj.toString());
                    break;
                case 3:
                    Log.d(LOG_TAG, "3");
                    recharge(msg.obj.toString(), mRechargeMoney);
                    break;
                case 4:
                    Log.d(LOG_TAG, "4");
                    consume(msg.obj.toString(), mConsumeMoney);
                    break;
                default:
                    break;
            }
        }
    }
};

private Handler m_conntHandle = new Handler()
{
    public void handleMessage(Message msg)
    {
```

```
        if(msg.arg2==0)
        {
            mReadThread = new SocketReadThread(BusSysActivity.this, mSocketConnect.getSocket(),
                                                        mRecvDataHandle);
            mReadThread.start();
            findViewById(R.id.action_connect).setEnabled(false);
        }
    }
};

public boolean onOptionsItemSelected(MenuItem item)
{
    switch(item.getItemId())
    {
        case R.id.action_connect:
            createIpDlg();
            break;
        case R.id.action_disconnect:
            findViewById(R.id.action_connect).setEnabled(true);
            disconnect();
            break;
    }
    return false;
}

private void createMoneyDlg()
{
    final Dialog dialog = new Dialog(this);
    dialog.setContentView(R.layout.money_dialog);
    dialog.setTitle("金额");
    dialog.show();
    Button setBtn = (Button)dialog.findViewById(R.id.money_dlg_confirm_btn);
    Button cancelBtn = (Button)dialog.findViewById(R.id.money_dlg_cancel_btn);
    final EditText valTv = (EditText)dialog.findViewById(R.id.money_dlg_val);

    setBtn.setOnClickListener(new OnClickListener()
    {
        public void onClick(View v)
        {
```

```
            switch(mOptionType)
            {
              case 3:
                mRechargeMoney = Integer.parseInt(valTv.getText().toString());
                mStateTv.setText("充值金额:   " +mRechargeMoney);
                break;
              case 4:
                mConsumeMoney = Integer.parseInt(valTv.getText().toString());
                mStateTv.setText("消费金额:   " +mConsumeMoney);
                break;
              default:
              break;
            }
            dialog.dismiss();
          }
        });

        cancelBtn.setOnClickListener(new OnClickListener()
        {
          public void onClick(View v)
          {
            dialog.dismiss();
          }
        });
      }

      //判断账户是否存在
      private boolean hasAccount(String pAccount)
      {
        return mAccountInfo.getInt(pAccount, -1) >= 0;
      }
      //新建账户
      private void createAccount(String pAccount)
      {
        if (hasAccount(pAccount))
        {
          Toast.makeText(this, "账户已存在!", Toast.LENGTH_SHORT).show();
          mAccountTv.setText(pAccount);
        } else
```

```
        {
            mEditor.putInt(pAccount, 50);
            mEditor.commit();
            if (hasAccount(pAccount))
            {
                Toast.makeText(this, "创建成功!", Toast.LENGTH_SHORT).show();
                mAccountTv.setText(pAccount);
            } else
            {
                Toast.makeText(this, "创建失败!", Toast.LENGTH_SHORT).show();
            }
        }
    }

    private void getBalance(String pAccount)
    {
        if (hasAccount(pAccount))
        {
            mBalanceTv.setText("" + mAccountInfo.getInt(pAccount, -1));
            mAccountTv.setText(pAccount);
        } else
        {
            Toast.makeText(this, "账户不存在！ ", Toast.LENGTH_SHORT).show();
        }
    }
    //充值操作
    private void recharge(String pAccount, int pVal)
    {
        if (hasAccount(pAccount))
        {
            int tmpVal = mAccountInfo.getInt(pAccount, -1);
            tmpVal += pVal;
            mEditor.putInt(pAccount, tmpVal);
            mEditor.commit();
            mBalanceTv.setText("" + mAccountInfo.getInt(pAccount, -1));
            mAccountTv.setText(pAccount);
        } else
        {
            Toast.makeText(this, "账户不存在！ ", Toast.LENGTH_SHORT).show();
```

```
        }
    }
    //消费操作
    private void consume(String pAccount, int pVal)
    {
        if (hasAccount(pAccount))
        {
            mAccountTv.setText(pAccount);
            int tmpVal = mAccountInfo.getInt(pAccount, -1);
            if (tmpVal < mConsumeMoney)
            {
                Toast.makeText(this, "余额不足！ ", Toast.LENGTH_SHORT).show();
                return;
            }
            tmpVal -= pVal;
            mEditor.putInt(pAccount, tmpVal);
            mEditor.commit();
            mBalanceTv.setText("" + mAccountInfo.getInt(pAccount, -1));
        } else
        {
            Toast.makeText(this, "账户不存在！ ", Toast.LENGTH_SHORT).show();
        }
    }
}
```

本项目程序可在广州飞瑞敖电子科技有限公司的 IOT-L01-05 物联网综合型实验箱为硬件平台，利用其配套的丰富硬件资源，模拟实现公交车收费系统。

实　践　题

以 IOT-L01-05 物联网综合型实验箱为硬件平台，利用其配套的丰富硬件资源和实践程序，模拟实现公交车收费系统。分析源程序代码，写出实践步骤，试情况可修改源程序，增加公交车收费系统的功能。

项目八　基于物联网的环境监测报警系统

【知识目标】

(1) 了解环境监测报警系统的功能要求和基本组成。
(2) 了解基于物联网环境监测报警系统的基本结构。
(3) 熟悉 Android 的编程方法。
(4) 熟悉 ZigBee 的应用。

【技能目标】

(1) 能对 Wi-Fi 无线应用系统开发。
(2) 能对物联网无线通信应用开发。
(3) 能用 Android 开发物联网的应用系统。

8.1　任务一：项目的需求分析

环境监测报警系统使用 Wi-Fi 网络、ZigBee 网络与大量传感器节点所组成的硬件平台对周围环境进行监测。丰富的传感器类型全面感知周围环境的各项参数，自组的 ZigBee 网络提供稳定的数据通信网络，Wi-Fi 无线 AP 接入点将连接环境监测系统与互联网以达到远程监控的目的。

环境监测报警系统软件工作流程图如图 8.1 所示。

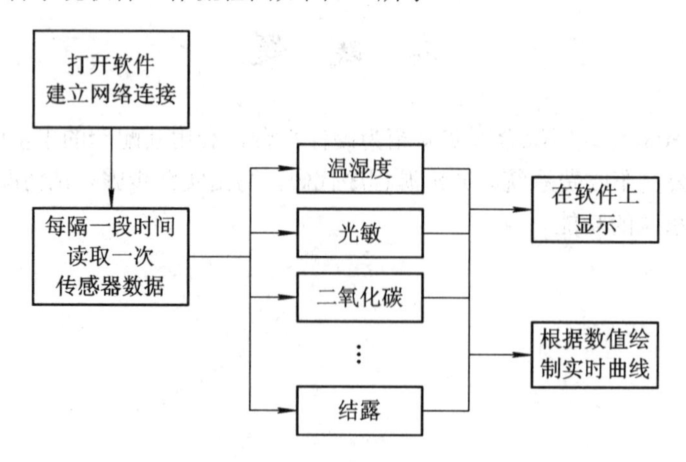

图 8.1　环境监测报警系统软件工作流程图

本系统中使用到了多种常用的传感器，有温湿度、光敏、结露、酒精、烟感、二氧化碳等。

8.2　任务二：系统硬件

物联网环境监测报警系统的硬件设备主要包括：

(1) Android 数据网关：程序的运行环境，发送数据采集指令，获取返回的数据并解析，显示数据并绘制实时曲线。

(2) USB 无线网卡：插在数据网关的 USB 接口上使数据网关具备 Wi-Fi 通信功能。

(3) 各类传感器：温湿度、光敏、结露、烟雾、酒精等，传感器使用方法及指令解析在前面章节有详述，在这里不做说明。

(4) Wi-Fi 模块：通过串口线与高频 RFID 读卡器相连，将读卡数据通过 Socket 连接发送给数据网关。

8.3　任务三：软件设计

8.3.1　系统整体设计

系统是基于 Wi-Fi、ZigBee 网络，打开软件后首先配置所需传感器设备的节点，然后开始运行即可。系统开始运行后会根据配置的设备节点生成相应的指令发送给传感器设备，传感器设备接收到指令之后则返回数据给 Android 数据网关，网关解析数据后显示在屏幕上。

采集环境数据功能如图 8.2 所示。系统开始运行后则开启两个线程。一个为发送指令线程，根据设备配置生成指令发送到节点。一个为数据接收线程，接收传感器返回的数据并解析显示在屏幕。

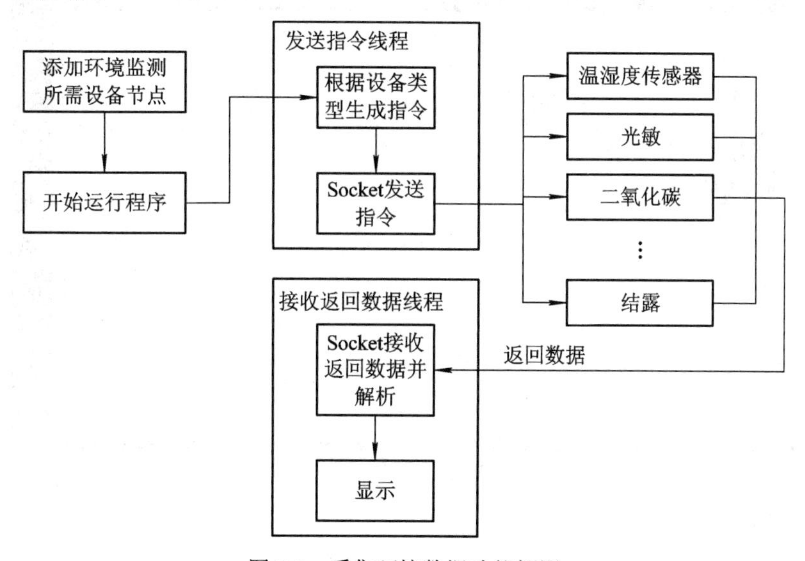

图 8.2　采集环境数据功能框图

实时曲线绘制功能如图 8.3 所示。指令发送与数据返回解析流程图 8.2 一致。同时双击屏幕上的传感器设备节点后跳转到实时曲线绘制界面。

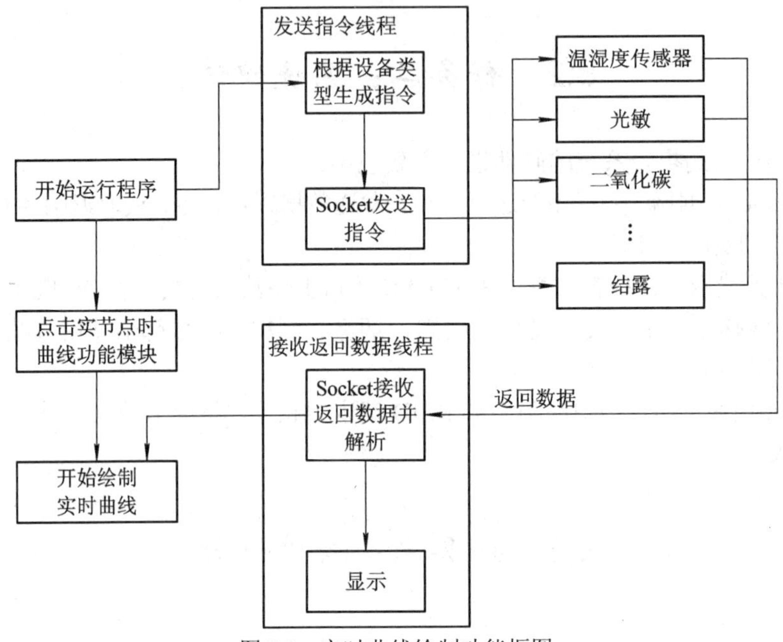

图 8.3　实时曲线绘制功能框图

8.3.2　系统运行效果图

1. 添加设备节点

添加设备节点，如图 8.4 所示。点击“添加”按钮添加设备。

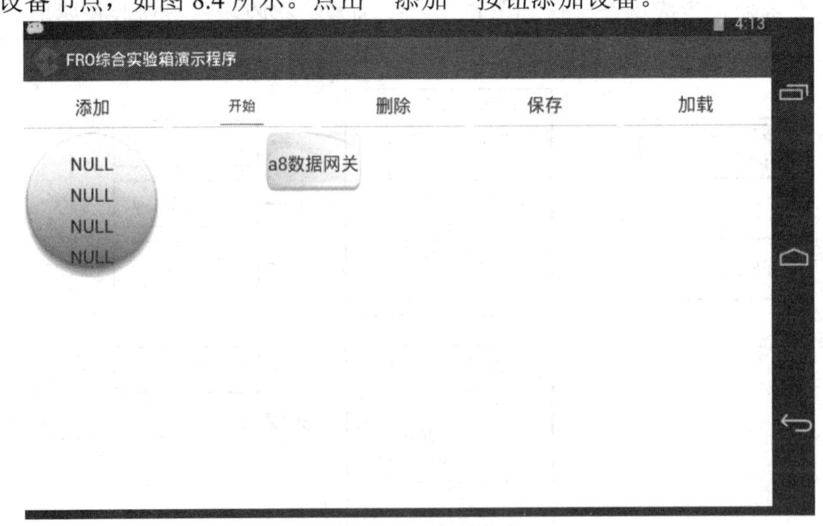

图 8.4　添加设备

2. 设备配置

设备配置，如图 8.5 所示。长按设备节点弹出配置对话框。

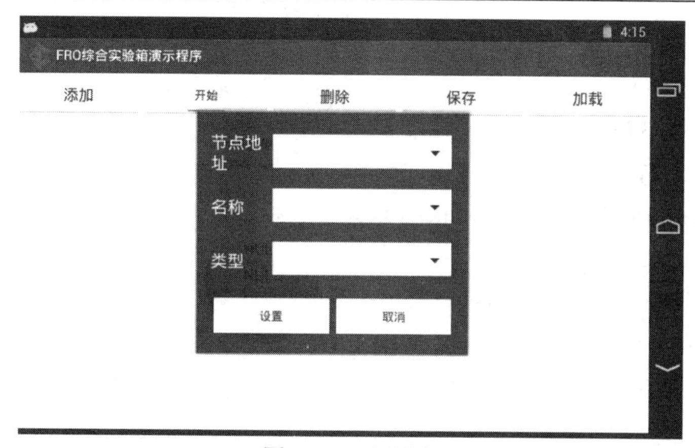

图 8.5　配置设备

3. 采集数据

添加完成后点击“开始”按钮，系统开始运行并采集数据，如图 8.6 所示。

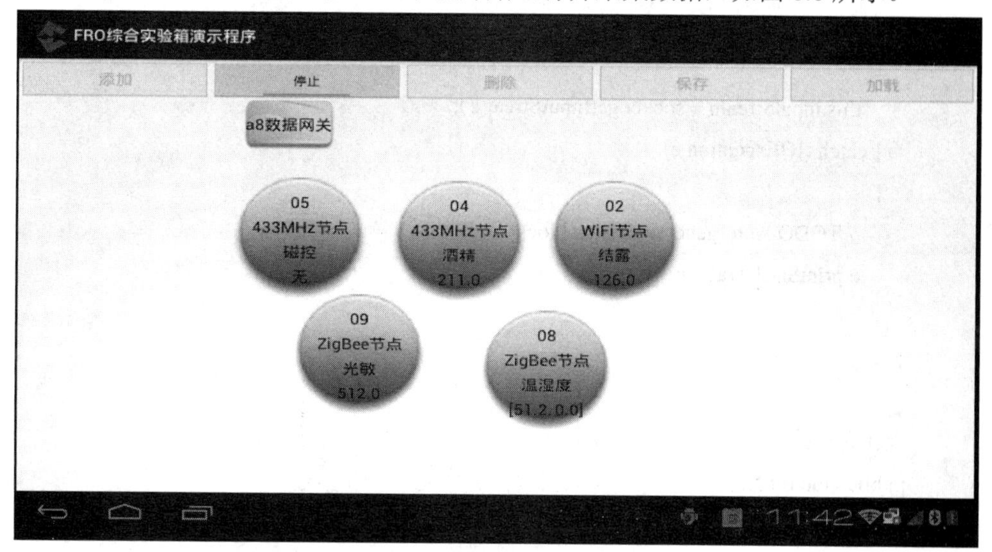

图 8.6　系统运行

双击设备节点，进入实时曲线模式，如图 8.7 所示。

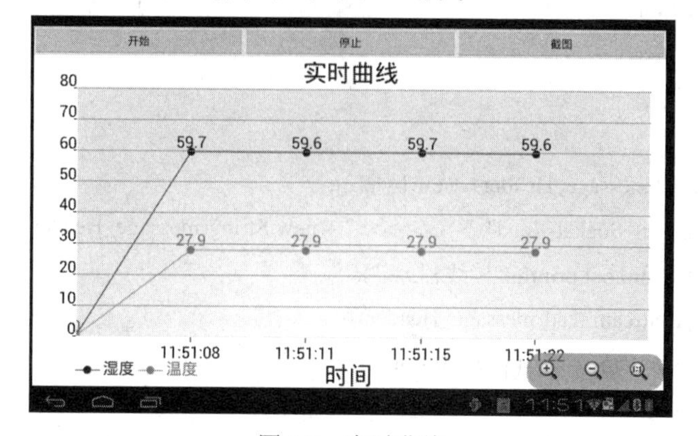

图 8.7　实时曲线

8.3.3 部分代码解析

主界面程序如下所示：

```
//数据读取线程
public class SocketReadThread extends Thread
{
    private InputStream inputStream;
    public boolean isRun = true;
    Context context;

    public SocketReadThread(Socket socket)
    {
        super();
        try
        {
            this.inputStream = socket.getInputStream();
        } catch (IOException e)
        {
            // TODO Auto-generated catch block
            e.printStackTrace();
        }
    }

    @Override
    public void run()
    {
        // TODO Auto-generated method stub
        byte[] ack_body_b = null;
        while (isRun)
        {
            try
            {
                byte[] message_Header = new byte[3];
                // Log.i("Socket-Read", "--->>>>>>" + new String(message_Header));
                // System.out.println("读线程......");
                inputStream.read(message_Header);
                Message message = new Message();
                message.setAddress(message_Header[0]);
                message.setFunction_Code(message_Header[1]);
```

```
            message.setSize(message_Header[2]);
            ack_body_b = new byte[message_Header[2]];

            inputStream.read(ack_body_b);
            message.setBody(ack_body_b);
            byte[] crc_b = new byte[2];
            inputStream.read(crc_b);
            message.setCrc_Lo(crc_b[0]);
            message.setCrc_Hi(crc_b[1]);
          } catch (IOException e)
          {
            // TODO Auto-generated catch block
            e.printStackTrace();
            System.out.println("Socket 读线程出错了！ ");
            isRun = false;
          }
          try
          {
            Thread.sleep(500);
          } catch (InterruptedException e)
          {
            // TODO Auto-generated catch block
            e.printStackTrace();
          }
        }
      }
    }

//指令发送线程
public class SocketReadThread extends Thread
{
  private InputStream inputStream;
  public boolean isRun = true;
  Context context;
  public SocketReadThread(Socket socket)
  {
    super();
    try
    {
```

```
            this.inputStream = socket.getInputStream();
        } catch (IOException e)
        {
            // TODO Auto-generated catch block
            e.printStackTrace();
        }
    }
    @Override
    public void run()
    {
        // TODO Auto-generated method stub
        byte[] ack_body_b = null;
        while (isRun)
        {
            try
            {
                byte[] message_Header = new byte[3];
                // Log.i("Socket-Read", "--->>>>>>" + new String(message_Header));
                // System.out.println("读线程......");
                inputStream.read(message_Header);
                Message message = new Message();
                message.setAddress(message_Header[0]);
                message.setFunction_Code(message_Header[1]);
                message.setSize(message_Header[2]);
                ack_body_b = new byte[message_Header[2]];
                inputStream.read(ack_body_b);
                message.setBody(ack_body_b);
                byte[] crc_b = new byte[2];
                inputStream.read(crc_b);
                message.setCrc_Lo(crc_b[0]);
                message.setCrc_Hi(crc_b[1]);
                synchronized (MessageQueue.getList())
                {
                    if (message.getAddress() != 0)
                        MessageQueue.add(message);
                }
                // }
                } catch (IOException e)
                {
```

```
                    // TODO Auto-generated catch block
                    e.printStackTrace();
                    System.out.println("Socket 读线程出错了！");
                    isRun = false;
                }
                try
                {
                    Thread.sleep(500);
                } catch (InterruptedException e)
                {
                    // TODO Auto-generated catch block
                    e.printStackTrace();
                }
            }
        }
    }
}

//广播事件处理
@Override
public void onReceive(Context arg0, Intent arg1)
{
    // TODO Auto-generated method stub
    String action = arg1.getAction();
    Log.i("receiver->", action);
    byte[] data = arg1.getExtras().getByteArray("data");
    Message message = new Message();
    message.setMessage(data);
    int sence_Type = -1;

    /*获得类型*/
    for (int i = 0; i < DBtnMainActivity.node_number; i++)
    {
        String addr = DBtnMainActivity.node_btn[i].getAddress() + "";
        if (action.equals(addr))
        {
            sence_Type = DBtnMainActivity.node_btn[i].getType();
            break;
        }
    }
```

```
        if (type == 1)
        {
            TextView textView = null;
            for (int i = 0; i < DBtnMainActivity.node_number; i++)
            {
                String addr = DBtnMainActivity.node_btn[i].getAddress() + "";
                if (action.equals(addr))
                {
                    textView = DBtnMainActivity.node_btn[i].getValTv();
                    tmpBtn = DBtnMainActivity.node_btn[i];
                    break;
                }
            }
            setTextVal(textView, sence_Type, data);
        } else if (type == 2) {
        XYChartActivity builder = ((XYChartActivity) arg0);        // XYChartBuilder 对象
        if (Integer.parseInt(action) == builder.address)
        {
            double[] val;
            if (sence_Type == Sense_Type.ACCELERATE.getType())
            {
                val = Sense_Type.getAccelerateResult(message.getBody());
            } else if (sence_Type == Sense_Type.HUMITURE.getType())
            {
                val = Sense_Type.getHumitureResult(message.getBody());
            } else
            {
                val = new double[]
                {
                    Sense_Type
                    .getResult(message.getBody())
                };
            }
            builder.add_Series(val);                               //增加数据点
        }
    }
}
    public void setTextVal(TextView textView, int type, byte[] b)
    {
```

```
Message message = new Message();
message.setMessage(b);
switch (type)
{
  case 5:
  if (message.getBody().length == 6)
  {
    textView.setText(Arrays.toString(Sense_Type
    .getAccelerateResult(message.getBody())));
  }
  break;
  case 8:
  if (message.getBody().length == 4)
  {
    double[] temp = Sense_Type.getHumitureResult(message.getBody());
    textView.setText(temp[0] + "%rh " + temp[1] + "℃");
  }
  break;

  case 3:                    //红外对射，Ad 值，170 左右没有，300 左右则有
  if (message.getBody().length == 2)
  {
    double r_b = Sense_Type.getResult(message.getBody());
    if (r_b < 200)
    {
      textView.setText("无");
      tmpBtn.setNodeBackground(R.drawable.bluecircle200px);
    } else if (r_b > 200)
    {
      textView.setText("有");
      tmpBtn.setNodeBackground(R.drawable.redcircle200px);
    }
  }
  break;

  default:
  if (message.getBody().length > 1)
  {
    double r_b = Sense_Type.getResult(message.getBody());
```

```
                if (r_b == 0)
                {
                    textView.setText("无");
                    tmpBtn.setNodeBackground(R.drawable.bluecircle200px);
                    Log.d(LOG_TAG, "无");
                } else if (r_b == 1)
                {
                    textView.setText("有");
                    tmpBtn.setNodeBackground(R.drawable.redcircle200px);
                    Log.d(LOG_TAG, "有");
                } else
                {
                    textView.setText(r_b + "");
                }
            }
            break;
        }
    }
}
```

本项目程序可在广州市飞瑞敖电子科技有限公司的 IOT-L01-03 物联网网络体系实验箱为硬件平台，利用其配套的丰富硬件资源，模拟实现环境监测报警系统。

实 践 题

以 IOT-L01-05 物联网综合型实验箱为硬件平台，利用其配套的丰富硬件资源和实践程序，模拟实现基于物联网的环境监测报警系统。分析源程序代码，写出实践步骤，试情况可修改源程序，增加物联网的环境监测报警的功能。

项目九　基于 RFID 技术的 C/S 模式智能仓储物流系统设计

【知识目标】

(1) 了解环境监测报警系统的功能要求和基本组成。
(2) 了解基于物联网环境监测报警系统的基本结构。
(3) 熟悉 Android 的编程方法。
(4) 熟悉 ZigBee 的应用。

【技能目标】

(1) 能对 Wi-Fi 无线应用系统开发。
(2) 能对物联网无线通信应用开发。
(3) 能用 Android 开发物联网的应用系统。

9.1　任务一：项目概述

本项目是广州飞瑞敖电子科技有限公司以实验套件的形式推出的 IOT-S01-02 型智能物流仓储实验套件，它囊括了主流的仓储物流行业使用的 RFID 硬件终端设备以及功能完善的智能餐厨物流管理软件，即适合物流专业学生进行实践操作学习，也适合计算机、物联网等专业的学生进行二次开发。智能物流仓储实验套件网络拓扑图如图 9.1 所示，在由

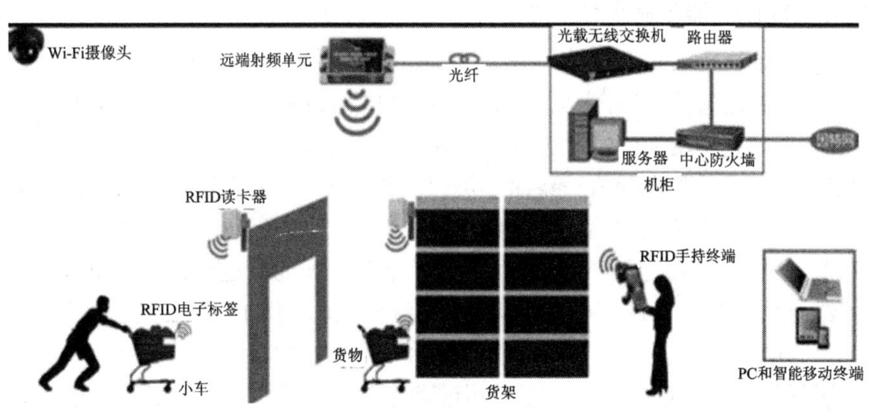

图 9.1　网络拓扑结构图

光载无线交换机、路由器和数据服务器所组成的网络平台上，超高频 RFID 读写器和手持式超高频 RFID 读卡器采集可以远距离快速地读到商品上的超高频 RFID 标签信息，并通过 Wi-Fi 网络将信息传递至 PC 机或者各种移动智能终端上进行数据处理，与此同时，Wi-Fi 摄像头和大量的传感器监控仓库或者在途的环境信息。

9.2 任务二：系统硬件

超高频 RFID 技术(工作在 900 MHz 上)，因为其读卡距离远，读卡速度快以及抗干扰能力强等特性，必将是物流仓储行业中 RFID 技术应用的核心技术。本实验套件共涉及两款超高频 RFID 设备，分别为固定式超高频 RFID 读写器和手持式超高频 RFID 读卡器。

1. SRR103 型固定分体式超高频 RFID 读写器

图 9.2 所示是 SRR103 型固定分体式超高频 RFID 读写器的外形和使用示意图，它具备以下特点：

(1) 充分支持 EPC CLASS G2、ISO 18000—6B 标准电子标签。

(2) 输出功率可达 30 dBm，读卡距离可达 10 m。

(3) 4 个外接 TNC 天线接口，可实现对于整箱货物的全方位扫描。

(4) 支持 EPC 和 TID 两种防冲突模式，同时读卡数量大于等于 1000。

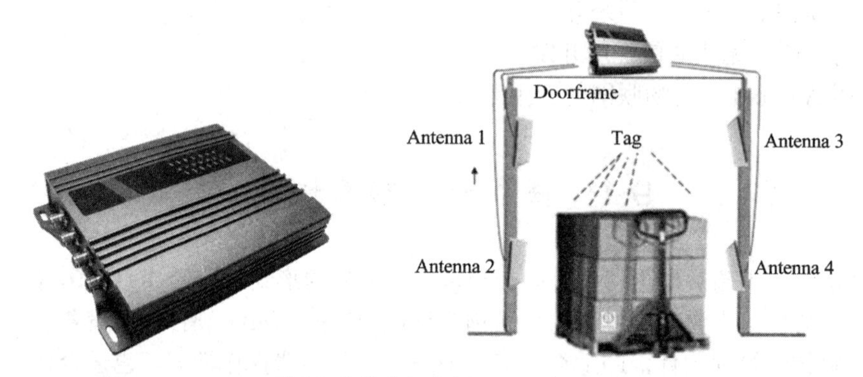

图 9.2 SRR103 型固定分体式超高频 RFID 读写器外形和使用示意图

下面对 RFID 读写器各命令作简要介绍。

1) 上位机发送命令或数据给读卡器

上位机(PC 或移动智能终端)可以通过串口和 RJ45 网口两种通信模式与 SRR103 读卡器进行交互通信，通信过程中由上位机发送命令及参数给读写器，然后读写器将命令执行结果状态和数据返回给上位机。读写器接收一条命令执行一条命令，只有在读写器执行完一条命令后，才能接收下一条命令。在读写器执行命令期间，如果向读写器发送命令，命令将丢失。

注意：上位机发送的数据串中，每两个相邻字节之间的发送时间间隔必须小于 15 ms。在上位机的命令数据块发送过程中，如果相邻字符间隔大于 15 ms，则之前接收到的数据均被当作无效数据丢弃，然后从下一个字节开始，重新接收。

读写器接收到正确询查命令后，在不超过询查时间的范围内(不包括数据发送过程，仅仅是读写器执行命令的时间)，会返回给读写器一个响应。

2) 读卡器发送数据给上位机

读写器发送响应数据给上位机过程如下：

读写器	数据传递方向	上位机
响应数据块	→	

读卡器可发送响应数据给上位机。读写器发送响应数据期间，相邻字节之间的发送时间间隔小于 15 ms。完整的一次通信过程是：上位机发送命令给读写器，并等待读写器返回响应；读写器接收命令后，开始执行命令，然后返回响应；之后上位机接收读写器的响应，一次通信结束。

3) 上位机命令数据块格式

上位机命令数据块格式如下：

Len	Adr	Cmd	Data[]	LSB-CRC16	MSB-CRC16

数据各部分说明如表 9.1 所示。

表 9.1　数据各部分说明

	长度/B	说　明
Len	1	命令数据块的长度，但不包括 Len 本身。即数据块的长度等于 4 加 Data[] 的长度。Len 允许的最大值为 96，最小值为 4
Adr	1	读写器地址。地址范围：0x00～0xFE，0xFF 为广播地址，读写器只响应和自身地址相同及地址为 0xFF 的命令。读写器出厂时地址为 0x00
Cmd	1	命令代码
Data[]	不定	参数域。在实际命令中，可以不存在
LSB-CRC16	1	CRC16 低字节。CRC16 是从 Len 到 Data[]的 CRC16 值
MSB-CRC16	1	CRC16 高字节

4) 读写器响应数据块格式

读写器响应数据块格式如下：

Len	Adr	reCmd	Status	Data[]	LSB-CRC16	MSB-CRC16

数据各部分说明如表 9.2 所示。

表 9.2　数据各部分说明

	长度/B	说　明
Len	1	响应数据块的长度，但不包括 Len 本身。即数据块的长度等于 5 加 Data[] 的长度
Adr	1	读写器地址
reCmd	1	指示该响应数据块是哪个命令的应答。如果是对不可识别的命令的应答，则 reCmd 为 0x00
Status	1	命令执行结果状态值
Data[]	不定	数据域，可以不存在
LSB-CRC16	1	LSB-CRC16 为 CRC16 的低字节
MSB-CRC16	1	CRC16 高字节

5) 操作命令总汇

EPC C1 G2(ISO 18000-6C)标准的电子标签读卡器命令如表9.3所示。

表9.3 EPC C1 G2(ISO 18000—6C)标准的电子标签读卡器命令

序号	命令	功 能
1	0x01	询查标签
2	0x02	读数据
3	0x03	写数据
4	0x04	写EPC号
5	0x05	销毁标签
6	0x06	设定存储区读写保护状态
7	0x07	块擦除
8	0x08	根据EPC号设定读保护设置
9	0x09	不需要EPC号读保护设定
10	0x0a	解锁读保护
11	0x0b	测试标签是否被设置读保护
12	0x0c	EAS报警设置
13	0x0d	EAS报警探测
14	0x0e	user区块锁
15	0x0f	询查单标签
16	0x10	块写

ISO 18000—6B标准的电子标签读卡器命令如表9.4所示。

表9.4 ISO18000—6B标准的电子标签读卡器命令

序号	命令	功 能
1	0x50	询查命令(单张)。这个命令每次只能询查一张电子标签。不带条件询查
2	0x51	条件询查命令(多张)。这个命令根据给定的条件进行询查标签，返回符合条件的电子标签的UID。可以同时询查多张电子标签
3	0x52	读数据命令。这个命令读取电子标签的数据，一次最多可以读32个字节
4	0x53	写数据命令。写入数据到电子标签中，一次最多可以写32个字节
5	0x54	监测锁定命令。监测某个存储单元是否已经被锁定
6	0x55	锁定命令。锁定某个尚未被锁定的电子标签

读写器自定义命令如表9.5所示。

表9.5　读写器自定义命令

序号	命令	功　能	序号	命令	功　能
1	0x21	读取读写器信息	14	0x3e	询查标签类型
2	0x22	设置读写器工作频率	15	0x3f	配置天线
3	0x24	设置读写模块地址	16	0x40	蜂鸣器设置
4	0x25	设置读写模块询查时间	17	0x41	实时时钟设置
5	0x28	设置串口波特率	18	0x42	获取实时时钟
6	0x2f	调整功率	19	0x43	立即通知
7	0x33	声光控制命令	20	0x44	清缓存
8	0x35	工作模式设置命令	21	0x45	继电器控制命令
9	0x36	读取工作模式参数	22	0x46	GPIO 控制命令
10	0x37	设置 EAS 测试精度命令	23	0x47	读取 GPIO 状态
11	0x3b	掩码设置	24	0x48	通知输出端口
12	0x3c	响应方式设置	25	0x49	触发延时设置
13	0x3d	询查间隔	26	0x4a	询查 TID 区参数设置

2. SRR301 手持式超高频 RFID 读卡器

如图 9.3 所示，SRR301 型手持式超高频 RFID 读卡器拥有一块3.5英寸QVGA彩色显示屏，自带Windows CE 5.0嵌入式操作系统，采用三星公司的处理器，速度可达 400 MHz，它配有 128 MB 的 ROM 和 128 MB 的 SDRAM，支持 802.11 b/g 无线通信协议，并且集成了 RFID、条形码、二维码采集模块。

图9.3　SRR301型手持式超高频RFID 读卡器

作为一款强大的嵌入式手持终端设备，SRR301 为用户提供了完整的二次开发SDK包(仅限于RFID读卡模块的应用)。接下来介绍八个关键函数(以 dll 动态库形式提供)：

1) ModulePowerOn()函数

功能描述：用于接通模块电源。

原型：Public static extern int ModulePowerOn(void)。

参数：None。

返回值：成功返回 0，否则返回非 0。

2) ModulePowerOff()函数

功能描述：用于断开模块电源。

原型：Public static extern void ModulePowerOff(void)。

参数：None。

返回值：None。

3) ConnectReader()函数

功能描述：用于建立串口与读写器模块之间的连接(嵌入式 CPU 上 UART 端口和嵌入

式 RFID 模块之间的连接)，执行该函数后，才能使用读卡模块的其他功能。

原型：Public static extern int ConnectReader(int fbaud)。

参数：fbaud 设置串口的波特率典型值 9600，19200，38400，57600(b/s)。

返回值：成功返回 0，否则返回非 0。

4) WriteScanTime()函数

功能描述：设置查询命令的最大响应时间，范围 3～255 × 100 ms，默认值是 30 × 100 ms。

原型：Public static extern int WriteScanTime(unsigned char *Address, unsigned char *ScanTime)。

参数：

Address——读写器地址。

ScanTime——一个字节，查询相应时间。

返回值——成功返回 0，否则返回非 0。

5) SetPowerDbm()函数

功能：设置读写器功率。

原型：Public static extern int SetPowerDbm(unsigned char *address, unsigned cahr *power)。

6) Invertory_G2()函数

功能：检查有效范围内是否有符合协议的电子标签存在。

原型：Public static extern int Inventory_G2(unsigned char * Address, unsigned char * State, int *Len, unsigned char * pOUcharIDList, int *pOUcharTagNum)。

参数：

State-0x01——查询时间结束前返回。

State-0x02——查询时间结束使得查询退出。

State-0x03——如果读到的标签数量无法在一条消息内传送完，将分多次发送。

State-0x04——还有电子标签未读取，电子标签数量太多，MCU 存储不了。

Len——输出变量，数据返回的总长度。

pOUcharIDList——指向输出数组变量。

pOUcharTagNum——输出变量，电子标签的张数。

7) ReadCard_G2()函数

功能：这个命令读取标签的整个或部分保留区、EPC 存储区、TID 存储器或用户存储器中的数据。从指定的地址开始读，以字为单位。

原型：Public static extern int ReadCard_G2(unsigned char * Address, int *Len, unsigned char Enum, unsigned cahr *EPC, unsigned char Mem, unsigned cahr WordPtr, unsigned char Num, unsigned char * Password, unsigned char * Data, unsigned char * Errorcode)。

参数：

Len——输入/输出变量，数据发送或返回的总长度。

Enum——输入变量，一个字节，EPC 号的字长度，以字为单位。

EPC——指向输入数组变量(输入的是每字节都转化为字符的数据)，是电子标签的

EPC号。

Mem——输入变量，一个字节，选择要读取的存储区。0x00为保留区；0x01 EPC为存储区；0x02 TID为存储区；0x03为用户存储区。

WordPtr——输入变量，一个字节，指向要读取的字起始地址。

Num——输入变量，一个字节，要读取的字个数。

Password——指向输入数组变量，四个字节，这四个字节是访问密码。

Data——指向输出数组变量，是从标签中读取的数据。

Errorcode——输出变量，一个字节，读写器返回状态相应为0xfc时，返回错误代码。

8) WriteCard_G2()函数

功能：这个命令可以一次性往保留内存、EPC存储区、TID存储区或用户存储区中写入若干个字。

原型：Public static extern int WriteCard_G2(unsigned char * Address, int *Len, unsigned char Wnum, unsigned char Enum, unsigned cahr *EPC, unsigned char Mem, unsigned char WordPtr, unsigned char *Writedata, unsigned char * Password, unsigned char * Errorcode)。

参数：

Len——输入/输出变量，数据发送或返回的总长度。

Wnum——输入变量，一个字节，待写入的字数，必须大于0，这里字数必须和实际待写入的数据字数相等。

Enum——输入变量，一个字节，EPC号的字长度，以字为单位。

EPC——指向输入数组变量(输入的是每字节都转化为字符的数据)，是电子标签的EPC号。

Mem——输入变量，一个字节，选择要读取的存储区。0x00为保留区；0x01 EPC为存储区；0x02 TID为存储区；0x03为用户存储区。

WordPtr——输入变量，一个字节，指向要写入的字起始地址。

Writedata——指向输入数组变量。

Password——指向输入数组变量，四个字节，这四个字节是访问密码。

Errorcode——输出变量，一个字节，读写器返回状态相应为0xfc时，返回错误代码。

以上只是简单列举并讲解了几个关键函数，更多函数请参考读卡器的用户手册。本书的实验套件内与读卡器(固定式和手持式)配套的标签种类很丰富，用户可以根据不同的货物选择不同种类的标签。

9.3　任务三：软件设计

物流仓储系统程序包括PC机上C/S模式仓储物流管理软件及手持终端内嵌入式软件系统两个部分。

仓储物流管理软件使用与平台无关的Java语言开发，综合RFID技术、无线Wi-Fi技术、GPS/GIS技术及无线传感网络技术，在标准的企业仓储、运输业务管理的功能基础上，同时集成环境监测、人员管理、设备管理功能，可实时监控仓储及运输过程中的货品环境、货品出入库情况、设备使用情况，对于环境异常、货品非法出入库、设备未授权使用等情况系统有自动报警功能。

手持终端系统使用C#语言开发(上面已经介绍了一些关键函数)，通过Socket连接将入库、盘点、出库拣货功能中采集到商品的RFID数据传送给仓储物流管理软件进行处理。

系统有8个主要程序功能模块：

(1) 基础数据管理(模块)。

(2) 入库管理模块。此模块通过系统超高频RFID手持机作为收货、组托、上架信息数据采集工具，完成从采购、收货、组托、上架完整的入库操作流程，如图9.4所示。

(3) 库存盘点管理(模块)。此模块通过超高频RFID手持机对库存货品的扫描完成实盘点数的工作，并实盘数据自动上传。系统实现从生成盘点清单、生成盘点差异再到库存更新的完整盘点流程，如图9.5所示。

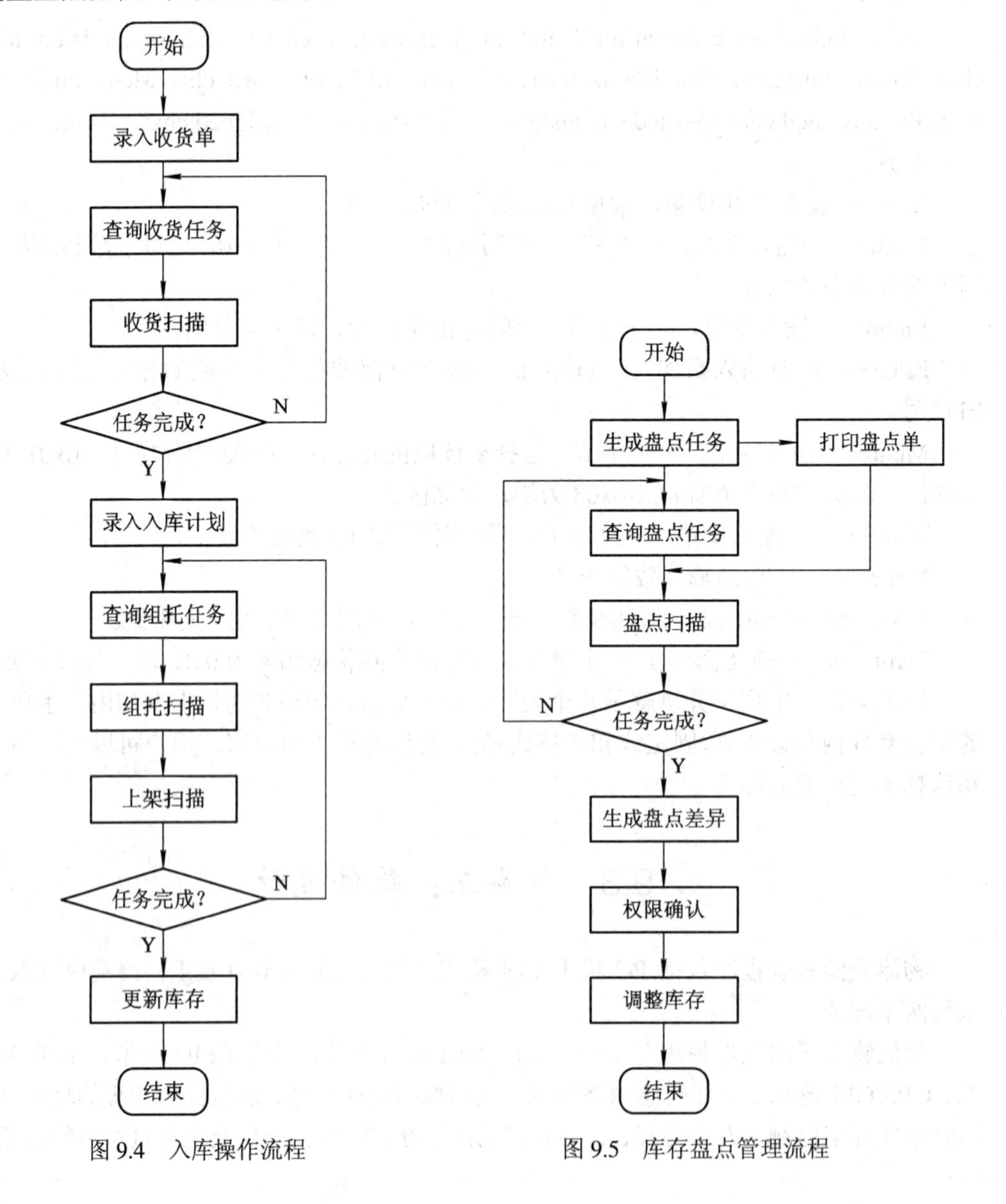

图9.4　入库操作流程　　　　图9.5　库存盘点管理流程

(4) 出库管理(模块)。此模块完成从销售、拣货到货品出库的完整出库流程，出库计划功能可将销售订单生成出库任务，并将任务下发给具体操作人员，操作人员通过超高频RFID手持机进行任务查询和拣货扫描。系统支持播种式拣货和分货功能，分体式超高频RFID读写器可自动商品出库扫描，系统自动完成出库的库存更新处理，如图9.6所示。

(5) 门禁及人员管理(模块)。此模块实现对操作人员的信息管理，每个功能区均配置相应的信息读取设备，通过扫描人员信息以确保正确的操作。

(6) 设备管理(模块)。此功能模块可记录堆高车、托盘、地牛等仓库设备信息及使用情况，并且可对每个设备设置到个人的使用权限，通过设备区监控设备实时监控仓库设备的使用状况，无设备使用权限的人员将设备移出设备存放区，系统将发出报警，如图9.7所示。

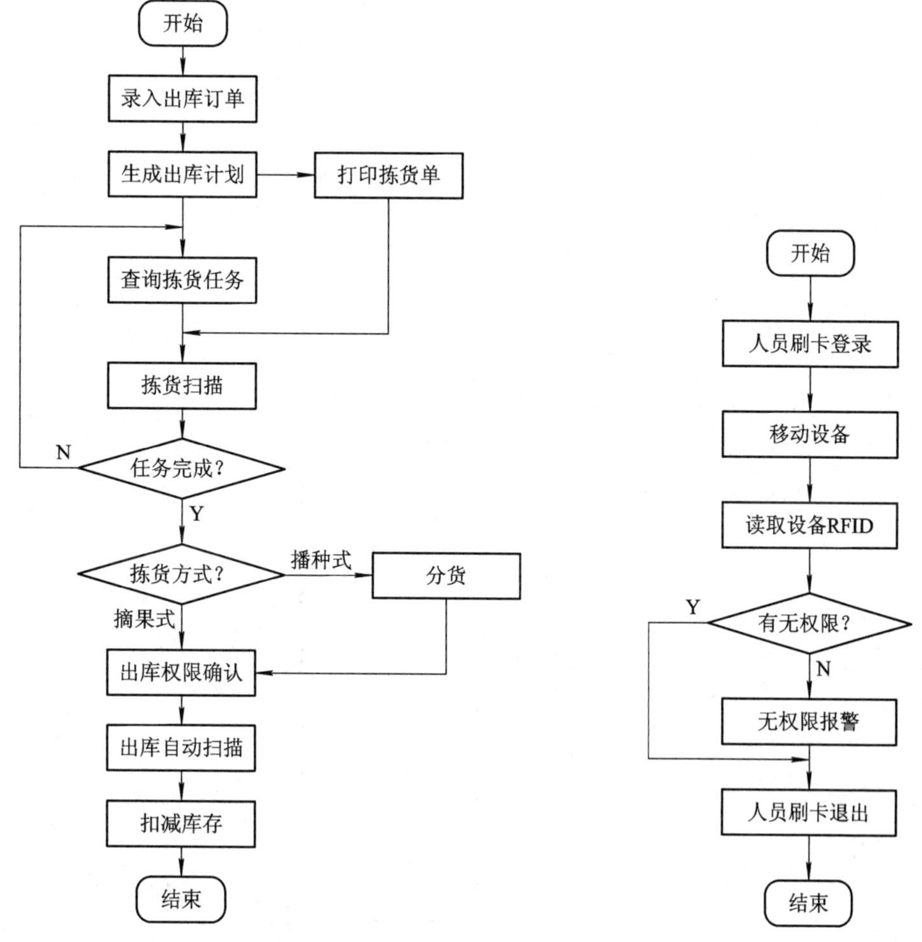

图9.6 出库管理流程

图9.7 设备使用人员登录流程

(7) 环境监测功能模块。此模块完成系统集成环境监测功能，通过各种无线传感器实时采集和记录仓储的环境信息，当环境数据异常时，系统报警，传感器报警次数将会直接影响仓库环境良好率指标。

(8) 智能管理分析(模块)。此模块提供针对入库、出库、盘点等模块数据的报表查询和统计、分析，支持表格式和图形式的数据表现形式，报表数据可直接输出到打印机，可导出Excel文档。

实　践　题

以 IOT-L01-05 物联网综合型实验箱为硬件平台，利用其配套的丰富硬件资源和实践程序，模拟实现基于 RFID 技术的 C/S 模式智能仓储物流系统。分析源程序代码，写出实践步骤，试情况可修改源程序，增加基于 RFID 技术的 C/S 模式智能仓储物流系统的功能。

项目十　基于物联网的智能泊车系统设计

【知识目标】

(1) 了解基于物联网的智能泊车系统的功能要求和基本组成。
(2) 了解基于物联网的智能泊车系统的基本结构。
(3) 熟悉 Android 的编程方法。
(4) 熟悉 ZigBee 的应用。

【技能目标】

(1) 能对 Wi-Fi 无线应用系统开发。
(2) 能对物联网无线通信应用开发。
(3) 能用 Android 开发物联网的应用系统。

10.1　任务一：智能泊车系统的简述

1. 系统简介

基于物联网的智能泊车系统结合 RFID、ZigBee 技术、Wi-Fi 及 Android 技术实现了停车场的智能泊车。系统主要包括控制、出入口、停车位、Android 客户端软件等四部分。控制部分主要包括系统管理及界面的显示；出入口部分包括读卡、闸机控制、拍照三部分；停车位部分通过 ZigBee 外接光敏传感器来实现车位状态的获取，并发送到协调器。

系统具有如下特点：

(1) 模块化，安装方便。系统采用模型的方式搭建，各部分完全模块化，可以方便地进行安装、拆卸。

(2) 真实场景，形象直观。系统采用双通道 UHF 超高频读写器进行读卡，通过 ZigBee 控制步进电机的转动来实现闸口的开合和关闭。遥控车底安装 RFID 标签，通过遥控车辆进入停车场，真实体验 IPA 智能泊车系统流程，形象直观。

(3) 方便快捷，简单生动。通过 Android 客户端软件远程访问智能泊车系统，可以方便快捷地查看空余停车位信息，并可以提前预约停车位，用户可凭收到短信提示码进入停车场停车，操作简洁方便。

2. 实现目标

系统可实现以下目标：

(1) 实现 ETC 一体化系统，实现智能化收费。

(2) 在目前已有的循迹赛道上， 增加两个闸门，一个控制器(使用 ARM 替代原有 PC)，一个两通道 UHF 读卡器，两路摄像头，根据需要可增加停车位。

(3) 读卡器通过网线连接到控制器，摄像头直接连接到控制器上，闸口动作由 ZigBee 节点控制步进电机完成。

(4) 读卡操作采用：在每一个闸口上放置一个天线，进行读卡操作。

(5) 拍照操作：在每一个闸口上放置一个摄像头，进行操作。

(6) 停车位通过 ZigBee 连接光敏传感器实现。

(7) 建立进站刷卡界面。

(8) 建立出站计费界面。

10.2 任务二：系统的结构设计

1. 系统框图

系统框图如图 10.1 所示。

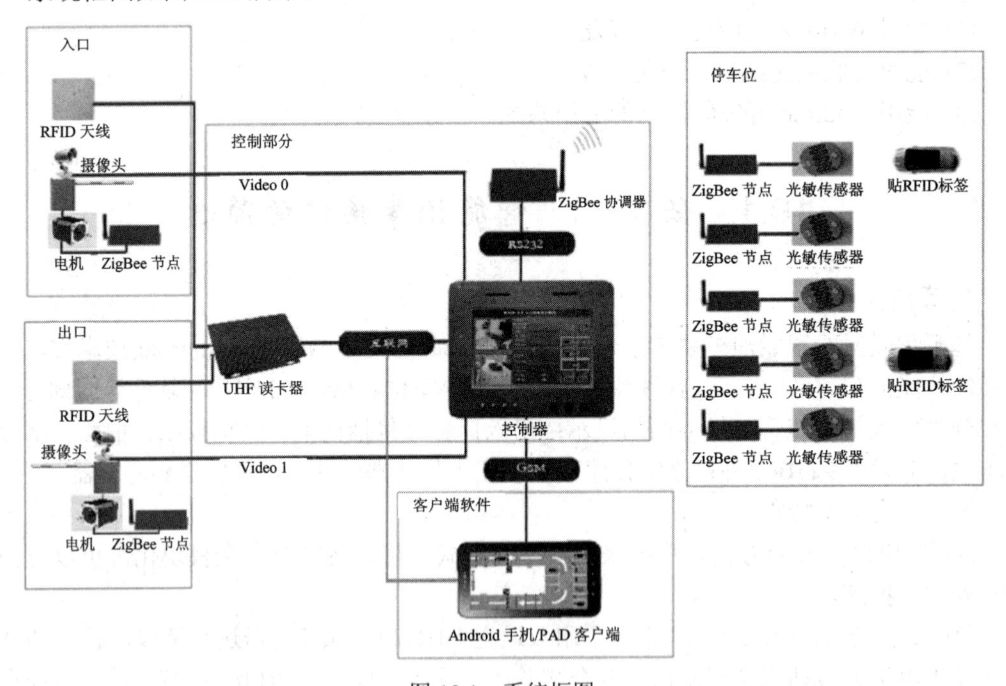

图 10.1 系统框图

2. 基本架构及各模块功能

1) 硬件架构

系统的硬件架构如图 10.2 所示。

物联网智能泊车系统，增加两个闸门及按需要增加停车位，系统可模拟停车场及应用到实际的停车场；同时增加了 Android 手机客户端功能，通过手机客户端可以方便地实现停车位的查看及预约。

物联网智能泊车系统硬件主要包括控制器、ZigBee 舵机控制模块、读卡器模块、拍照模块，停车位模块(ZigBee 连接光敏传感器)及 Android 手机。

- 控制器连接两路视频输入，分别对应入口、出口位置，进行拍摄车辆图片。
- 控制器连接 ZigBee 协调器，发送开关命令给出入口 ZigBee 舵机控制模块节点控制闸口开合。
- 控制器连接 UHF 读卡器，在出入口分别放置天线，进行读卡操作。
- 控制器连接 LCD 显示器，进行进站刷卡界面及出站计费界面的显示。
- 停车位的状态信息实时地通过 ZigBee 节点传送给 ZigBee 协调器，然后传递给控制器。
- 通过手机客户端可以方便地实现停车位的查看及预约；当预约到停车位时，控制器会通过 GPRS 模块向 Android 手机发送确认信息。

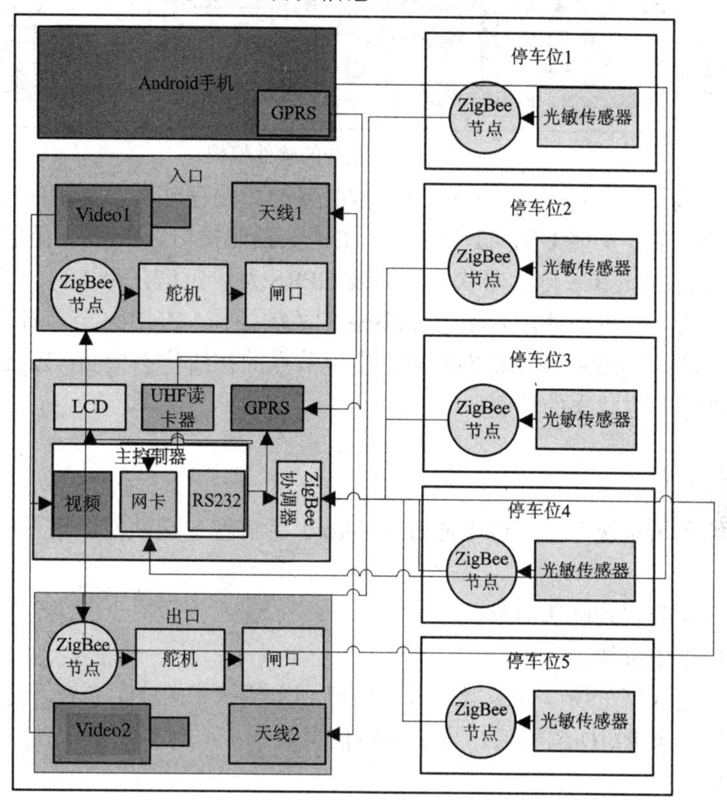

图 10.2　系统的硬件架构

2) 软件架构

系统的软件架构如图 10.3 所示。

本系统软件主要包括上位机、下位机、Android 手机客户端三部分。

上位机主要包括三层：上层界面、中间层(服务器及数据库)、底层服务三个部分。上层界面实现卡号车辆信息、车辆照片、闸口状态、停车位状态、通信状态、费用的显示及手动控制开关闸口操作。Android 服务器是为 Android 客户端软件服务的，在 Android 客户端上实现停车位 ZigBee 状态显示、停车位状态显示、停车位预约等功能，所以 Android 服务器必须将这些信息通过网络发送给客户端(通过读取数据库获得)，如果预约成功，则调用底层 GPRS 发送确认短信给客户端手机。

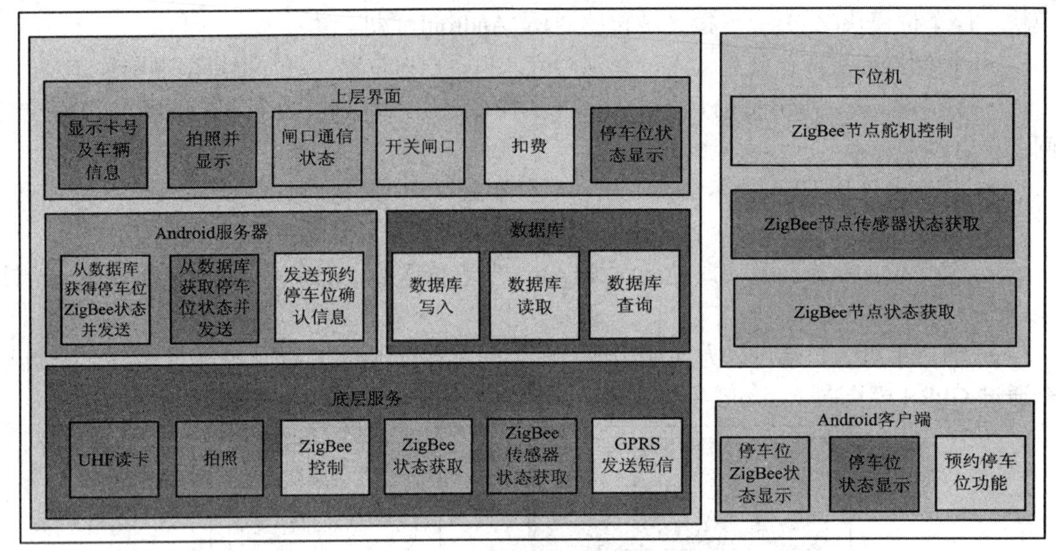

图 10.3　系统的软件架构

数据库是为上层界面及 Android 服务器服务的，保存车辆、费用信息及停车位信息。

底层功能：主要实现 UHF 读卡接口、摄像头拍照接口、ZigBee 控制接口、ZigBee 节点在线状态获取、ZigBee 传感器状态获取及 GPRS 发送短信几个接口。

右上部分为下位机部分，主要是 ZigBee 相关的操作。ZigBee 节点控制舵机操作，实现开关闸口的功能；ZigBee 节点状态检测，实现节点的在线状态检测；ZigBee 节点传感器状态获取，实现停车位状态的检测。

功能描述：

• 预约停车位。

• 进入停车场系统之前，可以通过 Android 手机客户端软件，进行停车位状态查看并预约停车位。

• 预约成功会收到确认信息。

• 进入停车场系统。

• 车辆从进入停车场，读卡器天线 1 监测到车辆携带 RFID 卡号，通知控制器。

• 控制器记录 RFID 编号后，显示车辆信息。

• 信息显示。

• 控制器打开闸门动作，延时落杆。

• 拍照并显示车辆图片。

• 更新数据库。

• 离开停车场系统。

• 车辆离开收费站，读卡器天线 2 监测车辆携带 RFID 卡号，通知控制器。

• 控制器根据数据库中得 RFID 编号，完成收费，显示在 LCD 屏上。

• 控制器打开闸门动作，延时落杆。

• 拍照并显示车辆图片。

• 更新数据库。

• Android 客户端实时更新停车位信息。

3) 基本流程图

基本流程图如图 10.4 所示。

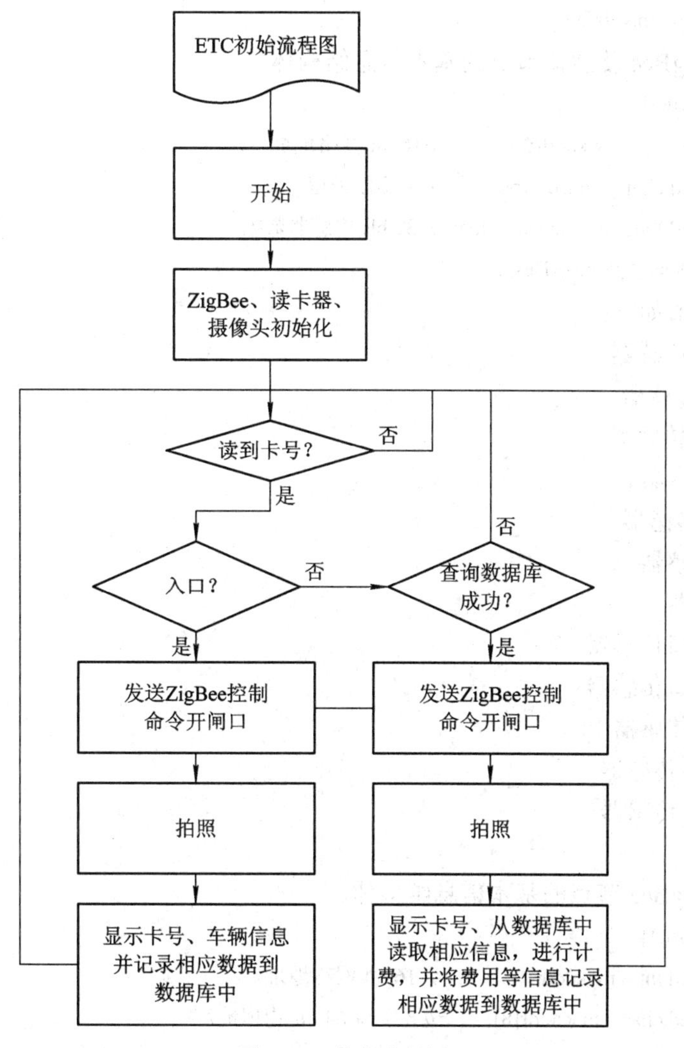

图 10.4 基本流程图

10.3 任务三：系统的模块接口设计

1. ZigBee 控制

基本结构体如下：

(1) 表示 ZigBee 网络基本信息结构体。

```
typedef struct{
    unsigned int    panid;                  // 16 bit PANID 标识
    unsigned long int    channel;           // 32 bit 物理信道
    unsigned char    maxchild;              //最大子节点数目
```

```
    unsigned char   maxdepth;         //最大网络深度
    unsigned char   maxrouter;        //最大路由节点数目(当前层)
}NwkDesp, *pNwkDesp;
```

(2) 表示 ZigBee 传感器节点的基本信息结构体。

```
typedef struct{
    unsigned int   nwkaddr;             //16 bit 网络地址
    unsigned char   sensortype;         //传感器类型
    unsigned long int   sensorvalue;  // 32 bit 传感器数据
} SensorDesp, *pSensorDesp;
```

sensortype 值如下：

0：SHT11 传感器

1：IRDA 传感器

2：SMOG 传感器

3：INT 传感器

4：MICP 传感器

5：SET 传感器

6：无传感器

7：入口闸口传感器

8：出口闸口传感器

9：车位 1 传感器

10：车位 2 传感器

11：车位 2 传感器

⋮

(3) 表示 ZigBee 节点的基本信息结构体。

```
typedef struct{
    unsigned int   nwkaddr;           // 16 bit 网络地址
    unsigned char   macaddr[8];       // 8 字节 64 bit 物理地址
    unsigned char   depth;            //节点网络深度
    unsigned char   devtype;          //节点设备类型，0 表示协调器，1 表示路由器，2 表示普通节点
    unsigned int   parentnwkaddr;     // 16 bit 父节点网络地址
    unsigned char   sensortype;       //当前 ZigBee 节点的传感器类型
    unsigned long int   sensorvalue; //当前 ZigBee 节点的传感器数据
    unsigned char   status;           //当前 ZigBee 节点的在线状态
}DeviceInfo, *pDeviceInfo;
```

(4) ZigBee 节点结构。

```
struct NodeInfo{
    DeviceInfo *devinfo;          //同上
    NodeInfo *next;               //链表指针域
    unsigned char row;            //保留
```

```
    unsigned char num;            //保留
};
```

结构体说明：表示 ZigBee 节点的链表。

```
NodeInfo *NodeInfoHead=NULL; //全局的 ZigBee 节点链表头
```

(5) 基本函数如下：

① 获取网络的基本信息函数：

```
NwkDesp *GetZigBeeNwkDesp(void);
```

功能：获取当前 ZigBee 网络的基本信息。

参数：无

返回值：NwkDesp 指针。

② 控制闸口的开关状态函数：

```
int SetSensorStatus(unsigned int nwkaddr, unsigned    int status);
```

功能：设置 ZigBee 网络中传感器状态(只针对设置型传感器)。

参数：nwkaddr 传感器节点网络地址，status 状态，0 设置 IO 低电平，1 设置 IO 高电平。

返回值：整形，0 成功，非 0 失败。

③ 获取节点传感器状态函数：

```
SensorDesp *GetSensorStatus(unsigned int nwkaddr);
```

功能：获取当前 ZigBee 网络节点的传感器状态。

参数：ZigBee 网络节点网络地址。

返回值：SensorDesp 指针。

④ 获取网络节点设备信息函数：

```
DeviceInfo* GetZigBeeDevInfo(unsigned int nwkaddr);
```

功能：获取当前 ZigBee 网络节点的设备信息。

参数：ZigBee 网络节点网络地址。

返回值：DeviceInfo 指针。

⑤ 获取当前 ZigBee 网络节点的拓扑结构数据链表函数：

```
NodeInfo *GetZigBeeNwkTopo(void);
```

功能：获取当前 ZigBee 网络节点的拓扑结构数据链表。

参数：无。

返回值：DeviceInfo 指针，即保存 ZigBee 节点信息的链表头。

⑥ ZigBee 串口监听线程开启处理函数：

```
int ComPthreadMonitorStart(void);
```

功能：ZigBee 串口监听线程开启处理函数。负责创建串口监听线程，并处理相应串口数据包。应用程序需要调用该函数方可以更新监测 ZigBee 网络信息及节点状态。

参数：无。

返回值：整形，0 成功，非 0 失败。

⑦ ZigBee 串口监听线程关闭函数：

```
int ComPthreadMonitorExit(void);
```

功能：ZigBee 串口监听线程关闭函数。

参数：无。

返回值：整形，0 成功，非 0 失败。

说明：主要用到了红笔标注的函数。

2. UHF(Ultra High Frequency 特高频)读卡

基本函数包括：

- int GetConnect(char *ipaddr, int port);

功能：建立到到读卡器服务器的连接。

参数：ipaddr 为服务器地址，port 为端口号(默认为 4001)。

返回值：成功返回 int 型 soketfd，连接错误返回 –1。

- int MultipleTagIdentify(int fd, unsigned int TagType, unsigned char **pInIdBuff, unsigned char **pOutIdBuff);

功能：获得出入口读到的卡号。

参数：fd 为连接 socket，TagType：1 为 iso18000 标签，4 为获取 gen 标签的 EPC 值，对 6 在此版本中不支持；返回正确时，**pInIdBuff 为指向入口的卡号(12*sizeof(unsigned char)个)，**pOutIdBuff 为指向出口的卡号(12*sizeof(unsigned char)个)，未读到卡返回 NULL。

返回值：正常为 0，网络连接阻塞时返回 –1，系统出现错误时返回 –2。

- int Gen2WriteTagWithEpc12(int fd, unsigned int TagType, unsigned char *pWriteData);

功能：写入 12 字节 EPC 数据。

参数：fd 为连接 socket，TagType：1 为获取 gen 标签的 EPC 值；pWriteData 为指向 12 个 unsigned char 的十六进制数据。

返回值：写入成功为 0，不成功为 –1。

- int Gen2WriteTagWithEpc(int fd, unsigned int TagType, unsigned char Addr, unsigned char *WriteData);

功能：按地址写入 EPC 数据。

参数：fd 为连接 socket，TagType：1 为获取 gen 标签的 EPC 值；Addr 为十六进制地址(从 2～7 连续 6 个地址，每个地址存 2 个数据)；WriteData 为指向 2 个 unsigned char 的十六进制数据，分别存储 data0、data1。

返回值：写入成功为 0，不成功为 –1。

EPC 从 2～7 地址数据存储：

data0、data1、data0、data1、data0、data1、data0、data1、data0、data1、data0、data1，如 ID：111112121313141415151616(读出的也为十六进制)。

3. 拍照接口

基本函数包括：

- void VIDEO_API_init();

功能：进行摄像头的初始化。

参数：无。

返回值：无。

- int VIDEO_API_photo(int channel){…}

功能：进行拍照。

参数：channel 为两路摄像头选择，0 为 video0，1 为 video1。

头文件：#include "video/video_api.h"。

源文件：video 目录。

工程文件：

```
TEMPLATE = app
TARGET =
INCLUDEPATH += . \
                    video/spcaview-yuv422/jpeg4arm/include
LIBS += -L./video/spcaview-yuv422/jpeg4arm/lib -ljpeg -lpthread -lm
# Input
HEADERS += mainwidget.h \
    video/video_api.h \
    video/spcaview-yuv422/server.h \
    video/spcaview-yuv422/tv-capture.h \
    video/spcaview-yuv422/tcputils.h \
    video/spcaview-yuv422/spcav4l.h \
    video/spcaview-yuv422/spcaframe.h \
    video/spcaview-yuv422/share_mem.h \
    video/spcaview-yuv422/quant.h \
    video/spcaview-yuv422/pxa_camera.h \
    video/spcaview-yuv422/pargpio.h \
    video/spcaview-yuv422/marker.h \
    video/spcaview-yuv422/jpeg.h \
    video/spcaview-yuv422/jdatatype.h \
    video/spcaview-yuv422/jconfig.h \
    video/spcaview-yuv422/huffman.h \
    video/spcaview-yuv422/filters.h \
    video/spcaview-yuv422/encoder.h \
    video/spcaview-yuv422/utils.h
FORMS += mainwidget.ui
SOURCES += mainwidget.cpp \
main.cpp \
    video/video_api.cpp \
    video/spcaview-yuv422/server.c \
    video/spcaview-yuv422/tv-capture.c \
    video/spcaview-yuv422/tcputils.c \
    video/spcaview-yuv422/spcav4l.c \
```

```
video/spcaview-yuv422/quant.c \
video/spcaview-yuv422/pargpio.c \
video/spcaview-yuv422/marker.c \
video/spcaview-yuv422/jpeg.c \
video/spcaview-yuv422/huffman.c \
video/spcaview-yuv422/encoder.c \
video/spcaview-yuv422/utils.c
```

4. GPRS 发送短信

(1) tty_init(); ：串口初始化。

(2) gprs_init(); ：GPRS 初始化。

(3) void gprs_msg(char *number, char* pText): ：发送短信。

参数：number 为电话号码，pText 为短信内容。

返回值：无。

(4) tty_end(); ：关闭串口。

5. 下位机 ZigBee 控制舵机接口

函数如下：

```
int SetSensorStatus(unsigned int nwkaddr, unsigned    int status);
```

功能：设置 ZigBee 网络中传感器状态(只针对设置型传感器)。

参数：nwkaddr 传感器节点网络地址，status 状态，0 设置 IO 低电平，1 设置 IO 高电平。

返回值：整形，0 成功，非 0 失败。

该函数可根据节点的网络地址，控制闸口的开关状态。

10.4 任务四：系统的界面设计

1. 控制器界面显示

主要功能：

(1) 出入口 RFID 卡号，对应的车辆参数。

(2) 车辆登记编号。

(3) 车型显示。

(4) 车辆照片。

(5) 卡片金额相关信息。

(6) 显示出入口拍摄的照片。

(7) 出入口闸门状态。

(8) 手动开关闸操作。

(9) 闸口节点状态显示。

(10) 读卡器通信状态显示。

(11) 停车位节点在线状态显示。

(12) 停车位占用状态显示。

(13) 停车位预约状态显示。

控制器的基本界面如图 10.5 所示。

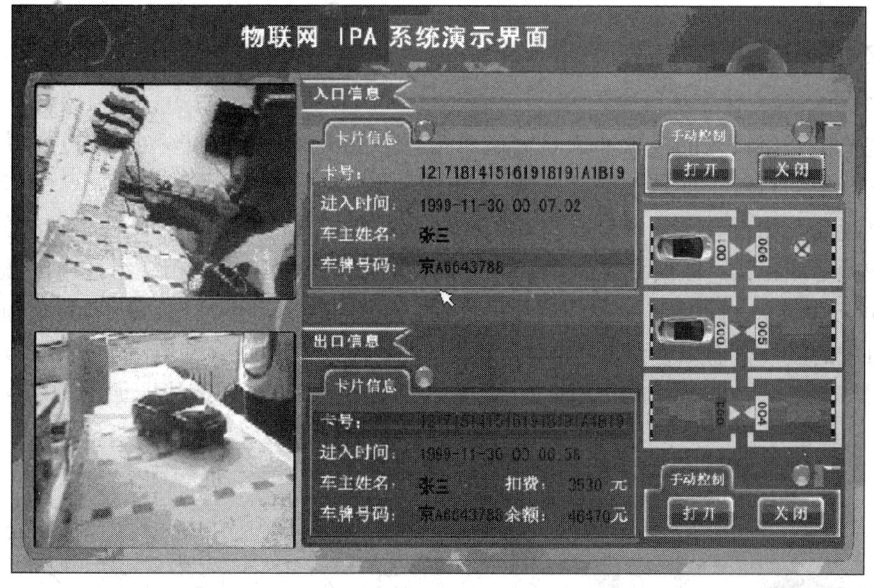

图 10.5　基本界面

2. Android 客户端界面

(1) 停车位节点在线状态显示。

(2) 停车位占用状态显示。

(3) 停车位预约状态显示。

(4) 停车位预约功能。

(5) 车辆进入停车场动画演示。

Android 客户端的基本界面如图 10.6 所示。

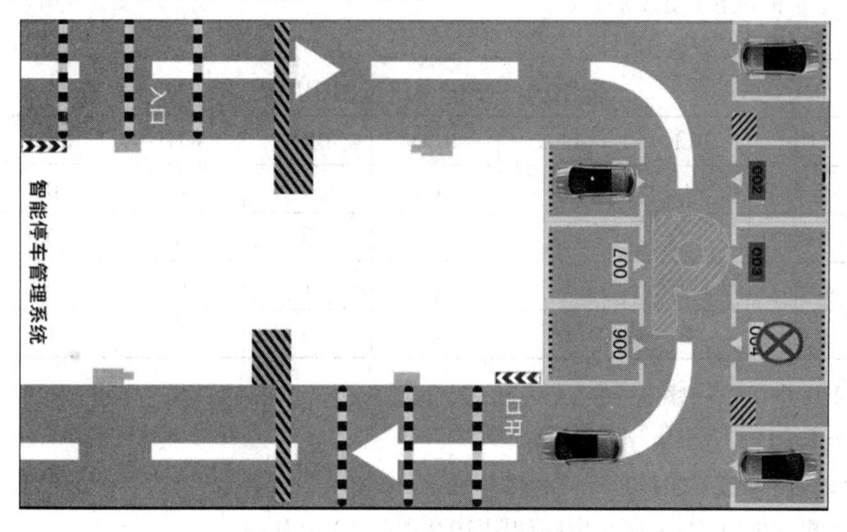

图 10.6　Android 客户端的基本界面

10.5 任务五：系统的软件设计

1. ZigBee 电机控制程序

1) 步进电机工作原理简介

步进电机是将输入的电脉冲信号转换成角位移的特殊同步电机，它的特点是每输入一个电脉冲，电动机转子便转动一步，转一步的角度称为步距角，步距角愈小，表明电机控制的精度越高。由于转子的角位移与输入的电脉冲成正比，因此电动机转子转动的速度便与电脉冲频率成正比。改变通电频率，即可改变转速，改变电机各相绕组通电的顺序(即相序)，即可改动电动机的转向。如果不改变绕组通电的状态，步进电机还具有自锁能力(既能抵御负载的波动，而保持位置不变)，而且从理论上说其步距误差也不会积累。因此步进电机主要用于开环控制系统的进给驱动。42BYGH1.8 步进电机和绕线图如图 10.7 和图 10.8 所示。

图 10.7　42BYGH1.8 步进电机

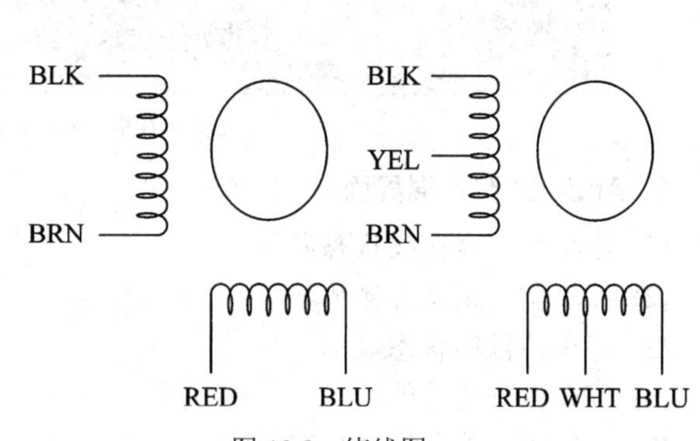

图 10.8　绕线图

2) 步进电机 42BYGH1.8 说明

步进电机相序表如表 10.1 所示。

表 10.1　步进电机控制相序表

相序	BLK	YEL	RED	BRN	WHT	BLU
A 相	1	0	0	0	0	0
B 相	0	0	1	0	0	0
C 相	0	0	0	1	0	0
D 相	0	0	0	0	0	1

当给步进电机以相序 A—B—C—D—A 的循环逻辑电平时，步进电机正传；反之，给 D—C—B—A—D 则反转。

3) 步进电机 42BYGH1.8 驱动电路

步进电机 42BYGH1.8 驱动电路如图 10.9 和图 10.10 所示。

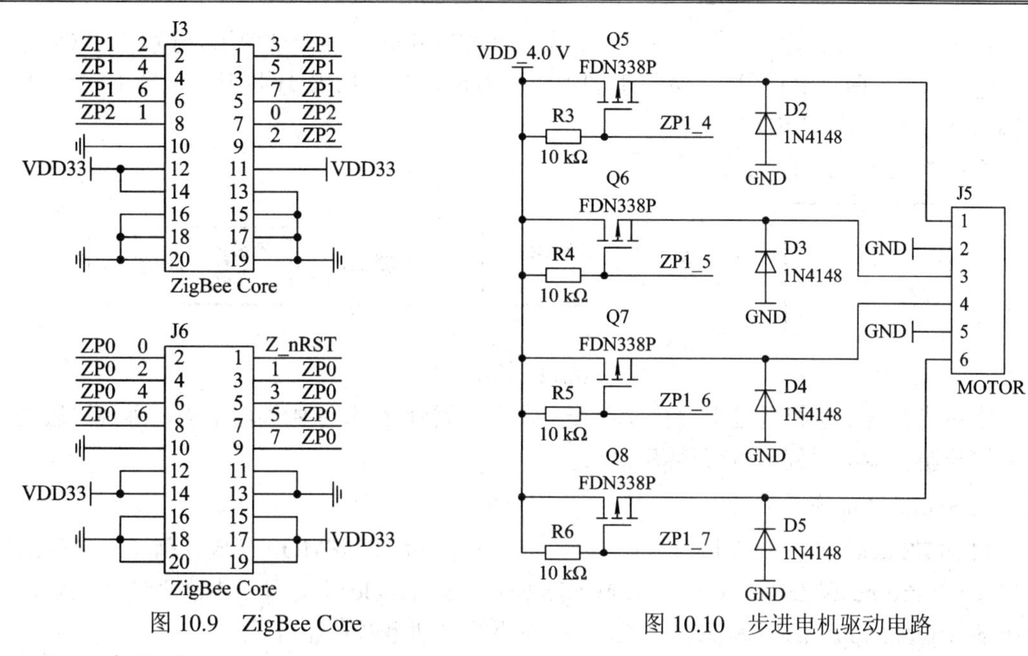

图 10.9　ZigBee Core　　　　图 10.10　步进电机驱动电路

4) 程序代码

详见本书提供的资源。

2. 基于 Z-Stack 的串口控制程序

1) 实现原理

使用 IAR 开发环境设计程序，在 ZStack-1.4.2-1.1.0 协议栈源码例程 SampleApp 工程基础上，实现无线组网及通信。即协调器自动组网，路由或终端节点自动入网，并设计上位机串口数据协议，检测和控制 ZigBee 网络中节点与相关传感器状态。

2) ZigBee (CC2430)模块 LED 硬件接口

ZigBee (CC2430)模块 LED 硬件接口如图 10.11 所示。

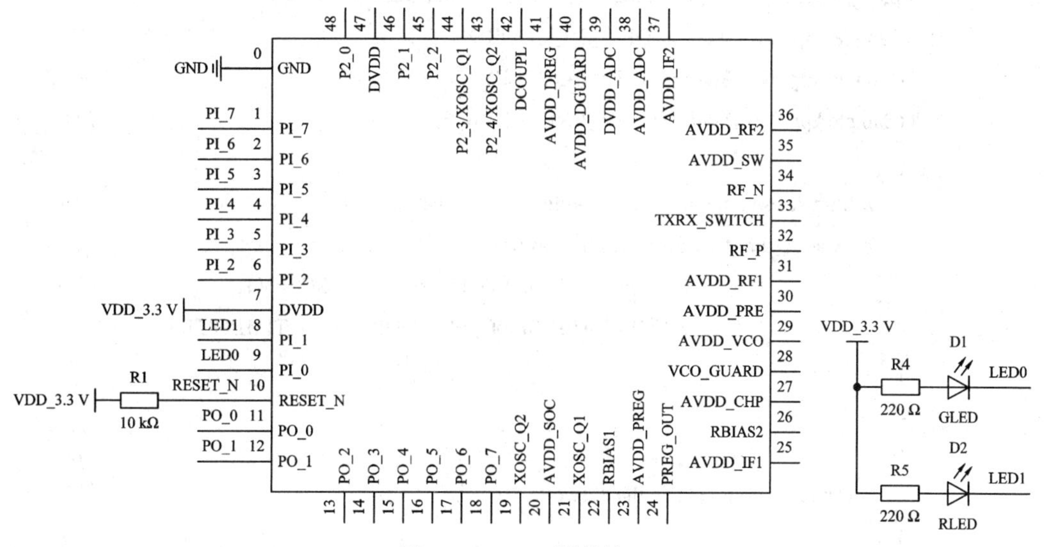

图 10.11　LED 硬件接口

ZigBee(CC2430)模块硬件上设计有 2 个 LED 灯，用来编程调试使用。分别连接 CC2430 的 P1_0、P1_1 两个 IO 引脚。从原理图上可以看出，2 个 LED 灯共阳极，当 P1_0、P1_1 引脚为低电平时候，LED 灯点亮。

系统的框图如图 10.12 所示。

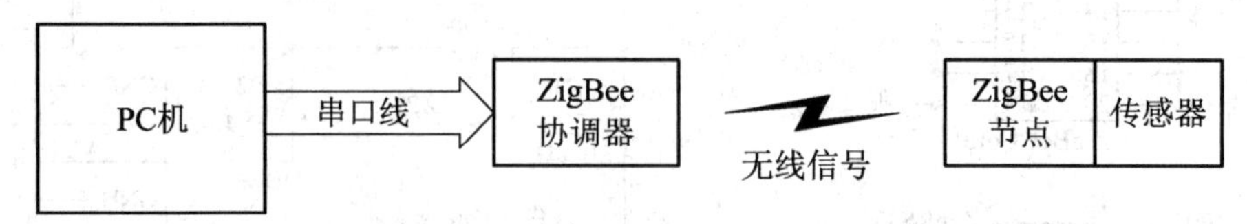

图 10.12 系统框图

本系统实现上位机通过串口控制命令，发送数据到 ZigBee 协调器节点，协调器通过无线网络控制和检测远程节点或传感器状态。

3) SampleApp 简介

TI 的 ZStack-1.4.2-1.1.0 协议栈中自带了一些演示系统 DEMO，存放在默认安装目录的 C:\Texas Instruments\ZStack-1.4.2-1.1.0\Projects\zstack\Samples 目录下，本次系统将利用该目录下的 SampleApp 系统工程来实现 ZigBee 模块的自动组网和通信。

SampleApp 系统是协议栈自带的 ZigBee 无线网络自启动(组网)样例，该系统实现的功能主要是协调器自启动(组网)，路由或节点设备自动入网。之后两者建立无线通信，数据的发送主要有两种方式，一种为周期定时发送信息(本次系统采用该方法测试)，另一种需要通过按键事件触发发送 FLASH 信息。由于系统配套 ZigBee 模块硬件上与 TI 公司的 ZigBee 样板有差异，因此本次系统没有采用按键触发方式。接下来我们分析发送 periodic 信息流程(发送按键事件 flash 流程略)。

Periodic 消息是通过系统定时器开启并定时广播到 group1 出去的，因此在 SampleApp_ProcessEvent 事件处理函数中有如下定时器代码：

```
case ZDO_STATE_CHANGE:
  SampleApp_NwkState = (devStates_t)(MSGpkt->hdr.status);
  if ( (SampleApp_NwkState == DEV_ZB_COORD)
    || (SampleApp_NwkState == DEV_ROUTER)
    || (SampleApp_NwkState == DEV_END_DEVICE) )
    {
      // Start sending the periodic message in a regular interval.
      osal_start_timerEx( SampleApp_TaskID,
                          SAMPLEAPP_SEND_PERIODIC_MSG_EVT,
                          SAMPLEAPP_SEND_PERIODIC_MSG_TIMEOUT );
    }
    else
    {
      // Device is no longer in the network
    }
    break;
```

当设备加入到网络后，其状态就会变化，对所有任务触发 ZDO_STATE_CHANGE 事件，开启一个定时器。当定时时间一到，就触发广播 periodic 消息事件，触发事件 SAMPLEAPP_SEND_PERIODIC_MSG_EVT，相应任务为 SampleApp_TaskID，于是再次调用 SampleApp_ProcessEvent()处理 SAMPLEAPP_SEND_PERIODIC_MSG_EVT 事件，该事件处理函数调用 SampleApp_SendPeriodicMessage()来发送周期信息，具体代码如下：

```
if ( events & SAMPLEAPP_SEND_PERIODIC_MSG_EVT )
{
  // Send the periodic message
  SampleApp_SendPeriodicMessage();
  // Setup to send message again in normal period (+ a little jitter)
  osal_start_timerEx( SampleApp_TaskID, SAMPLEAPP_SEND_PERIODIC_MSG_EVT,
  (SAMPLEAPP_SEND_PERIODIC_MSG_TIMEOUT + (osal_rand() & 0x00FF)) );
  // return unprocessed events
  return (events ^ SAMPLEAPP_SEND_PERIODIC_MSG_EVT);
}
```

4) MT 层串口通信

协议栈中将串口通信部分放到了 MT 层的 MT 任务中去处理了，因此我们在使用串口通信的时候要在编译工程(通常是协调器工程)时候在编译选项中加入 MT 层相关任务的支持：MT_TASK、ZTOOL_P1 或 ZAPP_P1。

串口解析上位机串口数据流程如图 10.13 所示。

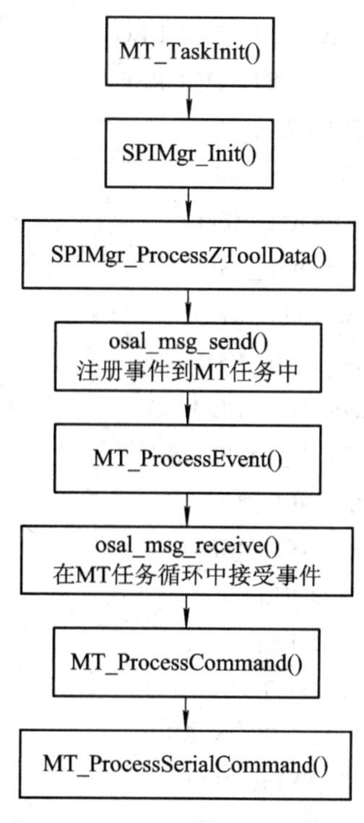

图 10.13　MT 层任务处理流程

由于上述处理过程是针对特定输出格式的串口数据，在一般串口终端中无法解析。TI默认使用的Z-Tool工具上位机串口数据格式如图10.14所示。

SOP	CMD	LEN	Data	FCS

图10.14 MT层串口数据格式

SOP为一个字节表示起始位，通常设置为0x02；CMD为2个字节表示命令，如检测软件版本命令0x0008；LEN一个字节表示数据长度；DATA为具体LEN长度的数据；FCS一个字节表示校验位，这里采用异或校验方式。关于Z-Tool工具中使用的串口协议规范，用户感兴趣可以参考协议栈中相关的官方文档。

本工程同样沿用了TI官方的串口数据格式，增加了部分应用的测试命令如下：

```
#define SPI_CMD_NWK_CONNECT_REQ            0x0050
#define SPI_CMD_NWK_CONNECT_RSP            0x1050
#define SPI_CMD_GET_NWK_DESP_REQ           0x0051
#define SPI_CMD_GET_NWK_DESP_RSP           0x1051
#define SPI_CMD_GET_NWK_TOPO_REQ           0x0052
#define SPI_CMD_GET_NWK_TOPO_RSP           0x1052
#define SPI_CMD_SET_SENSOR_MODE_REQ        0x0053
#define SPI_CMD_SET_SENSOR_MODE_RSP        0x1053
#define SPI_CMD_GET_SENSOR_STATUS_REQ      0x0054
#define SPI_CMD_GET_SENSOR_STATUS_RSP      0x1054
#define SPI_CMD_SET_SENSOR_STATUS_REQ      0x0055
#define SPI_CMD_SET_SENSOR_STATUS_RSP      0x1055
#define SPI_CMD_GET_DEVINFO_REQ            0x0056
#define SPI_CMD_GET_DEVINFO_RSP            0x1056
#define SPI_CMD_RPT_NODEOUT_REQ            0x0057
#define SPI_CMD_RPT_NODEOUT_RSP            0x1057
#define SPI_CMD_SET_DEV_TYPE_REQ           0x0060
#define SPI_CMD_SET_DEV_TYPE_RSP           0x1060
#define SPI_CMD_SET_SENSOR_TYPE_REQ        0x0061
#define SPI_CMD_SET_SENSOR_TYPE_RSP        0x1061
#define SPI_CMD_SET_CHANNEL_REQ            0x0062
#define SPI_CMD_SET_CHANNEL_RSP            0x1062
#define SPI_CMD_SET_PANID_REQ              0x0063
#define SPI_CMD_SET_PANID_RSP              0x1063
#define SPI_CMD_SET_STARTOPTION_REQ        0x0064
#define SPI_CMD_SET_STARTOPTION_RSP        0x1064
#define SPI_CMD_GET_DEV_TYPE_REQ           0x0065
#define SPI_CMD_GET_DEV_TYPE_RSP           0x1065
```

```
#define SPI_CMD_GET_SENSOR_TYPE_REQ              0x0066
#define SPI_CMD_GET_SENSOR_TYPE_RSP              0x1066
#define SPI_CMD_GET_CHANNEL_REQ                  0x0067
#define SPI_CMD_GET_CHANNEL_RSP                  0x1067
#define SPI_CMD_GET_PANID_REQ                    0x0068
#define SPI_CMD_GET_PANID_RSP                    0x1068
#define SPI_CMD_GET_STARTOPTION_REQ              0x0069
#define SPI_CMD_GET_STARTOPTION_RSP              0x1069
```

通常用户应用程序中，会使用宏ZTOOL_P1来声明使用串口解析函数来处理串口数据。在 SPIMgr_Init()函数中(SPIMgr.c 源文件)，初始化定义串口设备时，自定义串口中断回调函数，以便控制串口输出结果。此外协议栈中的 SPIMgr_RegisterTaskID 函数可以帮助用户注册应用层任务到 MT 层。如本试验中使用的宏及串口回调函数：

```
void SPIMgr_Init ()
{
  halUARTCfg_t uartConfig;
  /* Initialize APP ID */
  App_TaskID = 0;
  //串口属性配置
  /* UART Configuration */
  uartConfig.configured              = TRUE;
  uartConfig.baudRate = /*SPI_MGR_DEFAULT_BAUDRATE*/HAL_UART_BR_115200;// by sprife
  uartConfig.flowControl             = SPI_MGR_DEFAULT_OVERFLOW;
  uartConfig.flowControlThreshold = SPI_MGR_DEFAULT_THRESHOLD;
  uartConfig.rx.maxBufSize           = SPI_MGR_DEFAULT_MAX_RX_BUFF;
  uartConfig.tx.maxBufSize           = SPI_MGR_DEFAULT_MAX_TX_BUFF;
  uartConfig.idleTimeout             = SPI_MGR_DEFAULT_IDLE_TIMEOUT;
  uartConfig.intEnable               = TRUE;
  #if defined (ZTOOL_P1) || defined (ZTOOL_P2)
  //串口回调函数
    uartConfig.callBackFunc          = SPIMgr_ProcessZToolData;
  #elif defined (ZAPP_P1) || defined (ZAPP_P2)
    uartConfig.callBackFunc          = SPIMgr_ProcessZAppData;
  #else
    uartConfig.callBackFunc          = NULL;
  #endif
    /* Start UART */
  #if defined (SPI_MGR_DEFAULT_PORT)
    HalUARTOpen (SPI_MGR_DEFAULT_PORT, &uartConfig);
  #else
```

```
    /* Silence IAR compiler warning */
    (void)uartConfig;
  #endif
    /* Initialize for ZApp */
  #if defined (ZAPP_P1) || defined (ZAPP_P2)
    /* Default max bytes that ZAPP can take */
    SPIMgr_MaxZAppBufLen    = 1;
    SPIMgr_ZAppRxStatus      = SPI_MGR_ZAPP_RX_READY;
  #endif
}
```

MT 层任务解析上位机串口数据格式后会触发 SPI_INCOMING_ZTOOL_PORT 消息给应用层任务，如本系统中的 SampleApp.c 源文件的 SampleApp_ProcessEvent 事件处理函数中的处理方式：

```
// MT layer send msg to handle
case SPI_INCOMING_ZTOOL_PORT:// MT task for uart datas received
SampleApp_ProcessMTMessage((mtOSALSerialData_t *)MSGpkt);
break;
```

其中 SampleApp_ProcessMTMessage 函数用来解析从 MT 层串口接收到的数据，控制整个 ZigBee 网络状态：

```
void SampleApp_ProcessMTMessage(mtOSALSerialData_t *msg)
{
  byte *msg_ptr;
  UINT16 cmd;

  msg_ptr = msg->msg;
  cmd = BUILD_UINT16( msg->msg[2], msg->msg[1] );
    //Process the contents of the message
    switch ( cmd )
    {
      //上位机串口命令解析处理分支
      case SPI_CMD_NWK_CONNECT_REQ:
        SampleApp_ProcessNwkConnectReq( msg );
        break;

      case SPI_CMD_GET_NWK_DESP_REQ:
        SampleApp_ProcessGetNwkDespReq( msg );
        break;
      case SPI_CMD_GET_NWK_TOPO_REQ:
      SampleApp_ProcessReportOutNode();
```

```
        SampleApp_ProcessGetNwkTopoReq( /*msg*/ );
        break;
      case SPI_CMD_SET_SENSOR_MODE_REQ:
        SampleApp_ProcesssSetSensorModeReq( msg );
        break;
      case SPI_CMD_GET_SENSOR_STATUS_REQ:
        SampleApp_ProcessGetSensorStatusReq( msg );
        break;
      case SPI_CMD_SET_SENSOR_STATUS_REQ:
        SampleApp_ProcesssSetSensorStatusReq( msg );
        break;
      case SPI_CMD_GET_DEVINFO_REQ:
        SampleApp_ProcessGetDevInfoReq( msg );
        break;
  // uart cmd for zigbeeconfiger
 //上位机 ZigBee 配置软件命令处理分支
      case SPI_CMD_SET_DEV_TYPE_REQ:
        SampleApp_ProcessSetDevTypeReq( msg );
        break;
      case SPI_CMD_GET_DEV_TYPE_REQ:
        SampleApp_ProcessGetDevTypeReq( msg );
        break;
      case SPI_CMD_SET_SENSOR_TYPE_REQ:
        SampleApp_ProcessSetSensorTypeReq( msg );
        break;
      case SPI_CMD_GET_SENSOR_TYPE_REQ:
        SampleApp_ProcessGetSensorTypeReq( msg );
        break;
      case SPI_CMD_SET_PANID_REQ:
        SampleApp_ProcessSetPanIDReq( msg );
        break;
      case SPI_CMD_GET_PANID_REQ:
        SampleApp_ProcessGetPanIDReq( msg );
        break;
      case SPI_CMD_SET_CHANNEL_REQ:
        SampleApp_ProcessSetChannelListReq( msg );
        break;
      case SPI_CMD_GET_CHANNEL_REQ:
        SampleApp_ProcessGetChannelListReq( msg );
```

```
            break;
        case SPI_CMD_SET_STARTOPTION_REQ:
            SampleApp_ProcessSetStartOptionReq( msg );
            break;
        case SPI_CMD_GET_STARTOPTION_REQ:
            SampleApp_ProcessGetStartOptionReq( msg );
            break;
    default:
        break;
    }
}
```

由以上串口命令处理函数可知，本工程编译的代码支持不仅支持上位机串口查询检测ZigBee网络状态，而且支持ZigBee串口配置方法，如设备物理信道、PANID和设备类型等。

5) 应用层任务

本系统中应用层任务为SampleApp任务，该任务负责ZigBee网络的创建和加入控制流程，主要是根据ZigBee闪存中网络信息来启动系统。

SampleApp任务初始化函数：

```
void SampleApp_Init( uint8 task_id )
{
    SampleApp_TaskID = task_id;
    SampleApp_NwkState = DEV_INIT;
    SampleApp_TransID = 0;
    //检测NV信息是否经过配置
    if(CheckStartOption()==0x01)
    {                    //如果模块经过上位机串口配置
        //读取NV信息中保存的设备类型、传感器类型
        zgDeviceLogicalType = CheckDeviceType();
        gSensorType = CheckSensorType();
        //检测读取PANID号、物理信道号
        CheckPanID();
        CheckChanelList();
        //启动ZigBee网络或加入ZigBee网络。
        ZDOInitDevice(0);
    }

    // Fill out the endpoint description.
    SampleApp_epDesc.endPoint = SAMPLEAPP_ENDPOINT;
    SampleApp_epDesc.task_id = &SampleApp_TaskID;
    SampleApp_epDesc.simpleDesc
```

```
        = (SimpleDescriptionFormat_t *)&SampleApp_SimpleDesc;
    SampleApp_epDesc.latencyReq = noLatencyReqs;
    // Register the endpoint description with the AF
    afRegister( &SampleApp_epDesc );
    // Register for all key events - This app will handle all key events
    //RegisterForKeys( SampleApp_TaskID );

    gSensorMode = 0x01;
    gIntFlag = 0x00;
    gInt2Flag = 0x00;
    HalUARTWrite ( 0, "\rStart On.\r", 11 );
}
```

上述 SampleApp 任务初始化函数表明，系统启动后会默认读取 NV 信息，如果模块中的 NV 信息被上位机软件(ZigBeeConfiger)正确配置过，则启动 ZigBee 网络，否则模块不启动，两个 LED 等循环闪烁等待配置。程序的 DemoEB 工程选择如图 10.15 所示。

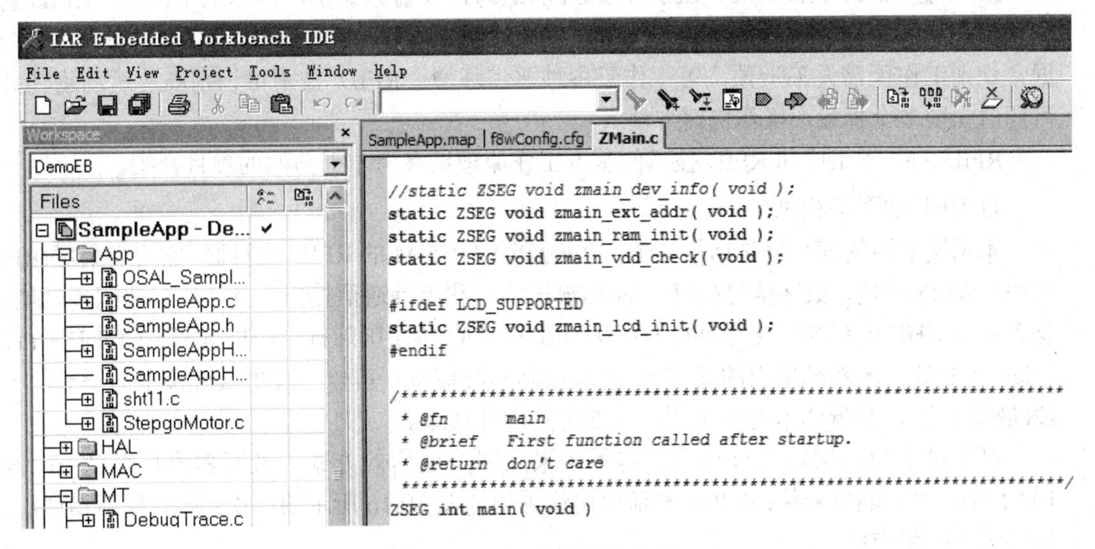

图 10.15　工程模板的选择

6) 分别下载上面编译好的程序到 ZigBee 模块

图 10.15 所示的 DemoEB 工程编译后选择 debug 即可下载至模块中，进入 debug 模式后点击 run 运行工程，方可运行软件。

正常情况下运行程序，ZigBee 模块的绿色 LED 灯会闪烁，表示需要烧写有效的 IEEE 地址。使用 SmartRF04Prog.exe 软件即可烧写 IEEE 地址。使用 SmartRF04Prog.exe 软件前确保 IAR 工程推出 debug 模式，否则仿真器无法工作。

之后使用 ZigBeeConfiger.exe 软件对 ZigBee 设备进行配置。连接 PC 机串口至 ZigBee 目标模块，即可进行具体的配置。其中同一个 ZigBee 网络保证物理信道和 PANID 号相同且不与其他 ZigBee 网络冲突，设备类型和传感器类型根据具体硬件连接设定即可。

7) 启动设备测试

首先启动协调器模块，建立网络成功后 LED2 点亮，再启动路由节点 ZigBee 模块，入网成功后该模块的 LED2 也点亮。网络组建成功后，通过将 PC 机串口线接到 ZigBee 协调器调模块对应的串口上，打开串口终端软件，设置波特率为 115 200，即可在串口终端中输入程序中指定的串口命令控制协调器模块。协调器通过串口接收到命令后，无线控制远程节点状态。

例如发送命令 0x0052，表示查看 ZigBee 网络拓扑节点信息命令(十六进制)。

发送：02 00 52 00 52

相应会接收到串口数据为：

接收：02 10 52 13 数据长度(1 字节) 短地址(2 字节) 物理地址(8 字节) 网络深度(1 字节) 设备类型(1 字节) 父节点短地址(2 字节)传感器类型(1 字节) 传感器数据(4 字节) 校验(1 字节)；

其他串口数据命令反馈数据格式请参考具体工程代码。

3. RFID 读卡程序

RFID 是 Radio Frequency Identification 的缩写，即射频识别，俗称电子标签。RFID 射频识别是一种非接触式的自动识别技术，它通过射频信号自动识别目标对象并获取相关数据，识别工作无需人工干预，可工作于各种恶劣环境。RFID 技术可识别高速运动物体并可同时识别多个标签，操作快捷方便。

RFID 的基本组成和 RFID 技术的基本工作原理请参考本书前面的项目介绍。

1) UHF 读写器模块

本系统采用的读写器是结构完整、功能齐全的 915 M 的 RFID 读写器，它含有射频(RF)模块、Wi-Fi 模块、数字信号处理、输入/输出端口和串行通信接口，具备读写器同步功能。是多协议 UHF 读写器，支持 ISO 18000—6B 和 EPC 协议国际标准，能读写 UCODE、TI、Alian 等标签，本系统采用的是 EPC 协议国际标准标签。可以通过更换外接不同增益的天线(最多 2 个)，扩展读卡有效范围，降低用户硬件成本。

可通过串口、网口进行通信。本系统采用网络通信的方式，读写器出厂默认 IP 为 192.168.0.178，端口号是：4001。其通信协议采用如图 10.16 所示的层次结构，包括物理层、数据链路层和应用层。

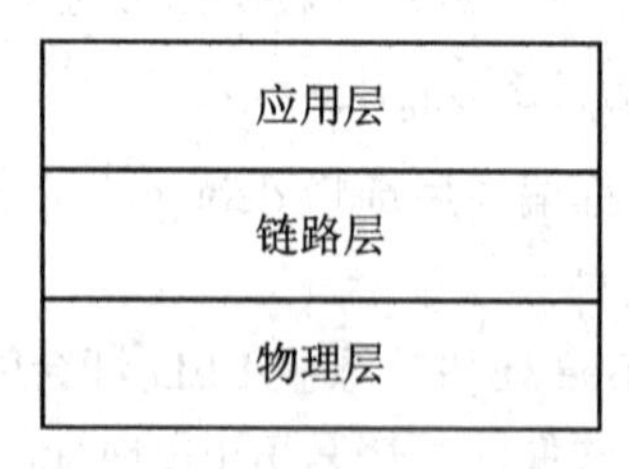

图 10.16　通信协议结构图

(1) 通信协议——物理层。

物理层完成信号的比特数据发送与接收，物理层应符合 RS-232 规范要求。具体设计要求如下：

1 位起始位、8 位数据位、1 位停止位、无奇偶校验。

通信波特率设计为 9600 b/s、19 200 b/s、38 400 b/s、57 600 b/s、115 200 b/s 可选。读写器上电或复位后初始波特率为 9600 b/s，可由 PC 机发送命令改变读写器通信波特率。当 PC 机与读写器传输发生错误时，读写器波特率回复为 9600 b/s。

(2) 通信协议——数据链路层。

数据链路层具体规定命令和响应帧的类型和数据格式。帧类型分为命令帧、响应帧、读写器命令完成响应帧。

命令帧格式定义如下：

Packet Type	Station Num	Length	Command Code	Command Data	…	Command Data	Command Data	Checksum
0xA5	0xFF	n+2	1 Byte	Byte 1		Byte n-1	Byte n	cc

命令帧是主机操作读写器的数据帧，其含义如下：

① Packet Type 是包类型域，命令帧包类型固定为 0xA5。

② Station Num 是站地址域，在总线网络中，表明读写器的唯一身份。0xFF 代表任意站，0x00 代表广播地址，0x01～0xFE 代表可独立寻址的站。

③ Length 是包长域，表示 Length 域后帧中字节数。

④ Command Code 是命令码域。

⑤ Command Data 是命令帧中的参数域。

⑥ Checksum 是校验和域，规定校验范围是从包类型域到参数域最后一个字节为止所有字节的校验和，Station Num 不参与计算校验和。读写器接收到命令帧后需要计算校验和来检错。

为了说明这一算法，我们以读写器单卡识别 EPC 标签的命令为例，读写器识别单标签命令帧如下：

Packet Type	Station Num	Length	Command Code	Command Data	Checksum
0xA5	0xFF	3	0x92	04	cc

计算单卡识别 EPC 标签时的 CheckSum：

$$A5 + 03 + 92 + 04 + cc = 0$$

$$Cc = 0 - A5 - 03 - 92 - 04 = C2$$

因此，单卡识别 EPC 标签的命令为：A5 FF 03 92 04 C2。

响应帧格式定义如下：

Packet Type	Station Num	Length	Response Code	Response Data	…	Response Data	Response Data	Checksum
0xE5	0xFF	n+2	1 Byte	Byte 1		Byte n-1	Byte n	cc

响应帧是读写器返回给主机的数据帧，响应帧包含了读写器需要采集的数据，其含义如下：

① Packet Type 是包类型域，响应帧包类型固定为 0xE5。

② Station Num 是站地址域，在总线网络中，表明读写器的唯一身份。

③ Length 是包长域，表示 Length 域后帧中字节数。

④ Response Code 是响应码域，取值为所响应的命令帧的命令码。

⑤ Response Data 是响应帧中的参数域。

⑥ Checksum 是校验和域，规定校验范围是从包类型域到参数域最后一个字节为止所有字节的校验和。PC 机接收到命令帧后需要计算校验和来检错。

读写器命令完成响应帧格式定义如下：

Packet Type	Station Num	Length	Command Code	Status	Checksum
0xE9	0xFF	0x03	1 Byte	1 Byte	cc

读写器命令完成响应帧是一种固定长度的数据帧，其含义如下：

① Packet Type 是包类型域，命令帧包类型固定为 0xE9。

② Station Num 是站地址域，在总线网络中，表明读写器的唯一身份。

③ Length 是包长域，表示 Length 域后帧中字节数，固定为 0x03。

④ Command Code 是命令码域。

⑤ Status 是状态域。

Checksum 是校验和域，规定校验范围是从包类型域到参数域最后一个字节为止所有字节的校验和。读写器接收到命令帧后需要计算校验和来检错。

2) 主要协议

UHF 读写器支持多种协议，主要包括：获取及设置读卡器参数、升级类协议、ID 匹配类协议、天线设置类协议、功率设置协议、读卡及写卡协议等。

本 IOT-ETC 系统，主要用到多通道读卡协议及读取 ID 数据命令帧协议，Multiple Tag Identify(Extension)协议如下：

Length	Command Code	Command Data	Checksum
3	0xC2	Tag Type	cc

读写器识别多天线口多标签命令帧(天线循环功能四个天线可以一起读卡)。Tag Type 为需要识别的标签类型。

Tag Type 定义如下：

① 0x01：ISO 18000—B 标签；ISO 18000—6B 标签 ID 长度为 8 Byte。

② 0x04：EPC Class 1 Gen 2 标签；EPC 码长度 12 Byte、TID 长度 8 Byte。

读写器收到此命令帧后，依次识别每个天线口标签 ID，正确识别 ID 后返回响应帧，否则返回命令完成帧。

此命令只适用于多通道读写器，对于一体化读写器该命令帧无效。

对于 ISO 18000—6B 标签，响应帧格式如下表所示：

Length	Response Code	Response Data	Response Data	Response Data	Checksum
9*n+4	0xC2	Tag Type	ID Count	n*(1+8 ID)	cc

其中，Tag Type 为标签类型，ID Count 为识别的标签数，ID 为识别的 ID 码。

对于 ISO 18000—6B 标签，ID 为标签的 8 字节 ID 码；对于 EPC 标签，ID 为标签的

12 字节 EPC 码。

特别注意，此命令低版本只对 Tag Type 为 1 和 4 有效，读取不到卡返回 E9 00 03 C2 05 4D，如读到一个卡号返回 E5 00 03 C2 01 55；此命令配合 GET ID BUF 使用，通过 GET ID BUF 获得存储到缓冲区当中的卡的数据。

GET ID BUF 协议如下：

Length	Command Code	Command Data	Command Data	Checksum
0x04	0x61	Operation Type	ID Counts	cc

是读取 ID 数据命令帧。其中：

Operation Type 为操作类型，01 代表读取标签数据。

ID Counts 为期望读取的标签数目。

读写器接收此命令帧后，返回命令响应帧，命令响应帧格式如下表所示：

Length	Response Code	Response Data	Response Data	Response Data	Response Data	Checksum
10*n+5	0x61	Operation Type	n IDs	More Id	ID Data 10 Bytes	cc

其中：

Length 为长度字节。

Operation Type 为操作类型，01 代表返回标签数据。

n IDs 代表此响应帧中 ID 数目。

More Id 代表是否还有标签数据，为 1 代表有 ID 数据，为 0 代表没有标签数据。

ID Data 为标签数据，共 10 字节，第一字节为标签类型，1 代表 ISO 18000—6B 标签；第 2 字节代表天线编号，分别取值为 1～4；第 3～10 字节为标签的 UID。

例如：读取一个数据命令为：A5 FF 04 61 01 01 f4，若没有数据返回 E5 00 05 61 01 00 00 B4，若有数据返回：E5 00 13 61 01 01 00 04 02 01 97 00 00 00 00 00 00 00 00 00 00 07

以上只是简单列出，可通过查看读卡器《读写器通信协议设计说明书》获得更详细协议信息。

3) 关键代码分析

(1) 建立连接。

函数接口：int GetConnect(char *ipaddr, int port)。

功能：建立到到读卡器服务器的连接。

参数：ipaddr 为服务器地址，port 为端口号(默认为 4001)。

返回值：成功返回 int 型 soketfd，连接错误返回 –1。

(2) 双通道读卡函数。

函数接口：

int MultipleTagIdentify(int fd, unsigned int TagType, unsigned char **pInIdBuff, unsigned char **pOutIdBuff);

功能：获得出入口读到的卡号。

参数：fd 为连接 Socket，TagType：1 为 ISO 18000 标签，4 为获取 gen 标签的 EPC 值，对 6 在此版本中不支持；返回正确时，**pInIdBuff 为指向入口(通道 1)的卡号(12*sizeof(unsigned char)个)，**pOutIdBuff 为指向出口(通道 2)的卡号(12*sizeof(unsigned char)个)，未读到卡返回 NULL。

返回值：正常为 0，网络连接阻塞时返回 -1，系统出现错误时返回 -2。

此函数实现：首先发送多通道读卡命令，然后接收并判断相应返回值的校验位等，若正确读到卡号，则发送 get ID Buff 命令，然后接收，首先校验然后根据相应的通道号将 ID 号拷贝到相应的缓存位置。

4. 智能泊车系统 GUI 综合程序

1) 实现原理

物联网 IPA 系统控制器部分界面采用 Qt 跨平台的 GUI 设计方法，对系统中的 RFID 读卡模块、ZigBee 无线传感器模块、摄像头模块等进行本地的界面显示和控制。

2) 系统总体流程图

系统总体流程图如图 10.17 所示。

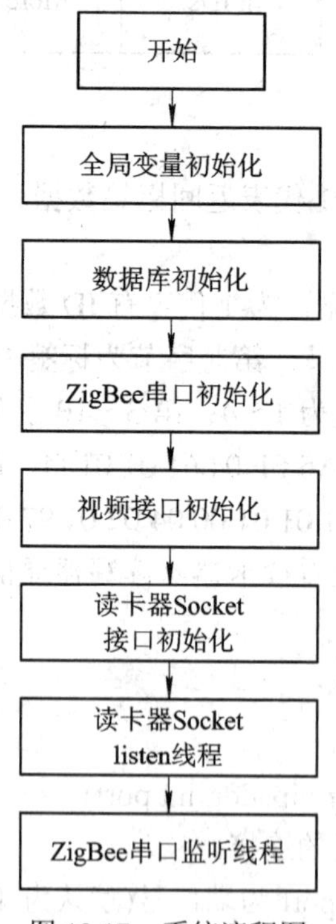

图 10.17　系统流程图

本程序主要使用了 3 个线程对程序进行控制和检测，其中一个线程为 Linux 串口线程，负责 ZigBee 网络设备节点链表及传感器信息的维护；另外 2 个线程为 Qt 的线程分别负责 RFID 模块读卡和 ZigBee 设备与上层界面的联系。

3) RFID 线程

RFID 线程负责读卡与整个系统联动控制，流程图如图 10.18 所示。

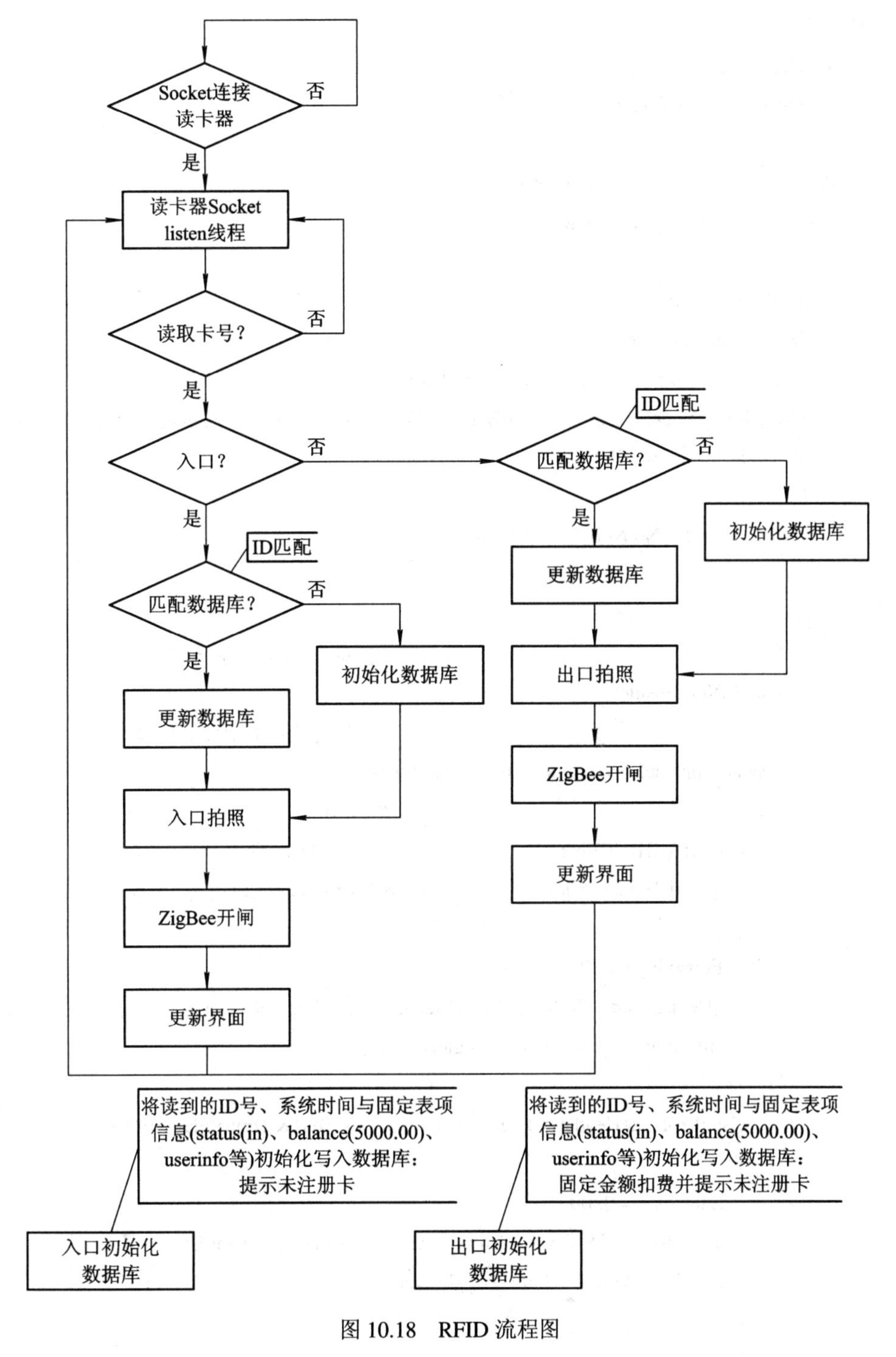

图 10.18　RFID 流程图

主要线程代码详见光盘。

4) ZigBee 线程

ZigBee QT 线程负责使用串口相关命令获取 ZigBee 设备链表节点信息，提供给其他线程或结盟线程服务。

主要代码如下：

```
// ZigBee QT 线程处理函数
void ZigBeeMonitorThread::run()
{
 qDebug()<<"Start ZigBee Monitor Thread.";
 while(!pParent->bZigBeeStopRunning)
  {
    usleep(3000000);
    thread_mutex.tryLock();
    qDebug() << " Execute ZigBee Monitor Thread.";
    pNodeInfo pNodeHeader = GetZigBeeNwkTopo();//获取 ZigBee 网络设备节点维护链表信息
    if(pNodeHeader == NULL)
    {
      qDebug() << "No NodeInfo Is Find.";
    }
    else
    {                                           //变量 ZigBee 设备链表
      while(pNodeHeader)
      {                                         //变量传感器类型分支处理
        switch(pNodeHeader->devinfo->sensortype)
        {                                       // machine
          case MACHINEENTRY:                    //入口闸机处理
          if((pNodeHeader->devinfo->status == 0x01) && (EntryFlag == 0x00))
          {
            EntryFlag = 0x01;
            qDebug() << "SIGNAL: EntryMachineStatusToggleEvent(1)";
            emit EntryMachineStatusToggleEvent(1);
          }
          else if((pNodeHeader->devinfo->status == 0x00) && (EntryFlag == 0x01))
          {
            EntryFlag = 0x00;
            qDebug() << "SIGNAL: EntryMachineStatusToggleEvent(0)";
            emit EntryMachineStatusToggleEvent(0);
          }
          break;
          case MACHINEEXIT:                     //出口闸机处理
          if((pNodeHeader->devinfo->status == 0x01) && (ExitFlag == 0x00))
          {
            ExitFlag = 0x01;
```

```
    qDebug() << "SIGNAL: ExitMachineStatusToggleEvent(1)";
    emit ExitMachineStatusToggleEvent(1);
}
else if((pNodeHeader->devinfo->status == 0x00) && (EntryFlag == 0x01))
{
    ExitFlag = 0x00;
    qDebug() << "SIGNAL: ExitMachineStatusToggleEvent(0)";
    emit ExitMachineStatusToggleEvent(0);
}
break;
//相应停车位信息处理
case PARKING1:
if((pNodeHeader->devinfo->status == 0x01))
{                //设备在线
    qDebug()<<"PARKING1 is ONLINE.";
    if(Park1Flag == 0x00)
    {
        Park1Flag = 0x01;
        qDebug() << "SIGNAL: ParkingInfoStatusToggleEvent(PARKING1, 1)";
        emit ParkingInfoStatusToggleEvent(PARKING1, 1);
    }
    if(pNodeHeader->devinfo->sensorvalue == 0x01)
    {            //空车位
        qDebug()<<"PARKING1:SensorValue == 0x01.";
        //if(Park1ValueFlag == 0)
        {
            Park1ValueFlag = 1;
            gIntLock = 0x00;            // should be put into slots function
            qDebug() << "SIGNAL: ParkingSqliteInfoStatusToggleEvent(PARKING1, 0)";
            emit ParkingSqliteInfoStatusToggleEvent(PARKING1, 0);
        // }
    }
    else if(pNodeHeader->devinfo->sensorvalue == 0x00)
    {        //有车
        qDebug()<<"PARKING1:SensorValue == 0x00.";
        //if(Park1ValueFlag == 1)
        {
            Park1ValueFlag = 0;
            gIntLock = 0x00;// should be put into slots function
```

```
                qDebug() << "SIGNAL: ParkingSqliteInfoStatusToggleEvent(PARKING1, 1)";
                emit ParkingSqliteInfoStatusToggleEvent(PARKING1, 1);
            //}
        }
    }
    else if((pNodeHeader->devinfo->status == 0x00))
    {          // 设备掉线
        qDebug()<<"PARKING1 is OUTLINE.";
        if(Park1Flag == 0x01)
        {
            Park1Flag = 0x00;
            qDebug() << "SIGNAL: ParkingInfoStatusToggleEvent(PARKING1, 0)";
            emit ParkingInfoStatusToggleEvent(PARKING1, 0);
        }
    }
    break;
    // 省略部分代码
    default:
    break;
  }
  pNodeHeader = pNodeHeader->next;// 下个 ZigBee 节点
 }// while
}// pNodeHeader != NULL
thread_mutex.unlock();
}
}
```

5) ZigBee 设备链表维护线程

ZigBee 网络中节点维护是使用链表的方式，通过串口指定的命令格式来获取协调器设备传递的网络节点信息，关于 ZigBee 支持的串口命令的具体见 ZigBee 部分相关系统文档。

主要代码如下：

```
// ZigBee 串口监听线程，负责网络节点及传感器信息链表的维护
void* ComRevPthread(void * data)
{
    struct timeval tv;
    fd_set rfds;
    tv.tv_sec=15;
    tv.tv_usec=0;
    int nread;
    int i, j, ret, datalen;
```

```
unsigned char buff[BUFSIZE]={0,};
unsigned char databuf[BUFSIZE]={0,};
ret = 0;
printf("read zb modem\n");
while (STOP==false)
{
  printf("zb phread wait...\n");
  tv.tv_sec=15;
  tv.tv_usec=0;
  //tv.tv_sec=0;
  //tv.tv_usec=500;
  FD_ZERO(&rfds);
  FD_SET(zb_fd, &rfds);
  // 监听 ZigBee 串口信息
  ret = select(1+zb_fd, &rfds, NULL, NULL, &tv);
  //if (select(1+fd, &rfds, NULL, NULL, &tv)>0)
  if(ret >0)
  {
    printf("zb select wait...\n");
    if (FD_ISSET(zb_fd, &rfds))
    {
      gNwkStatusFlag = 0x01;              // any data of uart can flag it's status.
      nread=tty_read(zb_fd, buff, 1);     //读取串口数据
      printf("readlen=%d\n", nread);
      buff[nread]='\0';
      printf("0x%x\n", buff[0]);

      //串口数据格式解析
      if(buff[0]==0x02)
      {                                   // SOP 格式起始位
        i=0;
        databuf[i] = buff[0];
        i++;
        nread=tty_read(zb_fd, buff, 2);
        printf("readlen=%d\n", nread);
        databuf[i] = buff[0];
        i++;
        databuf[i] = buff[1];
        i++;
```

```
printf("%x", buff[0]);
printf("%x", buff[1]);
printf("\n");
gCmdValidFlag = CMD_CalcFCS(buff, 2);
if(gCmdValidFlag == 1)
{                              //有效串口格式
    printf("cmd is valid\n");
    nread=tty_read(zb_fd, buff, 1);
    printf("readlen=%d\n", nread);
    databuf[i] = buff[0];
    datalen = buff[0];
    printf("datalen=%x\n", datalen);
    i++;
    if(datalen!=0)
    {
        nread=tty_read(zb_fd, buff, datalen);
        printf("readlen=%d\n", nread);
        for(j=0;j<nread; j++, i++){
        databuf[i] = buff[j];
    }
  }
  nread=tty_read(zb_fd, buff, 1);
  printf("readlen=%d\n", nread);
  printf("rCalcFcs:%x\n", buff[0]);
  databuf[datalen+1+2+1]= Data_CalcFCS(databuf+1, datalen+3);     //计算校验位
  printf("cCalcFcs:%x\n", databuf[datalen+1+2+1]);
  if(databuf[datalen+1+2+1]==buff[0])
  {                                    // 校验正确
    printf("CalcFcs OK\n");
    gFrameValidFlag = 0x01;
    gNwkStatusFlag = 0x01;          // recover the coord's status.
  }
  else
  {
    gFrameValidFlag = 0x0;
    continue;
  }
  printf("\nZIGBEE COM REV DATA:");
  for(j=0;j<(datalen+1+2+1+1); j++)
```

```
                {
                    printf("%-4x", databuf[j]);
                }
                printf("\n");
                if(gFrameValidFlag == 0x01)
                {
                    //串口数据格式解析处理函数
                    Data_PackageParser(databuf, datalen+1+2+1);
                }
              }
            }
            //#endif
          }
          else
          {
            printf("not tty zb_fd.\n");
          }
        }
        else if(ret == 0)
        {
          printf("zb read wait timeout!!!\n");
          gNwkStatusFlag = 0x00;
          DeviceNodeDestory();         // 删除设备链表
        }
        else
        {                              // ret <0
          printf("zb select error.\n");
          // perror(ret);
        }
      }
      printf("exit from reading zb com\n");
      return NULL;
    }
```

6) SQLite 数据库

系统中分别使用 2 个 SQLite 数据库对 RFID 读卡的信息进行逻辑判断和信息处理，其中存储了 ID 卡的相关信息如 ID 号、状态、时间、车辆及车主信息等。另外一个数据库用来保存停车位信息及预约状态。

主要代码如下：

```
// 初始化 ID 标签卡数据库条目函数
int SqliteInitEtcItems(QSqlDatabase *db)
{
    sql_mutex.tryLock();
    if ( !db->open())
    {
        qDebug()<<"SQLite Connect Failed.";
        sql_mutex.unlock();
        return -1;
    }
    QSqlQuery query(*db);
    query.exec(QObject::tr("create table etcinfo (id varchar primary key, status varchar, intime varchar,
            outtime varchar, outlay double, balance double, carstyle varchar, carnumber varchar,
            userinfo vchar)"));
    query.exec(QObject::tr("insert into etcinfo values ('123456789abccba987654321', 'in', '2010-01-01T00:
            00:00', '2010-01-01T01:00:00', 1000.70, '50000.00', '奔驰', '京 L66431', '李国权' )"));
    query.exec(QObject::tr("insert into etcinfo values ('123456789ab00ba987654321', 'in', '2011-01-01T00:
            00:00', '2010-01-01T01:00:00', 1250.30, '50000.00', '宝马', '辽 C99822', '万中正' )"));
    query.clear();
    db->close();
    sql_mutex.unlock();
    return 0;
}
//初始化停车位信息及预约状态数据库
int SqliteInitIpaItems(QSqlDatabase *db)
{
    sql_mutex.tryLock();
    if ( !db->open())
    {
        qDebug()<<"SQLite Connect Failed.";
        sql_mutex.unlock();
        return -1;
    }
    QSqlQuery query(*db);
    query.exec(QObject::tr("create table ipainfo (id varchar primary key, entry int, exit int, park1 int,
            park1status int, park1check int, park2 int, park2status int, park2check int, park3 int,
            park3status int, park3check int, park4 int, park4status int, park4check int, park5
            int, park5status int, park5check int, park6 int, park6status int, park6check int)"));
    query.exec(QObject::tr("insert into ipainfo values ('ipa', 0, 0, 0, 0, 0, 0, 0, 0, 0, 0, 0, 0, 0, 0, 0, 0,
```

```
            0, 0, 0)"));
    query.clear();
    db->close();
    sql_mutex.unlock();
    return 0;
}
```

5. Android 服务器

本系统完成一个简单的 Server 服务器。Server 实现的功能，从数据库读取停车位的状态信息，为客户端提空车位查询、预约车位、查找车位、短信确认等功能服务。

1) 多线程实现 Server 服务器

服务器采用 C/S 方式，能够解决多客户端的问题，主要采用多线程、多进程来实现。由进程占用资源较大，所以采用多线程实现客户端。服务器为每一个客户端连接启动一个线程，进行通信然后断开连接，销毁线程。

```
while(1)
{
  newfd = accept(sockfd, NULL, NULL);        //监听网络端口
  if (newfd<0)
  {
    printf("accept error\n");
    exit(4);
  }
  //为每一个请求创建一个线程为其服务
  ret = pthread_create(&read_tid, NULL, read_socket, (void*)newfd);
  if(ret!=0)
    printf("can't create thread 1 %s\n", strerror(ret));
  else
    printf("connect socket\n");
}
```

2) SQLite3 数据库的使用

SQLite 是一种嵌入式数据库。它实现了对外部程序库以及操作系统的最低要求，这使得它非常适合应用于嵌入式设备，同时，可以应用于一些稳定的，很少修改配置的应用程序中。SQLite 是使用 ANSI-C 开发的，可以被任何的标准 C 编译器来进行编译。SQLite 能够运行在 Windows/Linux/Unix 等各种操作系统，SQLite 占用资源更少，处理速度更快，使行 SQLite 在嵌入式设备的应用较为常见。

SQLite 数据库 C 语言编程常用 API 接口：

(1) 数据库的创建设。

```
int sqlite3_open(const char *filename,      /*数据库的文件名称*/
```

```
    sqlite3 **ppDb                        /*数据库操作句柄*/
);
```

(2) 解析 sql 语句。

```
int sqlite3_prepare(
    sqlite3 *db,                          // sqlite3 * 类型变量。
    const char *zSql,                     //一个 sql 语句
    int nBytes,                           //sql 语句的长度
    sqlite3_stmt **ppStmt,        // sqlite3_stmt 指针的指针，解析以后的 sql 语句放在这个结构里
    const char **pzTail           //没有用，设为 0
);
```

(3) 执行 sql 语句。

```
int   sqlite3_exec ( sqlite3 *db,//使用 sqlite3_open () 打开的数据库对象。
      const char *sql,            //一条待查询的 SQL 语句
      sqlite3_callback,           //自定义的回调函数，对查询结果每一行都执行一次这个函数
      void *,                     //是调用者所提供的指针，这个参数最终会传到回调函数里面
      char **errmsg               //是错误信息
);
```

(4) 释放分配的内容。

```
int sqlite3_finalize(sqlite3_stmt *pStmt);
```

(5) 常用的 SQL 语句。

- 创建数据库表项。

```
CREATE TABLE sqlite_master (
    type TEXT,
    name TEXT,
    tbl_name TEXT,
    rootpage INTEGER,
    sql TEXT
);
```

- 插入数据库表项。

```
INSERT INTO sqlite_master VALUES(type TEXT,
    name TEXT,
    tbl_name TEXT,
    rootpage INTEGER,
    sql TEXT);
```

- 查找数据库表项。

```
SELECT * FROM sqlite_master WHERE name = "xx";
```

- 更新数据库表项。

```
UPDATE NAME SET address = new.address WHERE customer_name = old.name;
```

3) 数据通信协议或数据格式

数据通信协议指基于 TCP 网骆协议而自定义的一种协议。

请求数据包：

cmd	ID	Tel:num	验证码	结束符

发送数据包：

cmd	ID	Status	结束符

cmd	错误码	结束符

CMD 定义：

```
#define SEARCH_SPACE   '1'         //查找空车位
#define APOINT_PARK     '2'         //预约车位
#define SEARCH_PARK    '3'         //查找预约车位
#define LOGIN           '6'         //登录
#define APIONT_ERROR   '4'         //预约失败
#define SEARCH_ERROR   '5'         //查找失败
```

ID 定义：车位的索引。

错误码：失败错误信息。

验证码：预约车位的 6 位数字验证码。

Status：当前停车位的状态信息。

4) 流程图

(1) 主线程流程图如图 10.19 所示。

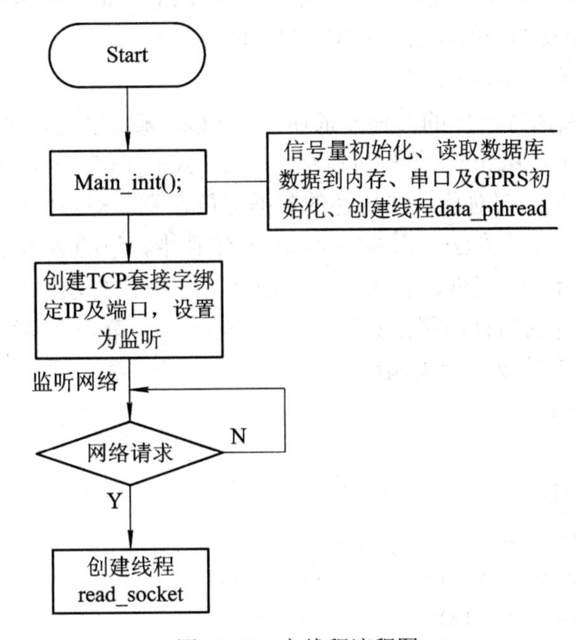

图 10.19　主线程流程图

(2) 数据库处理线程流程图如图 10.20 所示。

(3) 网络通信线程流程图如图 10.21 所示。

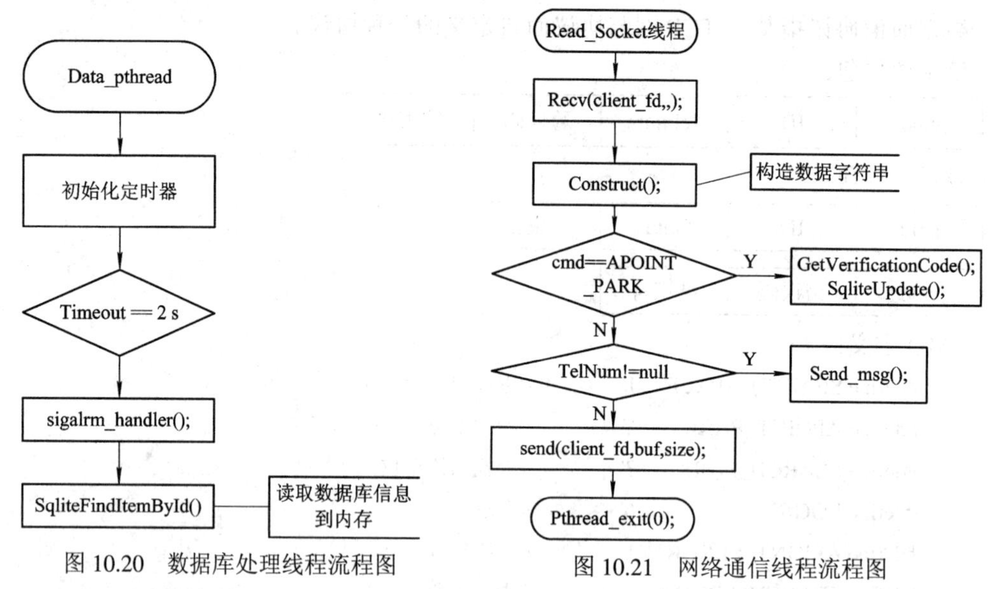

图 10.20　数据库处理线程流程图

图 10.21　网络通信线程流程图

6. Android 客户端

本例介绍 Android SDK 开发的步骤，智能泊车客户端软件的实现原理，并对 Android View 布局，intent 对象的使用及调用另一个 Activity 简单介绍，对各种控件的使用方法例如：VideoView，TextView、EditText、AlertDialog、ProgressDialog 等，以及文件操作，网络通信作简要说明。使读者对 Android 应用程序开发有整体的认识。

Android 应用程序开发遵循 MVC 设计模式，M(Model)模型层：存放在程序中的业务类。V(View)视图层：Android 将视图层抽离为布局文件。C(Control)控制层：对应 Android 的 Activity。应用程序开发的一般步骤为：V、M、C。

1) Activtiy 组件调用 Activity 组件

Intent 是一个将要执行动作的的抽象描述。由 Intent 来协助完成各组件之间的调用与通信。在 Android 平台中，Activity 组件可以通过“startActivity”方法来调用其他组件，该方法仅有一个参数，就是意向对象，要传递的数据存放在意向对象的附加容器中。

在使用“startActivity”方法调用新的 Activity 组件中，新的 Activity 组件将不会反馈执行结果给调用它的 Activity 组件。而“StartActivityForResult”方法，即可以调用新的 Activity 组件，又可以将新组件的执行结果反馈给调用方 Activity。第一个参数为：意向对向，第二个参数：用来识别反馈结果是否为预期。

```
StatusActivity.java
⋮
//新建一个意向对象
Intent intent = new Intent();
intent.setClass(StatusActivity.this, guideActivity.class);
Bundle bundle = new Bundle();
/* 向 Bundle 对象放入数据 info*/
bundle.putString("status", info);
```

```
/*将 Bundle 对象加入 Intent 对象*/
intent.putExtras(bundle);
/*调用 Activity guideActivity*/
startActivityForResult(intent, REQ_CODE);
⋮
/**当接收被调用组件反馈结果时调用*/
@Override
protected void onActivityResult(int requestCode, int resultCode, Intent data)
{   if(requestCode == REQ_CODE)
  {      //判断是否合法的请求代码
    Bundle bundle = data.getExtras();          //获取反馈结果数据包
    //从 Bundle 对象中获取数据
    String msg = bundle.getString("Msg");
  }
}
⋮
```

2) 开场动画 (VideoView)

在运行智能泊车客户端之前，会显示一段生动活波的开场动画，这里是通过 VideoView 控件实现，动画是以.3gp 格式存放在以下资源空间：/res/raw/start.3gp。

```
StartActivity.java
⋮
//通过资源 ID 获得 VideoView 对象
VidioView mVideoView = (VideoView) findViewById(R.id.mVideoView1);
Uri uri = Uri.parse("android.resource:          //park.etc/"+ R.raw.start);
/*设置视频文件的统一资源标识符*/
mVideoView.setVideoURI(uri);
mVideoView.requestFocus();
/* 开始播放影片 */
  mVideoView.start();
/* 注册在媒体文件播放完毕时调用的回调函数 */
mVideoView.setOnCompletionListener(new MediaPlayer.OnCompletionListener()
{   @Override
  public void onCompletion(MediaPlayer arg0)
  {
    Login();      //显示登录对话框供用户输入帐号和密码
  }
});
⋮
```

3) 流程图

(1) StartActivity 流程图如图 10.22 所示。

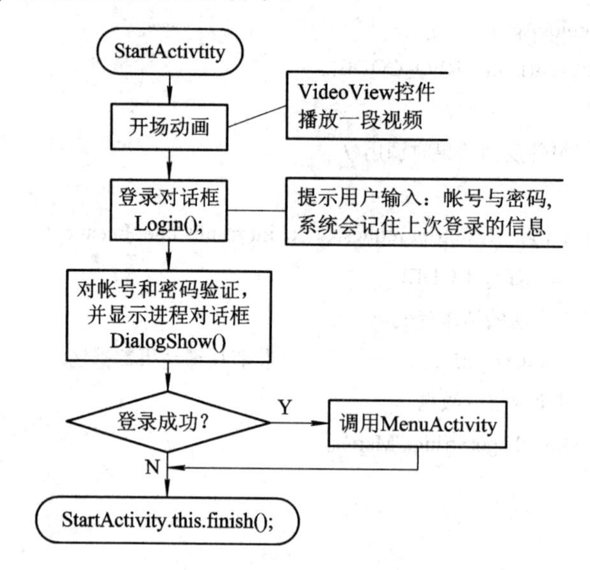

图 10.22　StartActivity 流程图

(2) MenuActivity 流程图如图 10.23 所示。

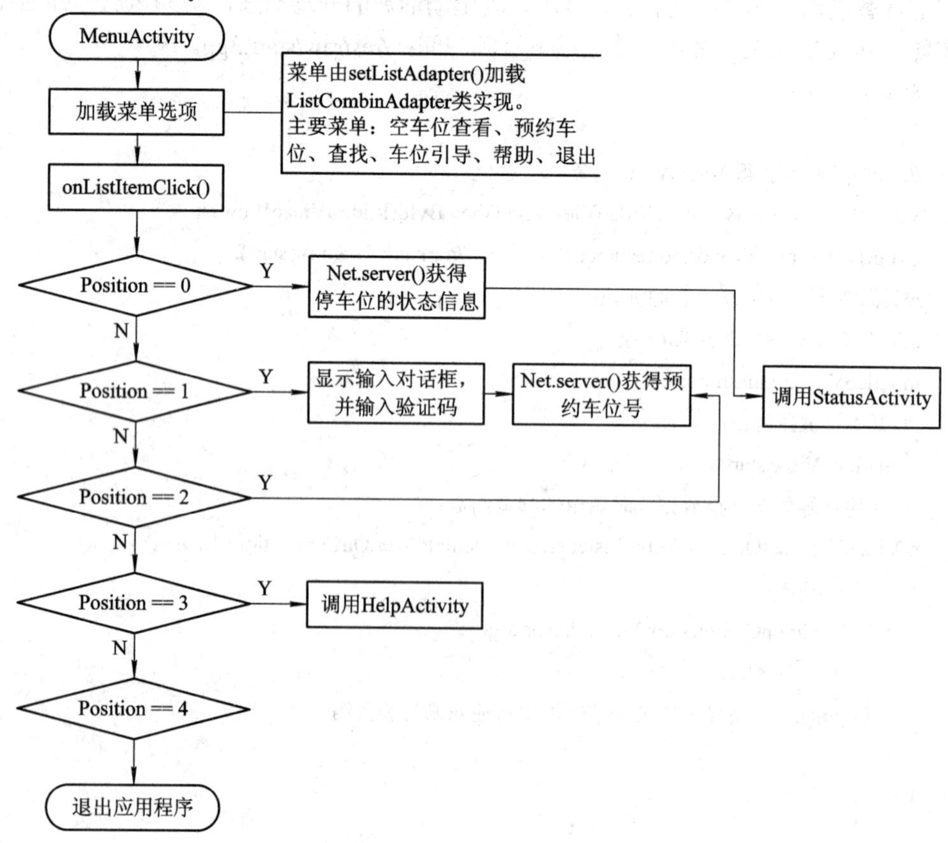

图 10.23　MenuActivity 流程图

(3) StatusActivity 流程图如图 10.24 所示。

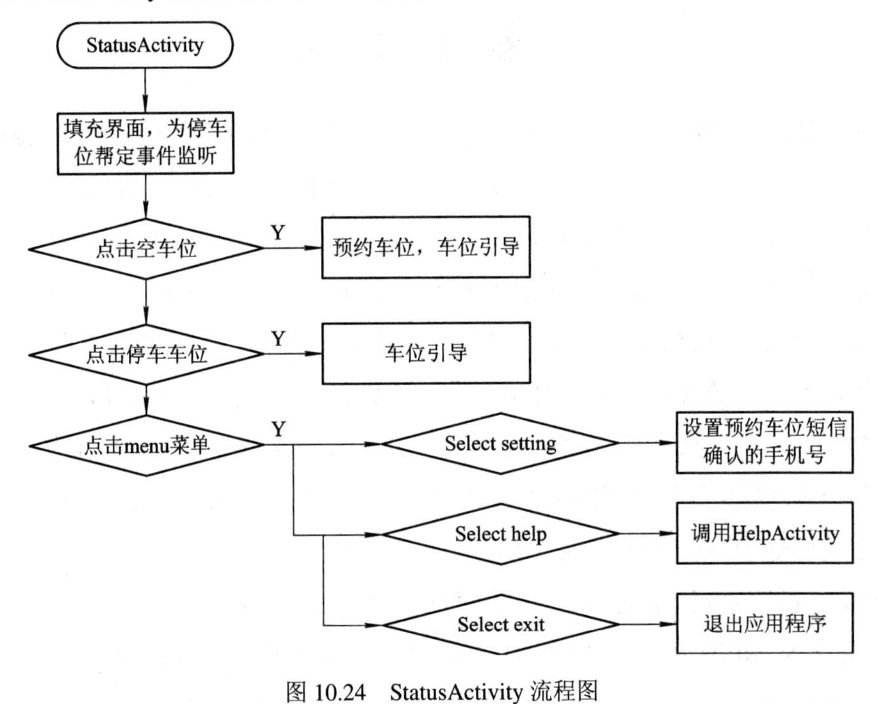

图 10.24　StatusActivity 流程图

练　习　题

1. 基于物联网技术的新型数据采集与监控系统的设计。
2. 无线 GPRS 环境质量在线监测系统的设计。
3. 基于物联网技术的路灯无线监控系统的设计。
4. 物联网用于城市供水无线调度监控解决方案设计。
5. 基于物联网的智能家居安防系统的设计。

参 考 文 献

[1] 熊茂华，等. ARM9 嵌入式系统设计与开发应用. 北京：清华大学出版社，2008.
[2] 熊茂华，等. ARM 体系结构与程序设计. 北京：清华大学出版社，2009.
[3] 杨震伦，熊茂华. 嵌入式操作系统及编程. 北京：清华大学出版社，2009.
[4] 熊茂华，等. 嵌入式 Linux 实时操作系统及应用编程. 北京：清华大学出版社，2011.
[5] 熊茂华，等. 嵌入式 Linux C 语言应用程序设计与实践. 北京：清华大学出版社，2010.
[6] 熊茂华，等. 物联网技术与应用开发. 西安：西安电子科技大学出版社，2012.
[7] 王汝林，王小宁，等. 物联网基础及应用. 北京：清华大学出版社，2011.
[8] 王汝传，等. 无线传感器网络技术及其应用. 北京：人民邮电出版社，2011.
[9] 张少军. 无线传感器网络技术及应用. 北京：中国电力出版社. 2010.
[10] 陈林星. 无线传感器网络技术与应用. 北京：电子工业出版社，2009.
[11] 林凤群，等. RFID 轻量型中间件的构成与实现. 计算机工程，2010(9)：77-80.
[12] 彭静，等. 无线传感器网络路由协议研究现状与趋势. 计算机应用研究，2007(2)：4-9.
[13] 丁振华，李锦涛，等. RFID 中间件研究进展. 计算机工程，2006，32(21)：9-11.
[14] 王立端，杨雷，等. 基于 GPRS 远程自动雨量监测系统. 计算机工程，2007(8)：199-201.
[15] 伍新华. 物联网工程技术. 北京：清华大学出版社，2011.
[16] 刘琳，于海斌. 无线传感器网络数据管理技术. 计算机工程，2008(1)：62-64.
[17] 赵继军，等. 无线传感器网络数据融合体系结构综述. 传感器与微系统，2009(10)：1-4.
[18] 孙利民，等. 无线传感器网络. 北京：清华大学出版社，2005.
[19] 薛莉. 无线传感器网络中基于数据融合的路由算法. 数字通信，2011(6)：52-54.
[20] 褚伟杰，等. 基于 SOA 的 RFID 中间件集成应用. 计算机工程，2008，34(14)：84-86.
[21] 蔡殷. 基于无线传感器网络的光强环境监测系统设计[D]. 广州：华南理 工大学，2009.
[22] 褚文楠. 无线传感器网络中间件技术研究及在温室环境监测中的应用[D]. 广州：华南理工大学，2009.
[23] 范武. 无线传感器网络安全研究[D]. 广州: 华南理工大学，2007.